인간중심의 Safety Management 현대안전관리

정병용

민영사

머리말

한성대학교에 임용되어 학생들과 강의실에서 만난 햇수도 30년을 맞게 되었으며, 그동안 한성대학교 안전 및 인간공학 연구실에서 배출된 대학원생도 40여명을 넘게 되었다. 이를 기념하여 한국 실정에 맞는 안전관리 책을 펴내게 되었다. 특히 재해예방에 가장 필요한 사람의 신체적, 인지적 특성을 반영한 안전관리에 초점을 맞추기 위하여 '인간중심의 현대안전관리'라는 이름으로 책을 내게 되었다. 그동안 안전심리나 산업심리, 조직심리라는 이름으로 인적인 측면에서의 안전을 다루려는 시도는 있었지만, 본격적으로 인적요인을 고려한 안전관리 책이라는 평가를 받기를 바라면서 이 책을 발간하게 되었다.

이 책은 4부 12장으로 구성되어 있으며, 한 학기에 강의할 수 있도록 저술되었다. 1부에서는 안전관리 개론에 대하여 다루고, 2부에서는 인간특성을 고려한 안전설계에 대하여 다루며, 3부에서는 산업 및 조직심리, 4부에서는 시스템 안전에 대하여 다루고 있다. 의도에 따라서는 2부와 3부를 위주로 안전심리 과목으로, 2부와 4부는 인적오류 예방 과목으로, 1부와 3부는 산업 및 조직심리라는 이름으로 분리하여 강의할 수도 있다.

그동안 학교와 기업 현장에서 강의와 과제를 수행하면서 '현장에서 직접 응용할 수 있는 내용이 무엇일까?', '이론의 이해와 현실적인 문제들을 다루기 위한 사례가 많았으면!' 하는 생각을 많이 하였으며, 이런 의도를 책에 담으려고 노력하였다. 이 책을 출판하기까지 도움을 주신 민영사 식구들께 감사를 드리며, 이 책이 인간중심의 안전관리를 위한 밑거름이 되기를 바란다. 끝으로 사랑하는 가족 모두의 건강과 함께 두 자녀의 학문적 성장을 기대합니다.

2019년 8월에 漢城 落山 연구실에서

차례

제1부 안전관리 개론

제2부 인간특성을 고려한 안전설계

제3부 산업 및 조직심리

제4부 시스템 안전

제1부

안전관리 개론

제 1 장 안전관리 개요

제 2 장 재해조사와 통계

제 3 장 안전조직과 활동

1 안전관리개요

1. 안전관리의 원리
2. 사고발생 이론
3. 재해발생이론

1 안전관리의 원리

1.1 사고(accident)와 재난(disaster)

국어사전에서 사고는 뜻밖에 일어난 불행한 일이나, 사람에게 해를 입혔거나 말썽을 일으킨 나쁜 짓으로 정의하고 있으며, 사건은 사회적으로 문제를 일으키거나 주목을 받을 만한 뜻밖의 일로 정의하고 있다. 사고는 부정적인 결과를 초래한 의도하지 않은 일이나 현상을 의미하며, 사건은 의도하거나 의도하지 않거나, 부정적인 결과를 초래하거나 초래하지 않거나 관계없이 주목을 받는 일이나 현상을 의미한다. 따라서 사건이 더 포괄적인 의미로 사용된다.

산업체나 서비스업체에서 일하는 근로자들의 업무와 관련한 사고는 산업안전보건법을 기준으로 설명할 수 있다. 영국 산업안전보건청(HSE)에서는 사고(accident)를 사람에게 상해(injury)나 질병(illness)을 유발하거나, 재산상의 손실을 초래한 현상으로 정의하고 있다. 사고는 질식에 의한 사망 사고나 화학공장에서 발생한 화재 사고와 같이 부정적이거나 나쁜 결과를 초래하는 현상으로, 의도하거나 계획되지 않은 상태에서 발생한다. 반면, 아차사고(near miss)는 상해나 손실을 초래하지는 않았지만 상해나 손실을 초래할 수 있는 잠재성이 있는 현상으로 정의한다. 또한, 불안전 상태(undesired circumstance)는 상해나 직업병을 초래할 수 있는 잠재성을 가진 상황이나 조건의 조합으로 정의하고 있다.

안전 분야에서 사용되는 영어 단어 incident는 의도하거나 의도하지 않거나, 부정적인 결과를 초래하거나 초래하지 않거나 관계없이 주목을 받는 일을 의미한다. 저자의 관점에서는 국어사전에서 사건의 개념과 같은 의미로 해석할 수 있으므로 이 책에서는 사건(incident)이라는 용어로 사용한다. 사건은 기계공장에서 가스가 누출되었으나 생산의 차질이나, 재산상 손실, 인명 피해가 없는 사건과 같이 피해가 없는 경우를 포함하는 의미이다. 사고를 사건이라 할 수 있지만, 사건을 사고라고 할 수는 없다. 따라서 사건이 더 포괄적인 의미로 사용된다. 영국 산업안전보건청(HSE, 2004)에서는 사건(incident)을 아차사고와 불안전 상태를 포함하는 포괄적인 의미로 정의하고 있다. 그러나 event라는 단어도 우리말에서는 사건으로 사용되는 경우가 많으므로, 이 책에서는 HSE에서 정의한 incident 의미인 경우에는 의미를 명확하도록 사건(incident)으로 한글과 영어를 같이 표기하도록 한다.

사례 1.1 아차사고와 사고

[그림 1.1]의 불안전 상태는 공사장에서 떨어질 가능성이 있도록 벽돌을 쌓아 놓았기 때문에 초래된 상황이다. 만일 벽돌이 떨어지지 않는다면 불안전 상태로만 존재할 것이다. 그러나 불안전한 상태에 있던 벽돌이 떨어진다면 가운데 그림처럼 지나가던 작업자에게 신체적 손상을 입히지 않는 아차사고로 끝날 수도 있지만 오른쪽 그림처럼 벽돌이 작업자에게 떨어져 신체에 상해를 입히는 사고로 이어질 수도 있다.

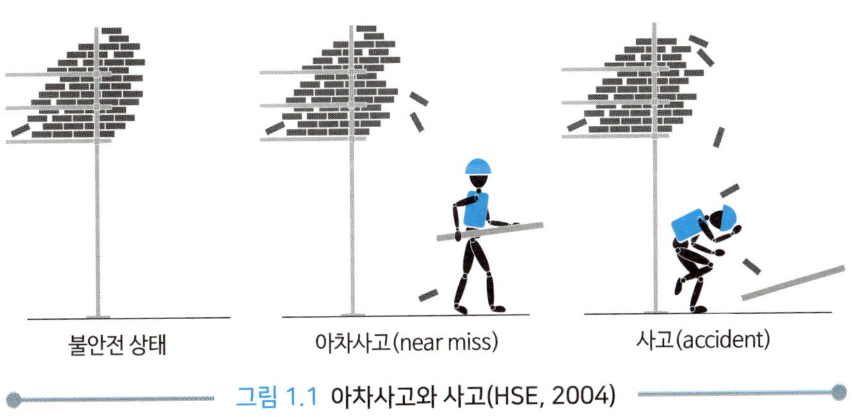

그림 1.1 아차사고와 사고(HSE, 2004)

사고가 부정적인 결과를 초래하는 현상이라면 재해는 사고로 인한 피해로 정의된다. 사고로 인한 피해는 재산상의 손실과 인적 피해로 구분할 수 있다. 사고와 재해는 발생한 일의 관점에서 보면 사고로, 초래된 피해 측면에서 보면 재해로 불리므로 용어가 혼용되는 경우들이 존재한다. 우리나라의 산업안전보건법에서는 인명 피해를 초래하지 않은 사고는 제외하고, 상해나 질병의 피해를 가져온 사고를 재해로 정의하고 있다. 즉, 우리나라의 산업안전보건법에서는 노동 과정에서 작업 환경 또는 작업 행동 따위의 업무상의 사유로 발생하는 작업관련성 사고(work-related accident, occupational accident)로 인해 근로자에게 생긴 신체상의 재해를 산업재해(industrial accident)로 정의하고 있다. 노동 현장에서 발생한 사고로 인한 재해는 인적 피해에 한정하여 보상하기 때문에 작업관련성 상해와 직업병(occupational injury and illness, work-related injury and illness)이 산업 재해(industrial accident)와 동일한 의미로 이용되고 있다고 볼 수 있다.

중앙정부와 지방자치단체에서는 사고와 재난(disaster)이라는 용어를 사용한다. '재난 및 안전관리 기본법'에서 재난이란 국민의 생명 · 신체 · 재산과 국가에 피해를 주거나 줄 수 있는 것으로 정의하고 있다. 또한, 재난관리란 재난의 예방 · 대비 · 대응 및 복구를 위하여 하는 모든 활동을 말하며, 안전관리란 재난이나 그 밖의 각종 사고로부터 사람의 생명 · 신체 및 재산의 안전을 확보하기 위하여 하는 모든 활동으로 정의하고 있다. 요약하면, 재난은 중앙과 지방정부의 일상적인 절차나 지원을 통하여 관리될 수 없는 심각한 규모의 사망자, 부상자, 재산손실을 발생시키는 사고로, 보통 예측가능성이 없이 갑작스럽게 발생하는 것이 특징이다.

재난 및 안전관리 기본법에서 재난은 자연재난과 사회재난으로 분류된다. 자연재난은 태풍, 홍수, 호우, 강풍, 풍랑, 해일, 대설, 한파, 낙뢰, 가뭄, 폭염, 지진, 황사, 조류대발생, 조수, 화산활동, 소행성 · 유성체 등 자연우주물체의 추락 · 충돌, 그 밖에 이에 준하는 자연현상으로 인하여 발생하는 재해를 의미한다. 사회재난은 화재 · 붕괴 · 폭발 · 교통사고(항공사고 및 해상사고를 포함한다) · 화생방 사고 · 환경오염 사고 등으로 인하여 발생하는 일정 규모 이상의 피해와 에너지 · 통신 · 교통 · 금융 · 의료 · 수도 등 국가기반체계의 마비, '감염병의 예방 및 관리에 관한 법률'에 따른 감염병, 또는 '가축전염병예방법'에 따른 가축전염병의 확산 등으로 인한 피해를 의미한다. 과거에는 주로 자연재난에 의한 피해인 자연재해가 주요 관심사였으나, 현대 사회에서는 대규모의 피해를 초래하는 사회재난들이 발생함에 포괄적인 재난의 의미가 사용되게 된 것이다.

이 책에서는 자연재난 등에 관한 재난관리론의 내용은 포함하지 않고, 사업체나 공공기관, 사업장 등에서 관심을 갖는 안전관리론을 다루고자 한다.

1.2 산업안전보건법상의 산업재해와 중대재해

우리나라의 산업안전보건법에서는 산업재해란 근로자가 업무와 관계되는 건설물, 설비, 원재료, 가스, 증기, 분진 등에 의하거나 작업 또는 그 밖의 업무로 인하여 사망 또는 부상하거나 질병에 걸리는 것을 말한다. 즉, 엄밀하게 산업안전보건법상에서는 근로자의 생명 및 신체에 관계되는 손해를 뜻하며, 물적 손해를 배제한 협의적 의미로 산업재해를 규정하고 있다.

산업재해로 사망자가 발생하거나, 3일 이상의 휴업이 필요한 부상을 입거나 질병에 걸린 사람이 발생한 경우에는 산업재해가 발생한 날부터 1개월 이내에 산업재해조사표를 작성하여 관할 지방고용노동관서의 장에게 제출하도록 사업주의 산업재해 발생보고 의무를 규정하고 있다(산업안전보건법 시행규칙, 2017). 휴업이란 재해근로자가 산업재해로 인하여 입원, 병가, 자택 등에서 요양, 기타 결근 등으로 출근하지 못한 것을 의미한다. 휴업일수에 사고 당일은 포함되지 않으나, 법정공휴일이나 휴무일은 포함된다. 사업주는 산업재해가 발생하였을 때에는 고용노동부령으로 정하는 바에 따라 재해발생원인 등을 기록 · 보존하여야 한다.

산업안전보건법에서는 산업재해 중 사망자가 1명 이상 발생한 재해, 3개월 이상의 요양이 필요한 부상자가 동시에 2명 이상 발생한 재해, 또는 부상자 또는 직업성질병자가 동시에 10명 이상 발생한 재해를 중대재해로 정의하고 있다. 중대재해가 발생한 사실을 알게 된 경우에 사업주는 지체 없이 발생 개요 및 피해 상황, 조치 및 전망(원인 및 재발방지 계획 등), 그 밖의 중요한 사항 등을 관할 지방고용노동관서의 장에게 전화·팩스, 또는 그 밖에 적절한 방법으로 보고하여야 하며, 산업재해조사표도 1개월 이내에 제출하여야 한다.

사례 1.2 시대변화와 안전관리

기업환경이 변화하고 있다. 이에 따라 노동환경도 변화고 있으며, 안전관리에 대한 시각도 변화하고 있다. 고령화 사회에 따라 기업 내의 근로자들은 젊은 근로자와 고령 근로자가 같은 일을 수행하고 있으며, 파견 근로자나 용역업체 근로자, 파트 타임 아르바이트 등의 임시직이나 비정규직 근로자들이 증가하고 있다. 또한, 다문화 가정과 외국인 근로자의 증가에 따라 외국인과 더불어 일하는 일도 증가하고 있다. 전반적으로 근로자의 특성은 다변화되고 다양한 층으로 구성되는 다양성으로 대변될 수 있다.

제조업에서의 생산방식은 자동화, 정보화, 최첨단 기술되어 근로자가 모르는 물질이나 생산설비를 다루는 경우가 존재하고, 서비스업의 증가로 인한 서비스업 종사자의 안전보건 문제가 부각되고 있다. 또한 국가간 무역의 활성화로 인하여 재해의 발생은 국내의 대응만으로는 한계에 부딪치는 상황에 부딪히고 있다.

생산방식이나 직장 환경에서의 변화는 안전관리에서도 변화를 요구하고 있다. 예전에 비해 공장에서 발생하는 재해발생 건수가 감소하고 있어 재해에 대한 경험이나 대책에 대한 사례가 적어지고 있다. 따라서 일어나지 않은 아차사고와 잠재적인 재해요인까지 관심을 두게 되었으며, 재해 위험요인을 제거하고 낮추는 방법과 우선순위, 효과까지 고려하고 있다. 재해예방을 위한 대책도 설비의 개조나 안전장치의 설치뿐만 아니라 시스템 문제, 작업절차, 근로자의 인적오류, 교육 등의 소프트웨어적인 대책도 관심이 모아지고 있다.

1.3 안전보건관리의 필요성

안전관리(안전경영: safety management)란 재해로부터 인간의 생명과 재산을 보호하기 위한 계획적이고 체계적인 제반 활동을 말한다. 넓은 의미에서 안전관리란 인간 생활의 복지 향상을 위하여 직접 또는 간접적으로 어떤 형태의 생존권도 침해받지 않는 상태를 유지하기 위한 활동을 말하며, 좁은 의미에서는 재해로부터 인명과 재산을 보호하는 활동을 의미한다. 최근 기업에서는 안전관리라는 용어가 안전보건(safety and health)관리로 통용되고 있다. 원래 안전(safety)은 작업장에서 다루는 물질, 생산과정이나 작업절차로 인해 발생할 수 있는 신체적인 상해(injury)에 초점을 두고, 보건(health)은 신체적 또는 정신적인 병(illness)에 초점을 두고 사용되었지만, 안전보건이라는 용어가 사용되면서 안전과 보건의 경계는 불분명해지고, 일터에서 일하는 사람들의 신체적, 정신적 안녕과 복지를 확보하기 위한 활동이라는 의미로 이용되고 있다.

안전관리는 전통적인 기업이나 IT 회사, 병원이나 학교, 사회복지 시설, 여가 시설, 사무실 등을 포함하여 모든 산업이나 기업과 연관되어 있다. 기업이나 조직에서 생산이나 성과에 대한 압박, 재정적인 제약, 조직의 복합성 등은 안전을 확보하는데 장애물로 인식되어 왔으나, 도덕성, 준법성, 경제성은 안전을 추진하는 동력으로 작용하여 왔다. 21세기가 되면서는 안전보건과 관련한 기업의 사회적 책임 측면이 강조되었다. 이는 기업이 환경이나, 인권, 제3자의 자산에 영향을 미칠 수 있으므로, 사회나 기업 자체에 긍정적이고, 지속가능한 영향을 주기위하여 사회적, 환경적, 경제적 가치를 증가시킬 수 있도록 하는 경영활동을 의미한다.

안전관리가 중요한 이유는 피할 수 있는 사고를 야기하며 인명과 재산을 손실하는 것은 인도주의적 측면에서 도덕적 죄악이라 할 수 있으며, 사회적인 책임 측면에서는 예방할 수 있는 재해 사고를 방지하지 못하고 인명과 재산상의 손실을 입는다면 경영주가 사회적 책임을 다하지 못한 것이기 때문이다. 또한 재해의 예방으로 인한 근로자의 사기 진작, 생산 능률의 향상, 대내외 여론 개선으로 신뢰성이 향상되고, 사고 방지를 위한 비용이 사고 처리 비용보다 적게 드는 것 등을 고려한다면 생산성 향상 측면에서도 기여하는 것을 알 수 있다. 따라서 안전관리의 목적은 인간의 존중, 사회복지 증진, 생산성 향상 및 품질 향상, 기업의 경제적 손실 예방 등으로 나타낼 수 있다.

사례

1.3 환경안전보건 경영(ESH Management)의 목적과 대상

안전보건관리라는 용어는 안전경영, 안전보건경영이라는 용어로도 혼용된다. [그림 1.2]와 같이 일반적으로 경영은 운영, 조정, 계획평가 등을 수행이라는 과정이라고 볼 수 있으며, 안전경영은 관리의 대상이 되는 근로자와 시설 및 환경, 그리고 조직 시스템을 관리하여, 관리의 목적인 재해로 발생되는 비용의 최소화, 안전보건관련 법규의 준수, 사회적 이미지의 손상을 방지하는 데 있다.

최근에는 유해물질이나 환경요인이 안전보건과 밀접해짐에 따라 기업에서는 안전보건이라는 용어가 환경안전보건(ESH: Environment, Safety and Health)라는 용어로도 이용되고 있다.

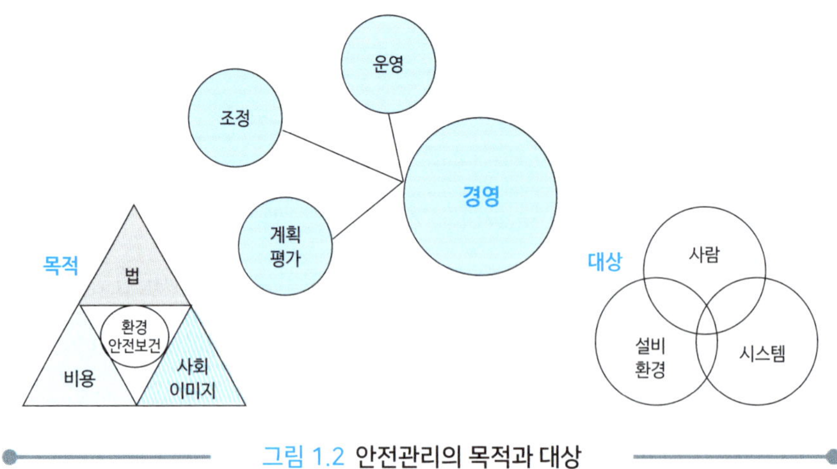

그림 1.2 안전관리의 목적과 대상

산업안전보건법 시행규칙에서는 근로자에게 현저한 유해 또는 위험을 초래할 우려가 있는 경우에는 사업주에게 안전보건진단 명령, 건설물이나 그 부속 건설물 · 기계 · 기구 · 설비 및 원재료의 사용중지 명령, 작업 중지 명령, 영업 중지의 요청까지 할 수 있다. 따라서 안전보건관리가제대로 되지 않아서 중대 재해가 발생하는 경우에는 생산이나 영업중지와 같은 막대한 비용을 발생할 수 있기 때문에, 기업의 안전보건관리는 생산관리나 마케팅만큼이나 기업의 순이익에 영향을 주는 중요한 영역으로 이해되고 있다. 이는 기업이 치열한 경쟁 속에서 고객을 감동시키기 위한 품질개선이나 마케팅 활동이 이윤을 창출하는 데 중요한 역할을 하지만, 생산 활동에서 발생하는 재해발생 비용이 원가를 상승시키고 순이익을 줄이는 데 영향을 미치게 되므로, 기업의 경쟁력 차원에서도 중요한 의미를 갖고 있기 때문이다.

2 재해발생과 원인

2.1 하인리히 법칙과 재해발생 피라미드 이론

재해발생 피라미드에 관한 이론은 하인리히(Heinrich, 1959)의 재해발생 비율에 관한 연구가 효시이다.

미국의 여행자보험회사(Travelers Insurance Company)에 근무하던 하인리히는 사고 및 재해 자료를 분석한 결과를 이용하여 대형 사고나 재해가 발생하기 전에는 그와 관련한 경미한 사고와 많은 징후들이 나타난다는 재해발생 피라미드 이론을 1931년에 발표하였다. '하인리히 법칙'으로 불리는 하인리히 재해발생 비율법칙은 '1 : 29 : 300의 법칙'이라고도 불리는데, 중대 상해 1건이 발생하기까지는 동일한 원인에 의해 29건의 경미한 상해가 있고, 300건의 바람직하지 않은 아차사고가 있다는 것이다. 즉 하인리히는 큰 사고는 갑자기 징후도 없이 일어나는 것이 아니라 많은 경고성 징후를 통해 발생한다는 것이다. 바꾸어 말하면, 아차사고를 발생시키는 상황이 우연성에 따라 경미한 사고나 중대재해가 될 수도 있다는 것이다.

사례 1.4 하인리히 법칙과 시사점

[그림 1.3]과 같이 중대 상해와 경미 상해, 아차 사고가 '1:30:300'의 비율로 조사되었다고 하자. [그림 1.3]의 재해 발생비율에 하인리히 법칙을 응용하여 해석하면, 아차사고가 반복되면 경미 상해나 중대 상해를 가져오는 사고가 될 수 있다는 것을 의미한다.

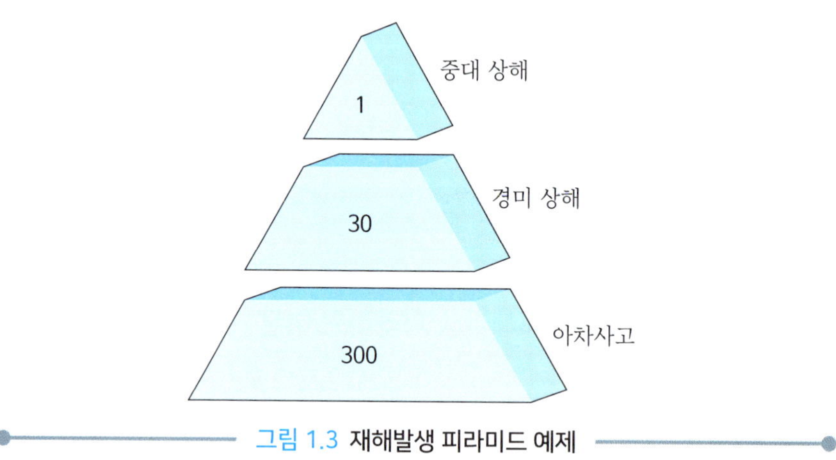

그림 1.3 **재해발생 피라미드 예제**

예를 들면 길에서 미끄러지면 넘어질 뻔만 하는 아차사고에서, 넘어지면서 손바닥을 짚고 손바닥이 벗겨지는 경미한 상해, 넘어져서 뇌진탕을 일으키는 중대 상해까지 발생할 수 있으며, 그림과 같이 발생 비율이 1:30:300로 조사되었다면 10 회의 길에서 미끄러진 아차 사고가 반복된다면 한 번은 경미한 상해가 발생하고, 300 회의 아차 사고가 반복된다면 1 회의 중대 재해가 발생한다는 것이다. 결국 일생 동안 길에서 미끄러지는 것을 반복하다보면 큰 사고

로 이어질 수 있는 것이다. 따라서 길에서 미끄러지지 않도록 앞을 똑바로 보고 걸으며, 급하게 뛰지 않는 것이 넘어지는 횟수를 줄이는 것이고, 넘어지는 횟수가 줄어들면 큰 사고를 당할 가능성도 줄이는 것이라고 할 수 있다.

재해발생 피라미드 이론에서 재해발생 비율의 정확성은 논란의 대상이 될 수 있다. 따라서 회사나 조직의 재해예방을 위하여 재해 경중에 따른 발생비율을 조사하는 것은 매우 중요하고, 필요한 일이라고 할 수 있다. 그러나 비율의 정확성 논란보다는 재해예방의 관점에서 아차사고나 경미사고를 포함하여 재해예방대책을 세워야한다는 점이 하인리히 법칙의 핵심이라고 할 수 있다.

하인리히 법칙은 후속 연구자들에 의해 연구결과가 제시되어 왔다. **[그림 1.4]**는 연구자별 재해발생 비율을 요약한 재해발생 피라미드를 나타낸다. 하인리히가 '1 : 29 : 300'의 비율로 중대 상해, 경미 상해, 상해가 없는 아차사고로 발생한다고 주장한 반면, 보험회사에서 근무한 버드(Bird, 1974)도 297회사에서 발생한 1,753,498 사고를 분석하여 1969년도에 '1 : 10 : 30 : 600의 법칙'을 제안하였다. 버드는 중대 상해와 경미 상해, 재산상 손실만 가져오는 사고, 그리고 '아차 사고(near miss)'가 '1 : 10 : 30 : 600'의 비율로 발생한다고 하였다.

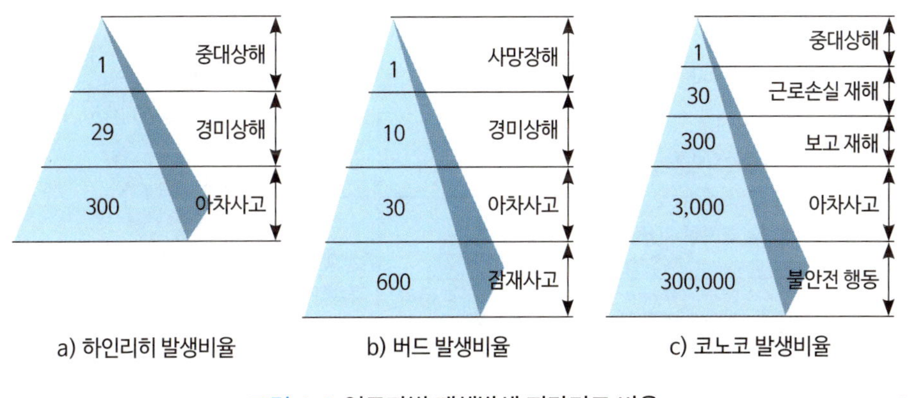

그림 1.4 **연구자별 재해발생 피라미드 비율**

석유, 천연가스 등을 탐사, 개발, 판매하는 미국의 다국적 에너지 기업인 코노코필립스(ConocoPhillips Marine)는 2003년에 '중대 재해 : 근로손실 재해 : 보고 재해 : 아차 사고 : 불안전 행동/조건'의 비율이 '1 : 30 : 300 : 3,000 : 300,000'로 발생한다고 주장하였는데, 중대 재해 1건은 적어도 30만 건의 불안전 행동에 의한 비율로 발생한다는 것이다.

2.2 재해발생 피라미드와 재해예방 접근

기업체나 조직들은 근로자의 안전을 확보하기 위한 법의 준수와 일정 규모의 손실을 초래한 사고를 관리하기 위해 사고 자료를 기록하고 관리한다. 그러나 법적인 측면에서 관리해야 할 사고나 상해는 의무적이지만, 회사의 사정에 따라 사고나 상해에 관한 자발적인 관리체계는 차이가 존재할 수 있다. [그림 1.5]은 재해발생 피라미드에서 상해(occupational injury)관점과 사고(industrial accident)관점에서 사고나 상해의 피해 정도 및 발생 비용, 관리 형태 등을 요약한 것이다.

사고에 대한 공식적인 보고 관리는 산업안전보건법에서 정한 상해사고나 조

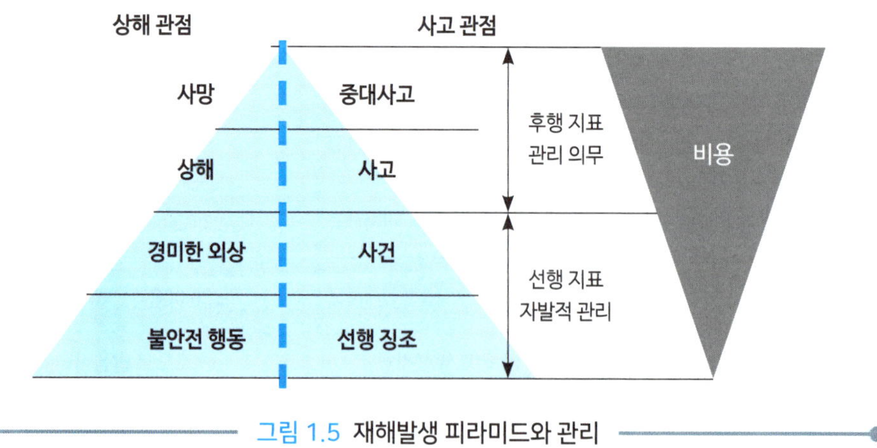

그림 1.5 재해발생 피라미드와 관리

직에서 정한 일정 규모 이상의 재산상의 손실을 가져오는 사고를 대상으로 의무적으로 기록하고 관리하는 것이다. 이들은 사고의 발생 원인을 분석하여 동종 재해나 유사 재해예방에 분석결과를 이용할 수 있으므로 '눈에 보이는 재해'로 불리며, 후행지표(lagging indicator)로도 불린다. 상대적으로 재해가 많이 발생하는 시기에는 상해를 발생시킨 재해나 재상상의 손실을 가져온 사고의 원인을 조사하여 대책을 전개하는 사후대책 측면에서의 접근이 주를 이루었다.

그러나 재해예방 노력과 기술의 발달로 인해 기업에서는 전체적으로 재해발생 건수가 줄어들고 있어 재해처리의 경험이나 예방대책에 대한 성공사례들도 줄어들 수밖에 없다. 따라서 최근에 안전관리를 중요시 하는 조직들은 사고의 잠재원인이 될 수 있는 '눈에 보이지 않는 잠재요인'까지도 관리하는 사전예방 측면에서의 접근이 강조되고 있다. '눈에 보이지 않은 잠재요인'에 관한 관리는 조직의 자발적인 노력이며, 일어나지 않은 사고의 잠재요인을 다루므로 선행지표(leading indicator)로 불린다. 선행지표로 이용되는 정보로는 상해 관점에서는 경미한 상처나 외상이나 불안전한 행동과 불안전한 상태 등이 있으며, 사고 관점에서는 설비의 고장이나 경미한 누수와 같은 아차사고나 선행 징조 등이 있다.

재해예방과 관련하여 산업안전보건법에서 정한 상해사고나 조직에서 정한 일정 규모 이상의 재산상의 손실을 가져오는 사고를 대상으로 발생 원인을 분석하여 동종 재해나 유사 재해예방에 초점을 맞추는 접근은 수동적인(reactive) 재해예방 접근이라고 한다. 즉, '눈에 보이는 재해'인 후행지표(lagging indicator)를 기준으로 사후대책 측면에서의 접근이 주를 이루는 접근방식이라고 할 수 있다.

반면에 재해예방과 관련하여 사고의 잠재원인이 될 수 있는 '눈에 보이지 않는 잠재요인'까지도 관리하는 접근을 능동적인(proactive) 재해예방 접근이라고 한다. 즉, '눈에 보이지 않은 잠재요인'에 관한 선행지표(leading indicator)를 기준으로 사전예방 측면에서의 접근이 주를 이루는 접근방식이라고 할 수 있다.

2.3 회복탄력성(resilience)과 안전 확보

재해발생 피라미드에 의한 재해예방 접근방법은 주로 사고 사례를 근거로 재해 형태를 분류하거나 가능성을 계산하는데 초점이 모아졌다. 그러나 홀나겔(Hollnagell et al., 2006)은 사고에 따른 피해규모가 커지고 사고가 발생하면 조직의 경쟁력에까지 치명적인 결과를 초래할 수 있기 때문에 회복탄력성(resilience)이라는 개념을 이용한 안전접근법을 제시하였다.

회복탄력성을 이용한 안전접근법은 조직이나 시스템 내부의 능력과 외부의 위협에 대처하는 능력의 차이로 사고가 발생한다는데 초점을 맞추고 있다. 즉, 외부의 위협으로 인한 사고발생 위험성을 조절하는 능력이 사고를 예방할 수도 있고, 사고로 커질 수도 있다는 데 초점을 맞춘다. 예를 들면 시스템이나 조직의 위협이나 변동하는 상황에 대응하는 능력이 높으면 큰 변동에도 대처할 수 있지만, 대응 능력이 낮으면 작은 위협에도 대응할 수 없게 되고 사고가 발생할 수 있다는 것이다. 따라서 조직이나 시스템의 조직원들은 시스템의 위협이나 변동하는 상황에 유연하게 대응하는 회복탄력성에 대한 능력을 키우는 것이 필요하다.

사례 1.5 외부의 위협과 회복탄력성

시스템의 위협이 되는 변동성은 '작고 간단 – 크고 복잡'과 '일상적 – 비일상적'의 특성으로 표현될 수 있으며, 이에 따라 회복탄력성의 필요 정도를 [그림 1.6]과 같이 표현할 수 있다.

마트에서의 과격한 손님에 대한 대응이나 난폭 운전에 대한 대응과 같이 비교적 '작고 간단'한 변동성에서는 대응을 위한 개인의 능력이 준비되어 있으면 대처할 수 있다. 그러나 대규모 화재라던가 지진과 같은 '크고 복잡'한 변동에서는 팀이나 조직적으로 많은 장비들을 이용하여 대응하여야 한다. 이러한 경우에는 개인의 대응 능력과 더불어 팀과 조직 구성원들의 회복탄력성에 관한 능력이 필요하다.

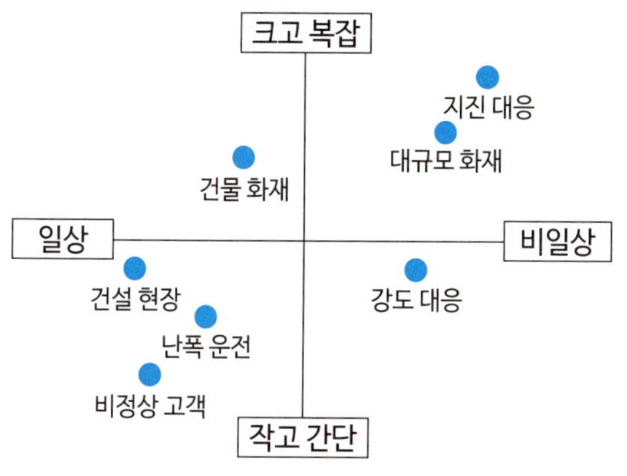

그림 1.6 **외부 위협의 변동성과 회복탄력성**

홀나겔(Hollnagell et al., 2014)은 위험요인을 토대로 재해예방 대책을 제시하는 기존의 재해예방 접근 방법을 안전 I(Safety I)이라고 하고, 회복탄력성에 기초한 재해예방 접근을 방식을 안전 II(safety II)라고 하였으며, 안전 I(Safety I)을 시행하고 추가적으로 안전 II(safety II)를 시행할 필요성이 있다고 주장하였다.

사례 1.6 동물원 호랑이와 Safety-I과 Safety-II

동물원의 호랑이를 사례로 Safety-I과 Safety-II 접근 방식을 비교하여 보자.

Safety-I 접근은 동물원에서 호랑이를 키우지 않거나(위험 제거), 새끼 호랑이만 키울 수 있다(위험 감소). 그러나 동물원에서 호랑이가 없다면 동물원이라고 할 수 없으므로, 호랑이가 넘을 수 없고, 태풍과 같은 위협에도 대응할 수 있는 호랑이 울타리도 만들고 방호 턱도 만든다(격리). 또한, 호랑이에 다가가지 않도록 경고 표시(정보제공)도 하고, 호랑이 사육사에게는 운용 매뉴얼을 작성하여 교육을 통하여 매뉴얼대로 일하도록 하는 접근방식이다.

Safety-II 접근은 누군가 악의를 가지고 호랑이를 탈출시키거나 천재지변에 의해 호랑이가 탈출하는 비상 상황에 대한 회복 탄력성을 키우기 위하여 담당자의 대응능력을 키우는 것이다. 비상 상황에서도 피해 확대를 방지하고 조기에 사태를 수습할 수 있도록 다른 곳의 사고 사례를 배우고 맹수관리 방안을 배울 뿐만 아니라, 맹수의 행동 패턴과 탈출 패턴을 예상하여 감시체제를 구축하고 대응력을 키우는 접근 방식이라고 할 수 있다.

지금까지 재해의 발생과 원인에 대하여 살펴보았듯이 재해의 원인은 다양한 각도에서 제시 될 수 있다. 따라서 재해발생 이론과 원인에 대한 분류체계를 이해할 필요가 있다.

2.4 재해발생 원인의 분류

2.4.1 인적 원인(불안전 행동) 및 물적 원인(불안전 상태)

사고는 물적 원인인 불안전한 상태와 인적 원인인 불안전한 행동이 직접 원인이 되어 발생한다. [그림 1.7]은 사고 발생 모델을 나타낸 것으로 인적원인과 물적 원인으로 분류된다.

인적 원인은 근로자가 불안전한 행동을 일으키는 조건으로 안전장치의 기능 제거, 위험한 장소의 접근, 안전절차의 불이행, 운전중급유, 불안전한 상태의 방치, 기계/설비의 잘못 사용, 보호구 및 복장의 미착용 등을 포함한다.

근로자가 주의를 집중하고 우수한 기능을 가진 기계나 설비를 사용하더라도, 기계설비나 작업환경이 안전보건 대책이 생산기술에 충분하지 않거나 결함을 지닌

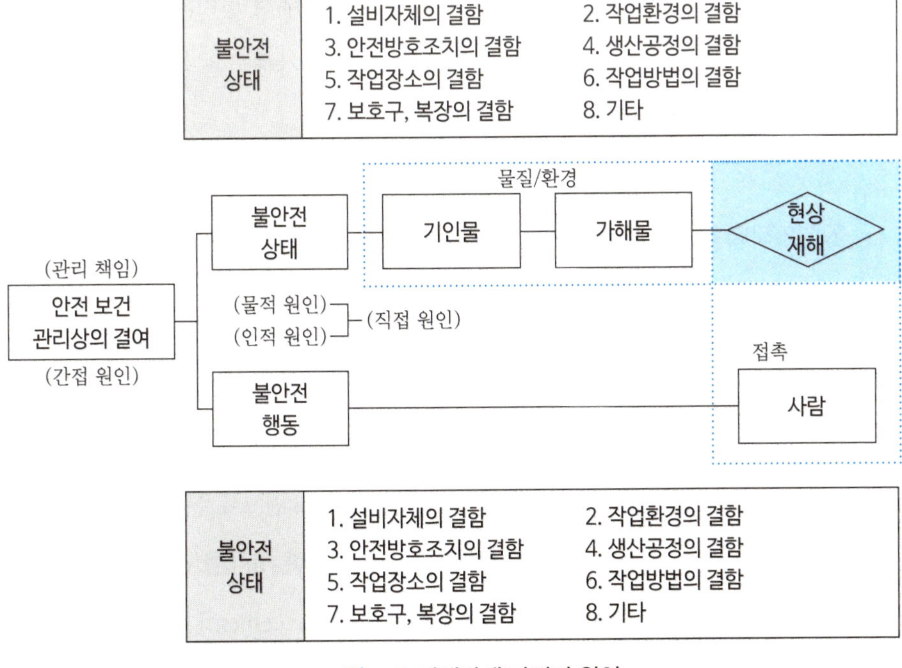

그림 1.7 재해발생 과정과 원인

경우에는 사고를 일으킬 수 있다. 사고를 일으키는 물적 원인은 설비자체의 결함, 작업환경의 결함, 안전방호조치의 결함, 생산 공정의 결함, 작업장소의 결함, 작업방법의 결함, 보호구, 복장의 결함 등을 의미한다.

사례 1.7 기인물과 가해물

불안전한 행동이나 불안전한 상태로 인하여 사고가 발생하는 경우에 기인물은 발생 사고의 근원이 되는 기계, 장치, 설비 또는 환경을 뜻하며, 가해물은 사람에게 직접 위해를 주는 물체를 의미한다.

사고를 발생시킨 원인물질인 기인물과 재해자의 신체부위에 접촉한 가해물은 같을 수도 있으며, 다를 수도 있다. 예를 들어 지게차 운전자가 운전 미숙으로 전복되어 운전석에 부딪혀서 재해를 입었다면 기인물과 가해물은 모두 지계차로 같아진다. 그러나 조선업종 작업자가 발판에서 떨어져 블록의 바닥에 부딪혀서 재해를 입었다면 기인물은 발판이 되고 가해물은 블록의 바닥이 되어 기인물과 가해물은 서로 다르다.

2.4.2 직접원인과 간접원인(4M, 3E)

사고의 직접원인이 되는 불안전한 상태와 불안전 행동은 각각 물적 원인과 인적원인에 해당한다.

사고의 간접원인은 직접적인 원인인 불안전한 행동과 불안전한 상태를 유발하는 기본원인과 기본원인의 근본적인 배경이 되는 근본요인으로 분류된다.

사고의 직접적인 원인인 불안전한 행동과 불안전한 상태를 유발하는 기본원인으로는 Man(인간), Machine(기계), Media(매체), Management(관리)의 4M 요인으로 알려지고 있다. 4M은 미국 연방교통안전위원회 NTSB(National Transportation Safety Board)가 기원이 되어 일본의 산업계에서도 JR 동일본 등에서 널리 이용되고 있다.

Man(인간) 요인은 신체적, 정신적 원인 등이 해당되며, Machine(기계) 요인은 기술적 결함, 점검이나 정비 불량 등이 해당된다. Media(매체) 요인은 본래 인간과 기계를 연결하는 매체라는 의미이지만 구체적으로는 작업조건, 작업환경, 작업방법, 작업정보의 부적절 등이 해당되고, Management(관리) 요인은 안전법규, 각종기준의 정비, 안전관리조직, 교육훈련, 계획, 지휘, 감독 등이 해당된다.

사고의 근본요인으로는 윤리적인 측면, 기술적인 측면, 조직 관리 측면, 사회제도적 측면에서의 사고의 근본적인 배경이 되는 요인이며, 경영자 의식의 개혁, 획기적인 안전기술의 개발, 조직체계의 근본적 개선 등과 관련되어 있다고 볼 수 있다. 재해감소를 위한 Engineering(공학), Education(교육), Enforcement(제도, 규제) 요소를 안전관리의 3요소 3E라고 한다.

3 재해발생 이론

3.1 순차적 연쇄반응 이론

3.1.1 하인리히의 도미노 이론

하인리히(H. W. Heinrich)가 발표한 도미노 이론(sequence of dominoes; domino theory of accident causation)은 사고의 원인이 어떻게 연쇄 반응을 일으키는가를 도미노(domino: 직사각형으로 만든 골패)를 이용하여 설명한 이론이다. 즉, **[그림 1.8]**과 같이 세워 놓은 도미노의 골패 중에서 사고의 원인인 골패가 하나 넘어지면 줄지어 넘어져 재해가 발생한다는 것이다.

재해의 발생 과정을 ① 유전적 요인과 사회적 환경, ② 개인의 결함, ③ 불안전한 행동과 불안전한 상태, ④ 사고, ⑤ 재해의 5개의 골패를 일렬로 세워놓고 어느 한 끝을 쓰러뜨리면 연쇄적으로 쓰러져 재해가 발생한다는 현상에 비유하여 설명한 이론이다.

연쇄성 이론에서는 골패가 연쇄적으로 넘어지려 할 때 골패를 사전에 옮기면 골패의 연쇄성이 중단되듯이 사고 발생 이전에 사고의 원인을 제거하는 것이 사고

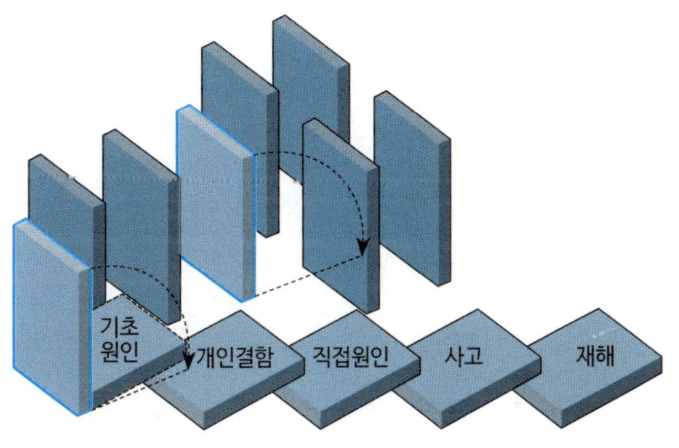

그림 1.8 하인리히의 도미노 이론

발생의 연쇄성을 끊어버리는 결과가 되어 사고를 예방하는 방법이라고 설명한다.

구체적으로 사고 요인을 살펴보면 다음과 같다.

① 유전적 요인 및 사회적 환경

사람의 가계 내력과 성향과 같은 유전적 요인과 성장 과정에서 축적된 사회적 환경요인은 사고의 기초원인(간접 원인)인 개인적 결함의 원인이 된다.

② 개인적 결함

무모, 격렬한 기질, 흥분성 기질 등의 개인적 결함은 불안전 행동이나 상태의 원인이 되는 사고의 2차원인(간접 원인)이 된다.

③ 불안전한 행동과 불안전한 상태

불안전한 행동은 안전장치 기능 제거, 보호구 복장 미착용, 불안전한 기계 조작과 같이 사고의 직접적인 원인이 될 수 있는 사람의 행동을 의미한다. 불안전한 상태는 보호구 결함, 어두운 작업 공간, 설비자체의 결함 등과 같이 사고나 재해의 원인이 되는 물리적 상태나 환경을 의미한다.

불안전한 행동의 인적 원인과 불안전한 상태의 물적 원인은 사고의 직접적인 원인으로 직접 원인을 제거하면 사고를 예방할 수 있다.

④ 사고

인간이 어떠한 목적을 수행하려는 과정에서 부정적인 결과를 초래할 수 있는 의도하지 않거나 계획되지 않은 일을 사고라고 하며, 불안전한 상태나 불안전한 행동이 직접적인 원이이 되어 발생한다.

⑤ 재해

사고의 결과로 초래된 인명피해나 재산상의 손실을 말한다.

하인리히의 도미노 이론은 사고관계를 순차적 사상기반의(sequential event-based) 인과관계로 연결하여 사고원인과 결과를 연쇄계통적으로 이해하는 순차적 인과관계모형의 효시이다. 또한, 사고에 인간의 불안전 행동이 직접적인 사고 요인이라는 사실을 밝힌 점에서 의의가 있다. 그러나 불안전 행동과 불안전 상태의 직접적인 사고 원인의 제거에 초점을 맞춰 상대적으로 관리적 요인의 중요성을 간과 하였다는 비판도 받았다. 이러한 비판은 관리시스템의 중요성을 도입한 버드(Bird, 1974)의 신연쇄반응 이론이 나오게 되는 계기가 되었다.

3.1.2 버드의 신연쇄반응 이론

버드(Bird)의 신연쇄반응 이론은 불안전한 상태와 불안전한 행동의 원인은 기본적 원인인 4M, 즉 작업자(man), 기계(machine), 매체(media), 관리(management)에서 기인하며, 근원적 원인은 관리의 부족에서 발생한다고 주장하였다.

[그림 1.9]와 같이 버드는 사고 과정을 ① 관리(통제)의 부족, ② 기본적 원인, ③ 직접 원인 징조, ④ 사고, ⑤ 재해로 구분하였으며, 직접 원인의 제거만으로는 재해가 방지되지 않으며 기본 원인을 제거하여야 예방될 수 있다고 하였다.

그림 1.9 **버드의 신연쇄반응 이론**

버드의 신도미노 이론은 불안전 행동과 불안전 상태의 제거만으로는 재해가 예방되지 않으며 기본 원인을 제거하여야 예방될 수 있다고 주장하여, 상대적으로 관리적 요인의 중요성을 부각함으로써 산업안전관리를 위한 이론적인 기초를 마련하였다.

3.1.3 위버와 아담스의 사고 연쇄반응 이론

위버(Weaver)는 사고 과정을 ① 유전과 환경, ② 성격의 결함, ③ 불안전한 상태 및 불안전한 행동, ④ 사고, ⑤ 재해로 구분하였으며, 사고의 연쇄 반응 이론에 전술적 에러의 발견과 지적이라는 개념을 결합시켜 ③ 불안전한 상태 및 불안전한 행동, ④ 사고, ⑤ 재해까지도 전술적 에러의 징후로 보았다. 사고를 일으키는 직접 원인인 불안전한 행동 또는 불안전한 상태는 정책, 우선순위, 조직, 의사결정, 평가 통제 및 경영면에 있어서 관리가 제대로 이루어지지 못한 것을 뜻한다.

아담스(Edward Adams)는 사고 과정을 ① 관리구조(경영조직) 결함, ② 작전적 에러(운영상의 에러), ③ 전술적 에러(고의적 에러), ④ 사고, ⑤ 재해로 표현하였으며, 재해의 직접 원인은 불안전 행동과 불안전 상태를 유발하거나 방치한 전술적 에러에서 비롯된다고 보았다. 아담스는 전술적 에러(tactical error)는 관리 감독자의 정책 집행 과정에서 각종 작업 기준의 불명확성, 관리 감독의 불철저, 업무 분장의 불확실, 신상 필벌 체계의 미정립 등 조직의 긴장 이완 내지는 와해를 조장하는 작전적 에러(operational error)에서 기인한다고 보았고, 작전적 에러는 최고 경영자의 의지 부족, 구체적인 목표 설정 미흡, 조직 운용상의 미숙 등에 기인하는 관리구조 결함(organization defect)에 근본 원인이 있다고 규정하였다.

3.1.4 순차적 연쇄반응 모델의 발전

하인리히의 도미노 이론을 비롯한 여러 학자의 수정된 도미노이론은 사고원인이 원인과 결과에 순차적 연쇄성이 있는 것으로 해석한다. 즉, 순차적 연쇄반응 모델은 사고는 근본원인(root cause)의 결과이므로 이를 찾아 제거하면 사고를 예방할 수 있다는 관점이다. 따라서 나무가 말라죽는 이유를 나무의 뿌리로 부터 순차적으로 찾아가는 접근 방법을 취한다.

사고 원인과 결과의 순차적 인과관계에 초점을 맞춘 순차적 연쇄반응 모델은

이 책의 후반부에서 설명하게 될 결함수 분석(FTA: Fault Tree Analysis)이나 고장형태 영향분석(Failure Mode and Effect Analysis)으로 진화되어 발전되어 왔다.

3.2 역학적 모델

3.2.1 Reason의 스위스 치즈 모델

역학적 사고 모델은 인체 속에 잠재해 있던 질병요인이 발현되거나, 위생상태가 좋지 않으면 전염병이 유행할 수 있다는 관점에서 사고를 바라본다. 마치 모기에 물리지 않기 위해 아무리 모기를 잡아도 주위 환경에 물이 고여 있는 늪이 존재하면 직접적인 원인인 모기를 잡는 것만으로는 해결되지 않는다는 것이다.

1990년도에 리즌(Reason, 2000)은 조직 내에 잠재된 사고 요인의 관리에 초점을 둔 스위스 치즈 모델을 발표하였다. 스위스 치즈 모델은 **[그림 1.10]**과 같이 시스템 내에 사고 예방을 위한 방어 전략들을 치즈를 겹겹이 붙여 놓는 층으로 묘사하고, 각 치즈 층에 해당하는 방어 전략마다 스위스 치즈와 같이 방어벽이 없거나 결함으로 인해 구멍이 존재하는 것으로 해석하였다. Reason은 각 치즈의 층에 방어벽 결함이나 부재로 인하여 발생한 구멍들이 체인처럼 이어지고 불안전 행동으로 연결

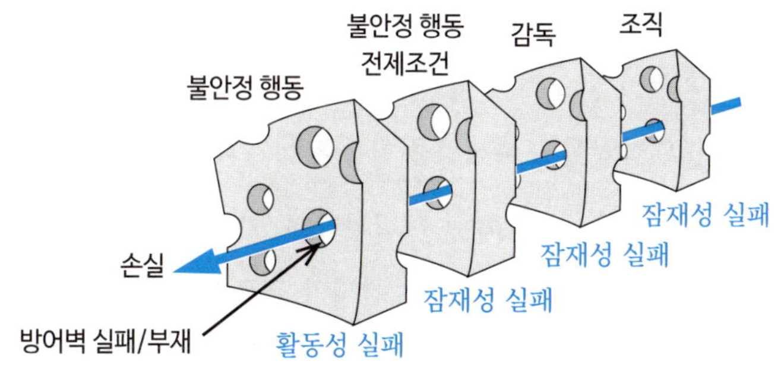

그림 1.10 스위스 치즈 모델

되면서 사고가 발생하고 손실을 입게 된다고 해석하였다. 즉, 조직 내의 잠재적 실패(latent failure)요인들이 불안전 행동으로 인하여 현실로 나타나는 사고를 활동성 실패(active failure)라고 하였다. 따라서 사고예방을 위해서는 불안전 행동을 유발하는 요인의 배후인 조직요인을 강화하여 각 단계에서 적절한 방호조치를 하는 것이 중요하다고 주장하였다.

3.2.2 HFACS(Human Factor Analysis and Classification System)

Reason의 스위스 치즈 모델은 2003년도에 Weigmann과 Shappell이 항공기 사고 분석용으로 개발한 인적요인 분석 및 분류체계 모델(HFACS: Human Factor Analysis and Classification System)로 발전되었다. HFACS 모델은 스위스 치즈 모델을 이용하여 조직적 영향, 관리감독, 불안전 행동 유발 전제조건, 불안전 행동의 4가지 요인으로 구성된 치즈 층을 제시하였다.

사례 1.8 밀폐 공간 작업사고와 스위스 치즈 모델 적용

밀폐 공간 작업에서 발생할 수 있는 사고를 [그림 1.10]의 스위스 치즈 모델을 이용하여 설명하여 보자. 밀폐 공간은 환기가 잘 되지 않는 작업공간으로 산소가 부족하여 질식의 위험이 존재할 뿐만 아니라, 유해 가스가 있는 경우 폭발의 위험성을 지니고 있어 작업절차에 대한 관리자의 승인이 필요하다. 또한, 교육을 받은 작업자가 가스 농도를 사전에 측정한 뒤 밀폐공간에 들어가야 하고, 작업을 모니터링을 하는 감독자를 배치해야한다.

조직적인 측면에서는 밀폐 공간 작업절차에 대한 규정이 마련되고, 절차규정이 현실에 맞게 운용되는가에 대한 관리가 필요하지만 관리감독자는 작업절차의 승인을 형식적인 서류의 승인으로 여기고 관리를 소홀히 하였다.

감독 측면에서는 밀폐 공간 작업을 수행하기 위해 들어오는 외부 용역회사의 외주 작업자들의 사전교육 여부와 작업진행에 관한 설비와 감독자 배치에 대한 점검이 제대로 이루어지지 않았다.

불안전 행동 전제조건으로는 외주 작업자들이 허용된 작업시간이 주말을 이용하여 작업을 마쳐야하기 때문에 시간이 촉박하고, 용역회사를 통해 모집된 외주 작업자들이어서 보호구와 측정 설비가 제대로 지급되지 않고 측정도 이루어지지 않은 상태에서 작업에 들어가게 되었다. 물론 작업을 모니터링 해야 할 감독자도 인원부족으로 배치되지 못하였다.

불안전한 행동으로는 작업자들이 시간이 지나도 소식이 없자 작업을 의뢰한 관리자가 아무런 보호구 없이 농도 측정도 안 된 상태에서 작업공간으로 들어갔다. 이로 인해 외주 작업자와 회사 담당 관리자 모두가 재해를 입게 되었다.

3.3 인적 모델

인적 모델은 인적 행동이나 인적 요인에 기반을 둔다. 인적 행위 모델(human behavior model)은 인간이 행하는 오류는 불안전한 행동으로 발생한다는 행동이론에 따라 적절한 보상을 통해 안전한 행동은 강화하고, 불안전 행동을 억제시키는 데 초점을 맞춘다. 이러한 인적 행위 모델에 기초한 사고예방 프로그램이 행동기반안전(BBS: behavior-based safety) 프로그램으로 발전하였다고 볼 수 있다.

인적요인(인간공학) 모델(human factors model)은 Ferrel이나 Peterson의 이론이 대표적이다. Ferrel은 사고의 배경에는 인간의 오류가 존재하고 인간의 오류는 인간능력을 초과하는 과부하, 양립성의 부족에서 오는 부정확한 반응, 부적절한 행동으로 인해 발생한다고 주장하였다. Peterson(1982)은 사고의 발생은 인적 오류나 시스템의 고장과 관계가 있고, 인적 오류는 인간의 능력을 초과하는 과부하, 비인간공학적작업장 설계와 양립성이 부족한데서 오는 함정, 의사결정의 부정확에서 발생한다고 보았다.

- 고용노동부, 산업안전보건법, 2019.
  http://www.law.go.kr/lsInfoP.do?lsiSeq=203199&efYd=20181018#0000
- 고용노동부, 산업안전보건법 시행령,
  2019. http://www.law.go.kr/lsInfoP.do?lsiSeq=209711&efYd=20190702#0000
- 고용노동부, 산업안전보건법 시행규칙,
  2019. http://www.law.go.kr/lsInfoP.do?lsiSeq=208507&efYd=20190419#0000
- Bird, F.E., Management guide to loss control, Institute Press, 1974.
- ConocoPhillips Marine: Safety Pyramid based on a study, April 2003
- Heinrich, H. W., Industrial accident prevention, 4th ed., McGraw-Hill, 1959.
- Hollnagel, E. Safety-I and Safety-II: The Past and Future of Safety Management. Farnham, UK: Ashgate. 2014.
- Hollnagel, E., Woods, D.D., Leveson, N.C., Resilience engineering: concepts and precepts. Ashgate Publishing, 2006.
- HSE, Investigating accidents and incidents, HSE Books HSG245, 2004.
  http://www.hse.gov.uk/toolbox/managing/accidents.htm
- Reason, J., The Contribution of Latent Human Failures to the Breakdown of Complex Systems. Philosophical Transactions of the Royal Society of London. Series B, Biological Sciences. 327(1241), 475-484, 1990.
- Reason, J., Human error: models and management. British Medical Journal. 320(7237), 768–770, 2000.
- Shappell, S. A.; Wiegmann, D. A., The Human Factors Analysis and Classification System–HFACS, Federal Aviation Administration, 2000.
  https://www.nifc.gov/fireInfo/fireInfo_documents/humanfactors_classAnly.pdf
- Petersen, D., Human error reduction and safety management. New York: Garland STPM Press. 1982.

연습문제

01 한 작업자가 빈 드럼통 위에 서서 구조물에 용접을 하다가 용접봉이 튀어 드럼통 속으로 들어가 드럼통 속의 잔류 가스가 폭발하여 작업자가 10m 뒤에 떨어져 척추를 다쳤다. 이 재해 사례 설명 중 불안전한 행동은?

① 용접봉이 튀어 빈 드럼통 속으로 들어감
② 빈 드럼통 위에 서서 드럼통 속을 미확인하고 용접을 하였다.
③ 드럼통 속에 잔류 가스가 있다.
④ 드럼통 속의 마개가 열려 있다.

02 하인리히(Heinrich)의 업적과 관련이 없는 항목은?

① 안전제일(safety first) 운동을 제창하였다.
② 재해 발생과정을 도미노이론으로 설명하였다.
③ 중상:경상:무상해 사고의 비율을 1:29:300 으로 추정했다.
④ 직접비:간접비의 비율을 1:4로 추정했다.

03 미국연방교통안전위원회(NTSB)에서 사용하는 모델인 4M중 맞는 하나는?

① 방법(Method)
② 매체(Media)
③ 재료(Material)
④ 비용(Money)

04 다음의 재해 발생 원인 가운데에서 불안전한 상태에 해당하는 것은?

① 보호구의 미착용
② 안전장치의 결함
③ 규칙의 무시
④ 불안전한 조작

해답 : 1. ②, 2. ①, 3. ②, 4. ②, 5. ②

05 다음 설명 중 틀린 것은?

① 재해로부터 인명과 재산을 보호하는 것은 소극적 안전의 개념이다.

② 사고에 의한 인적 또는 물적 피해를 상해라 한다.

③ Near accident란 무재해 사고를 뜻한다.

④ 산업안전보건법에서는 사고로 인적 피해에 한정하여 보상한다.

06 다음 중 하인리히의 연쇄성(도미노) 이론을 순서대로 나타낸 것은?

ⓐ 개인적인 결함	ⓑ 사회적 환경 및 유전적 요소
ⓒ 불안전한 행동과 불안전한 상태	ⓓ 재해
ⓔ 사고	

① ⓐⓑⓒⓓⓔ　　② ⓑⓐⓔⓒⓓ

③ ⓑⓐⓒⓔⓓ　　④ ⓐⓑⓔⓒⓓ

07 사고의 피해 비율과 관련한 하인리히의 1:29:300의 이론을 가장 적절하게 설명한 것은?

① 1건의 중재해, 29건의 경상해, 300건의 불휴 재해

② 1건의 중상해, 29건의 경상해 및 300건의 아차 사고

③ 1건의 전 노동 불능이 있을 때 20건의 상해와 300건의 고장 발생

④ 1건의 상해발생시, 29건의 경미상해와 300건의 불안전한 행동 유발

08 다음 Domino 이론에 대한 설명 중 틀린 내용은?

① 사고의 발생 과정에 대한 연쇄성 이론으로 5단계로 분류된다.

해답 : 5. ②, 6. ③, 7. ②, 8. ④

② 재해는 인적, 물적의 직접 원인을 제거함으로써 예방이 가능하다.

③ 사회적 환경과 유전적 요인은 간접 원인 중의 기초 원인으로 분류된다.

④ 개인적 결함은 1차 원인으로 간접 원인이다.

09 어느 작업원이 발판에서 지면으로 떨어져 팔을 다쳤다. 기인물과 가해물이 맞게 표기된 것을 고르시오?

① 기인물 – 발판, 가해물 – 지면 ② 기인물 – 지면, 가해물 – 발판

③ 기인물 – 발판, 가해물 – 발판 ④ 기인물 – 지면, 가해물 – 지면

10 재해 발생 비율(재해 발생 피라미드)에 관한 설명으로 틀린 내용은?

① 하인리히의 잠재된 위험 상태는 300/330이다.

② 버드는 '중상:경상:무상해 물적 손실:아차사고' 발생비율이다.

③ 하인리히의 잠재된 위험이 버드의 잠재된 위험률보다 크다.

④ 하인리히는 '중대상해:경미상해:상해없는 아차사고'의 발생비율이다.

11 사고의 기본 원인인 4M에서 작업 및 환경 요인과 관련되는 것은?

① man ② machine

③ media ④ management

12 안전관리의 3요소인 3E에 속하지 않는 것은?

① 교육 ② 규제

③ 환경 ④ 기술

해답 : 9. ①, 10. ③, 11. ③, 12. ③

13 다음 중 하인리히의 재해이론에서 사고의 직접적인 원인은?

① 개인적 결함　　② 불안전 상태
③ 유전적 요인　　④ 사회적 환경

14 다음 학자들의 사고 이론 중 접근방법이 다른 것은?

① 하인리히　　② 버드
③ 아담스　　④ 리즌

15 방어벽 결함이나 부재로 인하여 발생한 구멍들이 체인처럼 이어지고 불안전 행동으로 연결되면서 사고가 발생한다는 이론과 거리가 먼 것은?

① 스위스 치즈 이론　　② Reason의 잠재적 실패
③ 역학적 재해발생 모델　　④ 불안전행동과 불안전상태

16 사고발생 인간공학적 모델에서 인적오류 원인과 거리가 먼 것은?

① 시스템 결함 고장　　② 인간능력을 초과하는 과부하
③ 의사결정의 부정확　　④ 양립성 부족의 부정확한 반응

17 다음 중에서 산업안전보건법에서의 중대재해와 맞지 않는 설명은?

① 사망자가 1명 이상 발생한 재해
② 3개월 이상의 요양이 필요한 부상자가 2명 이상 발생한 재해
③ 부상자 또는 직업성질병자가 동시에 5명 이상 발생한 재해
④ 1개월 이내에 관할 지방고용노동관서의 장에게 발생보고

해답 : 13. ②, 14. ④, 15. ④, 16. ①, 17. ③

18 다음 중에서 의도하거나 의도하지 않거나, 부정적인 결과를 초래하거나 초래하지 않거나 관계없이 주목을 받는 일로 아차사고와 불안전 상태를 포함하는 의미의 단어는?

① accident ② injury

③ incident ④ illness

19 상해나 손실을 초래하지는 않았지만 상해나 손실을 초래할 수 있는 잠재성이 있는 현상에 적합한 용어는 ?

① near miss ② injury

③ disaster ④ accident

20 안전관리의 목적과 거리가 먼 것은?

① 인간의 존중 ② 정의사회 구현

③ 기업의 경제적 손실 예방 ④ 생산성 향상 및 품질 향상

21 다음 중 사고예방과 관련된 용어들 중에서 서로 다른 성격의 용어는?

① 눈에 보이지 않는 잠재요인 ② 능동적인(proactive) 재해예방

③ 자발적인 노력 ④ 후행지표(lagging indicator)

해답 : 18. ③, 19. ①, 20. ②, 21. ④

실습문제

01 다음은 일반적인 재해와 법상의 재해 개념에 대한 문제이다.

1) 사고와 재해에 대하여 설명하시오.
2) 산업안전보건법상 산업재해 발생보고의 대상과 방법을 설명하시오.
3) 산업안전보건법상 중대재해와 보고방법에 대해 설명하시오.

02 다음은 재해발생피라미드 비율과 관련된 하인리히 법칙에 대한 문제이다.

1) 하인리히의 1:29:300에 대해 설명하시오.
2) 하인리히 법칙에서 '눈에 보이지 않는 재해'의 발생 확률은?
3) 하인리히 법칙에서 선행지표와 후행지표란? 향후 재해예방을 위한 지표의 관리 방향은?

03 한 작업자가 빈 드럼통 위에 서서 구조물에 용접을 하다가 용접봉이 튀어 드럼통 속으로 들어가 드럼통 속의 잔류가스가 폭발하여 작업자가 10m 뒤에 떨어져 팔의 뼈가 부러졌다.

1) 기인물과 가해물은?
2) 재해 발생 형태와 상해 종류는?
3) 사고의 직접 원인이 되는 불안전 행동과 불안전 상태는?

04 실제로 발생한 재해 사례를 대상으로 사고 발생 모델을 이용하여 분석하시오(산업안전보건공단 홈페이지 kosha.or.kr 정보마당에서 재해 사례 활용).

05 우리나라 산업 재해 통계를 이용하여 사망재해:중상:경상의 발생비율을 조사하여 재해 피라미드의 특성이 존재하는가를 조사하시오.

06 홀나겔(Hollnagell)의 회복탄력성(resilience)과 안전-I, 안전-II 접근에 대하여 설명하고, [그림 1.6]을 이용하여 주변 상황에서 발생할 수 있는 위협의 특성을 표현하는 그림을 작성하여 보시오.

2
재해조사와 통계

1. 사고조사 및 분석
2. 사고조사 분석도구
3. 산업재해와 요양신청
4. 재해통계와 재해율
5. 재해 손실비용

1 사고조사 및 분석

1.1 사고의 본질적 특성 및 재해 예방원리

사고의 본질적 특성은 ① 사고 발생의 시간성, ② 우연성 중의 법칙성, ③ 필연성 중의 우연성, ④ 사고의 재현 불가능성 등이다.

사고의 시간성은 사고의 본질은 공간적인 것이 아니라 시간적이라는 것이다. 다만 사고발생 시간을 예측할 수 없으므로 사고 예방이 어렵다고 할 수 있다.

우연성 중의 법칙성은 우연처럼 보이지만 사실은 엄연한 법칙에 따라 사고가 발생한다는 것이다. 아무리 사고 가능성이 있는 경우라도 사고 조건이 충족되지 않으면 발생하지 않는 법칙이 존재한다는 것이다.

필연성 중의 우연성은 필연성 속에 잠재되어 있는 우연성을 의미한다. 일반적으로 사고를 대비하기 위한 필수 조건을 지킨다 하더라도 예상치 못한 위협에 관한 우연성이 잠재되어 있다는 것이다.

사고의 재현 불가능성은 지나가버린 시간을 되돌려 사고의 조건과 상황을 재현할 수 없음을 의미한다. 사고를 유발하는 조건이 같더라도 사고의 결과는 조금씩 다르게 나타날 수 있기 때문이다.

사고의 본질적 특성을 이해하면 재해 예방원리를 쉽게 해석할 수 있다. 하인리히가 주장한 재해 예방의 원리를 살펴보면 ① 예방 가능의 원칙, ② 손실 우연의 원칙, ③ 원인 연계의 원칙, ④ 대책 선정의 원칙 등 4가지의 원리로 표현된다.

예방 가능의 원칙은 천재지변을 제외한 모든 인재는 예방이 가능하다는 것이다. 따라서 예방대책을 적절히 세우면 많은 재해를 예방할 수 있다.

손실 우연의 원칙은 사고로 인한 손실의 있고, 없음이나 손실의 크기는 사고 당시의 조건에 따라 우연성에 의해 발생한다는 것이다.

원인 연계의 원칙은 사고에는 반드시 원인이 있고 사고의 발생과 원인은 대부

분 복합적 인과관계가 존재한다는 것이다. 따라서 사고를 유발한 원인을 제거하면 사고는 예방될 수 있다.

대책 선정의 원칙은 사고의 원인이나 불안전 요소가 발견되면 반드시 대책을 선정하여 실시하여야 하고, 안전의 3E에 해당하는 기술적(engineering), 교육적(education), 규제적(enfoecement)인 측면에서 대책 선정이 가능하다는 것이다.

1.2 사고조사의 목적

사고조사의 근본적인 목적은 동종사고 또는 유사사고의 재발 방지에 있다. 사고의 원인을 명확히 하고 대책을 세우지 않으면 사고는 재발한다. 따라서 사고조사의 목적은 사고의 발생과정을 분석하여 이해하기 쉽게 표현하고, 이를 바탕으로 재발방지 예방대책을 세우는 것이 목표이다.

사례 **2. 1 사고조사와 예방대책**

사고는 반복해서 발생하는 속성이 있기 때문에 발생한 사고에 대하여 발생원인과 관련 요인들을 분석·검토하고 정리하는 것이 무엇보다 중요하다. 사고조사는 사고의 근본원인을 파악하여 중점적으로 관리해야 할 대상을 선정하는 역할을 한다. 따라서 사고의 발생과정과 원인을 체계적으로 분석하는 것은 무엇보다도 중요하다고 할 수 있다. 이러한 체계적인 사고분석 자료는 경향이나 추세 등을 파악하는 사고통계 자료로도 귀중하게 활용될 수 있다.

사고조사는 사고관련자의 책임추궁을 위한 것이 아니고, 동종재해의 재발 예방에서 나아가 근본적인 원인과 배후까지 파악하여 포괄적인 대책을 세우는 것이 목적이다. 흔히 사고조사의 결과가 관련자를 찾아내기 위한 수단이나 책임추궁을 위한 수단으로 작용되는 경우에는 조사자는 관련자를 찾아내는

데 부담을 갖게 되어 근본적인 원인과 대책을 찾기보다는 관련자를 축소하거나 인적요인보다는 설비, 환경 요인을 찾는데 초점을 둘 수 있게 된다.

사람이 관련된 사고는 사고원인이나 인과관계를 하나로 명확하게 도출하기가 어렵다. 사고조사 보고서도 사고 조사자가 사고를 관측하고 기록하여 해독한 문서라고 할 수 있다. 따라서 다양한 방법의 시각으로 분석하고 종합적인 검토가 이루어져야 한다.

사고조사는 사고조사자의 역량에 좌우되는 경우가 많으므로 사고분석을 위한 현장 기술경험과 지식이 있는 자질과 재해예방 대책을 제시할 수 있는 능력을 갖추어야 한다.

사고분석을 위한 기술경험과 지식으로는 현장 정보수집 능력, 사고분석 방법에 대한 지식과 활용능력, 조사 대상 업무에 관한 지식, 인적요인에 대한 지식 등이 요구된다. 재해예방대책을 제시하기 위한 능력은 예방대책과 관련한 기술지식, 예방대책의 효과 평가능력, 보고서 작성능력 등이 요구된다.

사고조사는 조사자의 관점에 따라 분석이나 해석에서 다양한 관점이 존재할 수 있다. 따라서 가능하면 여러 사람이 다양한 관점에서 분석하고 이들 결과들을 종합적으로 검토하는 과정이 필요하다. 특히 사고 규모가 크고 복잡한 경우에는 대상 업무관련 전문가, 인적요인에 관한 인간공학 전문가, 사고관련 기술 전문가 등이 팀을 구성하여 조사, 분석하는 것이 바람직하다.

1.3 사고 조사 절차

사고 조사의 절차는 [그림 2.1]과 같이 4단계로 나타낼 수 있다.

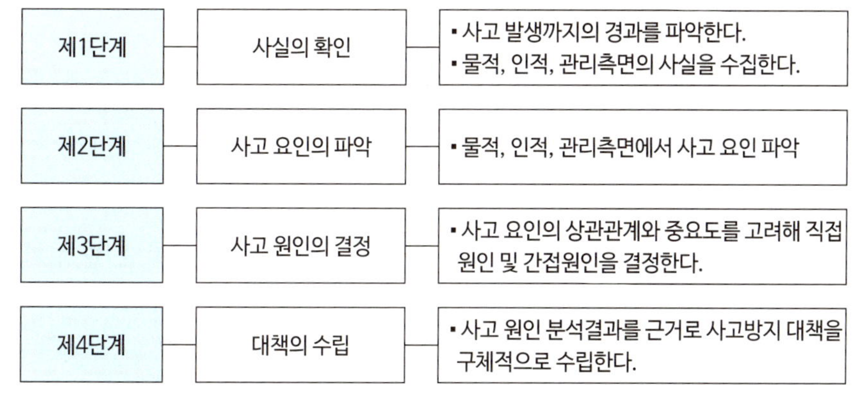

그림 2.1 사고조사 절차

(1) 제1단계: 사실의 확인

사실의 확인은 사고 발생까지의 경과, 인적·물적·관리적 요인을 확인하는 단계이다.

① 현장 보존: 사고 현장의 건물 구조재, 각종 기기 및 설비, 원재료 등 취급물질, 손상된 물건 등은 사고 조사상의 판정 자료이며, 현장에 존재하고 있었던 것 자체가 상황 증거가 된다. 따라서 사고 원인을 조사하기 위해서는 가능한 한 원래 상태 그대로 보존할 필요가 있다. 사고 후 사고 현장은 본격적 조사가 완료될 때까지 보존하기 위하여 출입금지 구역으로 설정한다.

② 사전 준비 및 조사팀의 구성: 조사에 필요한 복장 및 보호구, 조사 장비, 기타 조사에 필요한 건물 설비 현황, 작업관련 자료, 화학물질 안전보건자료 등을 준비한다. 조사팀은 조사대상 업무 전문가, 인간공학 전문가, 사고관련 기술 전문가 등으로 구성한다.

③ 현장 조사: 현장 조사는 선입견에 구애되지 않고 현장 전체의 상황, 물건의 존재 및 상태 등을 사진과 도면, 관계자 질문 등을 통하여 객관적으로 조사한다.

(2) 제2단계: 사고 요인의 파악

사고 요인이란 불안전한 상태, 불안전한 행동, 관리상의 결함 등에 의해 사고가 발생하였을 때 사고 발생의 원인이 된 인자를 말한다. 결함의 유무 판정은 법규, 사내 규정, 사내 기술지침, 작업 표준, 이상시의 조치 기준, 설비 기준, 환경 기준 등의 판정 기준에 의해서 객관적으로 행하고, 판정 기준이 설정되지 않은 경우에는 조사자의 주관에 의해서 판단한다.

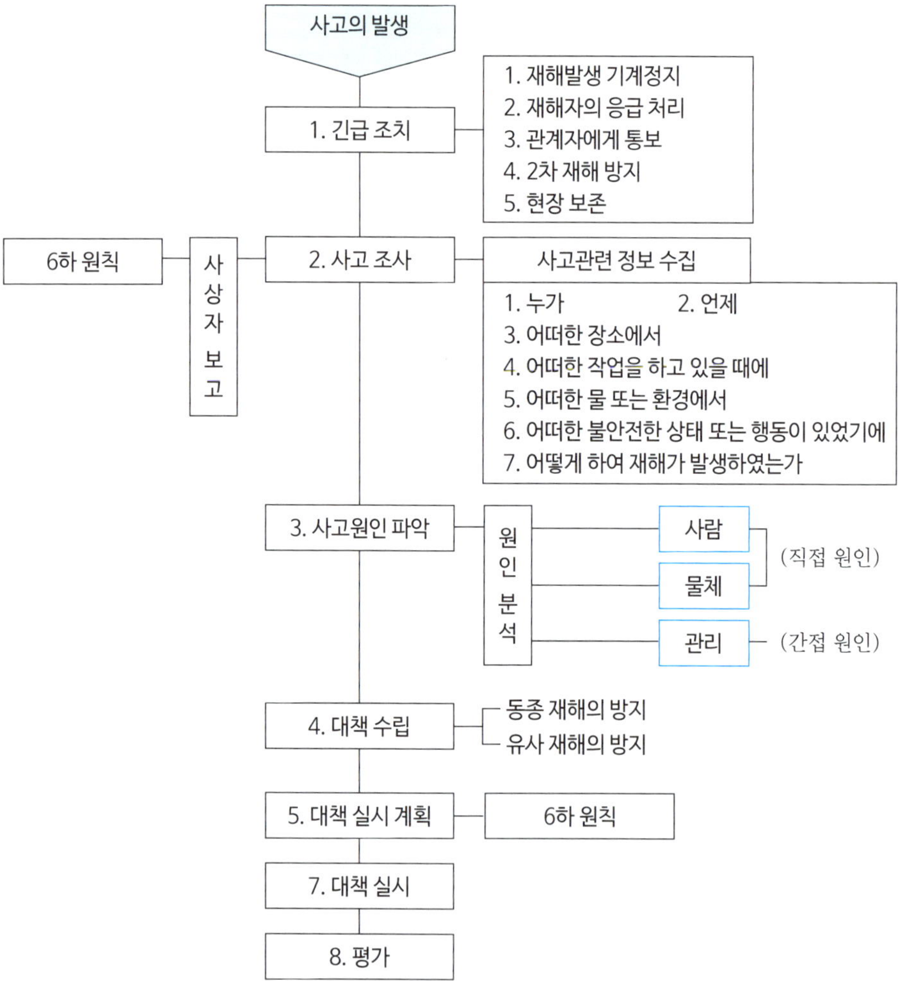

사고의 발생

1. 긴급 조치
- 1. 재해발생 기계정지
- 2. 재해자의 응급 처리
- 3. 관계자에게 통보
- 4. 2차 재해 방지
- 5. 현장 보존

2. 사고 조사 — 사상자 보고 — 6하 원칙

사고관련 정보 수집
- 1. 누가
- 2. 언제
- 3. 어떠한 장소에서
- 4. 어떠한 작업을 하고 있을 때에
- 5. 어떠한 물 또는 환경에서
- 6. 어떠한 불안전한 상태 또는 행동이 있었기에
- 7. 어떻게 하여 재해가 발생하였는가

3. 사고원인 파악 — 원인 분석
- 사람, 물체 (직접 원인)
- 관리 (간접 원인)

4. 대책 수립
- 동종 재해의 방지
- 유사 재해의 방지

5. 대책 실시 계획 — 6하 원칙

7. 대책 실시

8. 평가

그림 2.2 사고의 처리 과정

(3) 제3단계: 사고 원인(근본적인 문제점)의 결정

사고 원인의 상관관계와 중요성을 검토하여 근원적(물적) 측면, 인적 측면, 관리적 측면에서 원인을 밝힌다. 직접 원인은 불안전한 상태 및 불안전한 행동 요소로 도출하고, 간접 원인은 노무 관리 및 안전보건 관리상의 결함 여부에서 찾는다.

(4) 제4단계: 대책의 수립

근본적인 문제점 및 사고 원인을 근거로 동종 재해나 유사 재해 방지를 위한 대책을 수립한다. 대책은 필요성, 구체성, 실시 가능성을 고려하여, 인적 대책, 물적 대책, 관리적 대책으로 구분하여 마련한다.

사고가 발생하였을 때의 조치는 사고의 종류 및 인적·물적 피해상황에 따라 처리할 내용과 과정이 다르지만 처리과정은 [그림 2. 2]와 같이 표현할 수 있다.

1.4 사고방지대책 기본원리 5단계

하인리히가 주장한 사고방지 대책의 기본 원리 5단계를 다음과 같다.

(1) 제1단계(안전 관리 조직)

① 경영자 안전 목표를 설정

② 안전 관리 조직을 구성

③ 안전 활동 방침 및 계획을 수립

④ 조직을 통한 안전 활동을 전개

⑤ 전 종업원의 참여하에 집단의 목표를 달성

(2) 제2단계(사실의 발견): 현상 파악(불안전 요소의 발견)

① 사고 및 활동 기록의 검토

② 작업 분석

③ 점검 및 검사

④ 사고 조사

⑤ 각종 안전 회의 및 토의

⑥ 근로자의 제안 및 여론 조사

⑦ 관찰 및 보고서의 연구

(3) 제3단계(분석 평가): 사고의 직접 원인과 간접 원인을 발견

① 사고 보고서 및 현장 조사 분석

② 사고 기록 및 관계 자료 분석

③ 인적, 물적, 환경적 조건 분석

④ 작업 공정 분석

⑤ 교육 및 훈련 분석

⑥ 배치 사항 분석

⑦ 안전 수칙 및 작업 표준 분석

⑧ 보호 장비의 적부 등의 분석

(4) 제4단계(개선 대책의 선정)

① 기술적 개선

② 배치 조정

③ 교육 및 훈련 개선

④ 안전 행정의 개선

⑤ 규정 및 수칙, 작업 표준, 제도의 개선

⑥ 안전 운동 전개 등

(5) 제5단계(개선 대책의 적용)

- 개선 대책의 적용, 실시

▪ 3E 대책

① 교육: education,

② 공학적 대책, 기술: engineering,

③ 독려, 규제: enforcement

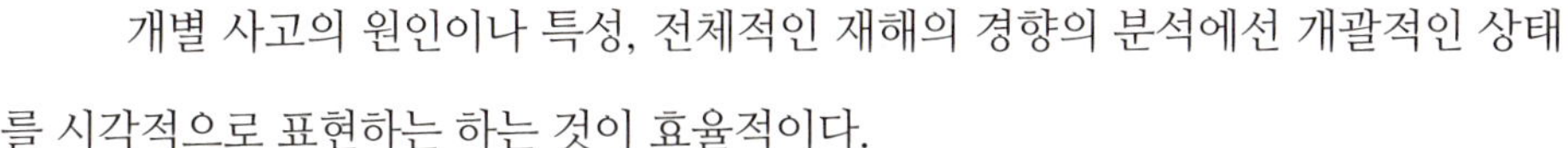

2 사고조사 분석도구

개별 사고의 원인이나 특성, 전체적인 재해의 경향의 분석에선 개괄적인 상태를 시각적으로 표현하는 하는 것이 효율적이다.

2.1 개별 사고특성 분석

2.1.1 특성 요인도

특성 요인도는 원인-결과도(cause-and-effect diagram)라고도 불리며, 원하지 않는 사건(또는 원하는 사건)을 발생시키는 요인들을 파악하기 위하여 이용된다.

원하지 않는 사고에 어떤 요인이 영향을 미치는지를 쉽게 이해할 수 있도록 계통적으로 정리하여 그림으로 표현하는 기법이다. 그림의 모양이 생선뼈와 비슷하여 생선뼈 그림(fishbone diagram)으로도 불리며, 린다. 이 기법은 일본의 이시가와가 품질 개선 활동을 위해 고안하여 '이시가와 다이어그램(Ishikawa diagram)'으로도 불린다.

특성 요인도는 **[그림 2.3]**과 같이 분석대상의 사고를 오른쪽의 생선 머리에 위치시키고, 관계된 중요 요인들을 가운데의 중심 뼈에 연결한다. 중요 요인으로는 일반적으로 사람, 자재, 장비, 환경, 방법, 절차 등이 고려된다. 마지막으로 중요 요인들의 원인이 되는 요소들을 가시로 나열하고 세부 원인이 있으면 잔가시로 연결한다.

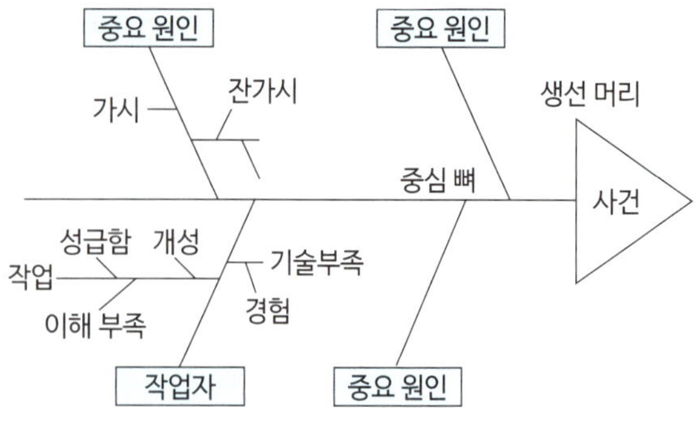

그림 2.3 특성요인도

2.2 마인드 맵

영국의 부잔(Buzan)은 생각하는 것들을 마음속에 지도를 그리듯이 시각화하여 사고를 통합적으로 표현하는 시각적 사고 기법인 마인드맵(mind mapping)을 개발하였다. 마인드맵은 자신의 생각을 핵심 단어를 중심으로 원과 직선을 이용하여 아이디어, 문제, 개념 등을 개괄적으로 빠르게 설정할 수 있도록 도와주는 연역적 추론 기법이다.

마인드맵은 [그림 2.4]와 같이 가운데 원에 중요한 개념이나 문제를 설정한

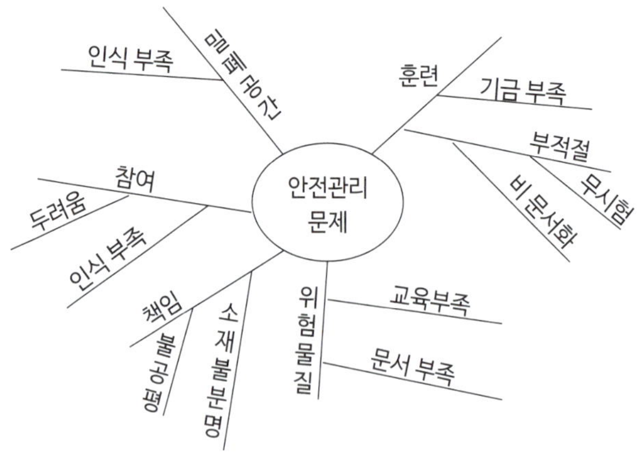

그림 2.4 안전관리 문제에 관한 마인드맵

후에 문제를 발생시키는 중요 원인이나 개념에 관련된 핵심 요인들을 주변에 열거하고 원에서 직선으로 연결한다. 중요 요인(핵심 요인)들에 대한 세부적인 내용은 트리 형태의 직선으로 연결한 후에 선 위에 서술한다.

2.1.3 시스템안전 분석기법

시스템 안전 분석에 이용되는 분석도구들로는 사고의 발생계통을 그림으로 그려 분석하는 결함나무분석(FTA: Fault Tree Analysis), 의사결정트리분석(ETA: Event Tree Analysis)등이 있다. 시스템안전 분석도구의 자세한 설명은 이 책의 7장 시스템 안전 분석에서 설명한다.

2.2 사고특성과 통계분석

2.2.1 파레토 차트

파레토 원칙(Pareto principle: 80대 20 원칙)이란 이탈리아의 경제학자 파레토의 주장으로, 20%의 항목이 전체 빈도의 80%를 차지한다는 이론이다. 당시 전체 국민 중에서 부자에 해당하는 20% 사람들이 전체 국민들이 가지고 있는 재산의 80%를 점유하고 있다는 사실을 연구 결과로 제시한 것이다. 사회 현상에서 많이 볼 수 있는 파레토 원칙은 불량이나 사고의 원인 등에서도 볼 수 있다. 전체 사고의 80% 정도가 실제로는 20% 밖에 되지 않는 소수의 원인 항목에서 발생하는 경우에는 20%에 해당하는 중요한 원인 항목만 찾아내어 체계적으로 분석하면 사고의 80%를 해결할 수 있다는 것이다.

파레토 차트(Pareto chart)는 80대 20의 파레토 원칙이 성립하는지와 파레토 원칙이 성립한다면 20%에 해당하는 중요한 항목은 무엇인지를 찾아내기 위하여 작성된다. 사고의 원인이 되는 중요한 항목을 찾아 관리하기 위함이다.

파레토 차트의 작성 방법은 먼저 빈도수가 큰 항목부터 차례대로 항목들을 나열한 후에 항목별 점유비율과 누적비율을 구하고, 이들 자료를 이용하여 x축에 항목, y축에 점유비율과 누적비율로 막대-꺾은선 혼합 그래프를 그리면 된다. 파레토 차트를 그린 후에 누적비율이 80%를 넘는 곳까지의 항목들이 전체 항목 개수의 20% 이내라면 파레토 원칙이 적용되고, 누적비율 80%를 차지하고 있는 소수의 항목들이 중요 항목이 되는 것이다.

사례 2.2 파레토 차트 작성

[표 2.1]은 어느 회사의 안전부서에서 집계한 1년 동안의 아차사고에 관한 항목별 빈도수를 나타낸 것이다.

표 2.1 안전관리 문제에 관한 마인드맵

항목	A	B	C	D	E	F	G	H	I	J
빈도수	36	1	12	1	1	1	45	1	1	1

Excel을 이용하여 아차사고에 관한 항목별 빈도수를 기준으로 내림차순으로 정렬을 하고, 항목별 점유비율과 누적비율을 구하면 [표 2.2]와 같다. 해당 항목별 누적비율은 이전 항목까지의 누적비율에 해당 항목 점유비율을 더하여 구하면 된다.

표 2.2 아차사고의 항목의 빈도수정렬과 비율

항 목	G	A	C	B	D	E	F	H	I	J
빈도수	45	36	12	1	1	1	1	1	1	1
점유비율	45%	36%	12%	1%	1%	1%	1%	1%	1%	1%
누적비율	45%	81%	93%	94%	95%	96%	97%	98%	99%	100%

Excel의 그래프 형식에서 막대-꺾은선 혼합 그래프 형식을 이용하면 **[그림 2.8]**과 같은 파레토 차트를 작성할 수 있다. **[그림 2.5]**에서 보면 전체 10개 항목의 20%에 해당하는 항목 G, A가 누적비율이 81%를 차지하므로 파레토 원칙이 성립되고, 항목 G, A는 중요한 항목이라 할 수 있다.

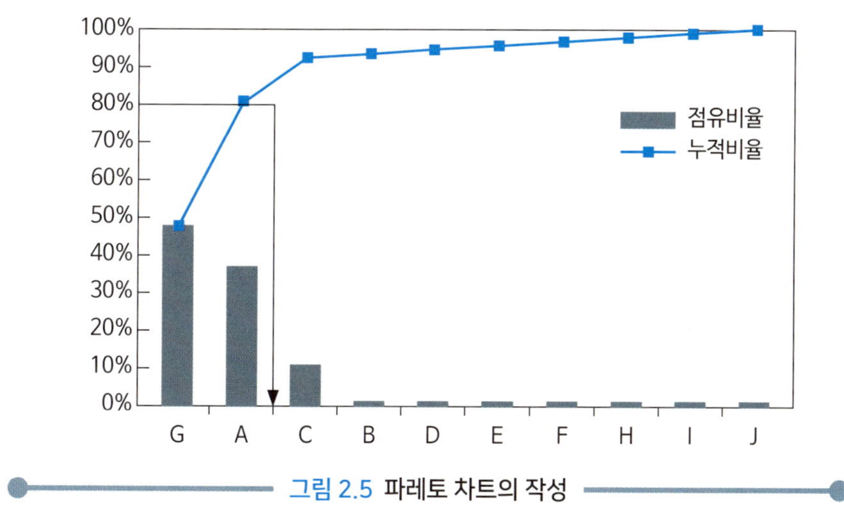

그림 2.5 **파레토 차트의 작성**

2.2.2 히스토그램

히스토그램은 데이터가 존재하는 범위를 몇 개의 구간으로 나누어서 각 구간에 들어가는 데이터의 발생 빈도수를 체크하여 막대그래프로 작성한 그림으로서 자료의 분포 형태를 쉽게 파악하기 위한 용도로 작성한다.

많은 경우 데이터의 전체적인 특성을 해석하기는 어렵다. 히스토그램은 데이터를 도식화함으로써 데이터가 가진 전체적인 분포 양상, 퍼진 정도, 집중되어 나타나는 곳이 어디 있는지 등을 시각적으로 보여준다.

2.2.3 그래프

그래프는 데이터를 그림으로 나타내어 항목간의 특성을 비교하거나 변화경향이나 추세를 알기 쉽게 나타낸 것이다. 그래프는 누구나 쉽게 작성할 수 있는 반면, 보는 사람은 한 눈에 전체적인 내용을 파악할 수 있을 수 있어 흔하게 사용되는 방법 중의 하나이다.

1) 막대그래프는 양의 크기를 막대의 길이로 표현한 것으로서 어느 특정 시점에서의 수량을 상호 비교하려 할 때 흔히 사용된다.

2) 꺾은선그래프는 가로축에 시간, 세로축에 수량을 잡고, 데이터를 차례로 타점하고 그것을 꺾은선으로 이은 것이다. 꺾은선그래프는 변화의 추세나 상관관계를 파악하는데 이용된다.

3) 원그래프는 원 전체를 100%로 보고 각 부분의 비율을 원의 부채꼴 면적으로 표현하여 구성 성분을 파악하는 데 장점이 있는 그림이다. 원그래프를 만들 경우 항목은 일반적으로 시계방향에 따라 크기순으로 배열한다.

4) 띠그래프는 원그래프와 원리는 같지만 전체를 가느다란 직사각형의 띠로 나타내고, 띠(직사각형)의 면적으로 각 항목의 구성 비율에 따라 표현한다. 이 그래프는 시간의 경과에 따른 구성비율의 변화를 쉽게 파악할 수 있는 그림이다.

5) 방사형 차트(레이더차트)는 평가항목이 여러 개일 경우 사용한다. 항목 수에 따라 원을 같은 간격으로 나누고, 그 선 위에 점을 찍고 그 점을 이어 항목별 구성 비율이나 전체적인 균형성이나 치우침을 한 눈에 볼 수 있는 그림이다.

3 산업재해와 요양신청

3.1 산업안전보건법에서의 산업재해와 발생보고

3.1.1 산업재해와 중대재해

산업안전보건법에서는 산업재해란 근로자가 업무와 관계되는 건설물, 설비, 원재료, 가스, 증기, 분진 등에 의하거나 작업 또는 그 밖의 업무로 인하여 사망 또는 부상하거나 질병에 걸리는 것으로 정의하고 있다. 즉, 엄밀하게 산업안전보건법상에서는 근로자의 생명 및 신체에 관계되는 손해를 뜻하며, 물적 손해를 배제한 협의적 의미로 산업재해를 규정하고 있다. 산업재해로 사망자가 발생하거나, 3일 이상의 휴업이 필요한 부상을 입거나 질병에 걸린 사람이 발생한 경우에는 산업재해가 발생한 날부터 1개월 이내에 산업재해조사표를 작성하여 관할 지방고용노동청장 또는 지청장에게 제출하도록 사업주의 산업재해 발생보고 의무를 규정하고 있다(산업안전보건법 시행규칙, 2017). 휴업이란 재해근로자가 산업재해로 인하여 입원, 병가, 자택 등에서 요양, 기타 결근 등으로 출근하지 못한 것을 의미한다. 휴업일수에는 사고 당일은 포함되지 않으나, 법정공휴일이나 휴무일은 포함된다. 사업주는 산업재해가 발생하였을 때에는 고용노동부령으로 정하는 바에 따라 재해발생원인 등을 기록·보존하여야 한다.

또한, 산업안전보건법에서는 사망자가 1명 이상 발생한 재해, 3개월 이상의 요양이 필요한 부상자가 동시에 2명 이상 발생한 재해, 또는 부상자 또는 직업성질병자가 동시에 10명 이상 발생한 재해를 중대 재해로 정의하고 있다(산업안전보건법 시행규칙, 2017). 중대재해가 발생한 사실을 알게 된 경우에는 지체 없이 발생 개요 및 피해 상황, 조치 및 전망(원인 및 재발방지 계획 등), 기타 중요한 사항 등을 관할 지방고용노동관서의 장에게 전화·팩스, 또는 그 밖에 적절한 방법으로 보고하여야 한다. 또한, 산업재해조사표도 1 개월 이내에 제출하여야 한다.

3.1.2 산업재해 조사표와 재해발생 보고

산업재해가 발생한 날부터 1개월 이내에 관할 지방고용노동청장 또는 지청장에게 제출하도록 되어 있는 산업재해조사표의 서식은 같이 산업안전보건법 시행규칙 [별지 제1호의2서식]으로 정해져 있다. [표 2.3]은 산업재해 조사표 작성에 관한 사례를 나타낸다.

산업재해 조사표는 사업장 정보, 재해자 정보, 재해발생정보(재해발생 개요 및 원인), 재발방지계획에 관한 사항을 기입하도록 구성되어 있으며, 서식의 작성방법에 따라 작성하여야 한다. 산업재해 조사표는 산업재해 예방을 위한 통계자료로 이용되므로, 사실에 근거하여 정확하게 작성되어야 한다. 산업재해 조사표에 입력해야 하는 주요 내용은 다음과 같다.

1) 사업장 정보

사업장명, 근로자수, 업종, 소재지, 재해자가 사내수급인 경우 원도급인 사업장명, 파견사업주 사업장명 등을 기록한다. 업종은 통계청(Statistics Korea, 2017)의 통계분류 항목에서 한국표준산업분류를 참조하여 기재한다.

2) 재해자 정보

성별, 국적, 직업, 근속기간, 고용형태, 근무형태, 상해종류(질병명), 상해부위(질병부위), 휴업일수, 사망 여부 등을 기록한다.

고용형태는 근로자가 사업장 또는 타인과 명시적 또는 내재적으로 체결한 고용계약 형태로 상용(고용계약기간을 정하지 않았거나 고용계약기간이 1년 이상인 사람), 임시(고용계약기간을 정하여 고용된 사람으로서 고용계약기간이 1개월 이상 1년 미만인 사람), 일용(고용계약기간이 1개월 미만인 사람 또는 매일 고용되어 근로의 대가로 일급 또는 일당제 급여를 받고 일하는 사람), 자영업자(혼자 또는 그 동업자로서 근로자를 고용하지 않은 사람), 무급가족종사자(사업주의 가족으로 임금을 받지 않는 사람), 그 밖의 사항(교육 · 훈련생 등)으로 구분하여 적는다.

표 2.3 산업재해 조사표 서식

■ 산업안전보건법 시행규칙 [별지 제1호의2서식] <개정 2017. 10. 17.>

산업재해 조사표 http://www.moel.go.kr/local/ulsan/info/dataroom/view.do?bbs_seq=20180500341

※ 뒤쪽의 작성방법을 읽고 작성해 주시기 바라며, [ ]에는 해당하는 곳에 √ 표시를 합니다. (앞쪽)

<table>
<tr><td rowspan="9">Ⅰ. 사업장 정보</td><td>①산재관리번호
(사업개시번호)</td><td>12345678901
(00000000000)</td><td>사업자등록번호</td><td colspan="3">1234567890</td></tr>
<tr><td>②사업장명</td><td>□□산업(주)</td><td>③근로자 수</td><td colspan="3">00명</td></tr>
<tr><td>④업종</td><td>생활폐기물 수집·운반업</td><td>소재지</td><td colspan="3">(12345) ○○시 ○○구 ○○로 200</td></tr>
<tr><td rowspan="2">⑤재해자가 사내 수급인 소속인 경우(건설업 제외)</td><td colspan="2">원도급인 사업장명</td><td rowspan="2">⑥재해자가 파견근로자인 경우</td><td colspan="2">파견사업주 사업장명</td></tr>
<tr><td colspan="2">사업장 산재관리번호
(사업개시번호)</td><td colspan="2">사업장 산재관리번호
(사업개시번호)</td></tr>
<tr><td rowspan="3">건설업만 작성</td><td>⑦원수급 사업장명</td><td></td><td rowspan="2">공사현장 명</td><td colspan="2" rowspan="2"></td></tr>
<tr><td>⑧원수급 사업장 산재관리번호
(사업개시번호)</td><td></td></tr>
<tr><td>⑨공사종류</td><td></td><td>공정률</td><td>%</td><td>공사금액
백만원</td></tr>
</table>

※ 아래 항목은 재해자별로 각각 작성하되, 같은 재해로 재해자가 여러 명이 발생한 경우에는 별도 서식에 추가로 적습니다.

<table>
<tr><td rowspan="7">Ⅱ. 재해자 정보</td><td>성명</td><td>김○○</td><td>주민등록번호
(외국인등록번호)</td><td>000000-
1234567</td><td>성별</td><td>[✔]남 [ ]여</td></tr>
<tr><td>국적</td><td colspan="3">[✔]내국인 [ ]외국인 [국적: ⑩체류자격:]</td><td>⑪직업</td><td></td></tr>
<tr><td>입사일</td><td colspan="2">2008 년 2 월 11 일</td><td colspan="2">⑫같은 종류업무 근속기간</td><td>10 년 1 월</td></tr>
<tr><td>⑬고용형태</td><td colspan="5">[✔]상용 [ ]임시 [ ]일용 [ ]무급가족종사자 [ ]자영업자 [ ]그 밖의 사항 [ ]</td></tr>
<tr><td>⑭근무형태</td><td colspan="5">[✔]정상 [ ]2교대 [ ]3교대 [ ]4교대 [ ]시간제 [ ]그 밖의 사항 [ ]</td></tr>
<tr><td rowspan="2">⑮상해종류
(질병명)</td><td rowspan="2">골절</td><td rowspan="2">⑯상해부위
(질병부위)</td><td rowspan="2">왼쪽다리</td><td>⑰휴업예상일수</td><td>휴업 [150]일</td></tr>
<tr><td>사망 여부</td><td>[ ] 사망</td></tr>
</table>

<table>
<tr><td rowspan="5">Ⅲ. 재해 발생 개요 및 원인</td><td rowspan="4">⑱ 재해 발생 개요</td><td>발생일시</td><td>[2018]년 [3]월 [2]일 [금]요일 [03]시 [05]분</td></tr>
<tr><td>발생장소</td><td>○○시 ○○구 ○○동 △△병원 앞 도로</td></tr>
<tr><td>재해관련 작업유형</td><td>도로에서 청소차(5톤 덤프식 압착식 진개차)를 이용하여 도로변에 적재 되어 있는 종량제 쓰레기 봉투를 수거하고, 차량 후면의 적재 발판에 탑승하여 다음 폐기물 적재장소로 이동 중</td></tr>
<tr><td>재해발생 당시 상황</td><td>재해자는 새벽 03:00경에 출근하여 청소차 운전원 및 동료 미화원과 함께 3인 1조로 근무를 시작, 03:05분경 △△병원 앞 도로에서 종량제 봉투를 수거하고, 차량 후면의 적재함 발판(1,700mm×400mm)에 탑승하여 다음 수거 장소로 이동중 음주운전중인 승용차가 재해자가 탑승하여 있는 청소차의 운전석 후면부위를 추돌함에 따라 왼쪽다리를 다치는 재해 발생</td></tr>
<tr><td colspan="2">⑲재해발생원인</td><td>○ 차량을 이용한 생활폐기물 수거작업중 단거리 이동은 도보를 이용하거나 조수석에 탑승하여야 하는데, 후면 적재함 발판에 탑승하여 이동
○ 차량을 이용한 하역운반 작업 등에는 작업계획서를 작성하고 계획서에 따라 작업을 실시해야 하나 그러지 못함</td></tr>
<tr><td>Ⅳ. ⑳재발 방지 계획</td><td colspan="3">○ 차량을 이용한 생활폐기물 수거 작업중 단거리 이동은 도보를 이용하거나 조수석에 탑승 하고, 청소차 후미 적재함 발판에 매달린 채 이동하는 것은 금지, 동종사고 예방을 위해 적재함 발판은 탑승을 하지 못하도록 개조 또는 제거
○ 차량계 하역운반 작업을 위한 작업계획서를 작성하여 작업계획에 따라 작업을 실시하도록 하고, 작업지휘자를 지정하여 작업자가 안전하게 작업할 수 있도록 관리·감독 철저</td></tr>
</table>

작성자 성명 이○○

작성자 전화번호 010-1234-IIII 작성일 2018 년 3 월 20 일

사업주 ○○○ (서명 또는 인)

근로자대표(재해자) ○○○ (서명 또는 인)

( )지방고용노동청장(지청장) 귀하

재해 분류자 기입란 (사업장에서는 작성하지 않습니다)	발생형태 작업지역 · 공정	□□□ □□□	기인물 작업내용	□□□□□ □□□

210mm×297mm[백상지(80g/㎡) 또는 중질지(80g/㎡)]

근무형태는 평소 근로자의 작업 수행시간 등 업무를 수행하는 형태로 정상(사업장의 정규 업무 개시시각과 종료시각 사이에 업무를 수행하는 것으로 통상 오전 9시 전후에 출근하여 오후 6시 전후에 퇴근), 2교대, 3교대, 4교대(격일제근무, 같은 작업에 2개조, 3개조, 4개조로 순환하면서 업무수행), 시간제(정상 근무형태에서 규정하고 있는 주당 근무시간보다 짧은 근로시간 동안 업무수행), 그 밖의 사항(고정적인 야간근무 등)으로 구분하여 적는다.

상해종류(질병명)(type of injury, nature of injury)는 재해로 발생된 신체적 특성 또는 상해 형태로 골절(fracture; 뼈가 부러진 상태), 절단(amputation/cutting: 신체 부위가 잘린 상태), 염좌(삠, sprain: 관절을 지지해주는 인대가 외부 충격등에 의해 늘어나거나 일부 찢어지는 상해), 타박상(좌상, contusion: 외부의 충격이나 둔탁한 힘 등에 의한 연부 조직과 근육 등의 손상을 입어 피부에 출혈과 부종이 보이는 상해), 찰과상(스치거나 문질러서 피부가 벗겨진 상해), 중독, 질식(약물, 가스 등에 의한 중독이나 질식된 상해), 화상(화재 또는 고온물 접촉으로 인한 상해), 청력 장애(청력이 감퇴 또는 난청이 된 상해), 시력 장애(시력이 감퇴 또는 실명된 상해) 등으로 분류하여 적는다.

상해부위(질병부위)는 재해로 피해가 발생된 신체 부위로 머리, 눈, 목, 어깨, 팔, 손, 손가락, 등, 척추, 몸통, 다리, 발, 발가락, 전신, 신체내부기관(소화·신경·순환·호흡배설) 등으로 분류하여 적는다. 상해종류 및 상해부위가 둘 이상이면 상해 정도가 심한 것부터 적는다.

휴업예상일수는 재해발생일을 제외한 3일 이상의 결근 등으로 회사에 출근하지 못한 일수를 적으며, 추정 시에는 의사의 진단 소견을 참조하여 적는다.

3) 재해발생정보(재해발생 개요 및 원인)

재해발생 개요는 재해 발생일시, 발생장소, 재해당시 작업유형(설비와 작업/공정 명칭), 재해발생 당시 상황(재해의 발생형태)을 적는다.

재해의 발생형태(type of accident)는 떨어짐(추락, fall: 사람이 가설물, 사다리 등의 높은 장소에서 떨어짐), 넘어짐(전도, slip: 사람이 평면 또는 경사면, 층계 등에서 구르거나 넘어짐), 끼임(협착: 두 물체 사이의 끼임, 회전체 사이에 물리거나 감김), 부딪힘(충돌, struck by), 맞음(비래: 날아오거나 떨어진 물체에 맞음), 무너짐(붕괴, 도괴), 절단·베임·찔림(신체부위가 잘리거나, 칼날 등에 베이거나, 날카로운 물건에 의해 찔림), 부자연스런 자세(작업자가 특정한 자세·동작을 장시간 취하여 신체의 일부에 부담을 주는 자세), 과도한 힘·동작(근육의 힘을 많이 사용하는 밀기, 당기기, 지탱하기, 들어올리기, 잡기, 운반하기 등과 같은 행위 동작), 반복적 동작, 이상온도 노출·접촉, 유해·위험물질 노출·접촉, 소음노출, 압박·진동, 산소결핍·질식, 화재, 폭발, 감전, 폭력행위 등으로 분류하여 적는다.

재해발생 원인은 재해 발생 원인을 인적 요인, 설비 요인, 작업 및 작업 환경적 요인, 관리적 요인을 적는다.

4) 재발방지계획에 관한 사항

재해발생 원인을 토대로 재발방지 계획을 적는다.

3.2 산업재해보상보험 제도와 보험급여 신청

3.2.1 산업재해보상보험 제도

업무상재해가 발생하면 근로자는 재해보상을 청구할 수 있다. 근로자가 산업재해보상을 청구하기 위해서는 그 재해가 업무상 발생한 것이어야 한다. 근로자의 재해보상을 보장하기 위한 제도는 1884년 독일의 재해보험법을 효시로, 우리나라에서는 1963년 산업재해보상보험법이 제정되었다. 산업재해보상보험은 근로자를 대상으로 작업 또는 업무상의 사유로 질병·부상 및 사망 등 재해를 입었을 때 본인과 가족을 보호하기 위하여 운영되는 사회보험제도이다. 사용자의 입장에서 보아도 산업재해보상보험법은 산업재해로 인한 위험부담을 분산·경감해 주고 안정된 기업 활동을 할 수 있도록 도와주는 이점이 있다.

우리나라의 산업재해보상보험법은 산업재해보상보험 사업을 시행하여 근로자의 업무상의 재해를 신속하고 공정하게 보상하며, 재해근로자의 재활 및 사회 복귀를 촉진하기 위하여 이에 필요한 보험시설을 설치·운영하고, 재해 예방과 그 밖에 근로자의 복지 증진을 위한 사업을 시행하여 근로자 보호에 이바지하는 것을 목적으로 한다.

3.2.2 산업재해보상법과 업무상 재해

산업재해보상보험법(약칭 : 산재보험법)에서의 업무상의 재해는 업무상의 사유에 따른 근로자의 부상·질병·장해 또는 사망을 말한다. 또한, 업무상 재해의 인정 범위는 다음과 같이 업무상 사고, 업무상 질병, 출퇴근 재해로 정하고 있다.

① 업무상 사고

가. 근로자가 근로계약에 따른 업무나 그에 따르는 행위를 하던 중 발생한 사고

나. 사업주가 제공한 시설물 등을 이용하던 중 그 시설물 등의 결함이나 관리소홀로 발생한 사고

라. 사업주가 주관하거나 사업주의 지시에 따라 참여한 행사나 행사준비 중에 발생한 사고

마. 휴게시간 중 사업주의 지배관리하에 있다고 볼 수 있는 행위로 발생한 사고

바. 그 밖에 업무와 관련하여 발생한 사고

② 업무상 질병

가. 업무수행 과정에서 물리적 인자(因子), 화학물질, 분진, 병원체, 신체에 부담을 주는 업무 등 근로자의 건강에 장해를 일으킬 수 있는 요인을 취급하거나 그에 노출되어 발생한 질병

나. 업무상 부상이 원인이 되어 발생한 질병

다. 「근로기준법」 제76조의2에 따른 직장 내 괴롭힘, 고객의 폭언 등으로 인한 업무상 정신적 스트레스가 원인이 되어 발생한 질병

라. 그 밖에 업무와 관련하여 발생한 질병

③ 출퇴근 재해

가. 사업주가 제공한 교통수단이나 그에 준하는 교통수단을 이용하는 등 사업주의 지배관리하에서 출퇴근하는 중 발생한 사고

나. 그 밖에 통상적인 경로와 방법으로 출퇴근하는 중 발생한 사고

3.2.3 상해의 분류와 근로손실일수

우리나라는 산업재해자의 발생보고를 휴업일수 3일이상, 요양신청은 휴업일수 4일 이상으로 정하고 있듯이 휴업일수(근로손실일수)는 산업재해 통계의 기준이 되며, 국가마다 산업재해 통계의 기준이 되는 근로손실일수의 기준도 차이가 있다. 따라서 국가사이의 재해통계 비교에서는 기준이 되는 근로손실일수를 고려하여 해석을 하여야 한다.

사망은 사고 동시에 사망하거나 치료 중에 사망한 것을 포함하며, 매몰, 익사사고는 사체가 확인되지 않더라도 법정 기간이 지나면 사망으로 간주한다.

장해란 부상 또는 질병이 치유되었으나 신체에 남은 정신적 또는 육체적 훼손으로 인하여 노동능력이 손실 또는 감소된 상태를 말한다. 근로복지공단의 장해진단 매뉴얼(근로복지공단, 2015)에서는 장해 신체부위와 부위별 기능적 장해와 기질적 장해정도의 판정기준에 따라 신체장해등급을 정하고 있다. 신체장해등급은 장해정

도가 심한 것으로부터 가벼운 것으로 제1급에서 제14급까지의 등급이 정해져 있다. [표 2.4]는 산업재해통계업무처리규정에서 제시한 장해등급 1~14급에 따른 근로손실일수와 노동력 상실률을 나타낸다.

반면, 국민연금법상 장애등급은 1~4등급으로, 장애인등록증의 근거가 되는 장애인복지법상 장애등급은 1~6등급으로 구분되어 있다. 산재보험법과 국민연금법, 장애인복지법의 목적이 달라 장해등급체계와 장해판정기준이 상이하고, 동일한 장해상태라 하더라도 장해등급이 달리 결정된다.

표 2.4 **신체장해등급별 근로손실일수와 노동력 상실률**

장애 등급	1~3	4	5	6	7	8	9	10	11	12	13	14
근로손실일수	7,500	5,500	4,000	3,000	2,200	1,500	1,000	600	400	200	100	50
노동력상실률 (%)	100	90	80	70	60	50	40	30	20	15	10	5

근로손실일수와 장해의 일시적, 영구적 여부에 따라 상해는 일반적으로 다음과 같이 분류된다(ILO, 2011).

① 사망(death): 사고로 죽거나 사고시 입은 부상의 결과로 일정 기간 이내에 생명을 잃음.

② 영구 전 노동 불능 상해(permanent total disability): 부상의 결과로 근로의 기능을 완전히 영구적으로 잃는 상해 정도(신체 장해 등급 1~3급)

③ 영구 일부 노동 불능 상해(permanent partial disability): 부상의 결과로 신체의 일부가 영구적으로 노동 기능을 상실한 상해 정도(신체 장해애 등급 4~14급)

④ 일시 전 노동 불능 상해(temporary total disability): 의사의 진단으로 일정 기간 정규 노동에 종사할 수 없는 상해 정도(완치 후 노동력 회복)

⑤ 일시 일부 노동 불능 상해(temporary partial disability): 의사의 진단으로 일정 기간 정규 노동에는 종사할 수 없으나, 휴무 상태가 아닌 일시 가벼운 노

동에 종사할 수 있는 상해 정도

⑥ 응급조치 상해: 응급처치 또는 자가 치료(1일 미만)를 받고 정상 작업에 임할 수 있는 상해 정도

⑦ 무상해 사고

3.2.4 산재 보험급여 신청

산업재해보상보험법에서는 근로자가 업무상의 사유로 부상을 당하거나 질병에 걸린 경우에는 산재 보험급여를 지급한다고 규정하고 있다.

산재 보험급여를 받으려는 자는 소속 사업장, 재해발생 경위, 그 재해에 대한 의학적 소견, 그 밖에 고용노동부령으로 정하는 사항을 적은 서류를 첨부하여 근로복지공단에 보험급여 신청을 하여야 한다. 단, 부상 또는 질병이 3일 이내의 요양으로 치유될 수 있으면 요양급여를 지급하지 아니한다고 정하고 있다. 즉, 휴업일수 4일 이상을 신청대상으로 정하고 있다(근로복지공단, 2019a).

산업재해보상보험법에서 정하고 있는 산재 보험급여로는 요양급여, 휴업급여, 장해급여, 간병급여, 유족급여, 상병보상 연금, 장의비, 직업재활급여 등이 있으며, 업무상 재해 판정절차와 산재 장해 판정절차에 의해 결정된다(근로복지공단, 2019b).

1) 치료와 관련한 요양급여

요양급여는 산업재해보상보험 적용 사업 또는 사업장에서 종사하는 근로자가 업무상 부상 또는 질병이 발생하였을 때, 상병의 치료에 필요한 의학적 조치를 하거나 또는 조치에 소요된 비용을 지급하는 것을 말한다.

2) 일하지 못한 기간에 대한 휴업급여

휴업급여는 요양으로 휴업한 기간에 대하여 임금을 보전하기 위하여 지급하는 보험급여로, 평균임금의 100분의 70에 상당하는 금액을 지급한다.

다만, 요양기간이 3일 이내이면 산업재해보상보험에서는 요양급여와 휴업급여를 지급하지 아니한다.

산업재해보상보험에 의하여 보상되지 않는 3일 이내의 요양을 요하는 경우는 근로 기준법에 의거 사업주가 요양보상을 사용자가 실시해야 한다. 현재 일부 기업에서는 이러한 사용자의 책임을 사보험인 근로자재해보상책임보험에 가입하여 대비하고 있다.

3) 장해가 남는 경우의 장해급여

장해급여는 업무상 사유에 의하여 부상을 당하거나 질병에 걸린 근로자가 치유 후에도 신체 등에 장해가 있는 경우에 지급한다. 장해급여의 종류는 장해보상연금과 장해보상일시금으로 나뉘며, 장해등급 제1급 내지 제3급에 해당하는 노동력을 완전히 상실한 장해등급의 근로자에 대하여는 장해보상연금을 지급한다. 장해등급 제4급 내지 제7급은 연금과 일시금 중에서 선택이 가능하며, 제8급 내지 제14급의 근로자에게는 장해보상일시금을 지급한다.

4) 오랜 치료에 따른 상병보상연금

요양급여를 받는 근로자가 요양을 시작한 지 2년이 지난 날 이후에도 부상이나 질병이 치유되지 아니한 상태이고 폐질등급 기준에 해당하는 상태가 계속되면 휴업급여 대신 상병보상연금을 근로자에게 지급한다. 폐질이란 업무상의 부상 또는 질병에 따른 정신적 또는 육체적 훼손으로 노동능력이 상실되거나 감소된 상태로서 그 부상 또는 질병이 치유되지 아니한 상태를 말한다.

5) 치료 후 간병비용: 간병급여

간병급여는 요양을 종결한 산재근로자가 치유 후 의학적으로 상시 또는 수시로 간병이 필요하여 실제로 간병을 받는 자에게 보험급여를 지급하는 제도입니다.

6)직업복귀를 위한 직업재활급여

부상 또는 질병의 상태가 치유 후에도 장해등급 1급부터 12급까지에 해

당하고 직업재활을 위하여 지원이 필요한 경우엔 직업재활급여를 지급한다.

7) 사망에 따른 유족급여

유족급여는 근로자가 업무상 사유로 사망 시 또는 사망으로 추정되는 경우 그 근로자와 생계를 같이 하고 있던 유족들의 생활보장을 위하여 유족에게 지급되는 보험급여이다. 며, 유족급여는 유족보상연금이나 유족보상일시금으로 하되, 유족보상일시금은 근로자가 사망할 당시 유족보상연금을 받을 수 있는 자격이 있는 자가 없는 경우에 지급한다. 장의비는 근로자가 업무상의 사유로 사망한 경우에 지급하되, 장제에 소요되는 비용으로 실비의 성질을 가집니다.

4 재해통계와 재해율

4.1 재해통계

4.1.1 재해 통계의 목적

재해 통계는 재해의 발생 상황을 통계적으로 산출하는 것으로 여러 가지 목적으로 쓰일 수 있다.

먼저 재해의 발생 정도를 알아내어 집단의 복지 수준 또는 위험 정도를 판가름하는 데에 이용한다. 이러한 목적의 통계는 재해의 건수, 빈도 등에 초점을 두게 된다. 또한 재해자의 보상·재활 등의 목적으로 쓰이는데 재해의 강도, 재해 부위, 치료 기간, 재활 기간, 치료비 등에 초점을 두게 된다. 그러나 재해 통계를 산출하는 가장 중요한 목적은 발생된 재해를 근간으로 향후 발생할 수 있는 잠재적 사고의 원인을 정확하게 파악하여 동종의 재해 위험을 감소시키는 데에 있다. 이러한 목적의 통계는 재해의 기인물, 발생 형태, 사고 상황 등 여러 가지의 사고 원인에 초점을 두고 산출하게 된다. 또한 재해 통계는 재해 예방 정책이나 사업의 시행 전·후를 비교함으로써 사업 목적 달성의 정도를 평가하는 중요한 지표가 된다.

4.1.2 우리나라의 산업재해 분석통계

산업안전보건법에서는 3일 이상의 휴업이 필요한 인명 피해자가 발생하는 경우에는 사업주가 고용노동부(지방고용노동청장)에 산업재해 발생보고 의무를 규정하고 있는 반면, 산업재해보상보험법에서는 4일이상의 치료가 필요한 인명피해자의 치료보상비를 근로복지공단에 신청하도록 하고 있다. 이는 재해자가 발생하는 경우의 발생보고와 재해자의 요양비용 신청으로 발생보고와 요양비용 신청업무가 분리되어 있음을 의미한다.

우리나라에서는 산업재해통계업무처리규정(2017)에 의해 고용노동부에 보고된 산업재해 발생 관련 자료와 근로복지공단에 신청된 업무상재해 관련 자료를 한국산업안전보건공단(KOSHA)에서 집계·분석한 뒤, 고용노동부에서 정기적으로 산업재해발생현황에 관한 통계를 발표하고 있다.

4.2 재해율 척도

사업장의 안전 수준은 재해 발생 정도로 나타내며, 재해의 발생 정도는 재해율로 표시한다. 재해율은 단위 없는 숫자로 표시하며 도수율과 같이 재해의 발생 빈도를 나타내는 척도와 강도율과 같이 재해 발생 손실 정도를 나타내는 척도로 구분된다. 도수율과 강도율은 ILO(국제노동기구)의 국제 척도로 이용된다.

우리나라 산업재해통계업무처리규정(2017)에서는 재해율에 관한 척도들로 재해율, 요양재해율, 사망만인율, 도수율(빈도율), 강도율 등을 이용하고 있다.

4.2.1 재해율

재해율이란 임금 근로자수 100명당 발생하는 재해자수의 비율을 말하며, 다음 계산식에 따라 산출한다.

재해율 = (재해자수 / 임금근로자수) × 100

재해자수란 근로복지공단의 휴업급여를 지급받은 재해자를 말한다. 다만, 질병에 의한 재해와 사업장 밖의 교통사고(운수업, 음식숙박업은 사업장 밖의 교통사고도 포함한다)·체육행사·폭력행위로 발생한 재해는 제외한다. 임금근로자수란 통계청의 경제활동인구조사상 임금근로자수를 말한다.

4.2.2. 요양재해율

요양재해율이란 근로자수 100명당 발생하는 요양재해자수의 비율을 말하며, 다음 계산식에 따라 산출한다.

요양재해율 = (요양재해자수 / 산재보험적용근로자수) × 100

산재보험적용근로자수란 「산업재해보상보험법」이 적용되는 근로자수를 말한다. 요양재해자수란 근로복지공단의 유족급여가 지급된 사망자 및 근로복지공단에 최초요양신청서를 제출한 재해자 중 요양승인을 받은 자와 지방고용노동관서에 산업재해조사표가 제출된 재해자를 합산한 수를 말한다.

4.2.3 사망만인율

사망만인율이란 임금근로자수 10,000명당 발생하는 사망자수의 비율을 말하며, 다음 계산식에 따라 산출한다.

사망만인율 = (사망자수 / 임금근로자수) × 10,000

사망자수란 근로복지공단의 유족급여가 지급된 사망자와 지방고용노동관서에 산업재해조사표가 제출된 사망자를 합산한 수를 말한다. 다만, 질병에 의해 사망한 경우와 사업장 밖의 교통사고(운수업, 음식숙박업은 사업장 밖의 교통사고도 포함)·체육행사·폭력행위에 의한 사망, 사고발생일로부터 1년을 경과하여 사망한 경우는 제외한다.

4.2.4 도수율(빈도율)

도수율(빈도율)이란 1,000,000 근로시간당 요양재해발생 건수를 말하며, 다음 계산식에 따라 산출한다.

도수율(빈도율) = 요양재해건수 / 연근로시간수 × 1,000,000

여기서, 연근로시간은 실제 근무한 연간근무시간을 의미하며, 실제 근무시간을 산출하기 곤란한 경우에는 1일 8시간, 월 25일, 1년 300일을 기준으로 환산하여 1년을 2,400시간으로 계산한다.

4.2.5 강도율

강도율이란 근로시간 합계 1,000시간당 요양재해로 인한 근로손실일수를 말하며, 다음 계산식에 따라 산출한다.

강도율 = (총요양근로손실일수 / 연근로시간수) × 1,000

총요양근로손실일수는 요양재해자의 총 요양기간을 합산하여 산출하되, 사망, 부상 또는 질병이나 장해자의 등급별 요양근로손실일수는 별표 1과 같다.

여기에서 요양근로손실일 수는 사망, 영구 전 노동 불능 상해(신체 장애 등급 1~3급)는 7,500일(약 25년)을 부여하고, 영구 일부 노동 불능 상해(신체 장애 등급 4~14급)는 [표 2. 4]의 신체 장애 등급별 근로 손실일 수를 적용한다. 일시 전 노동 불능 상해는 휴무일 수에 연간 일한 비율(300/365)을 곱하여 산출한다.

사례 2.3 재해율 구하기

1) 연평균 100인이 근무하는 어느 공장에서 1년에 5명의 재해자가 발생하였다면 재해율은?

$$재해율 = 5/100 \times 100 = 5$$

가 된다.

2) 500명의 근로자가 근무하고 있는 공장에서 5건의 재해가 발생하였다면 도수율은?

1일 8시간, 월 25일로 계산하면 연근로시간은

$$1,200,000시간(= 500명 \times 25일 \times 8시간 \times 12월)$$

이다. 따라서

$$도수율 = 5/1,200,000 \times 1,000,000 = 4.17$$

이 된다.

3) 1년간 연근로시간이 120,000시간인 어느 공장에서 3건의 휴업 재해가 발생하여 220일의 휴업일 수를 초래했다면 강도율은?

근로손실일수는 휴무일 수 220일에 연간 일한 비율(300/365일)을 곱하여 181일이 된다. 따라서

$$강도율 = 181/120,000 \times 1,000 = 1.5$$

이 된다.

5 재해 손실비용

5.1 하인리히(H.W. Heinrich)의 직접 손실비용과 간접 손실비용

재해 손실비용은 재해로 인하여 경영자가 입은 경제적 손실이며, 재해가 기업 경영에 미치는 경제적 손실은 예방 비용에 비해서 큰 것으로 나타나고 있다. 재해로 인한 손실은 직접 손실비용과 간접 손실비용으로 분류하는 하인리히 방식과 보험비용과 비보험비용으로 구분하는 시몬즈 방식이 있다.

우리나라에서는 산업재해 손실비용 산정방식으로 하인리히 방식을 이용하여 산출하고 있다. 하인리히는 재해로 인해 상해를 입은 상해 당사자의 치료와 보상과 관련된 직접 손실비용(direct cost)과 상해당사자의 치료와 보상에 관한 비용을 제외한 손실비용인 간접 손실비용(indirect cost)으로 분류한다.

직접 손실비용은 재해당사자의 치료와 보상에 지급되는 산재 보험급여(요양급여, 휴업급여, 장해급여, 상병보상연금, 간병급여, 재활급여, 유족급여, 장의비)가 해당된다. 또한, 산재 보험급여가 아닌 회사에서 지급하는 요양비와 휴업비가 해당되는 데, 우리나라에서는 4일이내의 상해를 당한 재해자에게 회사에서 부담해야 하는 요양비와 휴업비가 해당된다.

간접 손실비용은 재해당사자의 보상외의 인적 손실비용과 물적 손실비용, 생산 손실비용, 기타 손실비용 등이 해당된다. 재해자의 대체인력 비용, 재해조사와 관련된 비용, 재해로 인한 설비/도구의 손실비용, 생산 지연 비용, 관계당국으로부터 부과되는 벌금, 사고로 인상되는 보험료의 할증비용 등이 해당된다.

하인리히는 직접 손실비용과 간접 손실비용이 1:4로 직접 손실비용보다 간접 손실비용이 크며, 총 재해 손실비용을 직접 손실비용과 간접 손실비용의 합으로 표현하였다.

사례 2.4 재해발생 손실비용과 빙산

[그림 2.6]과 같이 재해발생으로 인한 손실비용은 빙산(iceberg)을 이용하여 설명할 수 있다. 빙산의 보이는 부분을 눈에 보이는 비용인 직접 손실비용으로, 바닷물 속에 잠겨 보이지 않는 보이지 않는 부분을 숨겨진 비용인 간접 손실비용으로 나타낸다. 간접 손실비용은 보이지 않는 숨겨진 비용이라는 의미로 잠재비용(hidden cost)으로도 불린다.

직접 손실비용
요양급여, 휴업급여, 장해급여

간접 손실비용
재해자 대체인력 비용
재해조사관련 비용
생산 및 재료 손실비용
생산지연 비용
벌금, 보험료 상승비용

그림 2.6 재해 손실비용과 빙산

하인리히는 재해 발생으로 인한 손실 비용이 직접 손실비용 : 간접 손실비용은 1 : 4의 비율로 발생한다고 주장하였으나, HSE는 간접손실비용이 직접손실비용의 36배나 된다고 하였다.

기업에서 현실적인 측면에서의 산업재해 예방을 위하여 필요성을 느낄 수 있는 것은 재해로 인한 손실비용을 정확하게 산출하는 것이다. 앞으로 각 기업에서의 안전보건관리가 얼마나 비용의 발생을 억제하는 가에 대한 접근이 필요하다.

5.2 시몬즈(R. H. Simmonds)의 보험비용과 비보험비용

Simonds는 재해손실비용을 Heinrich가 말하는 직접비용과 간접비용 대신에 보험비용(insured cost)과 비보험비용(uninsured cost)으로 구분하였다.

보험비용은 산업재해 보상보험법에 의해 요구되는 산재보험에 지출되는 비용으로 실제 사업장의 보험료 부담분을 의미한다.

비보험비용은 휴업상해와 통원상해, 응급처치상해, 무상해 사고를 포함한다. 휴업상해는 근로손실을 초래하는 상해, 통원상해는 휴업을 야기하지는 않지만 의사의 진료를 요하는 경우, 응급조치 상해는 8시간미만의 휴업을 초래하는 치료를 요하는 상해, 무상해 사고에서 보험으로 처리되지 않는 비용을 의미한다.

Simonds는 다음과 같이 재해 손실비용을 표현하였다.

재해 손실 비용 = 보험 비용 + 비보험 비용
= 보험 비용
+ A×휴업상해 건수 + B×통원상해 건수
+ C×응급조치 상해 건수 + D×무상해 사고 건수

A, B, C, D는 상해 정도별에 따른 비보험 비용의 평균치를 말한다.

[별첨] 산업재해 조사표 서식

■ 산업안전보건법 시행규칙 [별지 제1호의2서식] <개정 2017. 10. 17.>

산업재해 조사표

※ 뒤쪽의 작성방법을 읽고 작성해 주시기 바라며, [ ]에는 해당하는 곳에 √ 표시를 합니다. (앞쪽)

Ⅰ. 사업장 정보					
	①산재관리번호 (사업개시번호)		사업자등록번호		
	②사업장명		③근로자 수		
	④업종		소재지	(–)	
	⑤재해자가 사내 수급인 소속인 경우(건설업 제외)	원도급인 사업장명 / 사업장 산재관리번호 (사업개시번호)	⑥재해자가 파견근로자인 경우	파견사업주 사업장명 / 사업장 산재관리번호 (사업개시번호)	
	건설업만 작성	⑦원수급 사업장명	공사현장 명		
		⑧원수급 사업장 산재관리번호(사업개시번호)			
		⑨공사종류	공정률 %	공사금액 백만원	

※ 아래 항목은 재해자별로 각각 작성하되, 같은 재해로 재해자가 여러 명이 발생한 경우에는 별도 서식에 추가로 적습니다.

Ⅱ. 재해 정보					
	성명		주민등록번호 (외국인등록번호)	성별	[ ]남 [ ]여
	국적	[ ]내국인 [ ]외국인 [국적: ⑩체류자격:]		⑪직업	
	입사일	년 월 일	⑫같은 종류업무 근속기간	년 월	
	⑬고용형태	[ ]상용 [ ]임시 [ ]일용 [ ]무급가족종사자 [ ]자영업자 [ ]그 밖의 사항 [ ]			
	⑭근무형태	[ ]정상 [ ]2교대 [ ]3교대 [ ]4교대 [ ]시간제 [ ]그 밖의 사항 [ ]			
	⑮상해종류 (질병명)		⑯상해부위 (질병부위)	⑰휴업예상 일수	휴업 [ ]일
				사망 여부	[ ] 사망

Ⅲ. 재해 발생 개요 및 원인		
⑱ 재해 발생 개요	발생일시	[ ]년 [ ]월 [ ]일 [ ]요일 [ ]시 [ ]분
	발생장소	
	재해관련 작업유형	
	재해발생 당시 상황	
⑲재해발생원인		

Ⅳ. ⑳재발 방지 계획	

작성자 성명

작성자 전화번호 작성일 년 월 일

사업주 (서명 또는 인)

근로자대표(재해자) (서명 또는 인)

( )지방고용노동청장(지청장) 귀하

재해 분류자 기입란 (사업장에서는 작성하지 않습니다)	발생형태	□□□	기인물	□□□□□
	작업지역·공정	□□□	작업내용	□□□

210mm×297mm[백상지(80g/㎡) 또는 중질지(80g/㎡)]

작 성 방 법

Ⅰ. 사업장 정보

①산재관리번호(사업개시번호): 근로복지공단에 산업재해보상보험 가입이 되어 있으면 그 가입번호를 적고 사업장등록번호 기입란에는 국세청의 사업자등록번호를 적습니다. 다만, 근로복지공단의 산업재해보상보험에 가입이 되어 있지 않은 경우 사업자등록번호만 적습니다.

※ 산재보험 일괄 적용 사업장은 산재관리번호와 사업개시번호를 모두 적습니다.

②사업장명 : 재해자가 사업주와 근로계약을 체결하여 실제로 급여를 받는 사업장명을 적습니다. 파견근로자가 재해를 입은 경우에는 실제적으로 지휘·명령을 받는 사용사업주의 사업장명을 적습니다. [예: 아파트를 건설하는 종합건설업의 하수급 사업장 소속 근로자가 작업 중 재해를 입은 경우 재해자가 실제로 하수급 사업장의 사업주와 근로계약을 체결하였다면 하수급 사업장명을 적습니다.]

③근로자 수: 사업장의 최근 근로자수를 적습니다(정규직, 일용직·임시직 근로자, 훈련생 등 포함).

④업종: 통계청(www.kostat.go.kr)의 통계분류 항목에서 한국표준산업분류를 참조하여 세세분류(5자리)를 적습니다. 다만, 한국표준산업분류 세세분류를 알 수 없는 경우 아래와 같이 한국표준산업명과 주요 생산품을 추가로 적습니다.

[예: 제철업, 시멘트제조업, 아파트건설업, 공작기계도매업, 일반화물자동차 운송업, 중식음식점업, 건축물 일반청소업 등]

⑤재해자가 사내 수급인 소속인 경우(건설업 제외): 원도급인 사업장명과 산재관리번호(사업개시번호)를 적습니다.

※ 원도급인 사업장이 산재보험 일괄 적용 사업장인 경우에는 원도급인 사업장 산재관리번호와 사업개시번호를 모두 적습니다.

⑥재해자가 파견근로자인 경우: 파견사업주의 사업장명과 산재관리번호(사업개시번호)를 적습니다.

※ 파견사업주의 사업장이 산재보험 일괄 적용 사업장인 경우에는 파견사업주의 사업장 산재관리번호와 사업개시번호를 모두 적습니다.

⑦원수급 사업장명: 재해자가 소속되거나 관리되고 있는 사업장이 하수급 사업장인 경우에만 적습니다.

⑧원수급 사업장 산재관리번호(사업개시번호): 원수급 사업장이 산재보험 일괄 적용 사업장인 경우에는 원수급 사업장 산재관리번호와 사업개시번호를 모두 적습니다.

⑨공사 종류, 공정률, 공사금액 : 수급 받은 단위공사에 대한 현황이 아닌 원수급 사업장의 공사 현황을 적습니다.

가. 공사 종류: 재해 당시 진행 중인 공사 종류를 말합니다. [예: 아파트, 연립주택, 상가, 도로, 공장, 댐, 플랜트시설, 전기공사 등]

나. 공정률: 재해 당시 건설 현장의 공사 진척도로 전체 공정률을 적습니다.(단위공정률이 아님)

Ⅱ. 재해자 정보

⑩체류자격: 「출입국관리법 시행령」 별표 1에 따른 체류자격(기호)을 적습니다.(예: E-1, E-7, E-9 등)

⑪직업: 통계청(www.kostat.go.kr)의 통계분류 항목에서 한국표준직업분류를 참조하여 세세분류(5자리)를 적습니다. 다만, 한국표준직업분류 세세분류를 알 수 없는 경우 알고 있는 직업명을 적고, 재해자가 평소 수행하는 주요 업무내용 및 직위를 추가로 적습니다.

[예: 토목감리기술자, 전문간호사, 인사 및 노무사무원, 한식조리사, 철근공, 미장공, 프레스조작원, 선반기조작원, 시내버스 운전원, 건물내부청소원 등]

⑫같은 종류 업무 근속기간: 과거 다른 회사의 경력부터 현직 경력(동일·유사 업무 근무경력)까지 합하여 적습니다.(질병의 경우 관련 작업근무기간)

⑬고용형태: 근로자가 사업장 또는 타인과 명시적 또는 내재적으로 체결한 고용계약 형태를 적습니다.

가. 상용: 고용계약기간을 정하지 않았거나 고용계약기간이 1년 이상인 사람

나. 임시: 고용계약기간을 정하여 고용된 사람으로서 고용계약기간이 1개월 이상 1년 미만인 사람

다. 일용: 고용계약기간이 1개월 미만인 사람 또는 매일 고용되어 근로의 대가로 일급 또는 일당제 급여를 받고 일하는 사람

라. 자영업자: 혼자 또는 그 동업자로서 근로자를 고용하지 않은 사람

마. 무급가족종사자: 사업주의 가족으로 임금을 받지 않는 사람

바. 그 밖의 사항: 교육·훈련생 등

⑭근무형태 : 평소 근로자의 작업 수행시간 등 업무를 수행하는 형태를 적습니다.

가. 정상: 사업장의 정규 업무 개시시각과 종료시각(통상 오전 9시 전후에 출근하여 오후 6시 전후에 퇴근하는 것) 사이에 업무수행하는 것을 말합니다.

나. 2교대, 3교대, 4교대: 격일제근무, 같은 작업에 2개조, 3개조, 4개조로 순환하면서 업무수행하는 것을 말합니다.

다. 시간제 : 가목의 '정상' 근무형태에서 규정하고 있는 주당 근무시간보다 짧은 근로시간 동안 업무수행하는 것을 말합니다.

다. 그 밖의 사항: 고정적인 심야(야간)근무 등을 말합니다.

⑮상해종류(질병명): 재해로 발생된 신체적 특성 또는 상해 형태를 적습니다.

[예: 골절, 절단, 타박상, 찰과상, 중독·질식, 화상, 감전, 뇌진탕, 고혈압, 뇌졸중, 피부염, 진폐, 수근관증후군 등]

⑯상해부위(질병부위): 재해로 피해가 발생된 신체 부위를 적습니다.

[예: 머리, 눈, 목, 어깨, 팔, 손, 손가락, 등, 척추, 몸통, 다리, 발, 발가락, 전신, 신체내부기관(소화·신경·순환·호흡배설) 등]

※ 상해종류 및 상해부위가 둘 이상이면 상해 정도가 심한 것부터 적습니다.

⑰휴업예상일수: 재해발생일을 제외한 3일 이상의 결근 등으로 회사에 출근하지 못한 일수를 적습니다.(추정 시 의사의 진단 소견을 참조)

Ⅲ. 재해발생정보

⑱재해발생 개요: 재해원인의 상세한 분석이 가능하도록 발생일시[년, 월, 일, 요일, 시(24시 기준), 분], 발생 장소(공정 포함), 재해관련 작업유형(누가 어떤 기계·설비를 다루면서 무슨 작업을 하고 있었는지), 재해발생 당시 상황[재해 발생 당시 기계·설비·구조물이나 작업환경 등의 불안전한 상태(예시: 떨어짐, 무너짐 등)와 재해자나 동료 근로자가 어떠한 불안전한 행동(예시: 넘어짐, 끼임 등)을 했는지]을 상세히 적습니다.

[작성예시]

발생일시	2013년 5월 30일 금요일 14시 30분
발생장소	사출성형부 플라스틱 용기 생산 1팀 사출공정에서
재해관련 작업유형	재해자 000가 사출성형기 2호기에서 플라스틱 용기를 꺼낸 후 금형을 점검하던 중
재해발생 당시 상황	재해자가 점검중임을 모르던 동료 근로자 000가 사출성형기 조작 스위치를 가동하여 금형 사이에 재해자가 끼어 사망하였음

⑲재해발생 원인: 재해가 발생한 사업장에서 재해발생 원인을 인적 요인(무의식 행동, 착오, 피로, 연령, 커뮤니케이션 등), 설비적 요인(기계·설비의 설계상 결함, 방호장치의 불량, 작업표준화의 부족, 점검·정비의 부족 등), 작업·환경적 요인(작업정보의 부적절, 작업자세·동작의 결함, 작업방법의 부적절, 작업환경 조건의 불량 등), 관리적 요인(관리조직의 결함, 규정·매뉴얼의 불비·불철저, 안전교육의 부족, 지도감독의 부족 등)을 적습니다.

Ⅳ. 재발방지계획

⑳ "19. 재해발생 원인"을 토대로 재발방지 계획을 적습니다.

- 고용노동부, 산업재해통계업무처리규정, 2017,
  http://www.law.go.kr/admRulLsInfoP.do?admRulSeq=2100000089932
- 근로복지공단, 장해진단 매뉴얼, 2015.
  https://www.kcomwel.or.kr/_res/kcomwel/etc/%EC%9E%A5%ED%95%B4%EC%A7%84%EB%8B%A8%EB%A7%A4%EB%89%B4%EC%96%BC(%EA%B2%8C%EC%8B%9C%EC%9A%A9).pdf
- 근로복지공단, 산재보상, 2019a.
  https://www.kcomwel.or.kr/kcomwel/comp/disa.jsp
- 근로복지공단, 2019 산재보험 보상재활 서비스 가이드, 2019b.
  https://www.kcomwel.or.kr/kcomwel/ebook/ebook_2019/ecatalog.html
- 통계청, 제7차 한국표준질병·사인분류, 2015,
  https://kssc.kostat.go.kr:8443/ksscNew_web/kssc/main/main.do?gubun=1#
- 한국산업안전보건공단, KOSHA GUIDE G-83-2016, 산업재해 기록·분류에 관한 지침, 2016,
  www.kosha.or.kr/cms/board/Download.jsp?fileId=44907
- Association of Workers' Compensation Boards of Canada, National Work Injury/Disease Statistic Program (NWISP) Definitions, 2013.
  http://awcbc.org/?page_id=4040
- Bureau of Labor Statistics, U.S. Department of Labor, Occupational Injury and Illness Classification System, 2017, https://www.bls.gov/iif/oshoiics.htm
- EUROSTAT, European Commission, European Statistics on Accidents at Work (ESAW) — Summary methodology, 2013,
  http://www.edac.eu/indicators_desc.cfm?v_id=142
- HSE, Investigating accidents and incidents, HSE Books HSG245, 2004.
  http://www.hse.gov.uk/toolbox/managing/accidents.htm
- ILO, Recording and notification of occupational accidents and diseases, 1996.
  http://www.ilo.org/safework/info/standards-and-instruments/codes/WCMS_107800/lang—en/index.htm
- ILO, ILO Encyclopaedia of Occupational Health & Safety: Worker's Compensation Systems, 2011.

http://www.iloencyclopaedia.org/part-iii-48230/workers-compensation-systems

- ILO, Improvement of national reporting, data collection and analysis of occupational accidents and diseases, 2012.
  http://www.ilo.org/wcmsp5/groups/public/---ed_protect/---protrav/---safework/documents/publication/wcms_207414.pdf
- Statistics Korea, Korean Standard Industrial Classification, 2017.
  http://kssc.kostat.go.kr/ksscNew_web/ekssc/main/main.do#
- OSHA, Job hazard analysis, 2002,
  https://www.osha.gov/Publications/osha3071.pdf
- The Japan Industrial Safety and Health Association (JISHA), OSH legislation in Japan, 2017,
  http://www.jisha.or.jp/english/act/index.html
- U.S. Department of Energy, Accident and Operational Safety Analysis, Volume I: Accident Analysis Techniques, 2012, DOE Handbook, DOE-HDBK-1208-2012.
- WHO, International Statistical Classification of Diseases and Related Health Problems 10th Revision (ICD-10 Version: 2016), 2016,
  http://apps.who.int/classifications/icd10/browse/2016/en#/

연습문제

01 재해의 직접 손실에 해당하지 않는 것은?

① 휴업 보상비　　② 재해로 인한 시설 손실비
③ 유족 보상비　　④ 장해 보상비

02 사고의 특성에 해당되지 않는 사항은?

① 사고의 시간성　　② 우연성 중의 법칙성
③ 사고의 재현성　　④ 필연성 중의 우연성

03 재해 예방의 4대 원칙을 기술한 것 중 틀린 것은?

① 피해 보상의 원칙　　② 예방 가능의 원칙
③ 손실 우연의 원칙　　④ 대책 선정의 원칙

04 재해 사고의 예방 원리 중 손실 우연의 원칙을 적절하게 설명한 것은?

① 사고 발생시 손실은 필연적인 것이다.
② 사고 발생 상황에 따라 손실은 우연적으로 발생한다.
③ 사고 예방에 따라 발생된 손실은 우연적이다.
④ 재해 손실은 우연한 사고 원인에 따라 발생한다.

05 재해 발생시 긴급 처리 단계가 올바르게 나열된 것은?

① 재해발생 기계정지→재해자의 응급조치→관계자에게 통보→2차 재해 방지→현장 보존
② 재해자의 응급조치→재해발생 기계정지→관계자에게 통보→2차 재해 방지→현장 보존

해답 : 1. ②, 2. ③, 3. ①, 4. ②, 5. ①

③ 재해발생 기계정지→재해자의 응급조치→2차 재해 방지→현장 보존→관계자에게 통보

④ 재해자의 응급조치 →재해발생 기계정지→2차 재해 방지→현장 보존→관계자에게 통보

06 다음 재해 발생시의 처리 과정을 순서대로 잘 나열한 것은?

① 긴급 조치→재해 조사→원인 파악→대책 수립→대책 실시 계획→대책 실시→ 평가

② 재해 조사→긴급 처리→원인 파악→대책 수립→대책 실시 계획→대책 실시→평가

③ 긴급 조치→원인 파악→재해 조사→대책 수립→대책 실시 계획→대책 실시→평가

④ 긴급 조치→재해 조사→원인 파악→대책 실시 계획→대책 수립→대책 실시→평가

07 안전사고 방지의 5단계 기본 원리에 속하지 않는 것은?

① 안전 조직　　② 사실의 발견
③ 안전 활동　　④ 개선 대책의 선정

08 원인-효과도(cause-effect diagram)라 하며 원하지 않는 사건(또는 원하는 사건)을 발생시키는 요인들을 파악하기 위하여 사용되는 방법은?

① Pareto chart　　② Histogram
③ Mindmap　　④ Fishbone Diagram

해답 : 6. ①, 7. ③, 8. ④

09 파레토 원칙(Pareto principle)이란?

① 20%의 항목이 전체의 80%를 차지한다.

② 전체의 80%는 40%의 중요한 항목으로 구성된다.

③ 40%의 항목이 전체의 60%를 차지한다.

④ 전체의 60%는 30%의 중요한 항목으로 구성된다.

10 다음 중 산업안전보건법에서 중대재해에서 거리가 가장 먼 것은?

① 사망자 1명 발생② 3개월 요양을 요하는 상해자 2명

③ 장해자 2명 발생④ 동시에 10명 이상 상해자 발생

11 다음 중 산업안보건법의 재해에 관한 설명으로 틀린 내용은?

① 3일이상의 휴업이 필요한 재해만을 보고.

② 재산상의 물적 손실이 1억 이상 발생한 재해.

③ 1개월 이내에 지방노동관서에 재해조사서 제출.

④ 휴업일수에서 재해당일은 포함되지 않음.

12 산업재해조사표의 고용형태에 대한 설명으로 거리가 먼 것은?

① 상용직: 계약기간 1년 이상
② 임시: 계약기간 3개월 이상
③ 일용: 계약기간 1개월 미만
④ 무급종사자: 무임금 사업주 가족

13 상해종류에 대한 설명으로 맞지 않는 것은?

① 골절: 신체부위가 잘림
② 찰과상: 피부가 벗겨짐
③ 염좌: 인대가 늘어남, 뼈를 삠
④ 일시 전 노동 불능 상해

해답 : 9. ①, 10. ③, 11. ②, 12. ②, 13. ①

14 재내 발생형태에 대한 설명으로 맞지 않는 것은?

① 협착: 끼임, 말림
② 충돌: 부딪힘
③ 염좌: 인대가 늘어남, 뼈를 삠
④ 추락: 계단에서 구름

15 산업재해보상법에서 업무상 재해에 대한 설명으로 거리가 먼 것은?

① 업무상 사고
② 업무상 질병
③ 출퇴근 재해
④ 휴업일수 3일 이상 재해자

16 다음 중 산업재해보상법에서의 성격이 서로 다른 단어는?

① 영구 전 노동 불능 상해
② 신체 장해 등급 1급
③ 영구 일부 노동 불능 상해
④ 신체 장해 등급 3급

17 산업재해보상법의 산재 보험급여에 대한 설명으로 맞는 내용은?

① 요양급여: 치료보상
② 휴업급여: 장해보상
③ 상병보상연금: 임금보전
④ 직업재활급여: 오랜 치료 보상

18 우리나라 산업재해통계업무처리규정에서 정한 재해율이 아닌 것은?

① 사망만인율
② 도수율
③ 강도율
④ 천인율

해답 : ①, 14. ④, 15. ④, 16. ③, 17. ①, 18. ④

19 산업재해통계업무처리규정의 재해율 척도에 관한 설명으로 틀린 내용은?

① 재해율은 근로자 1,000명당 발생한 재해자 수를 나타낸다.

② 도수율은 산업 재해의 발생 빈도를 나타낸다.

③ 재해의 경중은 근로 손실일 수를 이용하는 강도율로 나타낸다.

④ 사망만인율은 임금근로자수 10,000명당 발생하는 사망자수의 비율

20 안전사고 강도율이 4.5인 공장이 있다. 이 뜻을 맞게 설명한 것은?

① 근로시간 100만시간당 4.5건의 재해가 발생한 빈도를 나타낸다.

② 근로 1,000시간당 재해에 의하여 손실된 근로손실일수가 4.5이다.

③ 1,000명의 근로자 중에 4.5명의 재해자가 발생했다.

④ 근로시간 1,000시간당 4.5%에 해당된 작업 손실이다.

21 400명의 근로자가 종사하는 어떤 사업장에 1년간 재해가 30건 발생하였고 근로손실일수가 300시간 발생하였을 때 도수율은?

① 30.25　　② 31.25　　③ 32.25　　④ 33.25

22 도수율을 구하는 데 기준이 되는 개념과 거리가 먼 것은?

① 연간근로시간　　② 재해건수　　③ 100만인시　　④ 평생근로시간

23 상시 근로자가 200명인 A 사업장에서 지난 한 해 동안 2건의 재해로 인하여 70일의 휴업일수가 발생하였다면 이 사업장의 강도율은 약 얼마인가? 단, 근로자는 1일 8시간씩 연간 280일 근무하였다.

① 0.128　　② 0.156　　③ 0.175　　④ 4.808

해답 : 19. ①, 20. ②, 21. ②, 22. ④, 23. ①

24 어느 사업장의 도수율이 2로 계산되었을 때 이를 가장 올바르게 해석한 것은?

① 근로자 1000명당 1년 동안 발생한 재해자 수가 2명이다.
② 연근로시간 1000시간당 발생한 근로손실일수가 2일이다.
③ 근로자 10000명당 1년간 발생한 사망자 수가 2명이다.
④ 연간 근로시간 합계 100만인시당 2건의 재해가 발생하였다.

25 다음 재해 손실비용에서 직접비용에 해당되지 않는 것은?

① 요양급여　　② 장해급여
③ 기계손실비용　　④ 휴업급여

26 재해 비용 산출 방법 중 하인리히의 1:4의 비율이란?

① 인적 손실:물적 손실　　② 정부 보장:회사 보장
③ 인적 손실:생산 손실　　④ 직접 손실:간접 손실

27 다음 재해 손실비용에서 간접비용에 해당되지 않는 것은?

① 생산지연 비용　　② 법적 벌금
③ 재해조사 비용　　④ 요양급여

28 Simonds의 재해손실비용 중에서 비보험비용과 거리가 먼 항목은?

① 휴업상해 건수　　② 통원상해 건수
③ 무상해 사고건수　　④ 사망자 건수

해답 : 24. ④, 25. ③, 26. ④, 27. ④, 28. ④

실습문제

01 다음은 산업안전보건법상 재해와 산업재해보상법 업무상 재해에 관한 질문이다.

1) 산업안전보건법상 재해와 산재보험법상 업무상 재해의 차이를 설명하시오.
2) 업무상 재해의 인정범위와 요양신청 대상과 방법에 대해 설명하시오.
3) 사망이나 장해가 아닌 일반적인 업무상 재해에서 보상받을 수 있는 보상 급여에 대해 설명하시오.

02 다음은 재해발생과 관련한 파레토 법칙에 대한 설명이다.

1) 파레토 법칙을 재해 발생요인과 발생비율과의 관계로써 설명하시오.
2) 파레토 차트를 그려서 재해발생비율을 분석하는 이유는?
3) 파레토 차트를 그리는 방법과 해석하는 방법을 설명하시오.

03 다음은 우리나라 산업재해통계업무처리규정(2017)에서 정한 재해율에 관한 질문이다.

1) 재해율과 도수율에 대하여 설명하시오.
2) 사망만인율과 강도율에 대하여 설명하시오.
3) 재해율, 사망만인율, 도수율, 강도율을 특성에 따라 분류하시오.

04 다음은 하인리히의 산업재해로 인한 재해 손실비용에 대한 질문이다.

1) 직접비와 간접비에 대하여 설명하시오.
2) 재해 손실비용을 빙산(iceberg)을 이용하여 설명하시오.
3) 하인리히가 주장한 직접비용, 간접이용 비율을 이용하여 총 손실비용을 설명하시오.

05 안전보건공단 홈페이지에서 제공하고 있는 중대재해 국내재해사례를 한 건 택하여 산업재해조사표를 작성하시오.

http://www.kosha.or.kr/kosha/data/machine.do

06 연평균 근로자가 1,000명인 사업장에서 연간 3건의 재해가 발생하였다. 단, 연근로시간은 2,500시간으로 하고, 사망 1명, 50일 요양 1명, 30일 요양 2명이 발생하였다.

1) 연천인율은?
2) 도수율은?
3) 강도율은?

07 프레스 금형 공장에서 근로자 400명, 재해자 수 11명, 재해 건수 11건, 장애 등급 1급 1명, 14급 3명, 총 재해 코스트 5,000만 원, 8시간 기준 근로일 수 300일일 때 아래 사항을 구하시오.

1) 연천인율
2) 강도율
3) 직접비 및 간접비(단, 하인리히 법칙 이용)

08 근로복지공단의 산재보험 요양보상 관련 통계를 이용하여 우리나라의 산재요양보험관련 특성을 자유주제로 조사하시오. 근로복지공단 홈페이지 정보공개 공공데이터를 활용하시오.

https://www.data.go.kr/dataset/3077238/fileData.do

3 안전조직과 활동

1. 법과 안전보건관리 체제
2. 안전보건관리 조직
3. 안전보건경영시스템
4. 안전 활동
5. 안전 교육

1 법과 안전보건관리 체제

1.1 산업안전보건법 체제

1.1.1 산업안전보건법의 목적과 적용범위

대한민국의 산업안전보건법 개념은 근로기준법에 안전보건에 관한 사항을 규정하면서 태동되었으며, 1981년 산업안전보건법이 제정·공포되고, 몇 차례의 대폭 개정의 과정을 거치면서 오늘의 법체계를 이루게 되었다.

산업안전보건법 제1조에서는 산업안전·보건에 관한 기준을 확립하고 그 책임의 소재를 명확하게 하여 산업재해를 예방하고 쾌적한 작업환경을 조성함으로써 근로자의 안전과 보건을 유지·증진함을 목적으로 한다고 규정하고 있다.

한편 산업안전보건법의 제2조에서는 국가·지방자치단체 및 공기업을 포함한 모든 사업 또는 사업장에 적용된다고 적용범위를 규정하고 있다. 다만, 유해·위험의 정도, 사업의 종류·규모 및 사업의 소재지 등을 고려하여 대통령령으로 정하는 사업에는 이 법의 전부 또는 일부를 적용하지 아니할 수 있다.

1.1.2 산업안전보건법의 체제

산업안전보건법의 체제는 [그림 3.1]과 같이 ① 산업안전보건법, ② 시행령, ③ 시행규칙, ④ 고시·예규·훈령, ⑤ 지침·표준으로 구성된다. 산업안전보건법은 법률로써 산업재해예방을 위한 기본적인 제도, 사업주, 근로자 및 정부가 행할 사업수행의 근거 규범을 설정하고 있으며, 국회에서 제·개정할 수 있다. 시행령은 법규명령으로 제도 시행의 범위와 종류 등을 설정하고 있으며, 대통령이 제정한다. 시행규칙은 법규명령으로 법 및 시행령에서 위임한 사항을 설정하고 있으며, 고용노동부 장관이 제정한다. 고시·예규·훈령은 행정명령으로 시행령과 시행규칙에 명시되지 않은 사항들을 규정하고 있으며, 고용노동부 장관이 제정한다. 시행규칙 이상의 법규를 위반한 경우에는 형사 처벌 대상이 되며, 행정명령인 고시·예규·훈령은 경제적 제재의 대상이 된다. 기술상의 지침이나 작업환경 표준은 지도·권고사항으로 분류된다.

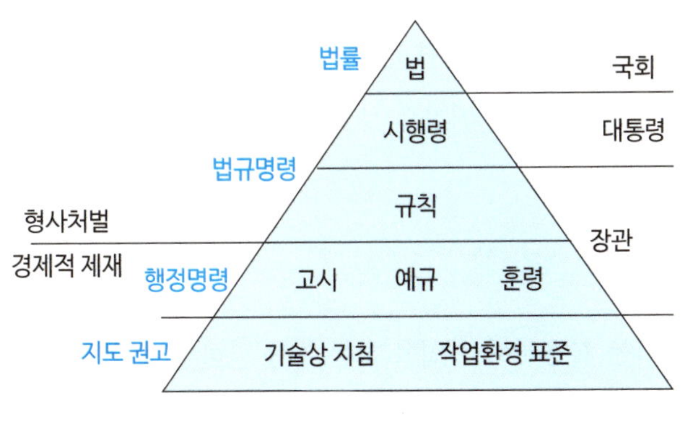

그림 3.1 산업안전보건법 체제

1.2 산업안전보건법상의 정부, 사업주, 근로자의 의무

1.2.1 정부의 책무

산업안전보건법 제4조에서는 산업재해를 예방하고 쾌적한 작업환경을 조성함으로써 근로자의 안전과 보건을 유지·증진하기 위하여 다음과 같이 정부의 책무를 정하고 있다.

① 산업안전·보건정책의 수립·집행·조정 및 통제

② 사업장에 대한 재해 예방 지원 및 지도

③ 유해하거나 위험한 기계·기구·설비 및 방호장치·보호구 등의 안전성 평가 및 개선

④ 유해하거나 위험한 기계·기구·설비 및 물질 등에 대한 안전·보건상의 조치 기준 작성 및 지도·감독

⑤ 사업의 자율적인 안전·보건 경영체제 확립을 위한 지원

⑥ 안전·보건의식을 북돋우기 위한 홍보·교육 및 무재해운동 등 안전문화 추진

⑦ 안전·보건을 위한 기술의 연구·개발 및 시설의 설치·운영

⑧ 산업재해에 관한 조사 및 통계의 유지·관리

⑨ 안전·보건 관련 단체 등에 대한 지원 및 지도·감독

⑩ 그 밖에 근로자의 안전 및 건강의 보호·증진

1.2.2 사업주의 의무

사업주란 근로자를 사용하여 사업을 하는 자를 말하며, 산업안전보건법 제5조에서 근로자의 안전과 건강을 유지 · 증진시키는 한편, 국가의 산업재해 예방시책에 따라야 한다.

사업주의 이행의무 사항으로는 다음과 같이 정하고 있다.

① 산업안전보건법과 명령으로 정하는 산업재해 예방을 위한 기준을 지킬 것.

② 근로자의 신체적 피로와 정신적 스트레스 등을 줄일 수 있는 쾌적한 작업환경을 조성하고 근로조건을 개선할 것.

③ 해당 사업장의 안전·보건에 관한 정보를 근로자에게 제공할 것.

1.2.3 근로자의 의무

근로기준법에 따른 근로자란 직업의 종류와 관계없이 임금을 목적으로 사업이나 사업장에 근로를 제공하는 자를 말한다. 산업안전보건법 제6조에서는 근로자는 산업안전보건법에서 정하는 기준 등 산업재해 예방에 필요한 사항을 지켜야 하며, 사업주 또는 근로감독관, 공단 등 관계자가 실시하는 산업재해 방지에 관한 조치에 따라야 한다고 정하고 있다.

1.3 산업안전보건법의 안전보건관리체제

1.3.1 안전보건관리책임자, 관리감독자와 안전보건총괄책임자

(1) 안전보건관리책임자

산업안전보건법 제13조에서 사업주는 사업장에 안전보건관리책임자를 두어 다음 업무를 총괄관리 하도록 하고 있다.

① 산업재해 예방계획의 수립에 관한 사항

② 안전보건관리규정의 작성 및 변경에 관한 사항

③ 근로자의 안전·보건교육에 관한 사항

④ 작업환경측정 등 작업환경의 점검 및 개선에 관한 사항

⑤ 근로자의 건강진단 등 건강관리에 관한 사항

⑥ 산업재해의 원인 조사 및 재발 방지대책 수립에 관한 사항

⑦ 산업재해에 관한 통계의 기록 및 유지에 관한 사항

⑧ 안전장치 및 보호구 구입 시의 적격품 여부 확인에 관한 사항

⑨ 근로자의 유해·위험 예방조치에 관한 고용노동부령으로 정하는 사항

(2) 관리감독자

경영조직에서 생산과 관련되는 업무와 그 소속 직원을 직접 지휘·감독하는 부서의 장 또는 그 직위를 담당하는 관리감독자라 한다. 사업주는 사업장의 관리감독자로 하여금 직무와 관련된 안전·보건에 관한 업무로서 안전·보건점검 등 대통령령으로 정하는 업무를 수행하도록 하여야 한다. 다만, 위험 방지가 특히 필요한 작업으로서 대통령령으로 정하는 작업에 대하여는 소속 직원에 대한 특별교육 등 대통령령으로 정하는 안전·보건에 관한 업무를 추가로 수행하도록 하여야 한다.

(3) 안전보건총괄책임자

같은 장소에서 행하여지는 사업으로서 사업의 일부를 분리하여 도급을 주어하는 사업의 사업주는 그 사업의 관리책임자를 안전보건총괄책임자로 지정하여 자신이 사용하는 근로자와 수급인이 사용하는 근로자가 같은 장소에서 작업을 할 때에 생기는 산업재해를 예방하기 위한 업무를 총괄관리하도록 하여야 한다.

1.3.2 안전관리자, 보건관리자, 안전보건관리담당자와 산업보건의

(1) 안전관리자

사업의 종류·규모에 따라 사업주는 사업장에 안전관리자를 두어 안전에 관한 기술적인 사항에 관하여 사업주 또는 관리책임자를 보좌하고 관리감독자에게 조언·지도하는 업무를 수행하게 하여야 한다. 안전관리자를 두어야 할 사업의 종류 · 규모, 안전관리자의 수·자격·업무·권한·선임방법, 그 밖에 필요한 사항은 대통령령으로 정하며, 대통령령으로 정하는 종류 및 규모에 해당하는 사업의 사업주는 고용노동부장관이 지정하는 안전관리 업무를 전문적으로 수행하는 기관(안전관리전문기관)에 안전관리자의 업무를 위탁할 수 있다.

(2) 보건관리자

사업의 종류·규모에 따라 사업주는 또한 사업장에 보건관리자를 두어 보건에 관한 기술적인 사항에 관하여 사업주 또는 관리책임자를 보좌하고 관리감독자에게 조언·지도하는 업무를 수행하게 하여야 한다. 보건관리자를 두어야 할 사업의 종류·규모, 보건관리자의 수·자격·업무·권한·선임방법, 그 밖에 필요한 사항은 대통령령으로 정하며, 대통령령으로 정하는 종류 및 규모에 해당하는 사업의 사업주는 고용노동부장관이 지정하는 보건관리 업무를 전문적으로 수행하는 기관(보건관리전문기관)에 보건관리자의 업무를 위탁할 수 있다.

(3) 안전보건관리담당자

50명 미만 사업장에서는 안전관리자와 보건관리자를 각각 두지 않고, 안전보건관리담당자를 1명 이상 선임할 수 있다.

(4) 산업보건의

사업의 종류·규모에 따라 사업주는 근로자의 건강관리나 그 밖의 보건관리자의 업무를 지도하기 위하여 사업장에 산업보건의를 두어야 한다. 산업보건의는 외부에서 위촉할 수 있으며, 보건관리전문기관에 보건관리자의 업무를 위탁한 경우에는 산업보건의를 두지 않을 수 있다.

1.3.3 산업안전보건위원회

사업의 종류 및 규모에 따라 사업주는 산업안전·보건에 관한 중요 사항을 심의·의결하기 위하여 근로자와 사용자가 같은 수로 구성되는 산업안전보건위원회를 설치·운영하여야 한다. 산업안전보건위원회는 사업장 근로자의 안전과 보건을 유지·증진시키기 위하여 필요한 사항을 정할 수 있으며, 사업주와 근로자는 산업안전보건위원회가 심의·의결 또는 결정한 사항을 성실하게 이행하여야 한다. 사업주는 다음 사항에 대하여는 산업안전보건위원회의 심의·의결을 거쳐야 한다.

① 산업재해 예방계획의 수립에 관한 사항

② 안전보건관리규정의 작성 및 변경에 관한 사항

③ 근로자의 안전·보건교육에 관한 사항

④ 작업환경측정 등 작업환경의 점검 및 개선에 관한 사항

⑤ 근로자의 건강진단 등 건강관리에 관한 사항

⑥ 산업재해에 관한 통계의 기록 및 유지에 관한 사항

⑦ 중대재해에 관한 사항

⑧ 유해하거나 위험한 기계기구와 그 밖의 설비를 도입한 경우 안전보건조치

2 안전보건관리 조직

2.1 안전보건관리 조직구조

우리나라의 산업안전보건법에는 사업장의 안전보건관리를 위하여 사업주에게 사업장의 안전보건관리체제를 구축하도록 규정함으로써 산재예방활동이 체계적이고 효율적으로 이루어지도록 규정하고 있다. 사업주는 구체적인 안전보건조치와 함께 사업장 안전보건관리를 할 의무가 법령에 규정되어 있는 것이다.

사업장의 안전보건관리를 효과적이고 효율적으로 추진하기 위해서는 업무를 직접 수행하는 안전보건관리 조직이 필요하다. 안전보건관리 조직은 사업장 내외부의 위험요인을 찾아내어 제거하고, 재해로 인한 손실을 방지하기 위하여 인적, 물적, 관리적인 측면에서 예방대책을 세워 근로자의 안전과 건강을 확보하는 것이 목표이다. 또한, 조직의 설비와 환경을 안전하게 확보하여 생산성을 높이는데 기여하는 것이 목적이다. 안전보건관리 조직은 회사의 규모나 특성에 맞게 조직되어야 하며, 조직이 충분히 역할을 수행할 수 있도록 제도적으로 체제를 갖추어야 한다.

일반적으로 조직구조는 조직의 목적 달성을 위한 조직 구성의 형태와 인력의 배치를 의미한다. 즉, 조직의 구조는 조직의 목표달성을 위해 해야 할 활동들을 관리가 가능한 활동단위로 집단화하고, 의사결정관계의 계층과 절차와 책임과 권한을 부여하는 것을 의미한다. 조직의 구조는 크게 수직적 분화와 수평적 분화의 형태에 따라 형태가 달라진다.

조직의 수평적 분화는 조직의 목표달성을 위한 활동들을 관리가 가능한 단위조직으로 집단화하는 과정이다. 주로 기능, 제품, 지역, 고객에 따라 단위 조직을 분화한다. 조직의 수직적 분화는 계층 혹은 위계질서를 의미하며, 상급관리자가 효율적으로 관리할 수 있는 적정의 관리 폭에 따라 수직적으로 분화시켜 계층 혹은 위계질서를 부여한다. 일반적으로 관리자의 전문성이 커지면 관리 폭도 커지는 경향이 있다. 조직의 수직적 분화 및 수평적 분화는 조직의 목표를 효율적으로 달성하기 위한 수단이지만, 계층적이나 수평적으로 부서경쟁이나 갈등과 같은 단절을 초래할 수 있으므로 분화와 함께 유기적인 관계형성을 위해서는 조정과 통합이 필요하다.

조직 구조의 유형은 몇 가지 측면에서 분류할 수 있는데 첫 번째는 라인조직, 스탭조직, 라인-스탭 조직으로 구분하는 방법이다. 목표 달성을 위해 책임이 직선적으로 흘러가는 라인과 전문적 지식을 가진 스탭의 역할에 따라 조직을 구분한다.

두 번째는 분화를 어떻게 하느냐에 따라 기능식 조직, 사업부제 조직, 팀조직 및 매트릭스 조직으로 분류한다.

세 번째는 의사결정 및 관리권한을 어떻게 부여하느냐에 따라 집권적 조직과 분권적 조직으로 분류된다.

안전보건관리 조직은 라인과 스탭의 역할로서의 조직유형을 구분하는 분류방법이 주로 이용되므로, 이 책에서도 조직의 유형을 라인조직, 스탭조직, 라인-스탭조직으로 구분하여 설명한다.

2.2 안전보건관리 조직의 형태

2.2.1 라인(line) 조직

라인(직계형) 조직은 최상위 관리자에서하위 말단 구성원까지 일원화된 명령체계로, 모든 권한이 상하 직선으로 흐르는 조직형태이다. 소규모 사업장(100인 이하)에서 생산조직이 안전관리 기능까지 하는 형태로, 부서장이 생산과 함께 안전에 대한 지시와 전달을 같이 하기 때문에 신속하고, 책임과 권한도 단순하고 명확하다. 반면 생산과 안전업무가 함께 전달되기 때문에 안전에 관한 정보와 기술 축적이 어려우며, 수평적 의사소통도 어려운 단점이 있다. 또는 조직이 커지면 비효율적인 측면이 커지는 단점이 있다.

2.2.2 스탭(staff) 조직

스탭(참모형) 조직은 안전보건관리를 위한 참모를 두고 안전보건관리에 관한 업무를 수행하도록 하는 조직형태로, 전문성을 최대로 살리려는 형태의 조직이다. 중규모 사업장에서 안전보건 업무의 권한이 있는 참모조직과 생산라인의 안전보건업무를 직접 수행하는 생산부서가 이원화된 형태로 안전보건 업무를 수행하는 참모와 명령을 수행하는 생산부서와의 협조가 중요하다. 생산부문은 안전에 대한 책임과 권한이 없으며, 안전지시가 생산부분에 협력하여 전달되므로 안전과 생산을 별개로 취급할 수 있다. 안전조직의 전문지식 및 기술 축적이 용이하지만, 생산부서와의 유기적인 협조가 필요하고, 안전에 대한 책임이 없는 생산부서와 마찰이 일어나기 쉬운 단점이 있다.

2.2.3 라인-스탭 조직

라인-스탭(직계-참모형) 조직은 라인조직과 스탭 조직이 혼합된 조직형태이다. 근로자 1000명이상의 대기업에서 안전보건에 관한 스탭 조직을 전담부서로 두고, 동시에 생산라인에서 실질적인 안전업무를 하는 안전보건관리자를 임명하여, 계획평가는 스탭에서 생산기술 안전대책은 라인에서 이루어지는 형태이다. 생산라인

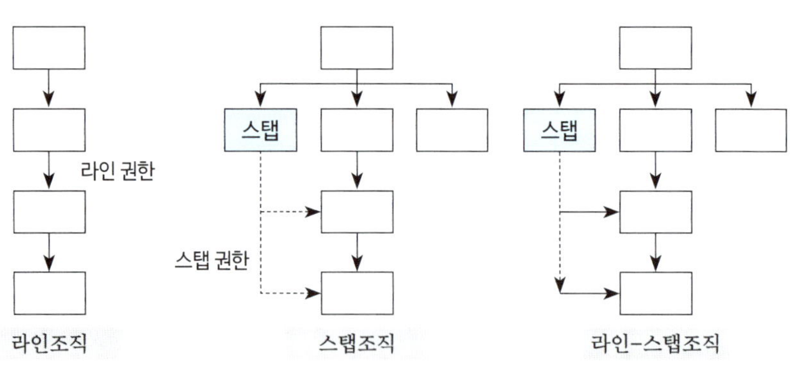

그림 3.2 안전보건관리 조직의 형태

에도 안전에 관한 권한과 책임을 부여하기 때문에 생산과 분리되지 않아 안전 활동이 용이하고, 안전지시 및 전달이 신속하게 이루어질 수 있다. 반면, 명령계통이 혼동될 수 있으며, 스탭의 월권행위가 있을 수 있으며 서로 업무를 전가할 수 있는 단점도 존재한다. 우리나라의 산업안전보건법에서도 권장되는 조직형태이다.

3 안전보건경영시스템

3.1 안전보건경영시스템(OSHMS) 개요

시스템은 공통의 목적을 달성하기 위해 유기적으로 상호작용하면서 임무를 수행하는 구성요소들의 모임을 의미한다(시스템 개념은 제7장 시스템 안전에서 자세히 설명한다). 안전보건경영시스템(OSHMS: Occupational Safety and Health Management Systems)은 조직이 안전보건의 목적인 재해 예방과 안전하고 쾌적한 작업장을 제공하기 위하여 서로 상호작용하는 절차 및 관리요소들의 집합이라고 할 수 있다.

사업장의 안전보건관리는 인본주의 차원에서 뿐만 아니라 정부의 규제강화에 대한 대응과 재해로 인한 경제적 손실의 방지, 생산성 향상, 지속가능한 성장을 도모하기 위하여 중요성이 부각되고 있다. 안전보건경영시스템은 최고경영자를 비롯한 전 직원 및 이해관계자가 참여하여 사업장에서 발생할 수 있는 위험을 사전에 예방하고 관리하는 시스템적 관리방법이라고 할 수 있다.

일반적으로 안전보건경영시스템은 **[그림 3.3]**과 같이 안전보건방침을 결정하고 계획 및 실행, 성과측정 및 검토, 지속적 개선의 절차로 전개된다.

안전보건 방침은 조직의 목표와 목적, 대상이라는 용어로 조직의 의도를 표현하고, 안전보건 조직을 정의한다. 조직은 계층별로 긍정적인 안전보건 문화를 형성하는 데 기본적인 요소이며, 조직의 가치와 믿음을 이해하는 데 도움을 준다. 조직의 효

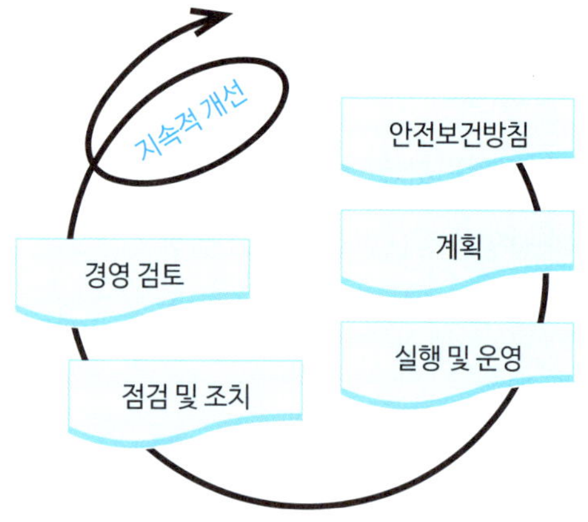

그림 3.3 안전보건경영시스템의 전개

율성은 근로자의 참여, 의사소통, 책임과 준수, 증진 활동 등에 의존한다.

계획과 실행은 효율적인 안전보건관리 시스템을 위한 기준, 대상과 절차에 대한 구성 및 실행을 의미한다. 실용적인 계획과 성취하고자 하는 성과의 대상을 인식하는 것이 계획과 실행에 의한 성과를 측정하는데 중요하다. 계획은 우선순위를 정하기 위한 위험성평가와 효율적인 관리나 위험요인 제거, 위험의 감소 등을 위한 목표를 근거로 정한다.

성과 측정은 안전보건관리체계가 효율적으로 작동하고 있는가에 대한 활동과 반응에 대한 점검을 의미한다. 활동 점검은 사람과 절차, 시스템에 관한 구내, 공장, 물질에 대한 감시는 활동을 의미하며, 반응 점검은 관리가 실패하여 발생한 사고나 사건에 대한 조사 등을 의미한다. 성과 검토는 점검 결과와 독립적인 감사의 결과를 이용하여 정책의 목적과 대상이 적절하게 세워졌는가를 검토하는 절차이다.

개선은 성과를 향상시키기 위하여 행하는 조치로, 조직은 개선을 위한 조치를 할 때 성과 평가 및 검토, 경영 검토 등의 결과를 고려하여야 한다. 개선조치로는 유해·위험요인의 제거, 안전하지 않은 재료의 대체, 장비 또는 도구의 재설계 또는 개조, 절차의 개발, 근로자의 역량 개발 등이 포함된다. 조직은 안전보건경영시스템의 적절성, 충족성 및 효과성을 지속적으로 개선하여야 한다.

3.2 안전보건경영시스템 ISO 45001

ISO 45001은 2018년도에 국제표준화기구(ISO)에서 제정한 안전보건경영시스템에 관한 표준으로, 모든 조직의 구성원이 참여하여 안전보건의 유지, 증진을 위한 목표를 정하고, 조직 활동에 내재되어 있는 위험요인을 파악하고 관리하기 위한 절차를 개발하며, 조직 내의 물적, 인적자원을 체계적으로 배분하여 효율적으로 안전보건을 관리하기 위한 요구사항을 규정하고 있다.

그동안 안전보건경영시스템은 OHSAS 18001과 한국의 K-OHSMS 18001 등으로 인증규격이 존재하였으나 국제표준인 ISO 45001 으로 통합된 것이다. 따라서 제품과 서비스의 품질관리에 관한 품질경영시스템인 ISO 9001, 제품이나 서비스, 부산물의 환경적 요인 관리를 위한 환경경영시스템인 ISO 14001에 이어, 안전보건경영시스템인 ISO 45001이 작업장과 작업자의 안전보건관리를 위한 국제표준으로 제정됨으로써, 품질, 환경, 안전보건 분야에서 ISO의 국제표준 체계가 완성되었다고 할 수 있으며, 기업들은 ISO 9001, ISO 14001과 함께 ISO 45001의 통합시스템 구축

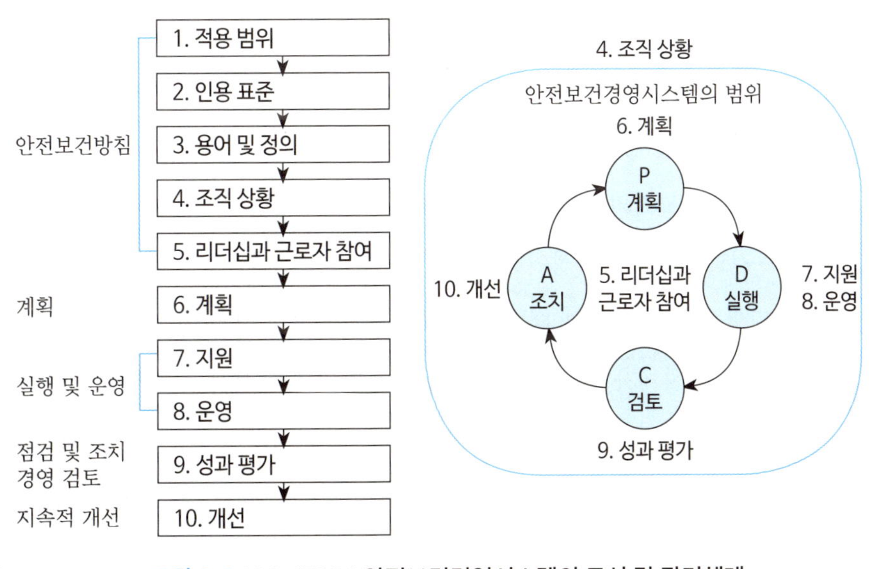

그림 3.4 ISO 45001 안전보건경영시스템의 구성 및 관리체계

이 용이하게 되었다. 한국산업표준의 ISO와의 부합화 과정에 따라 ISO 45001은 한국산업표준 KS A ISO 45001으로도 채택되었다.

안전보건경영시스템인 ISO 45001은 **[그림 3.4]** 와 같이 ① 적용범위, ② 인용표준, ③ 용어 및 정의, ④ 조직의 상황, ⑤ 리더십, ⑥ 기획, ⑦ 지원, ⑧ 운영, ⑨ 성과 평가, ⑩ 개선으로 구성되어 있다. 또한, 계획(Plan), 실행(Do), 검토(Check), 조치(Action)의 PDCA 사이클의 활동을 되풀이함으로써 안전보건관리 수준을 높이고자 노력한다. PDCA 사이클은 원래 품질관리 학자인 W. E. Deming이 주장한 품질관리의 원리로 ISO의 경영시스템에서 채택되고 있는 중요한 원리라고 할 수 있다.

사례 3.1 안전보건경영시스템의 특성

안전보건경영시스템은 조직의 안전보건 활동에서 안전 방침과 안전 목표를 정하고 이를 달성하기 위하여 최고경영층을 비롯한 조직구성원이 참여하고, 전담 조직을 구성하고, 안전을 확보하기 위하여 책임과 절차를 규정한 경영시스템이라고 할 수 있다.

전통적인 안전보건관리가 안전보건경영시스템으로 발전하는 데는 조직이 복잡화됨에 따라 시스템 경영 측면에서 안전관리 활동을 하고자하는 경향으로 해석할 수 있다. 안전보건경영시스템에서는 두 가지 중요한 특성을 지니고 있다. 복잡한 조직의 변동성에 대한 대처와 조직의 안전보건을 확보하기 위한 안전보건활동의 순환과정이다.

조직의 변동성에 대한 대처는 사고예방을 위하여 사전 설계를 하였다 하더라도 시스템 설계자가 예상치 못한 운영과정의 복잡성이 증대됨에 따라 시스템의 운영자인 근로자들이 시스템의 변동성을 이해하고 적응하려는 패러다임을 나타낸다. 전통적으로 '사고의 원인이 무엇인가'를 찾는 소극적 관점에서 '사고가 발생하지 않는 원인이 무엇인가'를 분석하는 적극적인 관점으로의 확대를 통하여 변동성을 이해하려는 노력이라고 해석할 수 있다.

한편, 조직의 안전보건을 확보하기 위한 안전보건활동의 순환과정은 계획(Plan), 실행(Do), 검토(Check), 조치(Action)의 PDCA 순환활동을 통해 지속적으로 개선함으로써 안전보건관리 수준을 높이고자 하는 순환과정을 나타낸다.

저자의 관점에서 보면, 안전보건은 지식으로 끝나지 않고 실천하지 않으면 확보할 수 없다는 철학이 바탕이 되어야 한다. 따라서 근로자들이 습관화라는 순환과정이 조직이 존재하는 한 지속되어야 한다는 것을 나타낸다고 볼 수 있다. 또한, 조직의 활동이 추가되고 복잡화됨에 따라 조직의 안전보건측면에서의 변동성에 대한 예방조치가 순환활동에 포함되는 철학이라고 해석할 수 있다.

4 안전 활동

4.1 위험예지활동

위험예지훈련(KYT: Kiken Yochi Training)으로도 알려진 위험예지활동은 작업전에 미리 작업장이나 작업에서 잠재되어 있는 위험요인을 발견하여 대책을 강구하는 위험예지 훈련을 함으로써, 안전보건을 확보하기 위한 활동이다.

위험예지훈련은 일본의 스미모토 금속공업(현재의 新日鐵住金: Nippon Steel)에서 벨기에의 교통안전 교육용 그림 교재에서 힌트를 얻어 개발하였으며, 일본의 중앙노동재해방지협회를 중심으로 발전되어 재해예방을 위한 효과적인 기법으로 보급되어 왔다. 위험예지활동은 일반적으로 흔히 볼 수 있는 작업장이나 작업 장면의 그림이나 현장 사진을 작업자에게 제시하고 유해위험요인이나 불안전 행동을 파악하도록 한다. 또한, 이 상황에서 초래될 수 있는 사고를 예측하여 대책을 강구하도록 함으로써 재해예방에 기여하고자 한다.

위험예지활동은 작업상황이나 작업에서의 유해위험요인을 발견하는 감수성 제고 훈련이라고 할 수 있으며, 작업 행동에서 무심코 놓치거나 깜빡할 수 있는 요인들을 발견하여 집중력 제고 훈련이라고 할 수 있다. 또한, 발견한 유해위험요인을 해결하고자 하는 대책을 제시함으로써 문제해결능력 향상 훈련이라고 볼 수 있으며, 위험을 미리 파악하여 안전을 선제적 취하는 풍토에도 기여할 수 있다.

위험예지활동은 기본적으로 4라운드(4R) 과정으로 진행한다.

① 제1라운드(현상파악: 본다)

어떤 유해위험요인이 잠재하고 있는가를 불안전 행동적인 측면과 불안전 상태 측면에서 파악한다. "~할 때(원인) ~하여(현상) ~사고가 발생할 수 있다(결과)" 또는, "~상태라(원인) ~해서(현상) ~사고가 발생할 수 있다(결과)"로 표현한다.

② 제2라운드(본질추구: 생각한다)

위험의 포인트를 결정한다. 발견해낸 유해위험요인 중에서 중요하다고 생각되는 것을 결정한다. "위험 포인트, ~ 때문에(원인) ~하여(현상)~사고 발생할 수 있다(결과)"로 확인한다.

③ 제3라운드(대책수립: 계획한다)

당신이라면 어떻게 할 것인가? 위험 포인트를 방지하려면 어떻게 할 것인가에 대한 실현 가능한 대책을 제시한다.

④ 제4라운드(목표설정: 결정한다)

우리는 어떻게 할 것인가? 제시된 대책 가운데서 중점 실시항목을 도출한다. "~을 ~하여 ~사고를 예방하자" 형태로 목표를 정한다.

사례 3.2 위험예지활동 예시

계단에서 부품박스를 옮기는 작업을 대상으로 위험예지활동표를 작성하여 보자. [표 3.1]은 위험예지활동표의 일부를 나타낸 것이다. 즉, 위험예지활동 4라운드에 해당하는 1R(현상파악), 2R(본질추구), 3R(대책수립), 4R(목표설정)까지의 과정을 요약표로 나타낸 것이다.

[표 3.1]에서와 같이 계단에서 박스를 옮기면서 미끄러져 넘어지면, 상해를 당하거나 박스물품이 깨지는 손실을 입을 수 있는 위험을 요약한 것이다.

표 3.1 위험예지활동 표 일부 예시

행위	현상	사고	대책	대안	채택
박스를 옮긴다	미끄러져 넘어진다	타박상/골절 사고	눈에 잘 띄게 한다	턱에 페인트 칠	○
			미끄럼 방지 대책	미끄럼 방지테이프 부착	◎
		박스물품이 깨진다	중량물 크기/무게 축소	박스 크기를 줄인다	△
			미끄럼 방지 대책	미끄럼방지 장갑 착용	○

4.2 무재해운동

무재해운동은 일본의 중앙노동방지협회가 1970년대에 제시한 개념이다. 우리나라도 1979년부터 노동부지침으로 무재해운동을 시작하였으며, 1989년 안전보건공단이 설립되면서 무재해 목표달성 기록인증제 사업을 전개해오다 2019년부터는 사업장 자율운동으로 전환되었다. 유럽에서도 zero accident vision 운동이 유사한 개념으로 볼 수 있다(Gerard et al., 2017).

무재해 운동의 목적은 인간존중의 이념을 바탕으로 사업주와 근로자가 참여하여 자율적인 산업재해예방 운동을 추진함으로써 안전의식을 고취하고 나아가 산업재해를 근절하여 인간중심의 밝고 안전한 사업장을 조성하는 데 있다. 즉, 사업주와 근로자가 함께 참여하여 산업재해 예방을 위한 자율적인 운동을 추진함으로써 사업장 내의 모든 잠재적 요인을 사전에 발견, 파악하고 근원적으로 산업재해를 줄이는 데에 있다.

무재해운동의 3대 기본원칙은 다음과 같다.

① 무(Zero)의 원칙 : 무재해란 단순히 사망, 재해, 휴업재해만 없으면 된다는 소극적인 사고가 아니라, 불휴 재해는 물론 잠재위험요인을 사전에 발견하고, 해결함으로써 산업재해의 근원적인 요인을 없애는 것을 의미한다.

② 참가의 원칙 : 참가란 작업에 따르는 잠재적인 위험요인을 해결하기 위하여 전원이 협력하여 각자의 위치에서 적극적으로 '하겠다'는 의욕을 갖고 문제나 위험을 해결하는 것을 의미한다.

③ 선취의 원칙 : 무재해를 실현하기 위해 일체의 위험요인을 사전에 발견, 파악, 해결하여 재해를 예방하기 위한 원칙을 의미한다.

무재해 운동의 3요소는 ① 최고 경영자의 확고한 안전경영 철학 및 의지, ② 관리감독자의 적극적인 안전 활동 추진, ③ 근로자의 협력 및 자율적 추진이다.

4.3 TBM(Tool Box Meeting)

TBM(Tool Box Meeting)은 미국의 건설업에서 성과를 올린 '현장에서 행하는 안전미팅' 활동으로, Toolbox talks 또는 안전 브리핑(safety briefings)으로도 불린다.

Tool box는 공구상자라는 의미로, Tool Box Meeting은 원래 동일한 작업장의 동료들이 아침에 공구 상자 앞에 모여 작업 내용을 확인하거나 전달 사항을 확인하는 미팅이 이루어진데서 유래한 것이다.

TBM은 일반적으로 작업시작 전 또는 근무 교대가 시작되기 전에 실제 일하는 작업 현장에서 리더와 조원이 모여서 위험요소를 공유하고, 위험요소에 대한 대책을 대화를 통하여 미리 인지함으로써 재해예방을 도모하는 활동이다. 5~15분의 짧은 시간동안 5~7명의 소규모 인원이 작업장의 위험 및 안전한 작업을 주제로 경험이 풍부한 작업자와 정보를 교환하고, 중요한 정보를 반복하여 지적 확인함으로써 작업자의 안전의식 제고와 전원 참여를 유도하여 재해예방에 매우 효과적인 방법으로 알려지고 있다. 지적확인이란 현장의 작업자들이 안전에 관한 인식을 제고시키고자 눈으로 보고, 손가락으로 가리키고, 큰소리로 확인하는 행동을 의미한다.

TBM의 진행절차는 ① 도입(인사), ② 점검(복장, 보호구, 안전장치 등), ③ 작업지시, ④ 위험예지, ⑤ 확인(목표 확인, 지적 확인 등)으로 구성된다.

4.4 5S 활동

안전활동의 기본이 되는 정리, 정돈, 청소, 청결, 습관화를 5S 활동이라고 한다. 정리는 버려야 할 것과 버리지 않을 필요한 것으로 분류하는 것을 의미한다. 정돈은 버리지 않는 필요한 물건은 다음에 사용하기 쉽게 위치를 정해 놓는 것을 의미한다. 청소는 필요한 물건은 위치를 정할 뿐만 아니라 바로 사용할 수 있도록 깨끗하게 해 놓는 것을 의미한다. 청결은 작업에 사용할 물건들뿐만 아니라 주위나 주변도 깨끗하게 하는 것을 의미한다. 습관화는 정리, 정돈, 청소, 청결의 과정은 한 번만 하는 일시적인 행동이 아니라 항상 필요한 것을 분류하여 위치를 정하고 깨끗하게 유지하고, 작업장 주변을 깨끗하게 유지할 수 있도록 지속적으로 관리되어야 함을 의미한다.

5S 활동은 안전보건을 확보하기 위해서 가장 중요한 가이드라인이자 안전 활동이라고 할 수 있다. 무엇보다도 정리, 정돈, 청소, 청결, 습관화는 안전보건의 핵심인 실천과 습관화라는 가치를 중요시하여, 가장 기본이 되는 지켜야 할 안전의 핵심으로 여겨진다.

4.5 안전보건 점검

안전보건 점검은 안전보건을 확보하기 위하여 실태를 파악하는 것으로서 불안전 상태와 불안전 행동을 발생시키는 결함이나 유해위험요인을 사전에 발견하거나 안전보건 상태를 확인하는 행동이다. 안전보건 점검은 ① 결함이나 불안전 상태의 제거, ② 작업설비의 성능 및 안전상태 유지, ③ 작업자의 안전 행동 상태의 유지, ④쾌적한 작업환경 유지를 목적으로 시행된다.

점검은 점검주기에 따라 정기점검, 일상점검(수시점검), 특별점검, 임시점검으로 분류된다. 정기점검은 법적 기준 및 사내 규정에 따라 정기적으로 실시하는 점검이며, 일상점검은 매일 작업 전이나 작업 중에 일상적으로 실시하는 점검을 의미한다. 특별점검은 기계설비의 신설이나 고장수리, 천재지변 발생, 안전강조기간 등에 이루어지는 점검을 의미하며, 임시점검은 안전보건위원회의 요구 등으로 정기점검 이전에 임시로 실시하는 점검을 의미한다. 일상점검은 경험과 지식이 있는 현장 감독자나 작업자가 실시하고, 정기점검은 자격을 지닌 숙련자가 실시하는 것이 일반적이다.

점검방법에 따라서는 외관점검, 기능점검, 작동점검, 종합점검으로 분류된다. 외관점검은 점검자의 시각 및 촉각에 의해 외관 상태를 체크리스트에 의해 확인하는 점검이며, 기능점검은 간단한 조작으로 기기의 기능 상태를 확인하는 점검을 의미한다. 또한 작동점검은 정해진 순서에 의해 작동 상황을 확인하는 점검을 의미하며, 종합점검은 점검기준에 의해 측정하고 운전하여 종합적인 기능을 확인하는 점검을 의미한다.

안전보건 점검은 현상을 파악하고, 결함 및 유해위험요인을 발견하여, 대책을 선정하고 실시하는 과정으로 진행된다.

생산기술이 변화되고 복잡화됨에 따라 작업방법이 변화할 수 있으며, 이에 따라 안전보건에 관한 요구사항도 변할 수 있다. 따라서 사업장에서는 유해위험요인에

관한 지식을 전달하고, 기능을 습득하도록 하고, 태도를 익혀 습관화 되도록 근로자를 교육하고 훈련하는 것이 필요하다. 사업장의 안전보건을 확보하기 위해서는 불안전 상태를 제거하여 물적 설비 및 환경의 안전을 확보하고, 불안전 행동을 하지 않도록 습관화 하여 인적 안전을 확보는 것이 필요하다.

4.6 안전보건 패트롤(safety and health patrol)

산업안전보건법에서는 관리감독자, 안전관리자, 보건관리자 들로 하여금 사업장 순회점검을 실시하도록 규정하고 있다. 안전보건 패트롤은 사업장의 전 구역이나 단위 구역의 기계설비 조건, 작업방법 및 조건, 작업환경 등에 잠재하고 있는 유해위험요인을 전반적으로 파악하기 위하여 실시하는 순찰을 의미한다. 안전보건패트롤은 관리자가 전반적인 사업장이나 구역을 대상으로 하는 육안점검과 일상점검의 특성을 가진 점검 활동이라 할 수 있다.

안전보건 패트롤은 재해예방을 위한 필수불가결한 과정이라고 할 수 있으며, 안전보건 패트롤을 제대로 시행하면 사업장은 적은 비용으로 재해예방 효과를 얻을 수 있다. 따라서, 사업장의 안전보건관리 상태를 파악하기 위한 안전보건 패트롤은 안전보건관리의 출발점이라고 할 수 있다.

5 안전 교육

5.1 안전보건 교육 개요

교육이란 의도된 바람직한 상태로 이끌어 가는 활동을 의미한다. 즉, 교육은 현재의 못하는 상태에서 할 수 있도록 하는 것이 목표라고 할 수 있다. 안전보건 교육은 안전보건확보를 위한 지식, 기능 및 태도를 향상시켜 산업재해를 방지하고, 생산성 향상에 기여하는 것이 목적이다.

안전보건 교육은 지식 교육, 기능 교육, 태도 교육으로 분류할 수 있다.

지식 교육은 지식을 제시하는 방법에 의해 주로 이루어지며, 재해 발생원인 및 대책이나 기계설비에 대한 기본 개념 등을 이해하는 것을 의미한다.

기능 교육은 주로 실습을 통하여 이루어지며, 작업방법, 기계설비의 조작방법 등에 대해 익히는 것을 의미한다.

태도 교육은 안전에 관한 근로자의 인식을 형성하는 필요한 데 교육이다. 안전보건과 관련된 규정을 지키려는 마음가짐과 행동에 대한 교육이 포함되며, 주로 참여 활동을 기반으로 이루어진다.

5.2 OJT와 Off JT

안전보건교육은 지식 교육과 더불어 행동을 기반으로 하는 기능 교육 및 태도 교육이 중요하다. 따라서 안전보건과 관련한 지식을 습득하고, 안전하게 신체를 움직이는 기술 교육을 반복적으로 행하여 익히고, 안전을 습관화하는 태도를 갖도록 교육하는 과정이 필요하다.

담당할 실무 능력을 갖추기 위하여 사업장내에서 이루어지는 직무교육을 사내 직무교육이라는 의미로 OJT(On the Job Training)라 한다. 주로 직장의 상사나 선임 경력자가 일상적으로 이루어지는 직무에 관한 내용을 개인교육 형태로 진행한다. 현장 실무가 중요시되는 업무나 신입 산원 등의 실무 교육 등에서 이루어지는 교육으로, 안전보건관련 업무의 교육에서도 많이 이용되는 방법이다.

반면, 일상적인 직무를 수행하지 않고 직무 이외의 시간 또는 장소에서 별도로 이루어지는 교육은 Off JT(Off the Job Training)라고 한다. 주로 원리나 개념, 법규, 신기술 이론 등의 개념과 지식의 습득을 위해 이루어지는 교육 등에 이용된다.

OJT 교육과 Off JT 교육의 장단점은 [표 3.2]로 요약될 수 있다.

표 3.2 OJT 교육과 Off JT 교육의 장단점

	OJT	Off JT
장점	· 실무와 밀접한 교육이 가능하다. · 특별한 비용이 들지 않는다. · 교육이 바로 실무에 반영된다. · 교육 중에 업무손실이 적다.	· 일시에 다수를 교육할 수 있다. · 전문가의 지도를 받을 수 있다. · 교육생들과 의견교환이 가능하다. · 교육환경과 지원이 체계적이다.
단점	· 지도자의 능력에 좌우된다. · 단편적, 형식적이 될 수 있다.	· 비용과 시간이 소요된다. · 실무로 연결되지 않을 수 있다.

5.3 산업안전보건법상의 안전보건 교육과 내용

산업안전보건법제31조에서는 사업주는 해당 사업장의 근로자에 대하여 정기적으로 안전 · 보건에 관한 교육을 하여야 한다고 정하고 있으며, 다음과 같이 정기교육, 채용 시 교육, 작업내용 변경 시 교육, 특별 교육으로 분류하고 있다.

① 정기교육: 해당 사업장의 사무직 종사 근로자, 사무직 종사 근로자 외의 근로자, 관리감독자의 지위에 있는 사람을 대상으로 정기적으로 실시하여야 하는 교육

② 채용 시 교육: 해당 사업장에 채용한 근로자를 대상으로 직무 배치 전 실시하여야 하는 교육

③ 작업내용 변경 시 교육: 해당 사업장의 근로자가 기존에 수행하던 작업내용과 다른 작업을 수행하게 될 경우 변경된 작업을 수행하기 전 의무적으로 실시하여야 하는 교육

④ 특별교육: 사업주가 규칙 별표 8의2 제1호 라목에 해당하는 작업에 근로자를 사용할 때 실시하여야 하는 교육

[표 3.3]은 근로자의 안전보건교육의 과정 유형에 따른 교육 대상별 요구되는 교육 시간을 나타낸다.

표 3.3 근로자의 안전보건교육 유형과 시간

교육과정	교육대상		교육시간
정기교육	사무직 종사 근로자		매분기 3시간 이상
	사무직 종사외 근로자	판매업무에 직접 종사하는 근로자	매분기 3시간 이상
		판매업무에 종사하는 근로자외	매분기 6시간 이상
	관리감독자의 지위에 있는 사람		연간 16시간 이상
채용 시의 교육	일용근로자		1시간 이상
	일용근로자를 제외한 근로자		8시간 이상
작업내용 변경 시의 교육	일용근로자		1시간 이상
	일용근로자를 제외한 근로자		2시간 이상
특별교육	별표 8의2 제1호라목 각 호(제40호 제외)의 어느 하나에 해당하는 작업에 종사하는 일용근로자		2시간 이상
	별표 8의2 제1호라목 제40호의 타워크레인 신호작업에 종사하는 일용근로자		8시간 이상
	별표 8의2 제1호라목 각 호의 어느 하나에 해당하는 작업에 종사하는 일용근로자외		16시간 이상 (단, 단기간/간헐적 작업은 2시간 이상)
건설업 기초안전보건교육	건설 일용근로자		4시간

또한, 사업주는 안전보건관리책임자, 안전관리자, 보건관리자 및 안전보건관리담당자와 안전관리전문기관·보건관리전문기관·재해예방 전문지도기관·석면조사기관의 종사자에 대해서는 직무교육을 이수하도록 하고 있으며, [표 3.4]는 직무교육 시간을 나타낸다.

표 3.4 안전보건관리책임자 등에 대한 직무교육

교육대상	교육시간	
	신규교육	보수교육
안전보건관리책임자	6시간 이상	6시간 이상
안전관리자, 안전관리전문기관의 종사자 보건관리자, 보건관리전문기관의 종사자 재해예방 전문지도기관의 종사자 석면조사기관의 종사자	34시간 이상	24시간 이상
안전보건관리담당자	-	8시간 이상

[표 3.5]는 교육대상별 교육내용을 나타낸다.

표 3.5 교육대상별 교육내용

대상	교육내용
근로자 정기 교육	- 산업안전 및 사고 예방에 관한 사항 - 산업보건 및 직업병 예방에 관한 사항 - 건강증진 및 질병 예방에 관한 사항 - 유해·위험 작업환경 관리에 관한 사항 - 「산업안전보건법」 및 일반관리에 관한 사항 - 산업재해보상보험 제도에 관한 사항
관리감독자 정기 교육	- 작업공정의 유해·위험과 재해 예방대책에 관한 사항 - 표준안전작업방법 및 지도 요령에 관한 사항 - 관리감독자의 역할과 임무에 관한 사항 - 산업보건 및 직업병 예방에 관한 사항 - 유해·위험 작업환경 관리에 관한 사항 - 「산업안전보건법」 및 일반관리에 관한 사항
채용 시의 교육 작업내용 변경 시의 교육	- 기계·기구의 위험성과 작업의 순서 및 동선에 관한 사항 - 작업 개시 전 점검에 관한 사항 - 정리정돈 및 청소에 관한 사항 - 사고 발생 시 긴급조치에 관한 사항 - 산업보건 및 직업병 예방에 관한 사항 - 물질안전보건자료에 관한 사항 - 「산업안전보건법」 및 일반관리에 관한 사항

- 고마츠바라 아키노리, 안전인간공학의 이론과 기술, 세진사, 2018.
- 국가법령정보센터, 산업안전보건법, 2019.
  http://www.law.go.kr/%EB%B2%95%EB%A0%B9/%EC%82%B0%EC%97%85%EC%95%88%EC%A0%84%EB%B3%B4%EA%B1%B4%EB%B2%95
- 김경수, 김공수, 조직행동론, 법문사, 2019.
- 김승호, 윤석준, 양혁승, 임우택, 조기홍, 지용선, 안전문화 이해와 적용, 국한에듀, 2018.
- 김태열외 공역, Stephen, P. R. et al., 조직행동론 (16판), 한티미디어, 2015.
- 문광수 역, Paul E. Levy, 산업 및 조직심리학(제5판), 시그마프레스, 2018.
- 박계홍외 공역, Jason, A. C. et al., 성과향상을 위한 조직행동론, McGraw-Hill, 2015.
- 박세영외 공역, Michael G. A., 산업 및 조직 심리학 (제8판), Cengage Learning, 2017.
- 박형인, 김정남역, Aamodt, M. A., 산업 및 조직 심리학(8판), 학지사, 2017.
- 서재현외 공역, Christopher P. N., 조직행동론, 2018년.
- 유태용역, Muchinsky, P. M. et al., 산업 및 조직심리학(11판), 시그마프레스, 2016.
- 정진우, 산업안전보건관리의 이론과 실제, 중앙경제, 2015.
- 橋本邦衛, 安全人間工學, 中央勞動災害防止協會, 1984.
- Gerard, I.J.M., et al., The importance of commitment, communication, culture and learning for the implementation of the zero accident vision in 27 companies in Europe, Safety Science, 96, 22-32, 2017.

연습문제

01 1. 다음 중 산업안전보건법의 목적과 거리가 먼 것은?

① 산업안전 · 보건 기준의 확립

② 산업재해 예방과 쾌적한 작업환경조성

③ 근로자의 안전과 보건을 유지·증진

④ 산업재해 방지에 관한 조치 준수

02 산업안전보건법의 체제에서 행정명령에 해당되는 것은?

① 산업안전보건법 ② 시행령

③ 시행규칙 ④ 고시

03 산업안전보건법의 체제에서 대통령이 제·개정 하는 것은?

① 산업안전보건법 ② 시행령

③ 시행규칙 ④ 고시

04 산업안전보건법의 체제에서 준수하지 않았을 때 형사처벌 대상인 것은?

① 훈령 ② 고시

③ 시행규칙 ④ 예규

05 산업안전보건법상 정부의 책무가 아닌 것은?

① 산업재해 예방을 위한 조치의 준수

② 사업장에 대한 재해 예방 지원 및 지도

③ 산업안전·보건정책의 수립·집행·조정 및 통제

④ 산업재해에 관한 조사 및 통계의 유지·관리

해답 : 1. ④, 2. ④, 3. ②, 4. ③, 5. ①

06 산업재해 예방에 필요한 기준이나 조치를 지켜야 하는 자는?

① 근로자　　② 사업주
③ 안전관리자　　④ 관리감독자

07 경영조직에서 생산과 관련되는 업무와 소속 직원을 직접 지휘·감독하는 부서의 장 또는 그 직위를 담당하는 자는?

① 근로자　　② 사업주
③ 안전관리자　　④ 관리감독자

08 사업장 근로자의 안전과 보건을 유지·증진시키기 위하여 필요한 사항을 정할 수 있으며, 근로자와 사용자가 같은 수로 구성되는 것은?

① 산업안전보건위원회　　② 안전보건관리체제
③ 안전보건경영시스템　　④ 안전보건위원회

09 다음 중에서 사업장의 산업안전보건위원회의 심의 · 의결 사항이 아닌 것은?

① 산업재해 예방계획의 수립에 관한 사항
② 안전보건관리규정의 작성 및 변경에 관한 사항
③ 안전장치 및 보호구 구입 시의 적격품 여부 확인에 관한 사항
④ 근로자의 건강진단 등 건강관리에 관한 사항

10 다음 중에서 조직의 구조, 형태에 관한 설명으로 맞지 않는 것은?

① 조직의 수직적 분화는 계층 혹은 위계질서를 의미한다.
② 수평적 분화는 관리가 가능한 단위조직으로 집단화하는 과정이다

해답 : 6. ①, 7. ④, 8. ①, 9. ③, 10. ③

③ 사업부제와 팀제는 조직의 의사결정 및 관리권한에 따른 분류이다.

④ 라인조직은 생산조직이 안전관리 기능까지 하는 형태이다.

11 조직의 안전 방침과 안전 목표를 정하고 이를 달성하기 위하여 최고경영층을 비롯한 조직구성원이 참여하고, 전담 조직을 구성하고, 안전을 확보하기 위하여 책임과 절차를 규정한 시스템적 관리방법과 거리가 가장 먼 것은?

① 안전보건경영시스템.
② ISO 9001
③ ISO 45001
④ OHSAS 18001

12 아래 그림과 같은 안전보건조직 형태는?

① 라인조직
② 스탭조직
③ 라인-스탭조직
④ 사업부제

13 PDCA 사이클과 관련없는 용어는?

① Plan
② Do
③ Combine
④ Action

14 안전보건경영시스템의 전개과정이 가장 적절하게 표현된 것은?

① 안전보건방침-계획-실행및운영-점검및조치-경영검토-개선
② 계획-안전보건방침-실행및운영-점검및조치-경영검토-개선
③ 안전보건방침-계획-실행및운영-경영검토-점검및조치-개선
④ 계획-안전보건방침-실행및운영-경영검토-점검및조치-개선

해답 : 11. ②, 12. ③, 13. ①, 14

15 흔히 볼 수 있는 작업장이나 작업 장면의 그림이나 현장 사진을 작업자에게 제시하고 유해위험요인이나 불안전 행동을 파악하는 훈련은?

① 5S 활동　　② 무재해운동
③ TBM　　④ 위험예지활동

16 버려야 할 것과 버리지 않을 필요한 것으로 분류하는 것은?

① 정리　　② 정돈
③ 청소　　④ 청결

17 작업장의 동료들이 아침에 공구 상자 앞에 모여 작업 내용을 확인하거나 전달 사항을 확인하는 미팅이 이루어진데서 유래한 활동은?

① 5S　　② 무재해운동
③ TBM　　④ 안전 패트롤

18 무재해운동의 원칙과 관련이 없는 것은?

① 지적확인　　② 참가의 원칙
③ 선취의 원칙　　④ 무(Zero)의 원칙

19 위험예지활동의 4R 순서를 올바르게 나타낸 것은?

① 목표설정-본질추구-현상파악-대책수립
② 현상파악-본질추구-목표설정-대책수립
③ 목표설정-현상파악-본질추구-대책수립
④ 현상파악-본질추구-대책수립-목표설정

해답 : ①, 15. ④, 16. ①, 17. ③, 18. ①, 19. ④

20 매일 작업 전이나 작업 중에 일상적으로 실시하는 점검은?

① 정기점검 ② 임시점검
③ 수시점검 ④ 특별점검

21 주로 직장의 상사나 선임 경력자가 일상적으로 이루어지는 직무에 관한 내용을 개인교육 형태로 진행하는 교육과 가장 밀접한 것은?

① OJT ② Off JT
③ 특별교육 ④ 채용 시 교육

22 다음 중 산업안전보건법상 직무교육시간이 다른 하나는?

① 안전관리자 ② 안전관리전문기관 종사자
③ 석면조사기관 종사자 ④ 안전보건관리담당자

해답 : 20. ③, 21. ①, 22. ④

실습문제

01 다음은 산업안전보건법 체제에 대한 질문이다.

1) 산업안전보건법과 시행령, 시행규칙의 제·개정자는?.
2) 법규명령과 행정명령으로 구분하고, 차이점을 설명하시오.
3) 산업안전보건법상 근로자의 의무에 대해 설명하시오.

02 다음은 안전보건관리 조직에 관련된 질문이다.

1) 안전보건관리 조직 유형중에서 라인조직과 스탭조직을 설명하시오.
2) 조직의 수직적 분화와 수평적 분화개념을 라인조직과 스탭조직을 이용하여 설명하시오.
3) 스탭조직의 장단점을 설명하시오.

03 다음은 안전보건경영시스템에 대한 질문이다.

1) ISO 45001에 대해 설명하시오.
2) PDCA 사이클을 설명하시오.
3) '조직의 변동성'에 대하여 설명하시오.

04 다음은 안전보건 활동에 관련된 질문이다.

1) 위험예지훈련과 TBM을 비교하여 설명하시오.
2) 무재해운동의 3대 기본원칙에 대하여 설명하시오.
3) 5S 활동에 대하여 설명하시오.

05 다음은 안전보건 교육에 관련된 질문이다.

1) 지식, 기능, 태도 교육에 관하여 설명하시오.
2) OJT에 대하여 설명하고 장점을 열거하시오.
3) 산업안전보건법상 근로자의 교육 유형을 설명하시오.

제2부

인간특성을 고려한 안전설계

4 정보처리와 인적오류

1. 정보처리 과정
2. 감지능력과 정보처리 능력
3. 인적오류

1 정보처리 과정

1.1 인간의 정보처리 과정

[그림 4.1]과 같이 인간의 정보처리 과정은 지각(perception), 인지(cognition), 행위(action)의 3 단계를 거친다. 자극에 관한 정보가 감각 기관에 감지되면 이들 정보에 대한 해석을 통하여(지각단계), 의사결정을 하고(인지 단계), 신체활동기관에 명령하여 행동을 하게 된다(행위단계). 물론 이들 과정 전반에서 기억이 상호 작용하여 영향을 미치게 된다(Wickens, 2000).

인간이 입력된 정보를 해석하는 지각과정, 의사결정을 하는 인지과정, 행위과정을 이해하면 인적오류를 줄이는 데 기여할 수 있다.

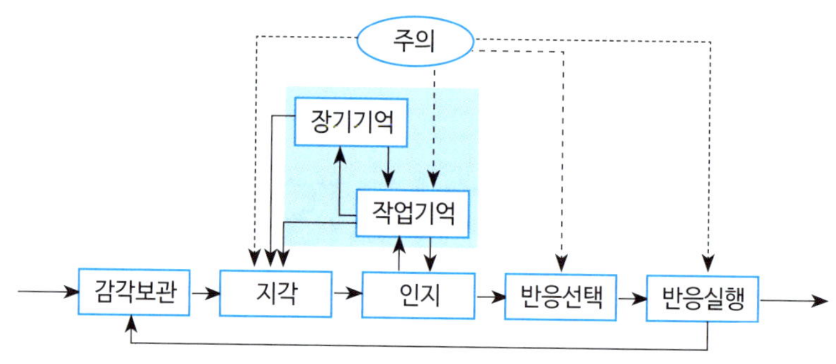

그림 4.1 정보처리 모형(Wickens, 2000)

1) 지각단계(perceptual stage)

시각, 청각, 후각, 촉각, 미각 등의 자극은 인간의 감각 수용기를 통하여 감지된다. 감각 수용기를 통해 입력된 정보에 의미를 부여하고 해석하는 과정을 지각(perception)이라고 한다.

입력 정보들은 선택(selection), 조직(organization), 해석(interpretation)하는 과정을 통하여 자극을 감지하고 의미를 부여함으로써 종합적으로 해석된다.

감지된 정보들 중에서 필요한 것만 골라 흡수하는 기능을 선택이라고 한다. 정보처리과정에서 주의(attention)는 지각, 인지, 반응선택 및 실행과정에서의 정신적 노력으로, 주의 자원의 제한으로 필요에 따라 선택적으로 적용된다.

입력된 정보를 해석하는 과정에서는 시각이나 청각 등을 통해 입력되는 정보의 질에 따라 지각의 시간이나 정확성이 달라진다. 시각적, 청각적으로 명확하고 단순하게 해석할 수 있는 정보가 제시되면 감각기능으로부터 상향식(bottom-up)으로 해석이 되어 빠르고 정확하게 해석할 수 있다. 그러나 모호하거나 익숙하지 않은 정보라면 장기기억이나 과거의 경험 등을 이용하는 하향식(top-down)의 정보해석이 이루어지게 되므로 시간도 더 걸리고 부정확하게 해석될 수 있는 가능성이 있는 것이다. 정보의 중요성이나 주어진 시간, 경험의 유무 상황에 따라 상향식 또는 하향식 정보 해석의 방식이 달라질 수 있는 것이다.

2) **인지단계**(cognitive stage)

인간의 정보처리 과정에는 작업기억(단기기억), 장기기억 등이 동원되며, 지각된 정보를 바탕으로 계산, 추론, 유추 등을 통하여 어떻게 행동할 것인지 의사결정을 하는 과정을 인지(cognition)과정이라고 한다.

의사결정은 해석한 정보를 바탕으로 상황파악과 목표설정을 하는 과정이라고 할 수 있으며, 경험이나 교육, 훈련에 따라 의사결정의 시간이나 정확성이 영향을 받을 수 있다.

3) **행위단계**(action stage)

지각 및 의사결정과정을 통해 이루어진 상황의 이해는 반응의 선택이라는 목표를 수립하게 되며, 반응 실행은 선택된 목표가 정확하게 수행되도록 반응이나 행동(action)이 이루어진다.

신체기관에 명령을 내려 수행하는 단계에서는 정보해석과 의사결정이 정확해야만 정확한 행동이 가능하다. 또한, 정보해석과 의사결정이 정확하더라도 신체능력에 맞느냐에 따라 신체 수행의 정확도는 달라질 수 있다.

정보처리 및 반응실행 과정에서는 정보 흐름의 폐회로 피드백이 존재하게 되는데 이에 따라 정보의 흐름이 연속적으로 진행된다.

사례 4.1 정보처리과정과 오류의 유형

인간은 지각, 인지, 기억, 행동의 정보처리 과정에서 오류들이 존재할 수 있다. 정보처리의 과정에서 기억을 통해 정보를 해석하고 의사결정하여, 행동하기까지 어느 한 과정이라도 학습한 원리들과 상반될 때, 의도한 결과를 얻지 못하고 오류가 발생하기 쉽다고 할 수 있다.

정보처리과정에서 발생할 수 있는 오류의 유형과 원인을 예를 들어 설명하여 보자. [표 4.1]은 정보처리 관점에서 발생할 수 있는 오류의 유형과 원인을 예를 들어 나타낸 것이다.

표 4.1 정보처리과정과 오류

분류	원인	예시
지각 오류	보기 어렵다. 듣기 어렵다. 구분하기 어렵다.	크기가 작아 잘 보이지 않는다. 너무 소리가 작아 안 들린다. 모호해서 구분하기 어렵다.
인지 오류	판단하기 어렵다 예측되는 바와 다르다. 갈등이 된다. 복잡하고, 어렵다.	판단할 수 있는 근거가 부족하다. 경험에 의한 기대/예측과는 다르다. 의사결정관련 요인들이 충돌하고 있다. 너무 복잡하고, 유추하기 어렵다.
기억 오류	기억하기 어렵다. 단서가 없다. 잊어버리기 쉽다.	비슷비슷하여 기억이 분명하질 않다. 억지로 외워야하기 때문에 어렵다. 기억할 것이 너무 많아 잊어버리기 쉽다.
행동 오류	조작하기 어렵다. 들기 어렵다. 불편한 동작이라 어렵다.	너무 작거나, 힘이 들어 조작하기 어렵다. 무겁고 손잡이도 없어 떨어뜨릴 수 있다. 뻗치거나, 굽혀야 되기 때문에 어렵다.

1.2 지각과 인지 과정의 원리

인간이 입력된 정보를 해석하는 지각과정과 의사결정을 하는 인지과정을 해석하면 오류를 줄이는 데 기여할 수 있다. 이 책에서는 심리학에서 지각과 인지과정에서 받아들여지고 있는 원리들을 오류의 예방 측면에서 서술하고자 한다.

사람은 정보 처리능력에 한계가 있기 때문에 수많은 정보를 선택적으로 받아들여 처리한다. 많은 정보 중에서 의미 있는 정보만을 선택적으로 받아들이는 현상을 선택적 지각이라고 한다.

사례 4.2 칵테일 파티 효과(cocktail party effect)

시끄러운 파티장에서도 자기를 부르는 소리를 선택적으로 지각하여 받아들이는 현상을 칵테일 파티 효과라고 한다. 칵테일 파티 효과는 Cherry(1953)가 영국의 관제탑에서 일하는 직원들을 대상으로 한 실험에서 도출한 현상이다. 하나의 스피커로 동시에 두 사람의 목소리를 들려준 후에 직원들의 반응을 살펴보았더니 두 명의 목소리 중에서 익숙한 한 사람의 목소리에만 귀를 기울인다는 사실을 얻게 되었다. 칵테일 파티 효과는 광고계에서 주목하는 개념이다. 광고인들은 15초라는 짧은 광고 시간 내에 시청자들에게 익숙한 목소리나 음악을 들려줌으로써, 소비자로부터 선택을 받기 쉽게 하려고 노력한다.

인간은 자극을 그림 요소 또는 배경 요소로 구분한다. 그림 요소는 관심의 대상이고, 배경 요소는 주목을 받지 못하는 바탕이다. 그림 요소는 배경에 비해 더 많은 주목을 받고 더 잘 기억된다. 그림과 배경이 차별화되어 분명할 때 안정적인 관계라 하고, 그림과 배경이 모호하면 불안정한 관계라 한다. 주목을 받고 혼동을 최소화하기 위해서는 그림과 배경을 분명하게 차별화시키는 개념을 그림-배경 분리의 원리(figure-ground segregation principle)라 한다.

사례 4.3 불안정한 그림-배경의 관계

[그림 4.2]의 왼쪽 그림은 관점에 따라 미녀로도 보이고 할머니 얼굴로도 보인다. 가운데 그림도 색소폰을 부는 남자와 미녀의 얼굴로도 보이는 불안정한 그림과 배경의 관계라 할 수 있다. 오른쪽 그림은 Rubin(1915)의 꽃병으로 알려진 그림으로 관점에 따라 꽃병이나 두 사람의 얼굴이 강조되어 혼돈을 주는 불안정한 그림과 배경의 관계라 할 수 있다.

불안정한 그림-배경으로 정보가 주어지면 정보를 해석하는 사람은 해석에 따라 그림에 해당하는 정보를 달리 해석할 수 있기 때문에 정확하게 의도한대로 정보전달이 되지 않을 수 있다.

그림 4.2 불안정한 그림-배경의 관계

선택된 지각대상은 지각형성 과정을 통하여 조직화된다. 일반적으로 Gestalt 지각원리를 통하여 조직화되는데 폐쇄성(closure), 단순성(simplification), 집단성(grouping) 등의 원리 등이 적용된다. Gestalt는 독일어로 형태라는 의미인데, 19세기경 Ehrenfels에 의해 형태심리학(Gestalt psychology)으로 처음 소개되었다(Hothersall, 2004).

Gestalt 폐쇄성 원리는 빠뜨린 정보를 채워 넣는 경향을 의미하며, 단순성 원리란 폐쇄성 원리와는 반대로 눈에 덜 띄는 정보를 빼버리는 경향을 의미한다.

사례 4.4 Gestalt 폐쇄성 원리

사람들은 단독적인 패턴으로 인식하려는 경향이 강해서 필요에 따라 부족한 부분을 채워 넣거나 격차를 줄여 하나의 패턴으로 완성하여 인식하려는 경향이 있다. 불완전한 형태나 패턴을 채워서 완전한 패턴이나 형태로 지각하려는 경향을 폐쇄성이라 한다. 여러 개의 개별 요소들을 식별 가능한 패턴으로 인식하려는 경향을 의미한다. 폐쇄성은 복잡함을 줄이고 디자인의 흥미를 증가시키기 위해 사용된다. [그림 4.3]의 왼쪽 그림에서는 삼각형이 없지만 없는 부분을 연결해서 먼저 가운데의 삼각형을 인식하게 되고, 나머지 개별 요소로서 원 3개로 인식된다. [그림 4.3]의 오른쪽 2개의 회사 로고는 보는 사람들에게 폐쇄성을 이용하여 패턴의 완성에 직접 참여할 수 있도록 흥미를 증가시킨 예라고 할 수 있다. 폐쇄성의 원리는 적은 수의 요소들을 이용하여 정보를 구성하고 전달하여 복잡성을 줄일 수 있게 도와준다.

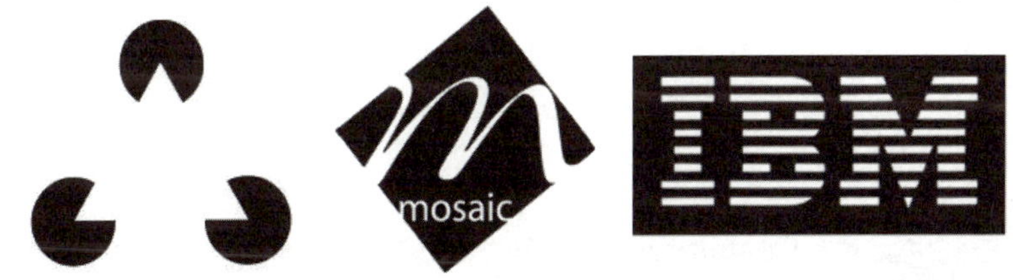

그림 4.3 Gestalt 폐쇄성 원리

사례 4.5 Gestalt 단순성 원리, Prägnanz 법칙

Prägnanz(독일어로 단순성) 법칙으로도 불리는 단순성(simplifica-tion) 원리는 사람들은 복잡하거나 모호한 정보들을 지각할 때 불안전한 형태로 해석하지 않고 단순하게 해석하려 한다. [그림 4.4]의 왼쪽 그림은 거꾸로 된 L자 두 개와 사각형 한 개의 모양으로 복잡하게 해석하기 보다는 사각형 3개가 겹쳐져 있는 모양으로 단순하게 해석한다. McDonald의 황금 아치나 Apple의 사과를 연상시키는 로고는 단순성 원리를 응용한 사례이다. 단순한 이미지로 인식하고 기억하려는 경향은 사람들이 복잡한 모양보다 단순한 모양을 더 쉽게 지각하거나 기억한다는 것을 의미한다.

그림 4.4 Gestalt 단순성 원리

집단성 원리는 근접성이나 유사성, 연속성, 공통성 등을 근거로 하여 사물 또는 모양을 하나로 묶는 경향을 의미한다.

사례 4.6 Gestalt 집단성 원리

근접성(proximity)은 [그림 4.5.a]와 같이 가까이 있는 요소들은 하나의 집단이나 덩어리로 지각되고, 떨어져 있는 요소들보다 더 연관되어 있다고 해석하려는 경향을 의미한다. 근접성은 디자인에서 관계나 연관성을 가장 강력하게 표현할 수 있는 도구이다. 관련성이 높은 요소들은 가깝게 위치시키고, 관련이 없거나 분명치 않은 요소들은 상대적으로 떨어뜨려 위치시키면 복잡성을 줄이면서 연관성을 높일 수 있다.

유사성(similarity) 원리는 **[그림 4.5.b]**와 같이 비슷한 요소들은 하나의 그룹이나 덩어리로 지각되는 경향을 의미한다. 색상의 유사성은 가장 강력한 집단화효과를 제공하며, 크기와 모양의 유사성 순으로 집단화 경향이 작아진다.

연속성(continuation)의 원리는 본래의 추세를 유지하는 방향으로 지각되는 경향을 의미한다. **[그림 4.5.c]**와 같이 정렬된 요소들은 하나의 집단이나 덩어리로 인식되고, 정렬되지 않은 요소들보다 밀접한 관계를 갖는 것으로 해석된다.

공통성(common fate) 원리는 **[그림 4.5.d]**와 같이 같은 방향으로 움직이는 요소들은 하나의 집단이나 덩어리로 인식되며, 다른 방향으로 움직이거나 정지된 요소들 보다는 관련성이 높은 것으로 해석되는 경향을 의미한다.

Gestalt 집단성 원리는 사람들이 개체들을 무질서 속의 분산된 조각으로 해석하기보다는 구조화된 집단으로 해석하려는 특성을 나타낸다. 즉, 사람들은 서로 연관관계가 모호한 각각의 개체들을 각각의 의미가 아니라 전체적인 특성으로 이해하려 한다는 것이다.

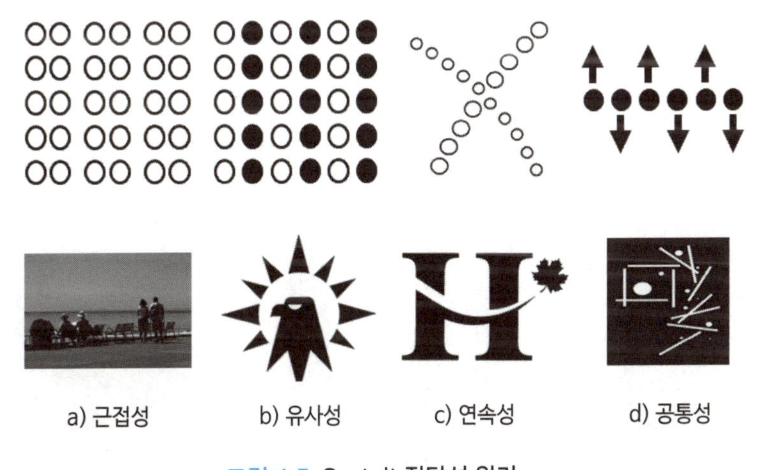

그림 4.5 Gestalt 집단성 원리

지각된 대상을 해석하는 과정에서는 자신의 경험이나 지식, 기대 등을 대상 자극에 투영시켜서 자극을 해석하고, 의미를 파악한다. 사람들은 사물을 볼 때 과거에 축적한 지식과 경험을 통해 사물을 파악하려는 성향을 가지고 있다. 지각 과정에서는 단순히 감각 입력만을 받는 것이 아니라 사물의 특성에 관한 기억과 감각 입력을 지속적으로 조정한다. 지각과정에서 환경조건이나 제시방법이 달라져도 물체의 속성을 비교적 일정하게 지각하는 현상을 지각적 항상성(항등성: perceptual constancy)이라 한다.

사례 4.7 지각적 항상성의 유형

지각적 항상성은 크기, 형태, 색의 유형으로 나타난다.

멀리 서있는 어른은 가까이에 서 있는 아이보다 망막에 작은 이미지로 나타나지만, 어른이 어린 아이보다 더 크다고 지각한다. 사물을 다른 거리에서 보더라도 크기가 동일하게 지각되는 현상을 크기 항상성(size constancy)라 한다.

[그림 4.6.a]와 같이 방문이 어느 정도 열려 있느냐에 따라 방문의 모양은 다르게 나타난다. 보는 각도에 따라 눈에 비쳐지는 상의 모양은 달라지지만 사람들은 방문은 직사각형이라고 지각한다. 사물을 다른 관점에서 보더라도 모양이 동일하게 지각되는 현상을 형태 항상성(shape constancy)라 한다.

[그림 4.6.b]와 같이 원통의 색은 빛이 비치는 방향에 의해 어둡거나 밝게 보이지만 원통의 색은 일정하게 유지되는 경향을 색 항상성(color constancy)이라 한다(Jameson and Hurvitch, 1989).

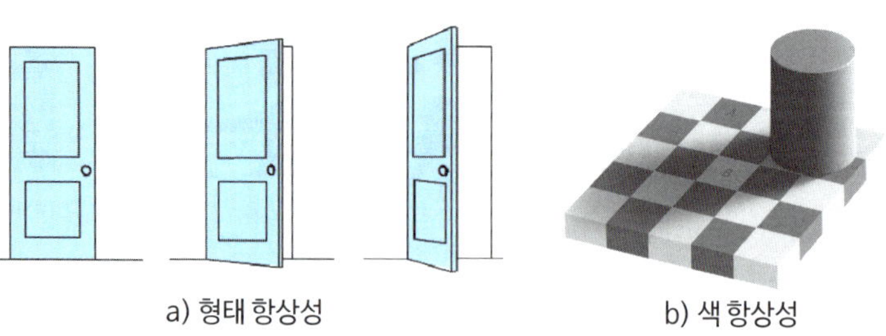

a) 형태 항상성　　b) 색 항상성

그림 4.6 지각 항상성의 유형

사람들은 지각된 감각 자료를 자신의 기억에 저장된 정보에 의존하여 해석을 시도하곤 한다. 기억 속에 저장되어 있는 과거 경험을 특정 상황이나 사건과 관련된 전형(prototype)을 만들어 놓고, 이와 유사하다고 생각되는 상황이나 사건에 대해서는 그 전형을 적용하여 쉽게 해석을 시도하게 되는 것이다. 예를 들면 주어진 동물을 보고 머릿속의 개의 전형과 비교한 뒤 비슷하면 개라고 분류하는 것이다. 치과에 단 한 번만 가본 사람은 치료받은 치과 의사가 치과 의사의 전형이 된다. 사람들은 개개인이 어떤 치과 의사들을 경험했느냐에 따라 치과 의사에 대한 전형이 다를 수 있으며, 개개인은 자신의 기억에 저장된 전형에 의존하여 해석을 시도하게 됨은 물론이다. 개인의 전형은 고정관념으로도 해석된다.

사례 4.8 노출 효과, 에펠 탑 효과

미국의 사회 심리학자 Zajonc(1968)에 의해 정립된 노출효과(exposure effect)는 사람들이 호불호가 없는 중립적인 감정을 갖고 있는 어떤 자극에 반복적으로 노출되면 친밀감이 상승하고 그 자극에 대해 호의적인 태도를 갖게 되는 성향을 의미한다. 파리의 에펠 탑이 건립되었을 당시만 해도 시민들로부터 많은 질타를 받았지만, 파리 시내 어디에서나 눈에 띄고 자주 노출되면서 현재는 연간 관광객이 가장 많은 명소가 되었다고 하여 반복 노출효과는 에펠 탑 효과(Eiffel Tower effect)로도 불린다.

광고와 마케팅 분야에서는 의미 있는 단어나 사진, 형상 등을 흥미로운 자극으로 반복함으로써 노출 효과를 응용한다. 노출 효과는 사람들이 중립적이거나 긍정적으로 인식되는 자극에만 적용되며, 불쾌감을 주는 자극을 반복적으로 노출할 경우에는 부정적인 인식이 오히려 커질 수 있다.

동일한 지각 정보라도 어떤 맥락이나 상황에서 지각했느냐에 따라 다르게 해석될 수 있다. 맥락효과(context effect)는 기존의 정보가 나중에 들어오는 정보의 처리 지침이 되고 전반적인 맥락을 제공하는 것을 말한다.

사례 4.9 맥락 효과(context effect)

[그림 4.7]은 맥락에 대한 영향을 나타낸다. 왼쪽 그림의 한 가운데 위치한 자극은 A나 H로도 해석될 수 있는 모호한 자극이다. 모호한 자극은 어떤 맥락에서 지각하느냐에 따라 영향을 받을 수 있다. 지각 하려는 사람이 알고 있는 단어를 전제로 THE의 H 또는 CAT의 A로 해석되게 된다. 오른쪽의 그림처럼 단어를 개별적으로 나열하면 맥락 효과는 더 분명하게 나타난다.

C
TAE
T

CAT
TAE

그림 4.7 맥락 효과

과거 경험으로부터 형성된 기대는 의미를 해석하는데 영향을 미치게 된다. 개인이나 타인의 기대에 따라 인식과 행동이 변하는 현상을 기대 효과(expectation effect)라 한다.

기대 효과로는 후광 효과, 피그말리온 효과, 플라시보 효과, 요구 특성 효과 등이 있다.

① **후광 효과**(Halo effect)

인간의 제한된 인지 및 판단능력으로는 명쾌하게 판단하기가 극히 어렵다.

때문에 사람들은 자신이 생각하기에 명쾌하다고 여겨지는 부분에 매달려 전체의 모습을 판단하려는 특성이 있다. 사람들은 별개의 특성을 독립적으로 측정하기 어렵기 때문에 특별한 특성을 토대로 전체를 뭉뚱그리는 경향이 있는 것이다. 예를 들면 신참 군인에 대한 평가에서 미남이고 품행이 바른 병사가 사격 실력도 좋고, 전투화도 잘 닦고, 인간성도 좋을 것이라고 생각하는 것이다. 후광 효과는 사람들이 직접 평가하기 어려운 것들을 추론하는 데 사용하는 발견적인 방법이자 일종의 어림법칙이다. 그럴듯하며 객관적으로 보이는 정보를 토대로 판단한 다음에 모호한 특징들은 같은 판단으로 귀착시켜버리는 경향을 말한다.

② **피그말리온 효과**(Pygmalion effect)

피그말리온은 그리스 신화에 나오는 뛰어난 조각가이다. 어느 날 완성된 자신의 여인상 작품이 너무나 정교하고 아름다워 넋을 놓고 보다가, 이 여인상을 깊이 사랑하게 되었다. 고운 옷을 입히고 조개껍질과 구슬 장식을 달아주고 마치 살아있는 사람을 다루듯 소중하게 보살필 뿐만 아니라 아프로디테의 축제에서 신에게 기도를 올리면서 바로 여인상과 같은 아내를 달라고 빌었고, 그 소원은 여인상이 인간으로 변함으로서 이루어지게 된다. 피그말리온 효과는 타인의 기대나 관심으로 인하여 능률이 오르거나 결과가 좋아지는 현상을 말한다.

특히 교육심리학에서는 교사의 관심이 학생에게 긍정적인 영향을 미치는 것을 말한다. 미국의 교육학자 Rosenthal과 Jacobson(1992)은 초등학교에서 전교생을 대상으로 지능검사를 한 후 검사 결과와 상관없이 무작위로 한 반에서 20% 정도의 학생을 뽑은 후에 명단을 교사에게 주면서 '지적 능력이나 학업성취의 향상 가능성이 높은 학생들'이라고 믿게 하였다. 8개월 후 이전과 같은 지능검사를 다시 실시하였는데, 명단에 속한 학생들은 다른 학생들보다 평균 점수가 높게 나왔을 뿐만 아니라 학교 성적도 크게 향상되었다. 이 연구 결과는 교사가 학생에게 거는 기대와 격려가 실제로 학생의 성적 향상에 효과를 미친다는 Rosenthal 효과로도 불린다.

③ **플라시보 효과**(Placebo effect)

플라시보 효과는 환자에게 가짜 약을 투여하면서 진짜 약이라고 말을 하더라도, 좋아질 것이라고 생각하는 믿음 때문에 환자의 병이 낫는 현상을 말한다. 플라시보란 단어는 마음에 들도록 한다는 뜻의 라틴어로, 가짜 약을 의미한다. 만성질환이나 심리상태에 영향을 받기 쉬운 질환에서는 플라시보를 투여해도 효과를 보는 경우가 있는데 이를 플라시보 효과라 한다.

④ **요구특성 효과**(demand characteristics effect)

요구특성 효과는 현 상황이 자신에게 요구하는 특성대로 행동을 하는 경향을 의미한다. 예를 들면 심리학 실험에서 피험자가 실험에서 자신에게 요구하는 결과가 어떤 것인지 예상하여 반응하는 현상이다. 반대로 비협조적 참가자들은 실험의 요구특성을 발견하려고 하며, 그런 후에 실험자의 가설과 반대되는 방식으로 행동하는 데 이를 '골탕먹이는 효과(screw-you-effect)'라고 한다.

둘 이상의 지각적 절차들이 대립하게 되는 경우에는 심리적인 진행과정이 느려지고 부정확해지는 현상인 간섭 효과(interference effect)가 발생한다. 일반적으로 심리적 절차에 의한 결과물이 일치하면 해석 진행과정이 빨리 일어나고 성과도 좋지만, 산출물이 불일치하면 충돌이 일어나 충돌을 해결하기 위한 추가적인 시간이 걸릴 뿐만 아니라 성과에 부정적 영향을 줄 수 있다. 지각의 방해 효과는 대개 암호화된 부호들 사이의 관계, 조합이나 표시장치나 조종장치 사이의 시각적인 상호작용에서 주로 발생한다.

사례 4.10 간섭 효과

1) Stroop(1935)이라는 미국의 심리학자는 색-단어 과제라는 실험을 통해 글자의 색과 색깔 명칭 단어가 일치 하지 않은 경우, 단어의 색을 읽는 과제에서 색과 명칭 단어와 일치할 때보다 시간이 더 오래 걸린다는 결과를 얻었다.

2) **[그림 4.8]**과 같이 빨간색 원에 GO라고 표시하던가, 파란색 원에 STOP이라 쓴 표현은 멈춤의 색인 빨간색과 GO, 초록 색과 STOP라는 의미가 대립되어 해석하는 데 충돌을 일으키게 된다.

3) 교통 신호등에서 화살표가 '가시오'라는 의미로 해석하는 사람들에게는 빨간 색 화살표는 간섭 현상을 일으킨다.

그림 4.8 **간섭 효과**

지각의 해석 작용 과정에서는 동일한 대상을 지각하고도 의미를 달리 해석할 수 있으며 착시현상 등이 개입될 수 있다. 정상 시력을 갖고서도 있는 그대로를 보지 못하고 물리적 상태를 왜곡하여 지각하는 현상을 착시 현상(optical illusion)이라 한다. 착시로는 기하학적 착시, 원근의 착시, 가현운동 등이 있으며, 주위의 밝기나 빛깔에 따라 중앙 부분의 밝기나 빛깔이 반대 방향으로 치우쳐서 느껴지는 밝기와 빛깔의 대비 등도 일종의 착시라고 할 수 있다.

사례 4.11 기하학적 착시의 유형

기하학적 착시는 [그림 4.9]와 같이 길이, 면적, 각도, 방향 등의 기하학적 관계가 객관적 관계와 다르게 보이는 일종의 시각적인 착각으로 대개 발견자의 이름으로 불린다.

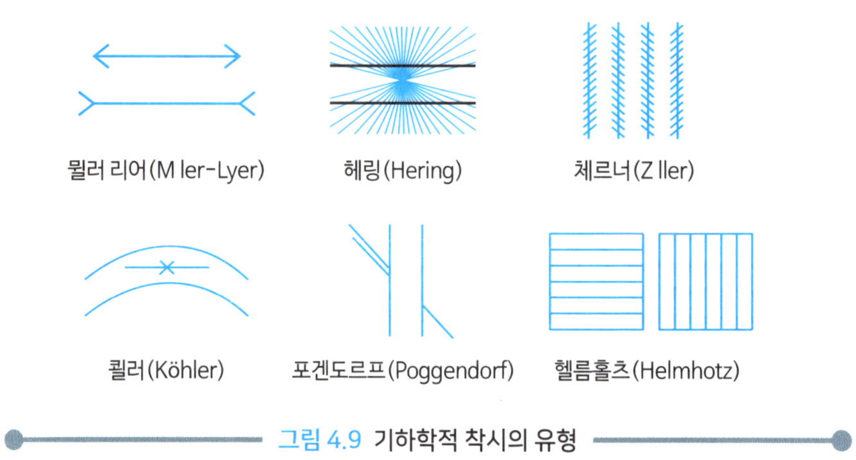

그림 4.9 기하학적 착시의 유형

가현운동(apparent movement)은 실제로는 움직이지 않는데도 움직이는 것처럼 느껴지는 심리적 현상이다. 넓은 뜻으로는 흐르는 구름에 둘러싸인 달이 마치 반대 방향으로 움직이는 것처럼 보이는 유도운동(induced movement)이나, 암흑 속에 있는 하나의 광점을 보고 있으면 그 광점이 움직이는 것처럼 보이는 것과 같은 자동운동

그림 4.10 운동 잔상의 예

(autokinetic sensation), 그리고 [그림 4.10]과 같이 소용돌이 무늬를 그린 원판을 회전시켜 잠시 동안 관찰한 후 원판을 정지하면 역방향의 운동을 느끼게 되는 경우와 같은 운동잔상(motion afterimage) 등도 가현운동에 포함된다.

1.3 인간의 기억체계

인간의 기억체계를 자세히 살펴보면 인간의 기억은 크게 감각보관(sensing storage), 단기기억(short-term memory), 장기기억(long-term memory)으로 구분된다.

감각보관이란 자극이 사라진 후에도 순간적으로 감각기관에 감각이 지속되는 것으로 시각(iconic)적 잔상이나, 청각(echoic)적인 잔상 등이 존재한다. 감각보관은 빠르게 사라지고 새로운 자극으로 대체된다. 시각적 잔상을 이용한 것이 만화 영화이다. 변화되는 동작을 각각의 장면마다 그려 놓은 다음에 잔상이 사라지기 전에 다른 장면으로 계속적으로 바꾸면 움직이는 동작이 되는 것이다.

단기기억이란 감각보관에서 주의 집중에 의해 기록된 방금 일어난 일에 대한 정보와 장기기억에서 인출된 관련 정보를 의미한다. 현재 또는 최근의 정보를 잠시 기억하는 것뿐만 아니라, 실제로 작업하는 데 필요한 일시적인 정보라는 의미로 작업기억(working memory)이라고도 한다. 사람의 단기기억 용량은 매우 한정되어 있다. 따라서 새로운 정보가 들어오면 저장될 수 있는 정보의 용량이 초과되어 기존 정보는 새로운 정보에 의하여 단기기억 밖으로 밀려나게 되는 것이다. 정보의 처리 용량이 제한되어 있으므로 일정한 시간 동안에 정보가 많이 주어진다고 정보가 많이 처리되는 것은 아니다. 정보전달의 효율성을 위해서는 정해진 시간에 최대한 많은 정보를 주는 것보다는 핵심적이고 중요한 정보만을 주는 것이 효과적이다.

장기기억은 단기기억이 암호화되어 저장된 영구적 기억이다. 단기기억을 장기기억으로 이전시키려면 입력된 정보를 마음에서 되뇌는 활동인 리허설(rehearsal)

이 필요하다. 리허설이 충분히 되어 장기기억으로 이전된 기억은 영구히 저장되지만 그렇지 못한 정보들은 기억시스템에서 사라지게 된다.

사례 4.12 순서 위치 효과: 초두 효과 및 최신 효과

순서대로 제시하는 정보는 중간보다는 처음이나 마지막에 중요한 정보를 제시하는 것이 효과적이다. 처음 본 정보를 잘 기억하는 것을 초두 효과(primacy effect)라 부르며, 마지막 제시된 정보를 잘 기억하는 것을 최신 효과(recency effect)라 한다.

초두 효과는 가장 먼저 본 목록 정보가 나중에 본 것들 보다 기억에 효과적으로 저장되기 때문에 발생한다. 시각적인 정보의 경우에는 처음에 제시된 정보의 영향력이 크므로, 처음에 제시하는 것이 효과적이다. 초두 효과는 목록 정보가 빠르게 제시될 때보다 천천히 제시될 때 강하게 나타난다.

최근 효과는 마지막에 제시된 목록 정보가 단기 기억으로 남아 있어 바로 사용할 수 있기 때문에 발생한다. 소리 정보는 일반적으로 나중에 제시될수록 영향력이 큰 것으로 알려져 있다.

목록 정보를 제시한 후 단기 기억이 사라질 정도의 시간이 지나가면 최근 효과는 줄어든다. 일반적으로 마지막 정보를 제시한 후 즉시 의사 결정이 이루어지는 경우에는 단기 기억의 영향으로 마지막에 정보를 제시하는 것이 유리하고, 그렇지 않은 경우에는 장기 기억으로 넘어가 기억하기 쉽도록 처음에 제시하는 것이 유리한 것으로 알려져 있다.

사례 4.13 폰 레스토프 효과(von Restorff effect), 신비주의 효과

ATNHM8YJURT 라는 문자열과 또 다른 비슷한 문자열인 ATNHMBYJURT을 읽고 기억해보자. 사람들은 첫 번째 문자열에서 8을 가

장 잘 기억할 것이다. 제시된 문자열 중에서 다른 것과는 다른 숫자이기 때문이다. 그러나 두 번째 문자열에선 8을 대신하여 위치한 B를 기억하기는 어려울 것이다. 이와 같이 평범하지 않은 단어나 이미지가 더 흥미롭고 쉽게 기억되는 현상을 폰 레스토프 효과 또는 신비주의 효과(novelty effect)라 한다. 보편적인 사건이나 사물보다는 독특하고 특이한 것을 더 잘 기억하는 현상이다. 폰 레스토프 효과는 일반적인 상황과는 다른 자극이 주어지거나, 기억하고 있는 경험과는 색다른 자극이 주어질 때 나타난다.

디자인의 핵심 요소나 기억하고 싶은 핵심 요소는 색 다른 형태이나 이미지를 이용하면 효과적이다. 그러나 모든 것을 강조하면 아무 것도 강조되지 않으므로 적재적소에 조금만 사용해야 한다.

정보를 장기기억으로 이전시키는 리허설은 유지 리허설(maintenance rehearsal)과 정교화 리허설(elaborative rehearsal)로 분류된다. 유지 리허설은 기억하고자하는 정보를 추가적인 분석 없이 단순히 반복하는 것을 의미한다. 예를 들어 구구단을 외우는 것처럼 단순히 계속하여 반복하는 것을 의미한다. 정교화 리허설은 정보에 대하여 더 깊고 의미 있는 분석을 실행하여 기억에 남기는 방법이다. 시를 외울 때 문장을 읽은 후에 구절의 단어와 문장에 대한 의미 등을 추가적으로 분석하면 많은 생각을 해야 하기 때문에 구조화 되어 기억에 남게 된다.

1.4 정보의 인출

정보의 인출은 장기기억 내의 정보를 의식수준으로 이끌어내는 과정이다. 정보인출은 무언가를 기억할 정보가 있다는 신호와 기억의 내용이 어떤 것인가에 관련된 메시지의 두 요소로 되어 있다.

장기기억은 저장된 정보가 평상시에는 의식으로부터 단절되어 있다가, 정보처리가 이루어질 때 관련된 정보가 의식수준으로 인출된다. 장기기억은 기억 내용이 의미가 있거나 이미 알고 있는 것과 들어맞을 때 저장과 인출이 용이하다. 장기기억의 특성은 기억 속에 있는 정보의 인출에 실패한 경우라도 기억의 보존에 실패한 것으로 단정지울 수는 없다는 것이다. 예를 들면 특정 정보가 잘 기억나지 않을 경우에도 단서가 주어지면 정보를 쉽게 떠올릴 수도 있다.

기억을 하지 못하는 현상은 정확한 인출 전략을 찾지 못하는 데서 발생한다. 정보를 인출하는 데 불필요한 기억부분을 탐색한다거나, 탐색시간이 부족한 경우 등이 예가 된다. 또한 복잡한 항목을 탐색하는 과정에서 단기기억의 제한적 용량 때문에 자신의 위치를 잃어버리는 경우도 발생한다.

정보인출을 도와주기 위하여 메모나 체크리스트를 만들어 놓거나 도움말 기능을 제공하는 것이 바람직하다. 또한 사물 자체에 연상 작용을 연관시켜 기억의 인출을 도와주는 방법도 있다. 예를 들면, 책을 현관문 앞에 열쇠와 함께 놓아두면 아침에 반드시 현관문을 통과하여 출근을 할 것이므로 가져가야 될 물건을 잊어버리지 않을 수 있는 것이다.

사례 4.14 재인과 회상

단순한 암기를 통하여 사용 방법을 외워야 하는 디자인은 상당한 시간과 노력을 요구하게 된다. 이전에 경험했던 일들을 기억 속에서 끄집어내는 회상(recall) 보다는 단서를 통해 사물을 인식하는 재인(recognition)이 훨씬 쉽다. 예를 들어 주관식 문제를 맞히는 것보다 객관식 문제는 보기를 제공하여 탐색 범위가 몇 개의 선택사항으로 좁혀지므로 답을 고르는 것이 쉽다. 아는 사람의 이름을 떠올리기는 어려워도 들으면 쉽게 알 수 있는 것이다. 따라서 가능한 메뉴, 선택을 돕는 기능을 이용하여 선택사항이 분명히 보이도록

설계하는 것이 좋다.

이미 머리에 있는 지식과 대응해서 적당한 해석을 통하여 이해될 수 있도록 논리적이면 배우기 쉽고 쓰기 쉬운 디자인이 된다. 기억은 단서에 의해 인출되기가 용이하므로 관련 있는 단서의 제시가 기억의 회상을 촉진할 수 있다. 따라서 제품의 특성과 이미지에 맞는 디자인을 통하여 제품에 대한 단서를 제공하는 것이 필요하다. 예를 들면, 중국 음식점의 식탁에 올려져있는 간장병과 식초병은 색과 모양이 동일해서 뚜껑을 열어 보거나 조금 쏟아 보아야만 알 수 있는 경우가 있다. 만일 검은 색의 병이나 검은색 스티커를 붙인 병은 간장병으로 하고 흰색 병은 식초병으로 한다면 사용자가 불필요하게 확인할 필요는 없지 않을까?

2 감지능력과 정보처리 능력

2.1 인간의 감지능력(human sensing capabilities)

감각 기관들의 감지 능력은 상대적 비교(relative discrimination)에 의하여 연구된다. 상대적 비교란 [그림 4.11]과 같이 왼쪽의 선분이나 오른쪽의 면적 크기를 비교하듯이 한 감각을 대상으로 두 가지 이상의 신호가 동시에 제시되었을 때 같고 다름을 비교·판단하는 것이다.

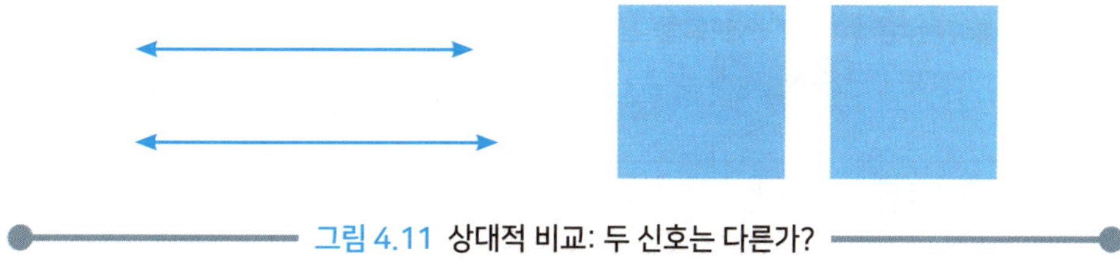

그림 4.11 상대적 비교: 두 신호는 다른가?

특정 감각의 감지 능력은 두 자극 사이의 차이를 겨우 감지할 수 있는 변화감지역(JND: just noticeable difference)으로 표현된다. 변화감지역이란 자극 사이의 변화를 감지할 수 있는 두 자극 사이의 가장 작은 차이의 값을 의미하며, 변화감지역이 작을수록 감각의 변화를 검출하기 쉽다. 변화감지역은 50% 이상의 사람들이 검출할 수 있는 자극차원의 최소변화 또는 차이로 구한다.

Weber는 특정 감각의 기준 자극과 변화감지역과의 연관 관계 실험을 통하여 Weber의 법칙을 발견하였다. Weber의 법칙은 물리적 자극을 상대적으로 판단하는 데 있어 특정 감각의 변화감지역은 사용되는 기준 자극의 크기에 비례한다는 내용으로 다음 공식으로 표현한다.

Weber비 = 변화감지역 / 기준 자극 크기

Weber비는 감각의 감지에 대한 민감도를 나타낸다. Weber비가 작을수록 분별력이 뛰어난 감각이라 할 수 있다. Weber 법칙에 의하면 변화를 감지하기 위해 필요한 자극의 차이는 원래 제시된 자극의 수준에 비례하므로, 원래 자극의 강도가 클수록 변화 감지를 위한 자극의 변화량은 커지게 된다. 예를 들어, 무게 감지에 대한 Weber비가 0.02라면 100g이 기준일 때에 무게의 변화를 느끼려면 2g 정도면 되지만, 10kg의 무게를 기준으로 한 경우에는 200g이 되어야만 무게의 차이를 감지할 수 있다는 것이다.

[그림 4.12]는 감각별 Weber비를 나타내는데, 시각이 가장 민감하고 미각이 가장 둔감함을 볼 수 있다. 또한, 촉각에 의한 무게 감지 Weber비는 0.02로 청각 0.1보다 작아 더 민감함을 알 수 있다.

감각					
Weber 비	1/60	1/50	1/10	1/4	1/3

그림 4.12 감각별 Weber비

사례 4.15 Weber 법칙의 응용

다음은 어느 제품의 설계를 위하여 감각별 상대적 비교에 대한 기준 자극과 변화감지역을 나타낸 것이다. Weber 비는 기준 자극과 변화감지역에 대한 비로 표현되므로 단위가 없으며, 값이 작을수록 분별력이 뛰어난 감각이라 할 수 있다. [표 4.2]에서 보면 Weber 비가 가장 작은 값인 면적 크기의 판별에 가장 민감하고, 중량의 판별, 소리의 세기(강도) 판별 순으로 민감도가 떨어져 감을 알 수 있다. 따라서 판별력이 가장 우수한 자극을 사용하려면 면적 크기의 판별을 이용하고, 가장 둔감한 자극을 이용하려면 소리의 세기를 이용하는 것이 바람직하다.

표 4.1 정보처리과정과 오류

자극 종류	기준자극 크기	자극변화감지역	Weber 비
소리 강도	60dB	6 dB	1/10
면적 크기	$60cm^2$	$1\ cm^2$	1/60
무게 크기	200 g	4 g	1/50

사례 4.16 Weber 법칙의 응용

언젠가부터 맥주 안주로 이용되는 과자들의 포장용지가 과자의 양에 상관없이 빵빵해졌다. 정보처리 관점에서 안에 있는 과자의 양의 변화를 감지한다는 관점에서 포장용지가 쭈글쭈글할 때와 빵빵할 때를 비교하여 보자. 첫 번째는 자극을 판별할 수 있는 차원이 2차원에서 1차원으로 줄어들었다. 포장용지 안의 과자의 양에 관한 변화를 알려면 부피의 변화를 시각적으로 느끼거나, 촉각에 의한 무게의 변화로 감지할 수 있었다. 그러나 포장용지가 빵빵해지고 나서부터는 시각에 의한 부피 판별은 없이 무게만으로 판별하게 되었다. 자극 차원이 2차원에서 1차원으로 줄어들므로 감지할 수 있는 방법이 줄어든 것이다. 두 번째는 변화를 감지하기 어려워 졌다. 시각과 무게의 Weber 비를 비교하면 무게가 더 크므로 시각이 무게 감지능력보다는 더 우월하다. 그러나 감지능력이 좋은 시각은 이용하지 못하도록 하고 상대적으로 감지능력이 떨어지는 무게만으로 식별하게 하여 소비자가 변화를 알지 못하도록 한 것이다.

사례 4.17 Weber 법칙과 은폐효과(masking effect)

층간 소음 문제는 야간에 소음이 아주 낮은 상황에서 위층에서 조금만 소리가 커져도 너무 잘 들리는데 있다. 즉 기준이 되는 소음수준이 낮은 야간 상황에서는 조금만 소리가 커져도 Weber 비에 따라 변화감지역을 넘기 때문에 잘 들린다는 것이다.

반면에 평상시 잘 들리던 TV 소리가 에어컨을 튼 상황에서는 잘 들리지 않을 수 있다. 에어컨에서 나는 소음에 의해 기준자극의 크기가 커졌기 때문에 TV에서 나오는 소리를 판별하기 위해서는 평상시보다 볼륨을 더 높여야 들을 수 있는 것이다. 이런 현상은 일상생활에서도 발견된다. 조용한 도서관에서 이어폰을 귀에 꽂고 휴대폰의 음악을 들을 때 친구가 말을 거는 상황을 연상해 보자. 이어폰을 빼지 않았다면 응답하는 목소리는 음악 소리 때문에 훨씬 커질 수밖에 없다. 자연히 응답하는 목소리는 주위를 놀라게 하는 정도로 큰 소리가 되는 것이다. 물론 음악 소리가 커질수록 기준자극이 커지므로 Weber법칙에 의해 변화감지역은 커지고 상대적으로 목소리도 더 커질 것이다. 지하철에서 친구와 이야기 할 때도 지하철의 소음에 의해 기준자극이 커지기 때문에 이야기를 듣기 위해선 목소리가 상대적으로 매우 커 질 수밖에 없다.

이와 같이 듣고자 하는 어떤 소리(목적음: maskee)의 최소 가청 임계값이 원하지 않는 소리(방해음: masker)에 의해서 상승하는 현상을 은폐효과 (masking effect) 또는 차폐효과라 한다. 이때 가청임계값의 증가량을 마스킹 양이 라 하며, 방해음의 크기가 커질수록 마스킹 양은 커진다. 마스킹 양은 원하지 않는 음과 듣고자 하는 목적음의 주파수가 가까울수록 커진다.

2.2 인간의 정보처리 능력(human information processing capabilities)

인간의 정보처리 능력은 단기기억(short-term memory)에 대한 처리 능력으로 나타내며, 절대 식별(absolute judgment) 능력으로 조사한다. 절대 식별이란 여러 그룹으로 규정된 신호 중에서 특정 부류에 속하는 신호가 단독으로 제시되었을 때 이를 식별할 수 있는 능력을 의미한다. 상대적인 비교가 아니라 일시적으로 기억에 의해 신호를 구별하여야 하기 때문에 절대 식별이라 한다.

일정한 시간 동안 사람이 기억할 수 있는 정보의 양은 한정되어 있다. 절대 식별에 근거하여 정보를 신뢰성 있게 전달할 수 있는 최대 용량을 경로 용량(channel capacity)이라 한다. 즉, 단기기억에 의해 신뢰성 있게 정보 전달을 할 수 있는 자극 판별 수를 경로 용량이라 한다. Miller(1956)는 각각의 감각에 대한 경로 용량을 조사한 결과 '신비의 수(magical number) 7±2(5~9)'를 발표하였다. Miller의 결과에 의하면 인간의 절대적 판단에 의한 단일 자극의 판별 범위는 보통 다섯에서 아홉 가지이다. 즉, 인간이 신뢰성 있게 정보 전달을 할 수 있는 기억은 5가지 미만이며, 감각에 따라 정보를 신뢰성 있게 전달할 수 있는 한계 개수가 5~9가지라는 것이다.

인간의 기억 용량의 한계를 극복하기 위하여 몇 가지 입력 단위를 묶어서, 새로운 기억 단위로 암호화하면 기억용량이 늘어나는데 이를 단위 묶음화(chunking)라 한다. 개별적인 정보가 효과적인 단위 묶음으로 조직된다면 더욱 많은 정보가 처리되고 기억될 수 있는 것이다. 예를 들어, 전화번호를 8227604122로 기억하는 것보다는 822-760-4122로 3 개의 단위 묶음으로 나누어 기억을 하면 쉽게 기억할 수 있다. 친숙한 단어나 문자열 또는 숫자열로 단위 묶음을 하는 경우에는 더 기억하기가 쉬워진다. 'HPIBMMACLG'의 문자열을 모두 기억하려면 어렵지만 익숙한 회사 이름인 'HP-IBM-MAC-LG'로 묶어 연상하면 기억이 더 쉬어진다.

사례 4.18 단위 묶음화를 이용한 디자인

표지판에서 문자열 배열에 대한 효율성을 살펴보자. [그림 4.13]에서 왼쪽 문자열 배치는 위쪽의 숫자 배치와 아래 쪽 배치가 분리되어 인식된다. 아래쪽의 왼쪽은 처음 알파벳과 오른쪽의 나중 알파벳이 배치되고 가운데는 숫자가 배치되어, 단위 묶음화와 배치가 잘되어 억지로 외우지 않아도 쉽게 인지할 수 있다. 반면 오른쪽 배치는 열심히 외워야하고, 잘 외워지지도 않는 배치라고 할 수 있다(U. S. Department of Energy, 2001).

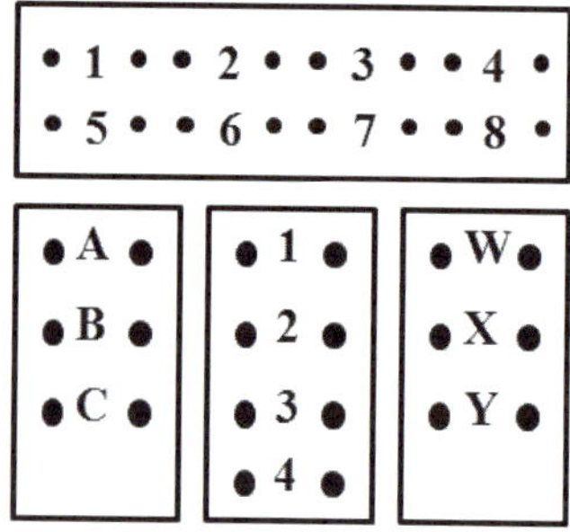

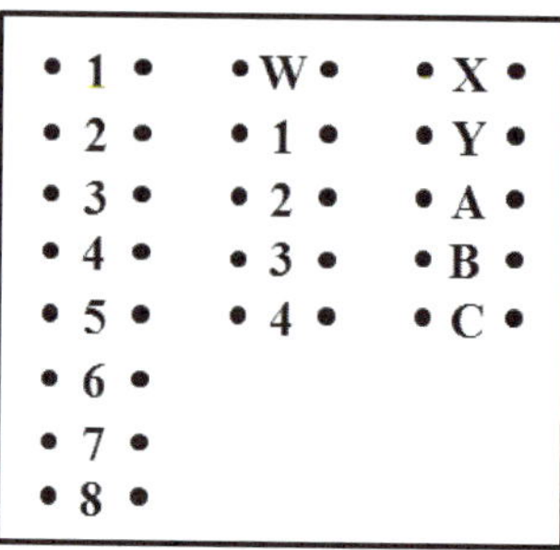

그림 4.13 단위 묶음화를 이용한 디자인

정보전달의 신뢰성을 높이기 위한 전략은 다음과 같다. 인간의 절대 식별능력은 일반적으로 상대식별능력보다 떨어진다. 따라서 정보처리 과정에서 정보 전달의 신뢰성을 높이기 위해서는 가급적이면 절대 식별을 줄이는 방향으로 설계하는 것이 좋다. Miller의 실험 결과에서와 같이 기억에 의해 판별하도록 하는 가지 수는 5가지 미만으로 하는 것이 좋다. 개별적인 정보가 효과적인 단위 묶음으로 조직화되는 단

위 묶음화를 이용하면 더 많은 정보가 처리되고 기억될 수 있다. 단기 기억에 의해 효율적으로 처리할 수 있는 묶음의 최대 수는 4±1로 알려져 있다(Cowan, 2001). 또한, 단일 자극이 아니라 여러 차원을 조합하여 사용하는 경우에는 신뢰성 있게 전송할 수 있는 가지 수가 증가된다고 한다. 예를 들면, 모양만 이용할 때보다 모양에 색을 달리하는 경우에 정보 전달의 신뢰성이 증가한다는 것이다.

사례 **4.19 시배분: 음악을 들으며 책을 읽으면?**

음악을 들으며 책을 읽는 것처럼 사람이 주의를 번갈아 가며 두 가지 이상을 돌보아야 하는 상황을 시배분(time-sharing)이라고 한다. 인간이 동시에 여러 가지 일을 담당한 경우 동시에 주의를 기울일 수는 없으며, 사실은 주의를 번갈아가며 일을 행하고 있는 것이므로 인간의 작업 효율은 떨어지게 된다. 시배분 작업은 처리해야 하는 정보의 가지 수와 속도에 영향을 받는다.

청각과 시각이 시배분되는 경우에는 청각이 우월하다고 한다. 귀에 이어폰을 끼고 책을 보는 경우에 책의 내용보다는 이어폰을 통하여 들리는 노래가 훨씬 잘 들어온다. 음악을 들으며 공부하면 공부가 잘 된다는 학생들의 주장은 청각과 시각의 시배분 문제에서 보면 설득력이 없는 주장이라고 할 수 있다.

3 인적오류

3.1 인적오류의 정의

인간은 실수하는 존재이다. '오류를 범하는 것이 인간이다(To error is human)'라는 서양 속담도 있다. 오류는 기대 수준이나 기준과 틀리거나, 불일치를 의미한다.

인적오류 또는 휴먼 에러, 임무수행 실패, 실수, 착오, 실책 등은 의도하지 않은 나쁜 결과를 발생시키는 인간의 행위를 의미하는 단어 들이다. 이 책에서는 의도하지 않은 나쁜 결과를 가져오는 행위라는 의미의 단어로 인적오류를 사용한다.

인적오류는 요구되는 정확도, 순서, 혹은 정해진 시간 이내에 지정된 행위를 하지 못하는 것 또는 부적절한 행위를 하는 것으로 정의할 수 있다. 즉, 해야 하는 것을 원하는 기준이나 수준으로 하지 못하는 것을 의미한다. 예를 들어 5분 내에 부품을 순서에 맞춰 조립을 해야 하는 작업이라면, 5분 이내라는 시간을 못 지키거나, 순서를 바꿔 조립하거나, 완성된 조립품이 요구되는 모양이 아닐 때는 인적오류가 발생한 것으로 본다.

인적 오류는 [그림 4.14]과 같이 착오, 실수, 건망증, 위반 등으로 분류된다.

착오(mistake)는 의도의 오류나 계획의 오류로도 불린다. 상황 해석을 잘못하거나 목표를 잘못 이해하고 착각하여 행하는 오류를 뜻한다. 즉, 틀린 줄을 모르고 행하는 오류를 의미한다. 착오는 주어진 정보가 불완전하거나 오해하는 경우에 주로 발생한다. 착오에 의한 오류는 틀린 줄을 모르고 발생하기 때문에 중대한 사건이 될 수 있을 뿐만 아니라 오류를 찾아내기도 힘들다. 착오는 정신과정에서 주로 발생하며 스트레스나 편향된 의사결정, 불완전한 정보나 지식의 부족, 다른 팀원과의 의사소통의 부족 등에서 원인을 찾을 수 있다.

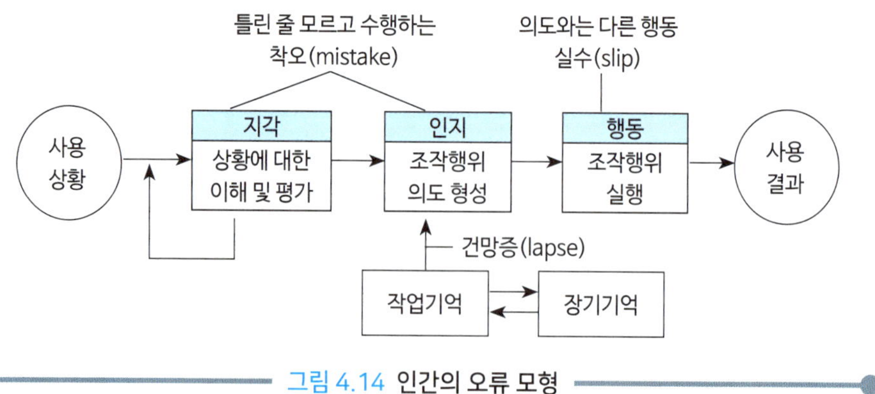

그림 4.14 인간의 오류 모형

착오를 줄이려면 주변의 소음이나 과도한 정보를 줄여 스트레스와 인지부담을 최소화하여야 한다. 또한 위험성이 높은 작업에서는 의도를 확인하기 위한 확인 절차를 포함시키는 바람직하다. 착오가 발생할 수 있는 사업장에서는 작업자에게 상황에 따른 인식을 향상시키기 위한 훈련과 교육이 인적 오류 예방을 위하여 효과적이다.

사례 4.20 밸브의 위치와 착오

밸브 수리공으로 [그림 4.15]과 같이 배열된 상태에서 5번 밸브의 수리를 요청 받았다면 어떻게 할 것인가? 아마도 숫자 5번 밸브를 수리하겠다는 사람과 다섯 번째 위치해 있는 3번 밸브를 수리하겠다는 사람으로 나뉠 것이다. 그러나 요청받은 내용이 진짜 어떤 것인지를 확인하지 않고 자신이 당연하다고 믿는 대로 수리를 한다면 착오를 범할 가능성이 존재하게 된다.

그림 4.15 5번 밸브는 어느 것인가?

실수(slip)는 행동의 오류나 실행의 오류로도 불린다. 실수는 상황이나 목표의 해석은 제대로 하였으나 의도와는 다른 행동을 하는 경우에 발생하는 오류이다. 목표와 결과의 불일치로 쉽게 발견되나, 피드백이 있어야 오류의 발견이 가능하다. 실수는 주의 산만이나 부주의에 의해 발생할 수 있으며, 잘못된 디자인이 원인이 되기도 한다. 예를 들면 레버를 당기려 했지만 너무 힘이 들어 제대로 당기지 못하거나, 정확히 알고 있는 전화번호를 잘못 누르는 경우가 실수의 예라고 할 수 있다. 실수를 예방하려면 인간의 특성을 반영하여 편하고 쉽게 조작할 수 있도록 설비를 디자인하거나 명확한 피드백을 제공하고 오류를 수정할 수 있는 승인 기능 등을 제공한다.

건망증(lapse)은 여러 과정이 연계적으로 일어나는 행동 중에서 일부를 잊어버리고 안하거나 또는 기억의 실패에 의하여 발생하는 오류이다. 서류를 복사한 후 복사기에 원본을 두고 온다던가, 펜을 빌려서 사용한 후에 자신의 호주머니에 넣는 것이 건망증의 예이다.

위반(violation)은 정해진 규칙을 알고 있음에도 불구하고 고의로 따르지 않거나 무시하는 행위이다. 일반적으로 위반은 우연이라기보다는 내적 원인이 존재하는 경우가 많은데, 개인의 고의적 행동이나, 부적절한 절차, 위반이 허용되는 조직 문화나 분위기와 관련되어 있다. 따라서 위반의 근본 원인을 발견하면 해결책을 제시할 수 있다.

3.2 인적오류의 분류

인적 오류의 분류방법은 관점에 따라 매우 다양하다.

인적 오류를 행위 과정의 관점에서 분류하면(Swain and Guttman, 1983) 생략 오류(omission error), 작위적 오류(commission error), 시간 오류(time error), 순서 오류(sequential error), 불필요한 수행 오류(extraneous error)로 구분할 수 있다. 생략 오류는 작업자들이 필요한 임무나 절차들을 잊어버리거나 빠뜨리는 경우에 발생하며, 보수/유지 작업 등에서 많이 발생한다. 작위적 오류는 임무를 잘못 수행하는 데에서 오는 오류이며, 시간 오류는 필요한 임무 수행이 정해진 시간 동안에 이루어지지 않아 발생한다. 순서 오류는 필요한 임무나 절차의 순서를 틀리게 수행하여 발생한 오류를 의미하며, 불필요한 수행 오류는 불필요한 일을 수행한 경우에 발생하는 오류를 의미한다.

정보처리 과정 측면에서 인적 오류를 분류하면 입력 오류(input error), 정보처

리 오류(information processing error), 출력 오류(output error) 등으로 구분할 수 있다.

인적 오류를 작업 유형에 따른 오류 유형으로 분류하면 조작 오류, 설치 오류, 보전 오류, 검사 오류, 제조 오류 등으로 구분할 수 있다.

입력된 정보를 해석하는 과정에서는 입력되는 정보의 질이나 경험의 유무에 따라 정보를 해석하는 과정이나 의사결정의 과정이 빨라질 수도 있고, 관련 지식을 선택하거나 규칙을 적용하는 과정이 필요하기도 하다. 정보의 질이나 경험의 숙련도 등에 따라 상향식 또는 하향식으로 판단하고 행동하는 방식이 달라질 수 있는 것이다. Rasmussen(1983)은 [그림 4.16]과 같이 인간의 행동을 기술기반, 규칙기반, 지식기반 행동으로 분류하였다. 모호한 상황에서의 지식에 기반한 처리과정에서 발생하는 지식기반 오류(knowledge-based error), 저장된 규칙의 적용상에 발생하는 규칙기반 오류(rule-based error), 기술적으로 어느 정도 익숙한가에 따라 발생하는 기술기반 오류(skill-based error)로 분류하였다.

[그림 4.17]은 주의력이나 숙련도에 따라 발생할 수 있는 기술기반, 규칙기반, 지식기반 오류 유형과의 관계를 나타낸다. 처음 접해보거나 모호한 상황에서의 정보의 해석과 같은 지식기반 행위는 높은 주의력을 요구하며, 숙련도가 낮은 초보자의 경우에는 '의미를 잘 모르거나' '지식이 없어서'와 같은 지식기반에 의한 오류의 발생 가능성이 높다. 지식이 습득되면서 잘 몰라서 발생하는 지식기반 오류는 줄어들지만

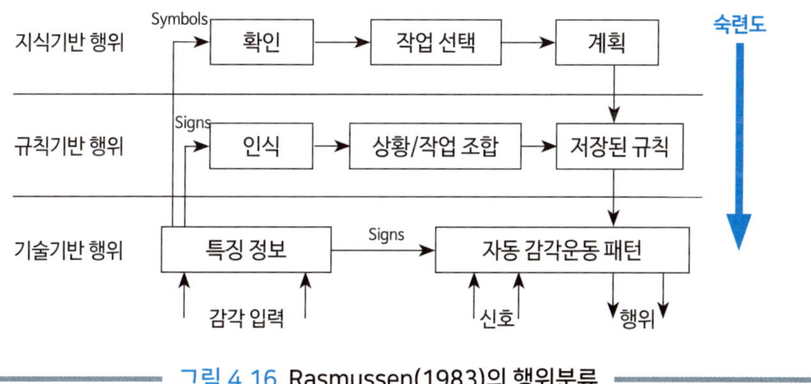

그림 4.16 Rasmussen(1983)의 행위분류

복잡한 규칙을 잘못 적용하는 규칙기반 오류의 빈도가 발생하게 된다. 반면, 숙련도가 높아지면 경험적으로 비슷한 상황에서의 지식과 규칙에 대한 적용이 익숙해지면서 지식기반이나 규칙기반에 의한 오류는 줄어들고, 전체적인 오류율은 줄어든다. 하지만 명확한 정보가 입력되는 상황이나 숙련자에게서도 부주의로 인한 기술기반오류가 발생할 수 있다.

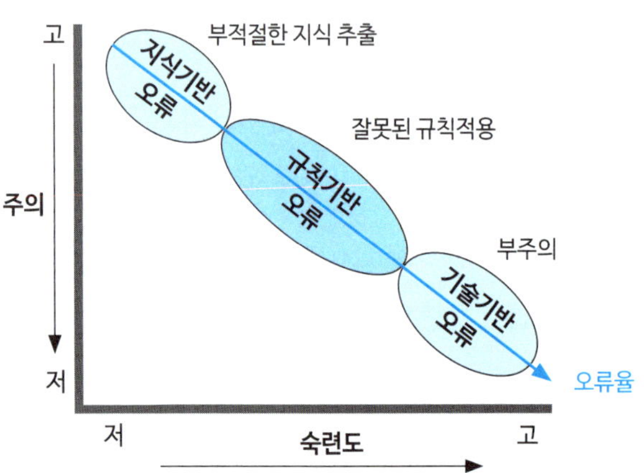

그림 4.17 **숙련도와 주의력에 따른 오류 발생**

Reason(1990)은 [그림 4.18]과 같이 인간의 불안전한 행위를 의도하지 않은 행위와 의도된 행위로 분류하였다. 의도하지 않은 행위(unintended action)는 기술기반 오류에 의해 발생하며 실수(slip)와 건망증(lapse)이 있고, 의도된 행위(intended action)로는 규칙기반 오류나 지식기반 오류로 발생하는 착오(mistake)와 위반(violation)이 있다. Reason은 실수는 주의 산만이나 부주의로 인해 할 일을 생략하거나, 순서를 바꾸거나, 시간 안에 못하는 데서 발생한다고 하였으며, 건망증은 기억의 실패를 의미한다고 하였다. 한편, 위반은 절차를 생략하거나, 제한 속도를 초과해 운전하는 것과 같은 일상적인 위반, 긴급할 때 규칙을 지키면 일을 할 수 없다고 판단하여 범하는 예외적인 위반, 규정이 아닌 자기 자신만의 방법으로도 문제가 없다고 반발하거나 불만으로 행하는 의도적인 위반으로 분류된다고 하였다.

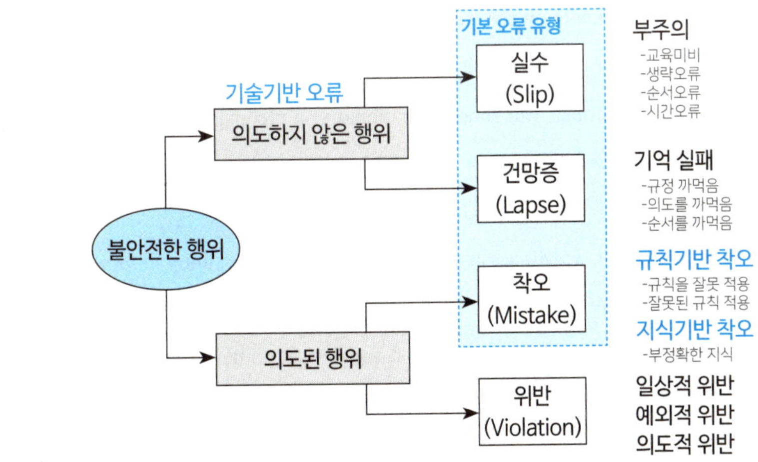

그림 4.18 Reason(1990)의 인적오류 분류

- Cherry, E.C., Some Experiments on the Recognition of Speech, with One and with Two Ears. *Journal of Acoustic Society of America*, 25(5), 975–979, 1953.
- Cowan, N., The magical number 4 in short-term memory: a reconsideration of mental storage capacity, *Behavioral and Brain Sciences*, 24(1), 87-114, 2001.
- Hothersall, D., *History of Psychology*, McGraw-Hill, 2004.
- Jameson, D. and Hurvitch, L.M., Essay concerning color constancy, *Annual Review of Psychology*, 40, 1–22, 1989.
- Miller, G.A., The magical number seven, plus or minus two: some limits on our capacity for processing information, *Psychological Review*, 63(2), 81–97, 1956.
- Rasmussen, J., Skills, rules, and knowledge; signals, signs, and symbols, and other distinctions in human performance models, IEEE Transactions on Systems, Man and Cybernetics 13(3), 257-266, 1983.
- Reason, J., *Human Error*. New York: Cambridge University Press; 1990.
- Reason, J., Human error: Models and management, *British Medical Journal*, 320: 768-770, 2000.
- Rosenthal, R. and Jacobson, L., *Pygmalion in the classroom: Teacher Expectation and Pupils' Intellectual Development*, Irvington Publishers: New York, 1992.
- Rubin, E., *Synsoplevede Figurer*, Kobenhavn: Glydendalske, 1915.
- Stroop, J.R., Studies of interference in serial verbal reactions, *Journal of Experimental Psychology*, 18(6), 643–662, 1935.
- Swain, A.D. and Guttmann, H.E., *Handbook of Human Reliability Analysis with Emphasis on Nuclear Power Plant Applications*, NUREG/CR-1278, US-NRC, 1983.
- Turnbull, C.M., Some observations regarding the experiences and behavior of the BaMbuti Pygmies, *American Journal of Psychology*, 74, 304–308, 1961.
- U.S. Department of Energy, *Human factors/ergonomics handbook for the design for ease of maintenance*, DOE-HDBK-1140, U.S. Department of Energy, 2001.
- Von Restorff, H., "Über die Wirkung von Bereichsbildungen im Spurenfeld (The effects of field formation in the trace field)", *Psychologie Forsch*, 18, 299–342.1933.
- Wickens, C.D., Engineering Psychology and Human Performance, Prentice Hall, 2000.
- Zajonc, R.B., Attitudinal effects of mere exposure, *Journal of Personality and Social Psychology*, 9(2), 1-27, 1968.

연습문제

01 다음 중 효율적인 정보 전달과 관계가 있는 것은?

① 절대식별이 상대식별보다 우월하다.
② 자극의 차원을 줄이는 것이 우월하다.
③ chunking을 이용한다.
④ 시배분을 이용한다.

02 상황해석을 잘못하거나 틀린 목표를 착각하여 행하는 인간의 실수는?

① slip
② lapse
③ mistake
④ sensing storage

03 다음 용어들 중에서 서로 관련이 없는 것은?

① 절대식별
② 경로 용량
③ 변화감지역
④ Miller의 신비의 수

04 기준자극 100에 대하여 최소 변화감지역이 2라면 Weber비는?

① 0.02
② 50
③ 2%
④ 50%

05 자극이 사라진 후에도 순간적으로 감각기관에 감각이 지속되는 것과 관계있는 용어는?

① sensing storage
② short-term memory
③ long-term memory
④ working memory

해답 : 1. ③, 2. ③, 3. ③, 4. ①, 5. ①

06 과거에 대한 기억으로 기억 내용이 의미가 있거나 이미 알고 있는 것과 들어맞을 때 저장과 인출이 용이한 것은 어떤 것인가?

① sensing storage
② short-term memory
③ long-term memory
④ working memory

07 한 감각을 대상으로 두 가지 이상의 신호가 동시에 제시되었을 때 같고 다름을 비교 판단하는 것과 관련이 가장 깊은 용어는?

① 절대식별
② 경로 용량
③ 시배분
④ 상대식별

08 착오(mistake)에 대한 설명으로 올바르지 않은 것은?

① 상황 해석을 잘못 하거나 목표를 잘못 이해하고 착각하여 행하는 경우
② 틀린 줄을 모르고 행하는 오류
③ 주어진 정보가 불완전하거나 오해하는 경우에 발생
④ 목표와 결과의 불일치로 쉽게 발견 가능

09 기억 용량의 한계를 극복하기 위하여 몇 가지 입력 단위를 묶어서 새로운 기억 단위로 암호화하는 것을 무엇이라 하는가?

① 청킹 ② 상대식별 ③ 변화감지역 ④ 경로 용량

10 자극 사이의 변화를 감지할 수 있는 최소의 자극 범위와 가장 관계있는 것은?

① 변화감지역 ② 절대식별 ③ 시배분 ④ 경로 용량

해답 : 6. ③, 7. ④, 8. ④, 9. ①, 10. ①

11 절대식별에 근거하여 정보를 신뢰성 있게 전달할 수 있는 최대 용량을 무엇이라 하는가?

① 경로 용량 ② 장기기억 ③ 변화감지역 ④ chunking

12 다음 중에서 입력 정보에 대한 감지 과정과 거리가 먼 것은?

① 선택 ② 조직 ③ 해석 ④ 견해

13 절대식별에 근거한 Miller의 '신비의 수'가 의미하는 구간은?

① 7±2 ② 5±2 ③ 5±3 ④ 7±3

14 주의를 번갈아가며 두 가지 이상의 일을 돌보아야 하는 상황은?

① 절대식별 ② 경로 용량 ③ 시배분 ④ 상대식별

15 짧은 광고 시간 내에 시청자들에게 익숙한 목소리나 음악을 들려줌으로써, 소비자로부터 선택을 받기 쉽게 하려는 의도와 관계 깊은 현상은?

① 후광효과 ② 로젠탈 효과
③ 칵테일 효과 ④ 피그말리온 효과

16 시끄러운 파티장에서도 자기를 부르는 소리를 선택적으로 지각하여 받아들이는 현상을 무엇이라 하는가?

① 칵테일 효과 ② 로젠탈 효과
③ 후광효과 ④ 피그말리온 효과

정답 : 11. ①, 12. ①, 13. ①, 14. ③, 15. ③, 16. ①

17 부족한 부분을 채워 넣거나 격차를 줄여 하나의 패턴으로 완성하여 인식하려는 Gestalt 원리는?

① 폐쇄성　　② 단순성

③ 집단성　　④ 근접성

18 다음 중에서 Gestalt 집단성 원리로써 옳지 않은 것은?

① 근접성　　② 유사성

③ 연속성　　④ 단순성

19 사람들은 복잡하거나 모호한 정보들을 지각할 때 불안전한 형태로 해석하지 않고 단순하게 해석하려 한다는 원리는?

① Prägnanz 법칙　　② 지각적 항등성

③ 폐쇄성 원리　　④ 에펠탑 효과

20 광고와 마케팅 분야에서 의미 있는 단어나 사진, 형상 등의 흥미로운 자극으로 반복함으로써 호의적인 태도를 유도하는 원리는?

① Prägnanz 법칙　　② 지각적 항등성

③ 폐쇄성 원리　　④ 에펠탑 효과

21 다음 중에서 성격이 다른 용어는?

① 후광효과　　② 플라시보효과

③ 노출효과　　④ 피그말리온 효과

해답 : 17. ①, 18. ④, 19. ①, 20. ④, 21. ③

22 교사가 학생에게 거는 기대와 격려가 실제로 학생의 성적 향상에 효과를 미친다는 이론은?

① 후광효과　② 로젠탈 효과　③ 노출효과　④ 피그말리온 효과

23 둘 이상의 지각적 절차들이 대립하게 되는 경우에는 심리적인 진행과정이 느려지고 부정확해지는 현상을 무엇이라 하는가?

① 후광효과　② 로젠탈 효과　③ 노출효과　④ 피그말리온 효과

24 다음 중에서 순서 위치효과에 대한 설명으로 옳지 않은 것은?

① 초두효과는 처음 본 정보를 잘 기억하는 현상이다.
② 마지막 제시된 정보를 잘 기억하는 것을 최신효과라 한다.
③ 청각 정보의 경우에는 처음에 제시된 정보의 영향력이 크다.
④ 최신효과는 마지막에 제시된 정보가 단기 기억으로 남아 있어 발생한다.

25 보편적인 사건이나 사물보다는 독특하고 특이한 것을 더 잘 기억하는 현상은?

① 신비주의효과　② 최근효과　③ 후광효과　④ 플라시보효과

해답: 22. ②, 23. ①, 24. ③, 25. ①

실습문제

01 다음은 지각과정에 대한 질문이다.

1) 제공되는 정보의 모호한 정도에 따라 정보의 해석에 미치는 영향은?
2) 불안정한 그림과 배경이 지각에 미치는 영향을 설명하시오.
3) 간섭효과 또는 Stroop 효과란?

02 다음은 지각과정에 대한 질문이다.

1) 선택적 지각에 대하여 설명하시오.
2) 지각과정에서의 주의에 대하여 설명하시오.
3) 지각과 연계하여 칵테일 파티효과를 설명하시오.

03 다음은 인간의 감지능력에 관한 질문이다.

1) 상대적 비교와 변화감지역(JND)에 대하여 설명하시오.
2) Weber 법칙의 의미는?
3) 지하철 소음과 관련된 은폐효과를 Weber를 이용하여 설명하시오.

04 다음은 단기기억에 관한 질문이다.

1) 절대 식별과 경로용량이란?
2) '신비의 수(magical number) 7±2(5~9)'의 의미와 설계 시 응용방안은?
3) 단위 묶음화(chunking)의 의미와 효과는?

05 다음은 정보처리 과정과 인적오류에 관한 질문이다.

1) 지각(perception)과 인지(cognition)에 대하여 설명하시오.
2) 정보처리과정과 착오(mistake)의 발생 원인을 설명하시오.

3) Reason의 의도적 행동에 의해 발생하는 오류유형을 설명하시오.

06 다음은 Rasmussen의 지식, 규칙, 기술기반 오류에 관한 질문이다.

1) 지식기반 오류와 규칙기반 오류란?

2) 숙련도에 따라 오류 유형과의 관계를 설명하시오.

3) 주의 집중정도에 따른 오류 유형과의 관계를 설명하시오.?

5 인지특성과 오류예방설계

1. 인지디자인 원리
2. 오류예방 설계원리

1 인지디자인 원리

1.1 개념 모형

사용자가 제품을 쉽고 편하게 사용하기 위해서는 디자이너가 제품을 설계할 때 사용자의 특성을 반영하여야 한다. 디자이너가 제품을 설계할 때는 나름대로 의도하는 바가 있으나 사용자에게 직접 설명할 기회는 없다. 제품의 외관이나 표시장치, 조종장치 또는 사용설명서 등을 통해서 간접적으로만 설계 의도를 알려줄 수 있는 것이다. 반면 사용자는 주로 경험과 훈련, 지시 등을 통하여 터득한 정신모형(mental model)으로 제품에 대한 개념모형(conceptual model)을 형성하게 된다. 디자이너는 시스템의 원리는 잘 알지만 사용자가 시스템과 어떻게 상호작용하는지에 대하여 잘 모르는 경우가 많다. 반면에 사용자는 시스템 대하여 부정확한 지식을 갖추고 있더라도 과거 유사한 경험으로부터 나름대로의 상호작용 모델을 갖는 경우가 많다. Norman(1988)은 제품을 설계한 디자이너의 개념모형과 사용자가 제품을 보고 느끼는 사용자 모형이 일치할 때 사용자가 실수를 하지 않는다고 주장하였다[그림 5.1].

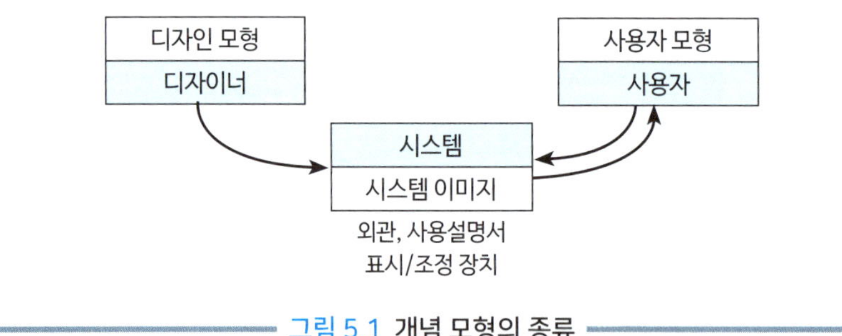

그림 5.1 개념 모형의 종류

사례 5.1 온도 조절과 개념 모형

방에 설치된 온도 조절기를 사용한다고 생각하여 보자. [그림 5.2]와 같이 온도조절기는 아나로그 표시장치로 설계되어 있다. 추운 겨울날

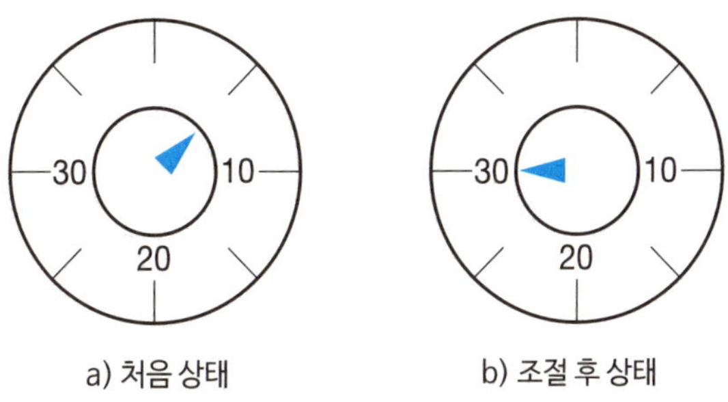

a) 처음 상태　　　b) 조절 후 상태

그림 5.2 온도 조절기의 숫자는?

방으로 들어가면 방의 온도를 빨리 높이고 싶을 것이다. 방안의 온도를 높이기 위해 온도조절기를 [그림 5.2]의 왼쪽 a)의 10이하에서 b)의 30값으로 돌렸다고 과연 방이 빨리 더워질 것인가? 온도를 높이는 방법은 밸브를 통해 나가는 열량을 조절하는 밸브 조절 방식과 동일한 열량으로 시간을 조절하는 시간조절방식이 있다. 사용자는 온도 조절기를 밸브 조절방식으로 생각하고 30으로 올렸으니 빨리 데워질 것이라고 생각할 것이다. 그러나 디자이너는 온도조절기의 숫자를 타이머로 설계하였다면 사용자와 디자이너간의 개념모형에 차이가 존재하게 된다.

반면에 전자레인지의 타이머는 사용자가 혼란을 가져올 수 있는 부분을 조정장치의 올바른 선정에 의하여 혼동을 줄이도록 하였다. 전자레인지에서는 온도 몇 도를 몇 도로 올린다는 온도 조절개념이 없다. 그래서 단순히 아기의 우유를 데우기 위해서는 20초를 선택하여야 하고, 국을 데우기 위해서는 2분을 선택해야 된다는 것과 같이 온도 조절을 타이머 조정 개념으로 모두 바꿔서 사용자들이 가져올 수 있는 혼동을 줄인 것이다.

디자이너가 제품을 설계할 때는 사용자가 누구이고, 언제, 어떻게, 어떤 의도로 어떤 환경에서 사용하는가를 고려하여야 한다. 또한, 디자인한 제품을 사용자들이 디자이너의 의도와 잘 맞게 상호작용하고 있는지를 점검하고 사용자의 요구를 반영하는 것이 필요하다.

사례 5.2 의사전달과 업무수행

업무 수행에 있어 업무를 지시하는 상사와 이를 수행하는 근로자 사이에서도 디자이너와 사용자와의 관계가 성립될 수 있다. 일반적으로 업무를 지시한 상사는 지시한 업무 내용을 근로자가 정확하게 파악하고 있다고 생각한다. 그러나 의사전달과정에서 업무에 대한 내용은 근로자의 경험이나 지식에 따라 다른 의도로 해석되어 받아들여질 수 있다. 예를 들면 [그림 5.3]과 같이 꽃을 설명하는 발표자의 몸짓에 대하여 앉아서 보는 관객들은 그들의 경험이나 지식에 따라 물고기나 새로도 이해할 수 있는 것이다. 특히 고참 근로자들은 오랜 경험에 의해 의사전달에서 선입관 등이 작용할 수 있다. 따라서 지시한 업무 내용이나 의도가 제대로 전달되었는지를 확인하는 것이 업무 수행의 가장 기본적인 사항이라 할 수 있다.

그림 5.3 의사전달과 개념 모형

1.2 정보의 체계화

복잡한 정보들을 체계화하여 단순한 구조로 표현하기 위해선 계층(hierarchy) 관계를 시각적으로 표현하는 것이 효율적이다. 계층 관계에서 상위 구성요소는 부모 요소(parent element)라 부르고, 하위 구성요소는 자식 요소(child element)라 부른다. 보통 계층을 시각적으로 표현하는 방법은 트리(tree), 네스트(nest), 계단(stair)식의 3가지가 있다.

트리 구조는 자식 요소를 부모 요소의 우측이나 아래에 위치시키거나 방사형으로 계층 관계를 나타낸다. 트리 구조는 거대하고 복잡한 계층을 그릴 때는 효율성이 떨어지지만 전체 보기나 시스템의 상하 관계를 나타낼 때 사용된다.

네스트 구조는 벤다이어그램과 같이 부모 요소 안에 자식 요소를 포함시켜 자식 관계를 나타낸다. 네스트 구조는 단순한 계층을 표현할 때 가장 효과적이며, 정보와 기능을 그룹화하고 단순한 논리 관계를 나타낼 때 주로 쓰인다.

계단 구조는 자식 요소를 부모 요소의 우측 아래에서 쌓아서 계층관계를 나타낸다. 계단 구조는 복잡한 계층을 나타낼 때는 효과적이지만 쉽게 한 눈에 들어오지는 않는다. 계단 구조는 시간이 흐르면서 변하는 거대 시스템 구조를 나타내는데 많이 쓰인다.

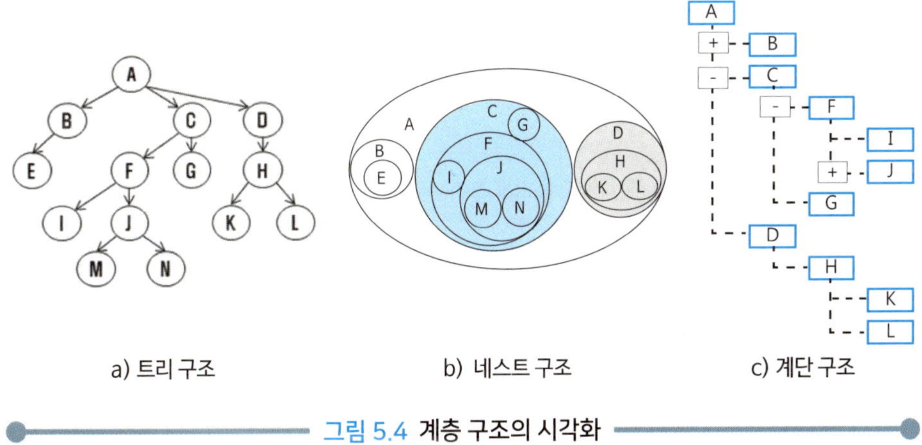

그림 5.4 계층 구조의 시각화

[그림 5.4]는 같은 계층 구조를 갖는 정보구조를 트리구조, 네스트 구조, 계단 구조로 시각화하여 표현한 것이다.

Wurman(1997)은 정보 체계화의 방법으로 다섯 개의 모자걸이(five hat racks) 이론을 제시하였다. 모자걸이 이론은 모자는 정보, 걸이는 정보를 체계화하는 방법을 의미한다. 모자걸이 이론에서는 위치, 알파벳, 시간, 범주, 연속체로 분류하여 정보를 체계화한다.

위치(location)에 의한 방법은 지리적 혹은 공간적 관계에 의하여 정보를 체계화하는 것을 의미한다. 예를 들면 정보가 장소와 연관이 있거나 목적지와 길 찾기가 중요할 때 위치에 따라 정보를 체계화하면 효율적이다.

알파벳(alphabet)에 의한 방법은 영어사전이나 국어사전처럼 알파벳 순서로 정보를 체계화하는 것이다. 예를 들면 참고문헌이나 저자 목록처럼 알파벳 순서에 따라 정보를 정리하여 나타내는 것이다.

시간(time)에 의한 방법은 역사 연대기 표나 TV 편성표와 같이 시간 경과에 따라 정보들을 제시하고, 시간의 흐름 순서대로 정보를 정리하는 방법이다.

범주(category)에 의한 방법은 유사성 혹은 관련성에 따라 정보를 분류하여 체계화하는 방법이다. 예를 들면 대학 도서관의 책들을 학문 분야에 따라 분류하거나 홈페이지의 공연 예매 정보를 장르에 따라 분류하는 방법이다.

연속체(continuum)에 의한 방법은 정보를 서열에 따라 오름차순이나 내림차순으로 정리하는 방법이다. 예를 들면 승률이나 성적과 같은 공통 기준을 사용하여 정보들을 체계화하는 방법이다.

Wurman은 연속체 개념을 계층(hierarchy)에 의한 방법으로 대체하여 LATCH (Location, Alphabet, Time, Category, Hierarchy)를 제시하였다.

사례 5.3 모자걸이 이론에 의한 프로 야구단 정보표시

2019년도 한국 프로야구 구단은 두산, 롯데, 삼성, 키움, 한화, KIA, KT, LG, NC, SK 10개이며, 2018년까지의 통산 우승회수를 포함하여 연고지, 창단년도, 창립구단 여부를 조사하였다. 프로야구 구단과 관련한 정보를 모자걸이 이론(LATCC)에 의하여 8개 구단의 연고지(L:위치), 가나다순(A), 리그 참가년도(T: 시간), 창립구단 여부(C: 범주), 통산 우승회수(C: 연속체) 정보를 표시하면 [표 5.1]과 같이 나타낼 수 있다.

표 5.1 모자걸이 이론에 의한 프로 야구단 정보표시

위치	구단명	두산	키움	LG	SK	KT	한화	삼성	NC	롯데	KIA
	연고지	서울	서울	서울	인천	수원	대전	대구	창원	부산	광주

알파벳	구단	두산	롯데	삼성	키움	한화	KIA	KT	LG	NC	SK

시간	구단명	두산	롯데	삼성	KIA	한화	LG	SK	키움	NC	KT
	리그참가	1982	1982	1982	1982	1986	1990	2000	2008	2013	2015

범주	구단명	두산	롯데	삼성	KIA	SK	LG	키움	한화	NC	KT
	창립멤버	창립	창립	창립	창립	비원년	비원년	비원년	비원년	비원년	비원년

연속체	구단명	KIA	삼성	두산	SK	LG	롯데	한화	키움	NC	KT
	통산우승	11	8	5	4	2	2	1	0	0	0

1.3 단순화

불필요한 요소들까지 디자인에 포함시키면 효율은 떨어지고 예상치 못한 사용상의 문제점을 가져올 수 있다. 따라서 디자인 요소들을 평가해서 기능을 저해시키지 않는 범위 내에서 가능한 단순화(simplicity)된 디자인 요소만으로 표현하는 것이 바람직하다.

제품의 사용 방법은 체계적으로 구성하면 단순화 될 수 있으며, 작업 내용이 단순화되면 사용자의 부담은 줄어든다. 사용할 수 있는 기능이나 종류, 내용을 한 눈에 볼 수 있도록 필요한 정보를 표시하되, 정보가 너무 많은 경우에는 계층화, 그룹화 등을 이용하여 단순화 한다.

또한, 기술적 보조물을 이용하여 기능의 종류를 근본적으로 쉽게 전환하여 주는 것이 필요하며, 깊고 넓은 구조를 더 좁고 얕은 구조로 작업의 성격을 변화시키는 것이 좋다. 예를 들면, Velcro사의 찍찍이(hook-and-loop) 신발은 끈을 매어 발을 고정시키는 기능을 간단하게 찍찍이를 붙였다 떼었다 하도록 하여 어린 아이들이 쉽게 이용할 수 있도록 하였다.

명령어는 암기하지 않고 메뉴를 이용하여 선택할 수 있도록 제공되어야 한다. 인간의 기억의 한계를 고려하여 여러 사람이 사용하는 공공 용품을 설계할 때는 5개 이상의 항목들을 한 번에 기억하도록 요구해서는 안되며, 기억해야 할 것을 도와주는 기능을 두어 기억의 부담을 줄인다.

단일 자극이 아니라 여러 차원의 감각을 조합하여 사용하는 경우에는 신뢰성 있게 전송할 수 있는 가지 수가 증가된다. 예를 들면, 모양만 이용할 때보다 모양에 색칠을 달리하는 경우나 시각과 청각을 동시에 중복적으로 사용하는 경우에는 정보 전달의 신뢰성이 증가한다는 것이다.

사례 5.4 나비형 투표용지의 혼란

같은 내용이라도 단순화하여 어떻게 표현하느냐에 따라 복잡하고 애매할 수도 있고, 쉽고 분명하게 의미를 이해할 수도 있다. [그림 5.5]은 2000년 미국 대통령 선거에서 플로리다 주에서 사용되었던 투표용지로, 지지하는 후보자에게 동그라미 구멍표시 부분을 뚫는 천공형 방식이다. 이 투표용지는 가운데 구멍 표시를 기준으로 양 옆에 대통령 후보들의 이름이 쓰여 있어 나비형 투표용지(butterfly ballot)로도 불린다. 2000년 미국 대선에선 기호 1

번 조지 부시와 기호 2번 앨 고어가 경쟁하는 구도였다. 고어의 표밭이었던 플로리다 주에서 부시가 압도적인 승리를 거두게 되자 플로리다 주민들은 나비형 투표용지 때문이라고 항의하게 된다. 후보의 이름 배열과 천공 위치가 애매함에 따라 오른 쪽 첫 번째 칸에 이름이 적힌 앨 고어를 찍으려던 많은 유권자들이 왼쪽 두 번째 칸에 이름이 배치된 팻 뷰캐넌 후보의 천공 위치에 천공을 하게 되었다는 것이다. 실제로 팻 뷰캐넌 득표율이 다른 주보다 플로리다에서만 유난히 높게 나왔다는 주장이 제기되었다. 오른 쪽의 투표용지처럼 단순하게 정당별 기호 순으로 나열되었으면 유권자들은 복잡함을 느끼지 않았을 것이다.

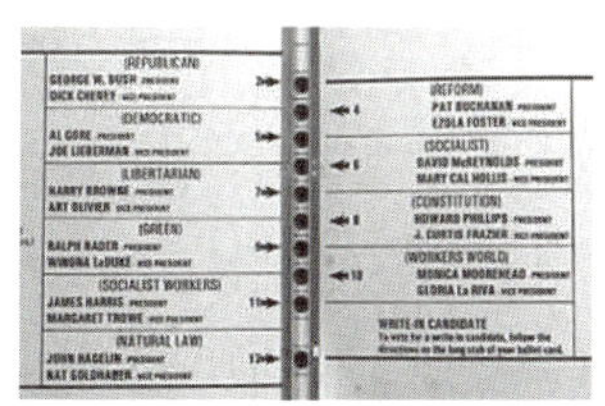

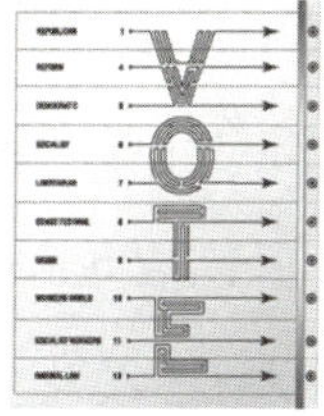

그림 5.5 **나비형 투표용지의 혼란**

사례 5.5 Steve Jobs의 연설에 나타난 단순함

내가 반복해서 외는 주문 중의 하나는 집중과 단순함입니다. 단순함은 복잡한 것보다 어렵습니다. 생각을 명확하게 하고 단순하게 만들려면 열심히 노력해야 합니다. 수많은 컴퓨터의 디자인들을 생각해 보십시오. 그들의 겉모양은 정말 복잡합니다. 우리는 훨씬 더 단순한 것을 만들려고 노력 했습니다. 어떤 문제를 풀 때 처음에는 아주 복잡한 해결책을 내놓습니다. 대부분의 사람들은 거기에서 멈추죠. 하지만 계속하다 보면, 문제를 들고 계속 씨름하다 보면, 마치 양파 껍질을 벗기듯 벗겨 나가다 보면, 매우 우아하고 단순한 해법에 도달하는 때가 있습니다. 대부분의 사람들은 거기에 도달할 때까지

시간이나 에너지를 투입하려 하지 않습니다. 우리는 고객들이 똑똑하고 훨씬 더 좋은 제품을 원한다고 믿습니다.

사례 5.6 가스레인지의 조절장치 설계

[그림 5.6]과 같이 가스레인지에 4개의 불판과 조절장치들의 위치를 설계하는 것을 생각하여 보자. 우리나라 사람들은 불판위에 물을 끓이는 주전자 냄비, 찌게 그릇 등을 올려놓고 사용한다. 가스레인지의 불판 크기가 정해져 있다는 조건 하에서 어떻게 조절장치를 배치하느냐에 따라 사용자의 작업은 혼란을 가중시킬 수도, 단순화될 수도 있다. 특히, 우리나라에서는 가스레인지를 사용하지만, 미국에서 주로 사용하는 전기스토브는 전기코일을 이용하기 때문에 어디에 불이 들어왔는지를 확인하지 않으면 혼동을 줄 수 있다.

[그림 5.6.a]와 같이 조절장치를 배열하는 경우에는 불판과 조절장치를 할당하는 가지 수가 24가지나 된다. 어떻게 배치하더라도 사용자는 사용 매뉴얼이나 설명을 들어야 올바르게 작동할 수 있다. 아마도 본인이 생각하는 대로 배치가 되어 있지 않으면 사용자는 불판과 조절장치의 관계를 외워야 할 것이다. [그림 5.6.b]는 조절장치를 오른쪽과 왼쪽에 두 개씩 배치시킴으로써 불판과 조절장치를 배열하는 방법을 4가지로 단순화시켰다. [그림 5.6.c]는 사

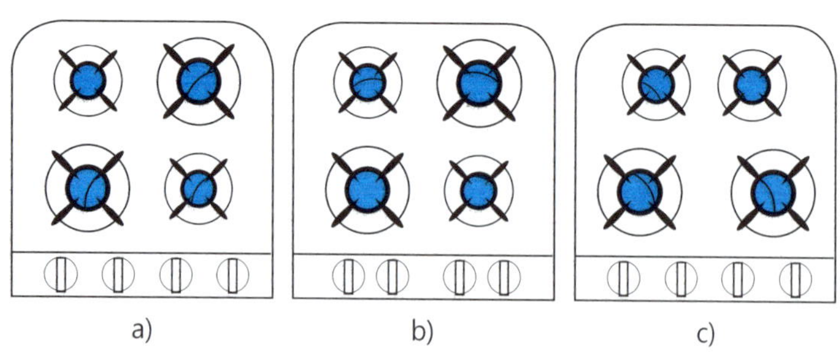

그림 5.6 가스레인지의 불판과 조절장치의 설계

용자들에게 각 불판이 어느 조절장치를 사용하면 될 것인가에 대한 암시를 준다. 작업의 내용은 사용자를 배려하는 데에서 단순화될 수 있는 것이다.

1.4 가시성

사용자가 제품의 작동상태나 작동방법 등을 쉽게 파악할 수 있도록 중요 기능을 노출하는 것을 가시성(visibility)이라 한다. 제품에서 살펴야 할 중요한 부분과 행위 결과에 대한 정보를 나타내면 무엇이 가능하고 무엇을 해야 하는지에 관한 단서를 제공하여 준다.

야간에 자동차의 창문 조절장치 버튼의 위치를 알려주기 위해 버튼에 불이 들어오도록 설계한다던가, 휴대용 카세트의 충전 상태를 나타내주는 에너지 테스터는 가시성을 이용하여 사용자에게 도움을 주는 예이다.

사례 5.7 건전지와 가시성

건전지를 사용하면서 가장 흔히 접하는 문제는 건전지 용량이 얼마나 남아 있는가를 파악하는 것이다. 건전지를 사용하는 전자제품이 갑자기 작동하지 않을 때에 '건전지가 다 떨어져서 제품이 작동하지 않는가?' 또는 '제품이 고장 난 것인가'를 파악하는 것이 문제가 된다. 이러한 문제는 건전지 용량을 파악할 수 있는 검지기 띠에 의해 확인할 수 있었으며, 듀라셀 건전지에는 양쪽 동그라미 부분을 동시에 눌러 남은 용량을 간단히 확인할 수 있도록 가시성 기능을 갖고 있다.

사례 5.8 버스 정류장과 신호등에 적용된 가시성

1) 예전엔 시내버스 정류장에서 오랫동안 기다리고도 몇 분후에 버스가 도착할지를 알 수 없어 발을 동동 구르던 때가 많았다. 그러나 시내버스 정류장에 안내 전광판이 설치되면서 버스를 기다리는 사람들에게 몇 번 버스가, 몇 정거장 전을 출발하여, 몇 분후에 도착한다는 정보를 제공할 뿐만 아니라 승객 혼잡도까지 알려주고 있다. 버스를 기다려야 할지, 택시를 타야할지를 선택할 수 있도록 정보를 주는 것이다.

2) 건널목에 있는 신호등에 파란색이나 빨간 색만 있을 때는 할아버지나 할머니의 불평이 많았다. 무릎 관절이 좋지 않아 걸음걸이가 빠르지 못한 노인들이 파란색 불일 때 건널목을 다 건너가지 못한 채 빨간 색으로 바뀌어 중앙선 주변에서 멈추어 서 있는 경우를 상상하여 보자. 신호등에 역삼각형의 파란 점등색이 남은 시간을 나타내거나, 남은 시간을 숫자로 제시하면서 노인들의 신호등에서 황당한 경우는 줄어들게 되었다. 남은 시간동안 건너 갈 수 있는가를 예측할 수 있게 되었기 때문이다.

1.5 피드백

자동판매기에 지폐를 넣으면 투입된 금액이 표시된다. 피드백(feedback)이란 사용자의 조작행위에 대한 시스템의 반응결과를 알려주는 것을 의미한다. 사용자가 제품을 사용하면서 얻고자 하는 목표를 얻기 위해서는 조작에 대한 결과가 피드백 되어야 한다. 피드백의 방법에는 경고등, 점멸, 문자, 강조 등의 시각적 표시장치를 이용하거나, 음향(side tone)이나 음성표시, 촉각적 표시등을 이용할 수 있다.

적절한 피드백을 디자인하는 일은 중요하다. 얼마나 빠르게 피드백을 줄 것인가, 시각, 청각, 어떤 감각을 이용하여 피드백을 줄 것인가를 결정해야 한다. 사용자의 행위에 대한 반응결과가 시스템에서 나타나지 않는다면 사용자는 자신의 행위가 시스템에 잘 전달되었는지 궁금해 할 뿐만 아니라, 불안한 행동을 유발할 수도 있다. 특히, 컴퓨터나 에어컨처럼 기능이나 구조가 보이지 않는 블랙박스 모형의 제품에서는 표시장치를 통하여 피드백을 주는 것이 사용자에게는 사용상의 실마리를 제공하게 된다.

또한, 사용자가 제품을 작동할 때 오류를 일으킨 경우에는 즉각적이고 명백하게 피드백을 주어야만 한다. 사용자가 잘못된 동작을 반복하면 시스템에 심각한 문제를 일으킬 수 있기 때문이다.

사례 5.9 일반 전화기와 청각적 피드백 신호

일반 전화기의 수화기를 들었을 경우 '삐' 소리가 나면서 입력대기 상태가 되고, 번호 버튼을 하나하나 누를 때마다 눌리는 소리가 역시 사용자에게 피드백 된다. 번호를 모두 누르면 신호음이 통화 중인지, 연결되는 중인지를 나타내 준다. 상대편이 수화기를 들면 신호음은 없어지고 통화 가능 상태가 된다. 그러나 만일 전화기에서 작동 결과나 상태가 피드백되지 않는다면 어떤 결과가 올지를 검토하여 보자. 통화 가능 상태인지, 상대방이 어떤 상태인지, 전화가 제대로 걸렸는지 정확히 알 수가 없어서 아마도 통화가 엉망이 될 것이다. 피드백이 얼마나 중요한 기능인가를 나타내 주는 예이다.

1.6 양립성과 대응

제품 작동에는 조작과 반응과의 관계, 실제 시스템의 내부 상태와 사용자가 지각하는 상태와의 관계, 사용자의 의도와 실제 반응과의 관계, 조절장치와 작동결과에 관한 관계 등이 존재한다. 이러한 관계에서 사람들이 기대하는 바와 일치하는 관계를 양립성(compatibility)이라 한다. 양립성은 운동 양립성, 공간 양립성과 개념 양립성으로 분류할 수 있다[그림 5.7].

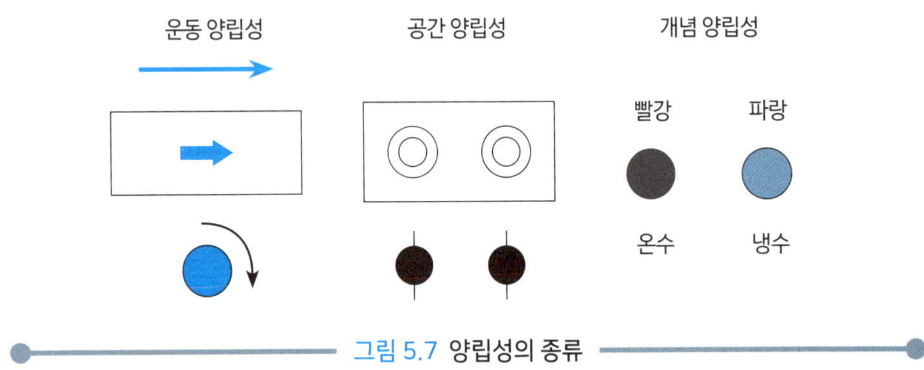

그림 5.7 양립성의 종류

운동 양립성은 조작장치의 방향과 표시장치의 움직이는 방향이 사용자의 기대와 일치하는 것이다. 조종장치를 오른쪽으로 돌리면 표시장치의 지침이 오른쪽으로 이동하는 것이 전형적인 운동 방향에 관한 양립성에 일치하는 설계의 예이다. 공간 양립성은 물리적 형태나 공간적인 배치가 사용자의 기대와 일치하는 것을 의미한다. 가스버너에서 오른쪽 조리대는 오른쪽 조절장치로, 왼쪽 조리대는 왼쪽 조절장치로 조정하도록 배치하는 것이 예이다. 개념 양립성은 사람들이 가지고 있는 개념적 연상에 관한 기대와 일치하는 것이다. 예로 냉온수기에서 빨간색은 온수, 파란색은 냉수가 나오도록 설계하는 것을 의미한다.

사례 5.10 냉온수기와 양립성

냉온수기에는 공간 양립성과 개념 양립성이 존재한다. 냉온수기의 온수는 빨간색 꼭지에서, 냉수는 파란색 꼭지에서 나오도록 설계되어 있으며(개념 양립성), 일반적으로 온수는 왼쪽에, 냉수는 오른쪽에 배치되어 있다

(공간 양립성). 그러나 일회용 컵에 커피 믹스를 털어 놓고 아무 생각이 없이 늘 하던 것처럼 냉온수기의 왼쪽 꼭지를 눌러 커피 물을 받는 순간에 찬물이 나와서 커피가 희석되지 않고 동동 뜨는 경우를 경험하는 경우에 얼마나 황당할까? 인간의 기대와 일치하지 않으면 찬물에 동동 떠 있는 커피를 먹지도 못하고 버릴 곳을 찾아야 하는 결과를 초래할 수 있는 것이다.

사례 5.11 가스레인지의 조작 스위치 배치는?

[그림 5.8]과 같은 가스레인지에 있는 4개의 불판을 어느 스위치에 할당할 것인가를 오른쪽의 숫자 배치를 이용하여 선택해 보자. 우리나라에서 시판되고 있는 가스레인지들은 오른쪽 위부터 4가지 종류의 배치가 모두 시판되고 있다. 사용자들은 본인이 선택한 배치가 아니면 혼란을 줄 수밖에 없다. 사용자들의 기대가 특정한 경향을 나타내지 않을 때는 불판과 스위치를 연결하는 연결선이나 배치 그림 등을 이용하여 불판과 스위치 관계를 연결해주는 기능이 필요하다.

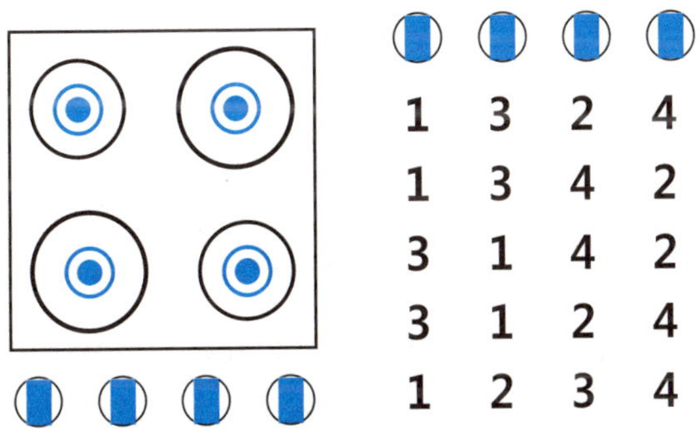

그림 5.8 가스레인지의 조작 스위치 배치

양립성은 두 가지 요인에서 기인한다. 첫 번째는 본질적으로 습득하여 갖게 되는 관계를 생각할 수 있다. 자동차의 핸들을 오른쪽으로 돌리면 우회전하고, 왼쪽으로 돌리면 좌회전하는 것은 태어나면서부터 본질적으로 갖게 되는 관계라고 할 수 있다. 두 번째는 자라면서 환경 속에서 얻게 되는 문화적 습득을 들 수 있다. 세면대에서 아래, 위쪽 방향으로 조작하는 수도꼭지를 보면 미국 회사 제품은 위로 올리면 물이 나오고, 일본 회사 제품은 아래로 내리면 물이 나오게 된다. 미국 사회에서는 스위치를 위쪽으로 올리면 작동 상태가 되고, 일본 사회에서는 스위치를 아래쪽으로 내리면 작동 상태가 된다. 자동차의 통행이 일본은 좌측통행이고, 우리나라와 미국은 우측통행인 것도 문화적 차이라 할 수 있다.

이와 같이 사람은 장치를 사용할 때에 자연스러운 관계를 예상하게 된다. 그러나 기대하고 있는 예상을 벗어나면 배워서 사용할 수는 있지만 오류나 실수를 유발시킬 가능성이 높아진다. 양립성에 맞게 조종장치와 반응장치를 설계하면 ① 학습시간이 단축되고, ② 반응시간이 줄어들며, ③ 오류가 적어지고, ④ 사용자 만족도가 높아지며, ⑤ 위급상황에서의 대처 능력이 우수하다.

1.7 제약과 행동 유도성

사람들은 원형이 사각형보다 잘 굴러가므로 바퀴로 더 적합하다고 생각하고, 엘리베이터에 버튼이 있으면 누르려 한다. 사용자들은 사물의 특성에 관한 해석을 하면서 어떻게 조작하거나 행동할 것인가에 대하여 추측을 하게 된다. 즉, 사물의 특성은 사물을 어떻게 다룰 것인가에 대한 단서를 제공하여 준다.

물건에 물리적, 또는 의미적인 특성을 부여하여 사용자의 행동에 관한 단서를 제공하는 것을 행동유도성(perceived affordance)이라 한다. 제품에 사용상 제약을 주어 사용 방법을 유인하는 것도 바로 행동유도성에 관련되는 것이다. 좋은 행동유도성을 가진 디자인은 그림이나 설명이 필요없이 사용자가 단지 보기만 하여도 무엇을 해야 할지 알 수 있도록 설계되어 있는 것이다.

이러한 행동유도성은 행동에 제약을 가하도록 사물을 설계함으로써 특정한 행동만이 가능하도록 유도하는 데서 온다. 물리적 특성에 의존하여 한정된 행위만이 가능하도록 하는 물리적 제약이나, 주어진 상황의 의미나 문화적 관습에 따라 해석이 가능하도록 하는 제약 등이 제품 설계에서 주로 이용된다.

사례 어포던스(affordance)라는 용어

어포던스(affordance)라는 용어는 원래 제임스 깁슨(James J. Gibson)이 처음 사용하였으며, 물건이나 현상을 보고 사용자가 실행할 수 있는 속성을 의미한다. 즉, 사용자와 물건과의 관계에 따라 제시될 수 있는 기능, 사용, 동작의 가능성을 의미한다. 반면, 도널드 노먼(Donald A. Norman)이 저서 '디자인과 인간심리(The Psychology of Everyday Things)'에서 말한 어포던스의 개념은 단서나 직관에 의한 행동유도성으로 정확하게는 지각 어포던스(perceived affordance)를 의미한다.

깁슨이 말한 어포던스는 실행될 수 있는 객관적인 모든 가능성을 포함한다. 초기 여객기의 승객들이 우체통 구멍처럼 생긴 에어컨 구멍에 편지를 집어넣으려고 하거나, 머리 위의 화물칸에 아기를 넣으려고 한 행위도 경험을 연상시켜 새로운 사물에 적용하려는 어포던스에 의한 실수라고 할 수 있다.

반면, 행동유도성은 디자이너가 제시한 단서나 의도된 제약에 따라 사용과 관련하여 긍정적인 행동을 하도록 유도하는 것으로, 사용자가 이전의 경험에 의해 추론할 수 있는 확실한 단서나 제약이어야 디자이너의 의도나 유도가 성공할 수 있다.

이 책에서는 깁슨이 설명한 사용자가 취할 수 있는 모든 반응과 행동에 대한 가능성의 의미는 어포던스로 표현하며, 노먼이 설명한 단서나 제약에 의해 지각을 유도하는 의미로는 행동유도성으로 표현한다.

사례 5.13 호텔문과 행동 유도성

[그림 5.9]은 어느 호텔에 있는 출입문을 나타낸다. 문을 열고 들어가려는 방문객은 일시적으로 왼쪽으로 열어야 할까, 아니면 오른쪽으로 열어야 할까 고민을 하게 될 것이다. 이 문의 손잡이에서 사용자에게 문을 여는 것에 대하여 제공하고 있는 단서는 아무 것도 없기 때문이다. 만일 손잡이를 옆으로 달아 놓는 것이 아니라 열어야 될 쪽에 위치시켜 상하 방향으로 달아 놓았다면 왼쪽이냐 오른쪽이냐를 놓고 고민할 필요가 없을 것이다.

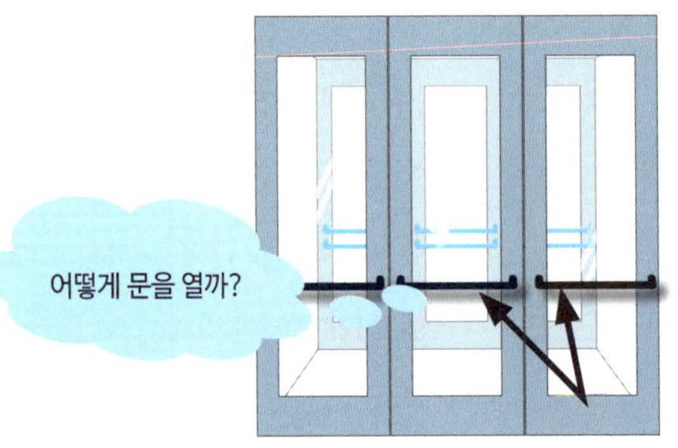

그림 5.9 **행동 유도성이 없는 호텔문**

사례 5.14 출입문과 행동 유도성

사물이나 물리적 특성에 의한 행동 유도성이 원래 의도된 기능에 일치할 때 사용하는데 도움이 되지만, 행동 유도성이 의도된 기능과 대립할 때 사용자들은 혼란스러워진다. [그림 5.10]의 왼쪽 그림은 물리적 특성에 의한 행동유도성이 간섭효과를 나타내고 있다. PUSH 표지판은 밀기라는 의미를 주지만, 손잡이는 당김의 의미가 있으므로 사용자들은 출입문을 밀어야 할지, 당겨야 할지를 순간적으로 고민하게 될 것이다. 반면에 오른쪽 그림의 출입문은 손잡이를 납작한 평면으로 바꿈으로써 표시를 하지 않아도 출입문을 미는 행위를 유도하게 된다.

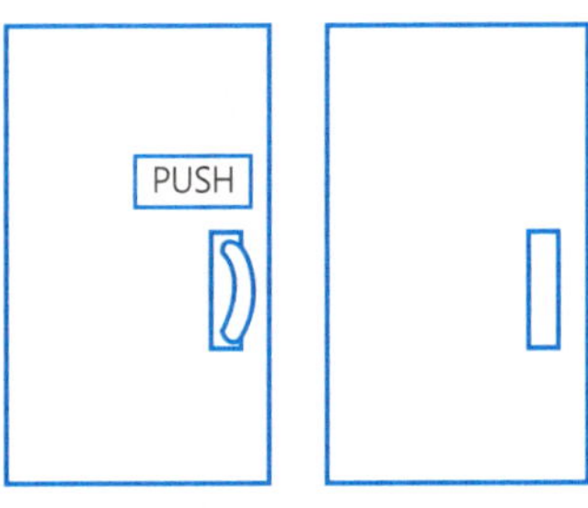

그림 5.10 출입문과 행동 유도성

행동 유도성은 행동에 제약을 가하도록 사물을 설계함으로써 특정한 행동만이 가능하도록 유도하는 데서 온다. 제약은 시스템에서 실행할 수 있는 행동들을 제한하는 방법을 의미한다. 제약을 적절하게 사용한 디자인은 제품 사용을 간단하게 할 뿐만 아니라 오류의 발생 가능성도 줄일 수 있다.

제약에는 물리적 제약과 인지적 제약으로 분류할 수 있다.

물리적 제약(physical constraint)은 물리적으로 조작에 대한 제약을 줌으로써, 가능한 행동의 범위를 제한하는 것이다. 물리적 제약에는 직선 경로(paths), 회전 축(axes), 장벽(barriers)의 방법이 있다. 경로는 조절 변수의 범위가 상대적으로 작고 제한된 경우에 유용하다. 회전축은 조작 면이 제한되거나 조절 변수의 범위가 매우 크고 제한되지 않는 상황에서 유용하다. 장벽은 잘못되거나 의도하지 않은 행동을 방지하는데 유용하다.

사례 5.15 물리적 제약

[그림 5.11]은 물리적 제약이 적용된 직선 경로, 회전축, 장벽 유형의 사례를 나타낸다. 직선 경로를 이용한 슬라이드 스위치, 회전축을 이용한 로타리 스위치, 극성을 맞추어 꽂기 쉽게 만든 3공구 콘센트를 나타낸다.

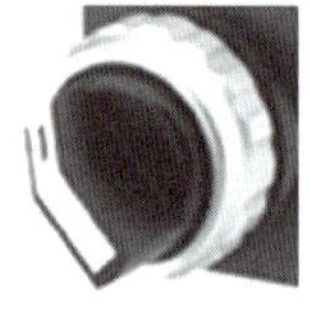

a) 직선 경로　　b) 회전축　　C) 장벽

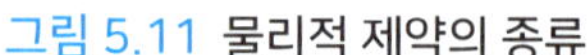

그림 5.11 물리적 제약의 종류

인지적 제약(psychological constraint)은 사람들이 인지하고 생각하는 방법을 이용하여 가능한 행동의 범위를 제한하는 것이다. 인지적 제약으로는 경고나 아이콘 등과 같은 기호(symbol), 문화적 관습에 따라 해석이 가능한 신호등의 색과 같은 관습(convention), 인지된 관계를 통해 논리적으로 행동을 유도하는 대응(mapping) 등이 디자인에 이용된다. 인지적 제약은 디자인의 명료성과 직관력을 향상시키기 위하여 사용된다.

사례 5.16 인지적 제약

[그림 5.12]는 인지적 제약이 적용된 사례를 나타낸다. a) 기호를 이용한 남녀 화장실의 표시, b) 빨강, 노랑, 파랑색이 갖는 신호등의 문화적인 관습, c) 볼륨을 키우는 위 방향과 작게 하는 아래 방향의 관계에 위배되지 않는 대응이 적용된 사례라고 할 수 있다.

a) 기호　　b) 규칙　　C) 대응

그림 5.12 인지적 제약의 종류

1.8 일관성

사람들은 일반적으로 자신의 말이나 태도, 행동에서 일관성을 유지하고 싶어 하는 욕구를 가지고 있다. 이러한 성향은 과거에 취한 선택이나 의사결정을 정당화하는 방향으로 행동하는데서 온다. 과거에 했던 의사결정을 되살려 일관성 있게 반응하면, 비슷한 상황에서 크게 고민할 필요가 없고 대체로 별 무리가 없기 때문이다(Fazio, Blascovich, and Driscoll, 1992). 예를 들면 코카콜라를 좋아하던 미국 아이들도 청년이 되면 버드와이저 맥주를 즐기게 된다고 하여, 코카콜라가 고객들을 계속 붙잡아두기 위해 '코카콜라 맥주'를 새로이 내놓는다 하더라도 고객들이 확고하게 갖고 있는 취향은 쉽게 바꾸기 어렵다는 것이다.

일관성은 사람들의 기억 속에 확고하게 자리 잡은 특성들은 바꾸기 어렵다는 사실을 토대로 사람들이 친밀하고 익숙해지도록 특성을 유지하도록 하는 것이다. 시스템 내의 유사한 부분을 유사한 방식으로 표현하는 것을 일관성(consistency)이라 한다. 하나의 시스템이나 유사한 시스템에서 일관성을 유지할 경우에 사람들은 친밀감과 학습능력 및 사용성이 올라가게 된다.

일관성은 디자인 측면에서 미적 일관성과 기능적 일관성으로 분류할 수 있고, 시스템 구조상으로는 내적 일관성과 외적 일관성으로 분류할 수 있다.

미적 일관성(aesthetic consistency)은 제품의 로고나 색상, 글자체 등 디자인 형식이나 외관의 일관성을 의미한다. 기능적 일관성(functional ccnsistency)은 디자인의 의미 및 조작 행동에 관한 일관성으로, 알려져 익숙해진 지식을 적용하여 행동을 유도하게 된다.

5.17 디자인 측면에서의 일관성의 유형

1) 미적 일관성: 벤츠 자동차의 후드나 그릴에 부착된 벤츠 로고

는 벤츠 자동차라는 것을 인지할 수 있게 해줄 뿐만 아니라 벤츠 자동차가 가지고 있는 품질과 명성에 대한 느낌을 느끼게 해 준다.

2) 기능적 일관성: 기존에 사용한 경험이 있는 사람이라면 TV 리모콘, 캠코더, MP3 등과 같은 멀티미디어 기기의 뒤로 감기, 재생, 앞으로 감기 등의 조작 버튼이 갖는 아이콘의 의미를 적용하여, 기기들의 사용법을 쉽게 습득할 수 있다. 그림의 X 표시가 있는 빨강 아이콘은 컴퓨터 응용 프로그램에서 창이 닫히고 종료되는 기능적 의미를 가지고 있다.

a) 미적 일관성

b) 기능적 일관성

그림 5.13 디자인 측면의 일관성 유형

내적 일관성(internal consistency)은 어느 시스템 내에서의 관련 구성요소들끼리의 일관성을 의미한다. 내적 일관성은 시스템이 체계적으로 디자인 되었다는 느낌과 함께 사람들에게 신뢰감을 심어준다. 외적 일관성(external consistency)은 여러 시스템의 통제실에서 사용되는 비상 경보기와 같이 특정 환경 내에서 다른 요소들과의 일관성을 말한다. 공공 목적을 위한 기호, 심볼, 경고문, 표지판 등이 해당된다.

사례 5.18 시스템 구조상 일관성의 유형

1) 내적 일관성: 스타벅스, 버거킹, 맥도널드와 같은 체인점들은 지점마다 동일한 경험을 제공하려 한다. 같은 글씨체와 색상, 로고 등을 이용

하여 메뉴, 물품과 포장용지, 직원 유니폼 등을 동일하게 제공하여 브렌드 인지도를 향상시키고, 고객과의 친밀성을 높이려고 하고 있다. 스타벅스는 내부의 테이블과 의자에서부터, 조명과 천장에 부착된 나무 빛 패널, 벽을 둘러 싸고 있는 마감에 이르기까지 일관성있게 되어 있다. 이렇기 때문에 낯선 곳에 가더라도, 그 동네의 스타벅스에 들어가면 익숙하고, 당황하지 않을 수 있다.

2) 외적 일관성: 현대인에게 가장 친숙한 그림 중의 하나인 비상구를 나타나는 픽토그램은 얼굴과 몸통, 팔과 다리가 단순화되어 멀리에서도 금방 식별할 수 있을 뿐 아니라, ISO의 국제 표준 심볼로 어떤 언어를 쓰는 나라 사람이건 누구에게나 어렵지 않게 비상 출구라는 의미로 의사소통을 가능하게 해준다.

a) 내적 일관성

b) 외적 일관성

그림 5.14 시스템 구조상 일관성의 유형

사람은 자신이 과거에 내렸던 결정이 잘못되었다는 걸 알더라도 그 결정을 계속 합리화하려 드는 성향이 있다. 이것을 잘못된 일관성의 법칙이라 부른다. 잘못된 일관성의 법칙에 사로잡힌 사람은 현실을 제대로 바라보지 못한다. 잘못된 일관성에 상응하는 경제학적 개념은 매몰비용(sunk cost)이다. 잘못된 일관성의 법칙에 사로잡힌 기간이 길어질수록 매몰비용은 점점 더 커진다.

1.9 포용성

포용성(forgiveness)은 사용자들의 오류를 피하고, 오류가 발생하더라도 부정적인 결과를 최소화할 수 있도록 도움을 주는 디자인을 의미한다. 디자인에서 포용성을 달성하기 위해서 행동유도성(affordance), 행동 되돌림성(reversibility), 안전망(safety net) 등의 직접적인 접근 방법을 사용한다. 이들 디자인은 포용성을 위한 간접적인 접근 방법인 확인(confirmation), 경고(warning), 도움말(help)을 줄이는 효과가 있다.

포용성의 직접적인 접근 방법인 행동유도성은 물리적 또는 인지적인 단서를 제공하여 사용자가 단지 보기만 하여도 무엇을 해야 할지를 알 수 있도록 행동을 유도하는 설계 개념이다. 행동 되돌림은 오류가 발생하거나 하고자 하는 행동의 의도가 변하는 경우에 행동을 취소하거나 오류를 복원하도록 하는 기능을 부여하는 설계 개념이다. 안전망은 치명적인 오류 혹은 오류의 부정적인 결과를 최소화하는 장치나 과정을 의미한다. 안전 설계나 안전장치 등의 설계 개념이 해당 된다.

사례 5.19 포용성의 직접적인 접근 방법

1) 색깔과 모양을 달리하여 연결부위를 설계함으로써 결합을 쉽게 할 수 있고, 삽입 오류를 예방할 수 있도록 유도하는 행동유도성의 예이다.

2) 컴퓨터 응용 프로그램에서는 잘못 누르거나 의도가 변하는 경우에 행동

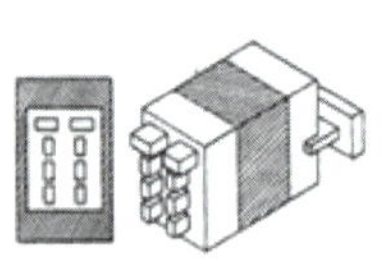

1) 행동 유도성

2) 행동 되돌림

3) 안전망

그림 5.15 포용성의 직접적인 접근 방법

을 되돌릴 수 있도록 행동 되돌림 기능인 Undo 기능을 두고 있다.

3) 세탁기가 작동하고 있는 중에 문을 열면 세탁기의 모터는 멈추게 된다. 세탁기가 돌아가는 중에 빨래를 꺼내는 행위를 하지 못하도록 세탁기는 문이 닫힌 경우에만 작동되도록 안전장치를 채택한 것이다.

포용성의 간접적인 접근 방법인 확인은 중요한 작동을 하기 전에 확인 절차를 거쳐 필요한 의도를 검증하는 과정이다. 경고는 위험을 경고하기 위하여 사용되는 표지, 경고등, 안내 등을 말한다. 도움말은 기본 작동, 고장 수리, 오류 복원을 돕는 정보 등을 나타내는 것이다.

사례 5.20 포용성의 간접적인 접근 방법

1) 소프트웨어에서 저장에 대한 확인 창으로 작동을 하기 전에 확인 절차를 거쳐 필요한 의도를 검증하는 과정이다.

2) 보안 경고를 알려주는 안내 창이다.

3) 파워포인트의 도움말 창으로 목차와 색인별로 도움말을 확인할 수 있다.

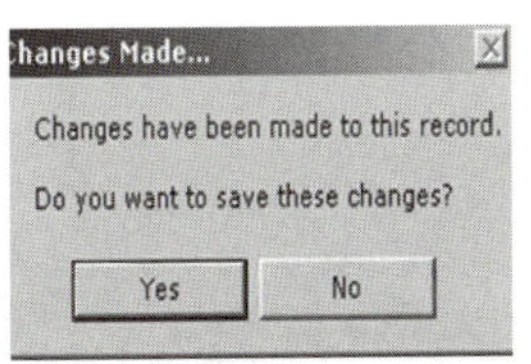

1) 확인

2) 경고

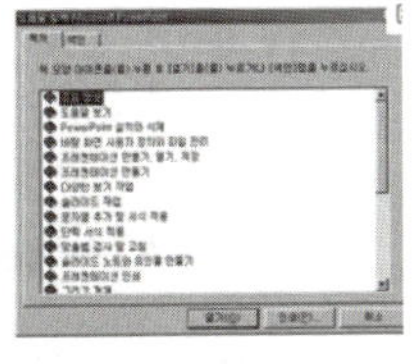

3) 도움말

그림 5.16 포용성의 간접적인 접근 방법

행동유도성이 뛰어나다면 도움말을 많이 필요로 하지 않는다. 행동을 되돌릴 수 있다면 불필요한 확인을 많이 하지 않아도 된다. 안전망이 튼튼하다면 경고를 많이 필요로 하지 않는다. 확인, 경고, 도움말을 사용할 때에는 애매한 문구나 아이콘은 피해야 한다. 문구는 명확하게 위험성을 전달할 수 있어야 하고, 어떠한 조치를 취할 수 있는지, 어떠한 조치를 취해야만 하는지를 분명하게 나타내야 한다. 너무 지나친 확인, 경고는 상호작용의 흐름을 방해하고 확인이나 경고를 무시할 가능성을 높일 수 있다(Lidwell et al., 2003). 원활하게 상호작용하기 위해 필요한 도움 기능의 양은 디자인의 질에 반비례한다. 많은 도움 기능을 필요로 하는 디자인은 잘못된 디자인인 것이다.

사례 5.21 확인

확인은 특정 행동이나 입력을 실행하기 전에 계획대로 올바른지를 확인하는 과정이다. 주로 계획되지 않은 행동으로 인한 실수(slip)를 방지하기 위해 사용된다. 확인하는 과정은 업무의 수행 속도를 떨어뜨리기 때문에 중요하거나 취소할 수 없는 경우에 사용되고, 결과가 심각하지 않거나 쉽게 취소할 수 있는 경우에는 확인 과정이 필요 없다.

확인 과정은 대화형(dialog operationn)과 2 단계형(two-step operation)이 이용된다. 대화형은 주로 소프트웨어에서 사용자와의 상호작용으로 특정 행동이나 진행을 원하는지를 직접 물어보고 대화상자를 이용하여 확인하는 방법

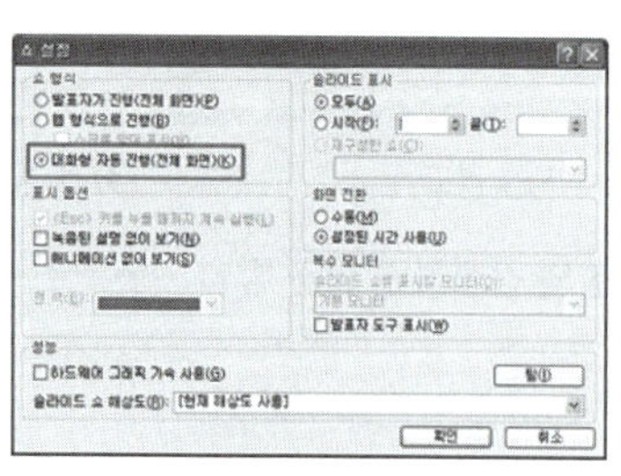

1) 대화형 확인

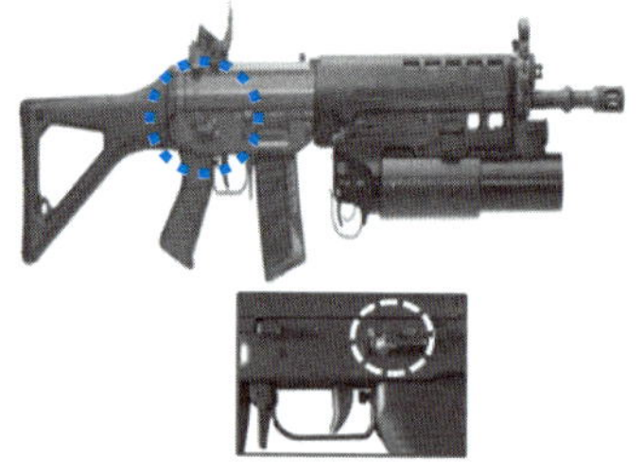

2) 2 단계형 확인

그림 5.17 확인 사례

이다. 대화상자는 '모든 파일을 삭제하시겠습니까?'와 같이 '예' 또는 '아니오'의 답변을 유도하는 질문을 이용하여야 하며, '확인'이나 '취소'와 같은 형태의 답변은 피해야 한다.

2 단계형은 주로 하드웨어에서 중요한 조작이 실수로 실행되는 것을 방지하기 위하여 잠금장치를 해제하고(arm) 작동을 시키는(fire) 2단계의 행위절차(arm/fire operation)를 의미한다. 무기를 발사하기 위하여 두 사람이 두 개의 별개의 열쇠를 돌려야 발사되게 설계하거나, 스위치 커버를 올려야만 스위치를 작동할 수 있도록 설계하는 것이 해당된다.

2 오류예방 설계원리

2.1 인적오류 예방원리 개요

인적오류가 발생하는 원인은 '해야 하는 임무나 작업'의 일 자체가 문제가 있거나, 해야 할 일은 문제가 없지만 일을 수행하는 환경조건이나 수행하는 사람에게 문제가 있는 경우로 분류된다.

'해야 할 임무나 작업'에 문제가 있는 경우는 사람의 신체적 능력이나 인지적 능력에서 수행하기 어려울 정도로 사람을 고려하지 않은 경우에 발생한다. 사람마다 능력이 다르기 때문에 능력이 낮은 사람도 할 수 있도록 일을 설계하는 관점이 필요하다.

해야 할 일에 문제는 없지만 환경 조건이 소음이 심하거나 어두운 곳에서는 의도한 일을 수행하기가 어려워진다. 또한, 일을 수행할 사람이 잠을 안자서 피곤하거나 초조하여 집중이 안 되거나 하는 경우에도 인적오류가 발생할 수 있다.

인적오류가 발생해도 사고로 연결되지 않도록 '오류 시 안전' 개념으로 작업이나 설비를 설계하면 사고발생을 예방할 수 있다. '오류 시 안전'의 개념은 사람을 중복적으로 배치하거나 백업 시스템으로 업무를 수행하도록 하는 방법이 있고, 설비 및 작업 환경적인 요인에 대한 안전설계 개념을 도입하는 대책이 있다.

요약하면, 인적오류 예방을 위한 큰 축은 인적오류를 발생시키지 않는 대책과 인적오류가 사고로 이어지지 않는 대책으로 볼 수 있다. 이러한 두 가지의 큰 축은 실현 대상으로 4M 대책이 일반적으로 고려되는 데, 기계설비(Machine) 및 작업 및 환경적인 요인(Media)에 대한 설계 대책, 인적 요인(Man)에 대한 대책, 관리 요인(Management)에 대한 대책 등으로 구분할 수 있다.

인적 요인에 대한 대책으로는 ① 작업 특성을 고려한 작업자의 선발, ② 인적오류에 관한 정보를 획득하여 동종이나 유사 오류를 범하지 않도록 훈련, ③ 안전에 대한 중요성을 인식하기 위한 동기 부여 등이 있다.

관리적 대책으로는 ① 안전에 대한 분위기를 조성하고, ② 작업자의 특성과 작업설비와의 적합성을 사전에 점검하여 개선하고, 유지하는 활동을 들 수 있다.

기계설비와 작업 및 환경적인 요인에 대한 설계 대책으로는 ① 오류제거 설계(error exclusion design), ② 오류예방 설계(error preventive design), ③ 안전장치 장착설계(provision of safety devices), ④ 경고시스템(provision of warning system) 등이 있다. 다음 2.2절부터는 오류발생 시 문제가 심각하거나 사고로 이어질 수 있는 가능성이 있는 경우에 적용하는 인적오류 예방 설계원리들에 대하여 자세히 설명한다.

2.2 오류제거 설계

오류 제거설계는 설계 단계에서 사용하는 재료나 시스템 작동 측면에서 인적오류의 가능성을 근원적으로 제거하도록 하는 설계 원칙이다. 제품이나 시스템에서 오류의 위험이 있는 요소를 제거하거나, 배치 또는 구조상의 분리를 통하여 격리시

키는 방법이다. 예를 들면 칼날에 베일 가능성을 제거하기 위하여 본체로 칼날을 감싸게 설계한 사무용 칼이나 가위 날의 끝부분을 둥글게 만드는 것은 위험을 제거한 사례이다. 또한, 자전거를 탈 때 다리에 상처를 입거나 기어와 체인 사이에 옷이 걸리지 않도록 체인을 커버로 덮거나, 선풍기에 망을 씌우는 것은 위험을 격리시키는 사례이다.

사례 5.22 현금 자동지급기와 오류 예방

은행의 현금 자동지급기를 사용하는 순서에 대하여 생각하여 보자. 현금카드를 지급기에 넣고 비밀번호와 액수를 입력하면 현금이 지급될 것이다. 이 때 현금카드를 빼는 것과 현금을 빼는 일 중에서 어떤 것을 먼저 하면 사람들이 실수를 적게 할 것인가를 생각하여 보자.

현금을 찾는 것이 목적이므로 현금을 놓고 오는 일은 적을 것이나 현금카드를 현금 지급기에 놓고 올 가능성은 상대적으로 크다고 볼 수 있다. 따라서 현금카드를 빼고 나면 현금이 나오도록 오류 예방설계를 할 수 있다.

그러나 오류제거 설계는 카드를 넣는 방식이 아니라 카드를 놓고 올 가능성을 제거하기 위하여 긁는 방식으로 하는 것이다. 작업을 어떻게 설계하느냐에 따라 인적오류 가능성은 달라질 수 있다.

2.3 오류예방 설계

오류를 원칙적으로 제거하기 어려우면 초보자가 사용하더라도 오류를 범할 가능성이 낮도록 오류 예방설계를 한다. 오류 예방설계는 신체적 조건이나 지적 능력이 떨어지는 사용자라도 오류 발생 가능성이 낮도록 설계하는 개념으로 초보자 안전 확보 설계가 해당된다. 초보자 안전 확보(fool proof) 설계는 초보자나 미숙련자가 잘 모르고 제품을 사용하더라도 고장이 나지 않도록 하거나 오류로 이어지지 않도록 하여 안전을 확보하는 개념이다. 예를 들어 극성이 정해져 있는 전원 커넥터를 사용하여야 하는 경우에는 극성이 다르게 삽입되는 것을 방지하기 위하여 커넥터의 모양을 비대칭적으로 하여 극성이 올바르게 맞는 경우에만 삽입될 수 있도록 설계하여 놓는 경우이다. 전기난로가 넘어지면 전원이 꺼지거나, 불이 꺼지면 가스레인지의 가스가 차단되도록 하는 기능은 대표적인 초보자 안전 확보 설계의 하나이다.

사례 5.23 초보자 안전 확보(fool proof) 설계

자동변속기를 가진 자동차에 어린 아이가 타서 시동 열쇠를 꽂고 시동을 건다고 상상하여 보자. 만일 주행 모드인 D자에 놓인 상태로 시동이 걸린다면 자동차는 어떻게 될 것인가? 자동차는 움직이기 시작하고 놀란 어린 아이는 속수무책일 것이다. 자동차 설계자들은 주행 모드에서는 시동이 걸리지 않도록 설계하여 놓았다. 잘 모르고 실수할 가능성이 있는 것을 대비하여 미리 설계 단계에서 고려한 것이다.

사례 5.24 어린 아이 안전 확보(child proof) 설계

어린 아이가 자동차의 뒷좌석에 탔을 때 운전자 좌석에서 문이 열리지 않도록 잠금장치를 작동할 수 있다. 안전상 어린 아이가 사용하지 못하도록 잠금장치를 마련하여 어린 아이의 안전을 확보하는 개념은 어린이 안전 확보 설계 원리를 이용한 것이다. 어린 아이용 약을 담는 용기의 뚜껑을 누르면서 돌려야지만 열리도록 설계하는 것도 같은 원리에 해당된다.

2.4 안전장치 장착설계

안전장치 장착설계는 사용자가 인적 오류를 범하더라도 사고나 재해로 이어지지 않도록 안전장치를 장착하는 설계개념이다. 안전장치는 오류 시 안전 확보(fail safe)설계를 하거나 오류방지를 위한 강제적 기능인 잠금장치(lock) 설계를 이용한다.

오류 시 안전 확보(fail safe) 설계는 오류가 발생한 경우라도 피해가 확대되지 않고 한시적으로 정상 작동이 되도록 하여 안전을 확보하는 설계 개념이다.

사례 5.25 오류 시 안전 확보

1) 과전압이 흐르면 내려지는 차단기나 퓨즈를 장착하거나, 고가의 장비에서 병렬 부품을 사용하여 부품 하나가 고장이 나더라도 나머지 부품이 작동하여 시스템이 작동되도록 중복설계(redundancy design)의 개념도 오류 시 안전 확보 설계에 해당된다.

2) 사용 중에 실수를 하더라도 사고로 연결되지 않는다면 원래의 상태로 빨리 회복할 수 있도록 설계하는 것도 오류 시 안전 확보로 볼 수 있다. 컴퓨터가 갑자기 멍멍이가 되는 상황처럼 일반적으로 조작 실수를 한 사용자는 심리적으로 흥분하기 쉬우므로 회복하는 데 필요한 시간이 길게 느껴질 수 있다. 따라서 조작실수를 하더라도 충분히 대응하여 회복할 수 있는 수단을 제공하는 것이 필요하다. 컴퓨터 프로그램에서 사용자에게 원래 상태로 복귀할 수 있는 UNDO 기능을 제공하는 것은 한 예이다.

어떠한 단계에서 실패가 발생하면 다음 단계로 넘어가는 것이 차단되도록 행동이 제약되는 상황을 오류방지를 위한 강제적 기능이라 하고 잠금장치(lock)로도 부른다. 강제적 기능인 잠금장치는 잘못된 행위를 발견하기 쉽게 만드는 강력한 물리적 제약 중의 하나로 오류를 범하게 되면 안전이나 시스템에 막대한 영향을 줄 가능성이 있을 때에 안전성을 확보하기 위하여 사용하는 방법의 하나이다. 강제적 기능 장치는 크게 맞잠금(interlock), 안잠금(lockin), 바깥잠금(lockout)으로 분류된다.

맞잠금(interlock)은 안전을 확보하기 위하여 갖추어져야 할 작동 조건들이 모두 만족되는 경우에만 작동이 되도록 하는 강제적 기능이다.

사례 5.26 맞잠금 기능을 채택한 제품들

1) 전자레인지는 시간조절기로 시간을 예약하고 작동을 시킨다. 전자레인지가 작동되는 중에 어린 아이가 와서 작동중인 전자레인지의 문을 열고 손을 집어넣고 장난을 한다면 어떻게 될 것인가? 당연히 계속 작동 중이라면 위험에 처할 것이다. 다행히 이들 제품을 설계한 사람들은 이러한 조건에서는 작동이 멈추도록 하는 맞잠금 기능을 부여하여 놓았다.

2) 앉아서 사용하는 비데를 서있는 상태에서 제어판을 누르면 비데 물이 나오지 않도록 설계한 것은 맞잠금 기능을 채택한 제품의 예라고 할 수 있다.

3) 클린 룸의 출입구는 이중으로 되어 있어 뒤쪽의 문이 닫히지 않으면 앞쪽문이 열리지 않도록 설계되어 있다.

작동하던 제품의 작동을 계속 유지시킴으로써 작동이 멈춤으로 인하여 발생할 수 있는 피해를 막기 위한 예방 개념을 안잠금(lockin)이라 한다. 전기 압력 밥솥은 증기가 빠져 나가지 않은 상태에서는 안에서 잠금이 되어 밥솥 뚜껑이 열리지 않도록 설계되어 있다. 안잠금은 컴퓨터 사용자가 사용하던 워드프로세서 프로그램이 갑자기 전원이 나가 종료되는 경우에도 전원이 나가기 전의 상태로 실질적인 작동 내용을 유지시킴으로써 피해를 예방하고자 하는 것이 해당된다.

또 하나의 강제적 기능의 유형은 바깥잠금(lockout)이다. 바깥잠금은 위험한

상태로 들어가거나 사건이 일어나는 것을 방지하기 위하여 외부에서 들어가는 것을 제한하거나 잠그는 설계 개념이다. 예를 들면, 백화점 같은 대형 건물의 에스컬레이터를 설계할 때에 지상 1층까지는 바로 연결되게 배치하다가, 지하로 내려갈 때에는 이제까지의 방향과는 달리 다른 곳으로 돌아서 내려가도록 위치시키는 것이 해당된다. 이는 건물에 화재가 나는 등의 위급한 상황에서 사람들이 1층까지 내려온 뒤에는 더 이상 지하로 내려가지 않도록 진행을 방해하는 개념으로 설계한 개념이다.

프레스 작업에서 작업자들은 작업 속도가 느려지고 불편하다는 이유를 들어 고의로 안전장치를 제거하는 경우가 종종 있다. 일반적으로 안전장치를 장착할 정도면 안전장치가 제거되는 경우에 사고가 발생할 가능성이 아주 높다고 할 수 있다. 그래서 제품 설계자는 고의로 안전장치를 제거하는 데에도 대비하여야 한다. 이러한 예방설계 개념을 안전장치 확보(tamper proof) 설계라 한다. 위험설비의 안전장치를 제거하는 경우에는 제품이 작동되지 않도록 설계하는 개념이다.

사례 5.27 약 포장과 안전장치 확보 설계

얇은 막을 이용하여 약을 개별 포장하는 기술에는 안전장치 확보개념이 적용되어 있다. 제약회사에서 약에 이물질이 들어가는 것을 방지하기 위하여 약마다 안전 막을 이용한 개별 포장을 하고, 소비자에게는 '얇은 안전막이 손상된 경우에는 안전을 확보할 수 없으므로 사용하지 마시오!'라고 광고함으로써 사용자의 안전까지 확보하려 한 것이다.

사례 5.28 시게오 싱고와 Poka-Yoke(mistake proof)

포카 요케(ポカヨケ)는 일본어로 '실수를 피하는'이란 의미이다. 도요타의 시게오 싱고(Shigeo Shingo)가 품질관리 활동으로 ① 실수보증(mistake proof), ② 오류예방(error prevention), ③ 오류검출(error detection), ④

중복(redundancy) 설계를 통하여 실수를 방지할 수 있다고 주장한 안전설계 개념이다. 포카 요케는 인적오류를 줄이기 위해서는 설계단계에서부터 인적오류가 발생하지 않도록 배려하는 것이 중요하다는 것을 지적하고 있다.

2.5 경고 시스템

사용상의 위험을 제거할 수도 없고 안전장치도 장착할 수 없는 경우에는 제품이 갖고 있는 위험을 사용자에게 경고하기 위한 경고시스템을 마련한다. 중요한 경고는 소리나 빛 등 두 가지이상의 전달 방법을 갖는 것이 필요하다. 일반적으로 제조물 책임법(Product Liability: PL)에서는 제조업자가 합리적인 설명·지시·경고 기타의 표시를 하였더라면 당해 제조물에 의하여 발생될 수 있는 피해나 위험을 줄이거나 피할 수 있었음에도 이를 하지 아니한 경우를 표시상의 결함이라 말한다. 즉, 제품을 사용하는데 있어서 올바로 사용할 수 있도록 하는 설명이나 지시 또는 제조물에 있는 위험성에 대하여 경고를 하지 아니하여 피해가 발생하였을 경우에는 표시상의 결함이 된다. 이를 지시·경고상의 결함이라고도 한다. 예를 들어, 취급 설명서나 경고사항 등의 부적절성이나 미비 등 표시불량에 의한 결함 등을 말한다.

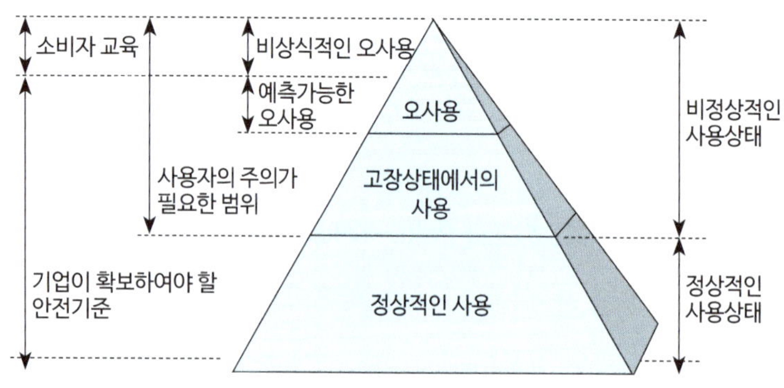

그림 5.18 **제조물 책임과 사용자 오류**

참고문헌

- 정병용, 디자인과 인간공학, 민영사, 2012.
- 정병용, 현대작업관리(2판), 민영사, 2018.
- 정병용, 이동경, 현대 인간공학(4판), 민영사, 2016.
- 한인연, *인간공학 응용문제*, 민영사, 2012.
- Fazio, R.H., Blascovich, J., and Driscoll, D.M., On the functional value of attitudes: The influence of accessible attitudes on the ease and quality of decision making, *Personality and Social Psychology Bulletin*, 18, 388–401, 1992.
- Lidwell, W., Holden, K., and Butler, J., *Universal principles of design*, Rockport, 2003
- Maslow, A., *Motivation and personality*, New York: Harper, 1954.
- Norman, D.A., *The psychology of everyday things*, Basic Books., 1988.
- Shingo, S., Zero quality control: source inspection and the poka-yoke system. Productivity Press. 1986.
- Wurman, R., Information Architects, Graphis, Inc., 1997.

연습문제

01 다음 중에서 좋은 개념 모형에 대한 설명으로 가장 적절한 것은?

① 디자이너와 사용자의 개념 모형이 일치하는 것
② 사용자의 심리적, 인지적 특성을 고려하여 설계하는 것
③ 자연스러운 제약을 통하여 행위에 관한 정보를 주는 설계
④ 제품을 쉽고 편하게 사용하도록 하는 설계

02 모자걸이 이론에 대한 설명으로 옳지 않은 것은?

① 모자는 정보, 걸이는 정보를 체계화하는 방법을 의미한다.
② 위치, 알파벳, 시간, 범주, 연속체로 분류하여 정보를 체계화한다.
③ 위치 방법은 공간적 관계에 의하여 정보를 체계화하는 방법이다.
④ 연속체 방법은 시간의 흐름 순서대로 정보를 정리하는 방법이다.

03 정보의 계층을 시각적으로 표현하는 방법으로 옳지 않은 것은?

① 모자걸이(hat racks) ② 네스트(nest)
③ 계단(stair) ④ 트리(tree)

04 모자걸이 이론에서 LATCH에 해당되지 않는 것은?

① Location ② Alphabet ③ Continuum ④ Hierarchy

05 다음 설명에서 (A)안에 들어갈 단어로 옳은 것은?

디자인 요소들을 평가해서 기능을 저해시키지 않는 범위 내에서 가능한 (A)하는 것이 바람직하며, (A)되면 사용자의 부담은 줄어든다.

① 시각화 ② 단순화 ③ 개념화 ④ 체계화

해답 : 1. ①, 2. ④, 3. ①, 4. ③, 5. ②

06 2000년 미국 대통령 선거에서 플로리다 주에서 사용되었던 나비형 투표용지의 논란은 디자인의 어떤 요소와 관련되어 있는가?

① 창의성　　② 단순성　　③ 심미성　　④ 기능성

07 사물의 특성에서 자연스러운 제약을 통하여 행위에 관한 정보를 제공하는 것을 무엇이라 하는가?

① visibility　　② affordance　　③ fool proof　　④ lock in

08 제품의 중요 기능, 작동상태, 작동결과 등을 제품에 나타나도록 하는 설계 개념은?

① affordance　　② visibility　　③ feedback　　④ conceptual model

09 사용자가 실수를 하더라도 고장이 나지 않거나 피해를 주지 않도록 하는 설계 개념은?

① fool proof　　② fail safe　　③ tamper proof　　④ lock out

10 손잡이를 어떤 모양으로 어떤 위치에 부착하느냐에 따라 문을 여는 방향과 밀고 당기는 여부를 알 수 있는 것은 다음 중 무엇과 관계가 있는가?

① visibility　　② affordance　　③ fool proof　　④ feedback

11 핸드폰 액정을 보면 충전지가 얼마나 남아 있는지를 알 수 있는 것은 다음 중에서 무엇과 관계가 있는가?

① visibility　　② affordance　　③ fool proof　　④ feedback

해답 : 6. ②, 7. ②, 8. ②, 9. ①, 10. ②, 11. ①

12 '다나아' 약의 포장은 얇은 안전막을 제거하면 안전을 확보할 수 없으므로 사용하지 말라고 광고한다. 다음 중에서 무엇과 관계가 있는가?

① tamper proof　② fail safe　③ fool proof　④ lock out

13 백화점의 에스컬레이터는 화재시를 대비하여 1층에서 지하로 내려가는 것은 바로 연결이 되지 않고 돌아가야 한다. 다음 중에서 무엇과 관계가 있는가?

① tamper proof　② fail safe　③ fool proof　④ lock out

14 어린 아이가 자동차 안에서 시동키를 돌리더라도 Drive 모드에서는 시동이 걸리지 않는다. 다음 중에서 무엇과 관계가 있는가?

① tamper proof　② fail safe　③ fool proof　④ lock out

15 어린 아이가 작동 중인 전자레인지의 문을 열면 전자레인지는 꺼진다. 다음 중에서 무엇과 관계가 있는가?

① affordance　② fail safe　③ lock out　④ lock in

16 냉온수기의 뜨거운 물이 나오는 꼭지는 왼쪽에 빨간색으로 되어 있기를 기대 한다. 다음 중에서 무엇과 관계가 있는가?

① compatability　② fail safe　③ lock out　④ lock in

17 시내버스 정류장의 안내전광판과 관련 있는 원리는?

① 가시성　② 행동 유도성　③ 단순성　④ 양립성

해답 : 12. ①, 13. ④, 14. ③, 15. ④, 16. ①, 17. ①

18 다음 중에서 양립성의 유형이 아닌 것은?

① 개념　　② 공간　　③ 운동　　④ 인지

19 다음 중에서 양립성에 맞춰 설계하는 경우의 효과가 아닌 것은?

① 학습이 빠르다.
② 사용자의 만족도가 높다.
③ 위급상황에서의 대처능력은 떨어진다.
④ 조작 실수가 적다.

20 냉온수기에 적용된 양립성의 유형으로 옳은 것은?

① 개념 양립성
② 공간 양립성
③ 운동 양립성
④ 개념 양립성과 공간 양립성

21 물리적으로 조작에 대한 제약을 줌으로써, 가능한 행동의 범위를 제한하는 방법으로 옳지 않은 것은?

① 직선 경로　　② 회전축　　③ 장벽　　④ 대응

22 사람들이 인지하고 생각하는 방법을 이용하여 가능한 행동의 범위를 제한하는 방법으로 옳지 않은 것은?

① 기호　　② 관습　　③ 장벽　　④ 대응

해답 : 18. ④, 19. ③, 20. ④, 21. ④, 22. ③

23 다음 설명에서 (A)안에 들어갈 단어로 옳은 것은?

> 시스템 내의 유사한 부분을 유사한 방식으로 표현하는 것을 (A)이라 한다. 하나의 시스템이나 유사한 시스템에서 (A)을 유지할 경우에 사람들은 친밀감과 학습능력 및 사용성이 올라가게 된다.

① 가시성 ② 양립성 ③ 일관성 ④ 행동 유도성

24 스타벅스, 맥도널드와 같은 체인점들은 지점마다 동일한 경험을 제공하려 한다. 다음 중에서 무엇과 관계가 있는가?

① 내적 일관성 ② 외적 일관성
③ 기능적 일관성 ④ 미적 일관성

25 사용자들의 오류를 피하고, 오류가 발생하더라도 부정적인 결과를 최소화할 수 있도록 도움을 주는 디자인을 무엇이라 하는가?

① 포용성 ② 가시성 ③ 행동 유도성 ④ 일관성

26 포용성을 달성하기 위한 직접적인 접근 방법으로 옳지 않은 것은?

① 행동 유도성 ② 행동 되돌림
③ 안전망 ④ 경고

27 포용성을 달성하기 위한 간접적인 접근 방법으로 옳지 않은 것은?

① 경고 ② 확인 ③ 도움말 ④ 안전망

해답 : 23. ③, 24. ①, 25. ①, 26. ④, 27. ④

28 디자인 욕구 단계설을 상위 욕구 진행방향으로 옳게 나열한 것은?

① 기능성→신뢰성→사용성→효율성→독창성

② 기능성→신뢰성→효율성→사용성→독창성

③ 신뢰성→기능성→사용성→효율성→독창성

④ 신뢰성→사용성→기능성→효율성→독창성

29 디자인 욕구 단계설을 상위 욕구 진행방향으로 옳게 나열한 것은?

① 제거설계→예방설계→안전장치설계→경고

② 예방설계→제거설계→안전장치설계→경고

③ 제거설계→예방설계→경고→안전장치설계

④ 예방설계→제거설계→경고→안전장치설계

해답 : 28. ①, 29. ①

실습문제

01 다음은 정보의 체계화에 관한 질문이다.

1) 복잡한 정보를 단순화하기 위한 방법을 설명하시오.
2) 계층 구조를 갖는 정보의 시각화에 대하여 설명하시오.
3) 다섯 가지 모자걸이 이론에 의한 정보의 시각화에 대해 설명하시오.

02 다음은 양립성에 관한 질문이다.

1) 양립성이란 무엇이며, 어떻게 분류되는가를 설명하시오.
2) 냉온수기에 적용된 양립성의 원리에 대하여 설명하시오.
3) 양립성을 습득하게 되는 과정과 효과에 대하여 설명하시오.

03 다음은 행동유도성에 대한 질문이다.

1) Gibson의 affordance와 노만의 perceived affordance를 설명하시오.
2) 물리적 제약을 이용한 설계에 대하여 설명하시오.
3) 인지적 제약의 방법과 효과는?

04 다음은 일관성에 대한 질문이다.

1) 일관성이란? 효과는?
2) 시스템 구조상 내적 일관성과 외적 일관성이란?
3) 잘못된 일관성과 매몰비용이란?

05 다음은 포용성에 대한 질문이다.

1) 포용성이란?
2) 포용성을 확보하기 위한 디자인으로 직접적인 접근방법은?

3) 포용성 확보를 위한 확인, 경고, 도움말이란?

06 다음은 오류예방을 위한 설계에 대한 질문이다.

1) 현금지급기(ATM)의 오류제거와 오류예방 설계 개념을 설명하시오.
2) 초보자 안전 확보(fool proof) 설계를 예를 들어 설명하시오.
3) 안전장치 확보(tamper proof) 설계 개념을 예를 들어 설명하시오.

07 다음은 잠금장치 설계에 대한 질문이다.

1) 맞잠금(interlock) 설계 개념을 예를 들어 설명하시오.
2) 안잠금(lockin) 설계 개념을 예를 들어 설명하시오.
3) 바깥잠금(lockout) 설계 개념을 예를 들어 설명하시오.

6 신체특성을 고려한 안전설계

1. 인체측정 및 응용원리
2. 신체 동작과 작업설계
3. 작업 공간과 안전설계
4. 입력 및 조정장치 설계

1 인체측정 및 응용원리

1.1 인체측정

일상생활에서 사용하는 도구나 설비를 설계할 때 사용자의 신체 특성에 맞는 제품을 설계하기 위해서는 설계에 필요한 인체치수들을 조사하여 반영하여야 한다. 신체의 다양한 치수를 비롯하여 신체 부위의 부피, 질량, 무게중심 등의 물리적 특성을 다루는 학문을 인체측정학(anthropometry)이라 한다.

설계에 이용되는 인체측정치들은 [표 6.1]과 같이 고정된 자세에서 측정한 정적치수, 동작을 기반으로 측정하는 동적치수, 물리적 힘에 관한 자료로 분류된다.

표 6.1 **인체측정치의 유형 분류 예시**

유형	측정치 예시
정적 치수	길이, 높이, 너비, 두께, 둘레
동적 치수	여유공간, 최대 작업역, 정상 작업역 등
물리적 힘	자세별 당기는 힘, 미는 힘, 누르는 힘 등

정적치수는 정적 자세에서 측정하는 설계에 필요한 구조적 치수로 신체부위별 길이, 높이, 두께, 둘레 치수 등이 있다. 동적치수는 동작을 기반으로 측정하는 공간설계에 필요한 기능적 인체치수로 여유공간, 정상작업역, 최대작업역 등이 있다. 기능적 인체 치수를 측정하는 이유는 신체 동작을 수행할 때 각 신체 부위가 독립적으로 움직이는 것이 아니라 조화를 이루며 움직이기 때문이다. 따라서, 기능적 인체 치수는 관절을 중심으로 측정하는 구조적 인체치수의 합으로만은 표현할 수 없다. 물리적 힘은 사람이 낼 수 있는 자세별 미는 힘, 당기는 힘 등 조작에 필요한 물리량 등을 의미한다.

인체측정은 마틴식 인체 측정기를 사용하여 인체 치수를 직접 측정하는 직접

인체 측정법과 사진이나 3차원 촬영 등을 이용하는 간접 인체 측정법으로 분류된다.

사람들의 체격은 다양하다. 제품을 설계할 때는 다양한 체격을 가진 사용자들을 포용할 수 있도록 설계하여야 한다.

사례 6.1 동서양의 길이 단위와 인체치수

우리나라에서 길이를 측정하는 데 사용하였던 자, 마, 길 등의 단위나 서양에서 사용하고 있는 야드, 피트, 인치 등이 모두 신체 부위를 기준으로 정의된 것이다. 흔히 접하고 볼 수 신체부위를 이용하여 있는 길이의 기본 단위로 사용하고, 생활공간이나 제품 설계에서 인체치수를 중요하게 생각 것이다.

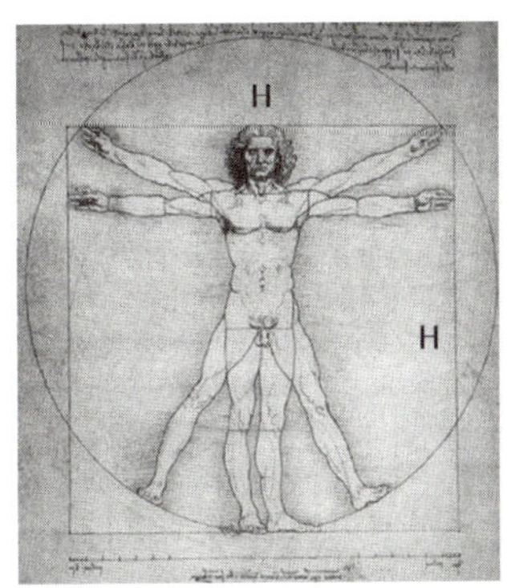

그림 6.1 레오나르도 다빈치의 인체비례도

서양에서 사용하는 길이 단위로는 'inch', 'foot/feet', 'yard' 등이 있다. 기본 단위로 사용되어 온 foot는 발길이로 12 inch로 표현된다. inch는 불어나 독일어 등에서는 엄지손가락을 의미하며, 엄지손가락 첫째 마디의 길이로 받아들여지고 있다. yard에 대한 기원은 여러 가지가 있으나 인체를 기준으로 한 기원은 사람의 중앙(코)에서 팔을 펼쳤을 때 손가락 끝까지의 길이로 표현된다.

동양에서는 길이체계로 척관법(尺貫法)을 사용하였다. 길이의 단위인 '치'

는 손가락 하나의 굵기로 표현된다. '자' 또는 '척(尺)'은 열 손가락을 나란히 편 길이로 표현된다. 속담에 표현된 '세치 혀'는 손가락 세 개로 혀의 너비를 표현 한 것이다. '마(碼)'는 가슴 중앙에서 한 쪽 팔을 펼쳤을 때, 손가락 끝까지의 길이를 의미한다. 서양의 'yard'는 동양에서 사용한 '마'와 같은 개념이다. '길'은 어른의 키 정도의 길이를 나타내는 단위로 6 척을 1 길로 표현하였고, 두 마를 한 길로 표현하였다. [그림 6.1]과 같이 레오나르도 다빈치의 비트루비우스 인간에 나타나 있듯이, 두 팔을 펼친 '두 마(yard)' 길이나 키에 해당하는 '한 길'을 같게 본 것이다.

1.2 인체측정치의 다양성

제품 설계에 필요한 인체측정치들은 대부분 종 모양의 정규분포를 따른다. 예를 들어, 많은 사람들을 대상으로 키를 조사하였다면 평균을 중심으로 많이 분포되며, 평균에서 떨어질수록 빈도가 작게 나타난다. 정규분포는 평균과 표준편차에 의하여 특징이 정해진다. 평균은 종 모양이 어느 쪽으로 치우쳐 있는가를 나타내며, 표준편차는 종의 퍼진 정도를 나타낸다. 즉, 표준편차는 자료가 얼마나 널리 퍼져서 분포되어 있는가를 나타낸다. [그림 6.2]는 A, B, C 세 그룹에 속한 사람들의 몸무게 분

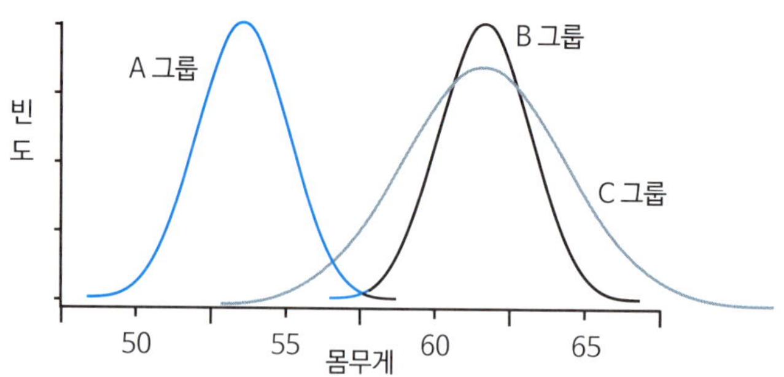

그림 6.2 정규분포의 평균과 표준편차

포를 나타낸다. 세 그룹의 몸무게 분포를 보면, B 그룹과 C 그룹은 평균이 같고, A 그룹은 B, C 그룹들보다 평균이 작음을 알 수 있다. 또한, 표준편차는 A 그룹과 B 그룹이 같으며, C 그룹은 A, B 그룹보다 퍼진 정도가 넓으므로 표준편차가 더 큼을 알 수 있다.

제품이나 작업장 설계에 필요한 인체치수를 측정하는 경우에 일반적으로 측정치들은 정규분포를 따르므로 인체 측정 결과를 주로 평균과 표준편차로 표시한다. 제품 설계에서 많은 사람들로 구성된 사용자 그룹의 특성을 표현하는 데에는 퍼센타일(percentile: 백분위수) 개념이 이용된다. 퍼센타일이란 측정한 특성치를 순서대로 나열하였을 때 백분율로 나타낸 순서 수 개념이다. 예를 들면, 10퍼센타일이란 순서대로 나열하였을 때 100명 중 10번째에 해당하는 수치를 의미한다.

사용자 그룹을 표현할 때 [그림 6.3]에서와 같이 작은 사람은 주로 5 퍼센타일 값을 이용하며, 큰 사람은 95 퍼센타일 값을 이용한다. 또한 평균값은 50 퍼센타일 값과 같은 값으로 보통 사람을 대표한다.

인체치수가 정규분포를 따르는 경우에 퍼센타일 인체치수 값은 인체 치수의 평균, 표준편차와 퍼센타일 계수에 의해 다음과 같이 표현된다. 즉, 평균과 표준편차를 알면 원하는 퍼센타일(%tile) 값을 구할 수 있다.

%tile 인체치수 = 평균치수 ± 표준편차 × 퍼센타일 계수

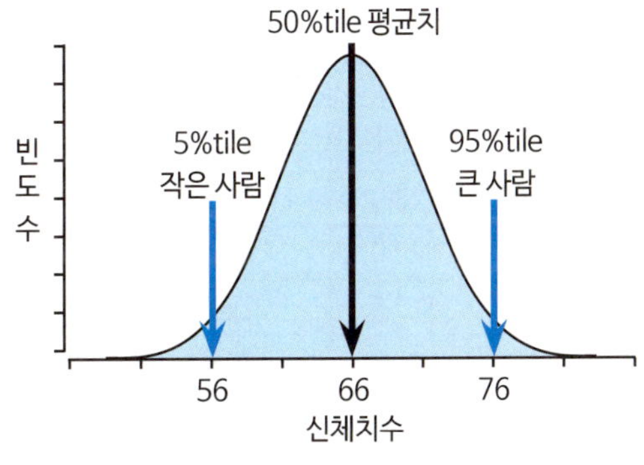

그림 6.3 사용자 그룹의 표현

[표 6.2]는 퍼센타일 계수표이다. [표 6.2]에서 보면 정규분포는 대칭 모양이므로 평균(50퍼센타일)을 중심으로 같은 거리에 있는 5퍼센타일과 95퍼센타일의 계수는 같은 크기로 부호만 반대임을 확인할 수 있다.

표 6.2 퍼센타일 계수표

퍼센타일		계수	퍼센타일		계수
1	99	2.326	23	75	0.674
2	98	2.054	30	70	0.524
3	97	1.881	35	65	0.385
5	95	1.645	40	60	0.253

사례 6.2 Size Korea 인체 측정치와 응용

한국인의 인체치수 측정사업인 Size Korea 사업은 1972년부터 시작되어 5~7년의 시간적 간격을 두고 꾸준히 진행되어 왔다. 설계에 필요한 인체치수는 기술표준원 홈페이지(http://sizekorea.kats.go.kr/)에서 얻을 수 있다. 홈페이지에서는 인체측정치의 정의와 측정방법과 연령대, 성별 측정치의 평균과 표준편차, 퍼센타일 값 등의 자료가 제시되고 있다.

[표 6.3]은 홈페이지에 제시된 앉은 팔꿈치높이의 치수정보를 보여주고 있

표 6.3 앉은 팔꿈치높이의 치수정보

연령대	성별	평균	표준편차	백분위수(퍼센타일)		
				5퍼센타일	50퍼센타일	95퍼센타일
20~24	남자	255	23.9	216	256	294
	여자	246	22.0	212	246	284
50~60	남자	257	23.6	220	257	297
	여자	240	21.7	203	240	274
60~69	남자	249	24.0	208	250	288
	여자	226	25.4	184	225	270

다. 책상 높이의 설계에 사용되는 앉은 팔꿈치높이 치수의 5 퍼센타일 값(=평균-1.645×표준편차), 50 퍼센타일 값(=평균), 95 퍼센타일 값(=평균+1.645×표준편차)이 제공되고 있음을 볼 수 있다.

1.3 인체측정치의 응용 원리

인체측정치를 제품 설계에 적용하기 위한 원리로는 조절식 설계, 극단치를 기준으로 한 설계, 평균치를 기준으로 한 설계 등이 이용된다.

설계 원리들의 적용 과정은 [그림 6.4]와 같이 요약할 수 있다. 제일 먼저 고려할 개념이 조절식 개념으로, 조절식 개념을 적용하기 어려울 경우에는 극단치를 이용한 설계를 고려한다. 극단치를 이용할 수 없는 경우에는 할 수 없이 평균치를 이용한 설계 기준을 적용한다. 즉, 평균치를 이용한 설계는 다른 기준이 적용되기 어려

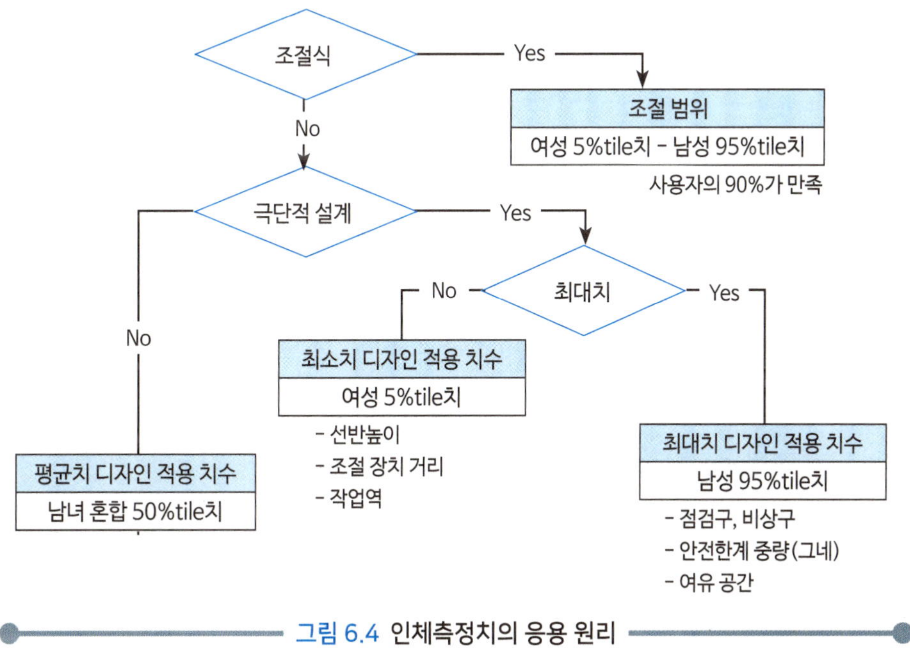

그림 6.4 인체측정치의 응용 원리

운 경우에 마지막으로 적용되는 기준이라고 할 수 있다.

제품이나 작업장 설계에서 가장 바람직한 설계 기준은 조절식 설계 개념이다. 즉, 체격이 다른 여러 사용자가 자신에 맞게 직접 크기를 조절할 수 있도록 조절식으로 만드는 것이 바람직하다. 조절식 설계 개념에 의한 설계 치수는 사용자 그룹 중에서 작은 사람의 치수에서 큰 사람의 치수까지를 포함할 수 있도록 5 퍼센타일에서 95 퍼센타일 값을 조절 범위로 사용하며, 수용범위를 더 크게 하는 경우에는 1 퍼센타일에서 99 퍼센타일 값을 조절범위로 한다.

특정 설비를 설계할 때에 어떤 인체측정 특성의 한 극단에 속하는 사람을 대상으로 설계하면 거의 모든 사람을 수용할 수 있는 경우에는 극단치를 이용한 설계를 한다. 극단치를 이용한 설계는 최소 치수를 이용하거나 최대 치수를 이용하는 방법으로 분류된다. 작은 사람을 기준으로 한 설계는 최소 치수를 이용하면 대다수 사람들을 만족시킬 수 있는 경우에 적용하며, 대표치로는 주로 5 퍼센타일 값을 이용한다. 큰 사람을 기준으로 한 설계는 최대 치수를 이용하면 대다수 사람들이 만족하는 경우로 주로 95 퍼센타일 값을 이용한다.

예를 들면, 전철이나 버스의 손잡이 높이를 고려하여 보자. 아마도 키가 큰 사람들은 굳이 고리 모양의 손잡이를 잡지 않고 철봉 손잡이를 잡아도 될 것이다. 그러나 키가 작은 사람들은 고리 모양의 손잡이를 잡고 동동 매달려 있거나, 이리저리 흔들거리는 경우가 많았을 것이다. 이것은 키가 작은 사람을 배려하지 않은 경우로 만일 고리 모양의 손잡이 높이를 키가 작은 사람을 기준으로 정했더라면 대다수의 사람들이 만족했을 것이다. 한편, 시외버스나 고속버스를 탈 경우에 의자와 다음 의자 사이의 간격을 생각하여 보자. 의자간의 좁은 간격으로 다리를 뻗지 못하여 고생한 경험을 갖고 있는 사람은 큰 사람을 기준으로 설계 개념을 적용하였더라면 대다수의 사람들이 고생하지 않았을 텐데 하는 생각을 가졌을 것이다. 또한 그네의 하중이나 출입문의 크기 등도 큰 사람을 기준으로 한 설계의 적용 예가 된다.

조절식으로 적용하기도 불가능하고, 최대 치수나 최소 치수를 기준으로 설계하기도 부적절한 경우에는 평균치를 기준으로 한 설계 개념을 적용한다. 인체 치수들이 정규분포를 따르므로 평균 주위에 상대적으로 많은 사람들이 분포하므로 평균치를 이용하는 것이다.

사례 6.3 평균치의 모순(average person fallacy)

인체측정치를 이용하여 제품을 설계할 때 흔히 평균치가 만병통치약인 것처럼 생각할 수 있다. 그러나 인체측정치의 응용시 생각해야 될 중요한 개념은 평균치 인간은 존재하지 않는다는 것이다.

미국 공군 4,000명을 대상으로 10개 부위 치수를 측정한 조사에 의하면, 각 치수의 평균을 중심으로 상하 15% 범위를 그 치수의 평균 범위라고 하였을 때, 키 하나만 평균 범위에 드는 사람의 비율은 26%였으며, 키와 몸무게가 둘 다 평균 범위에 드는 사람의 비율은 7.4%로 나타났다. 키, 몸무게, 가슴둘레 3가지 치수 모두가 평균 범위에 드는 사람의 비율은 3.5%, 키, 몸무게, 가슴둘레, 무릎높이 4 가지 치수가 모두 평균범위에 포함되는 비율은 1.8% 밖에 되지 않았다(Daniels, 1954). 10여 가지 치수만 고려해도 모든 치수가 평균 범위에 드는 평균치 인간은 존재하지 않는 것이다. 따라서 평균치가 제품 설계를 위한 만병통치약은 아닌 것이다.

1.4 인체 측정치의 적용 절차

[그림 6.5]는 제품 설계에 인체측정치를 어떤 절차를 따라서 적용할 것인가를 나타낸다.

인체측정치 응용 절차를 살펴보면 우선 설계에 필요한 인체 부위를 정해야 한다. 예를 들면, 적절한 부품 상자의 손잡이 크기는 손바닥의 너비와 손의 두께, 손으

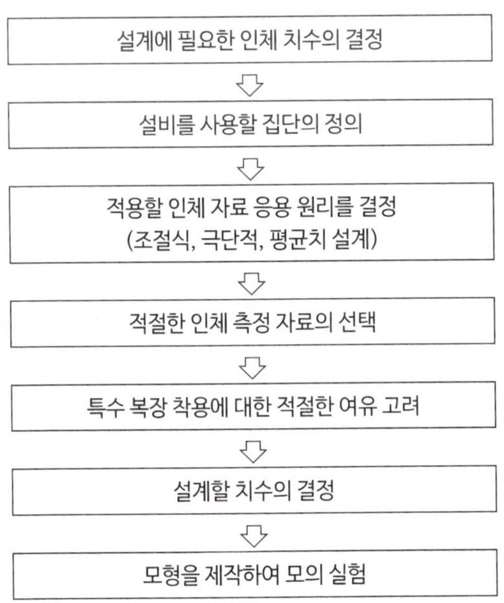

그림 6.5 인체 측정치의 적용 절차원리

로 잡았을 때의 여유 공간 등을 필요로 한다.

설계에 필요한 신체 부위는 필요한 인체 치수가 정해지면 어떤 사용자 계층을 위한 제품인가에 따라 사용자 집단을 정의하여야 한다. 성인을 위한 것인지 아동용인지, 또는 여성용인지, 남녀 공용인지 등을 고려하여야 한다.

사용 집단이 정의되면 설계요소별 적용할 인체자료의 응용 원리를 결정하여 적절한 인체측정 자료를 선택한다. 최소치 또는 최대치, 평균치 등의 설계에 필요한 치수를 구하기 위하여 설계에 필요한 부위의 평균과 표준편차를 이용하여 퍼센타일 값을 계산하여 이용한다.

설계 요소 값이 구해지면 사용환경에 따른 적절한 여유를 고려하여 제품 설계 치수를 정한다. 예를 들어, 안전화, 안전모, 장갑 등을 착용하는지에 따라 여유 공간을 고려하여 제공하여야 한다.

마지막으로 설계치수가 정해지면 모형을 제작하여 사용성 평가를 통하여 제품 치수를 결정하게 된다.

2 신체 동작과 작업설계

2.1 골격 구조와 척추

신체 골격구조(skeleton system)는 206개의 뼈(bone)로 구성되어 있다. 뼈의 역할은 크게 3가지로 분류할 수 있다. 첫 번째는 신체의 중요한 부분을 보호하는 역할이다. 신체에서 중요한 뇌(brain)와 척수(spinal cord)를 보호하는 두개골(skull)과 등뼈(vertebral column), 늑골(rib: 갈비뼈)들이 모여 심장과 장기를 보호하는 흉곽(ribcage) 등이 해당된다. 두 번째는 신체를 지지하고 형상을 유지하는 역할이다. 세 번째는 신체 활동을 수행하는 역할이다. 팔, 다리뼈 등은 뼈에 붙어 있는 근육들과 함께 신체를 움직이는 역할을 수행한다.

척추(vertebral column)는 **[그림 6.6]**과 같이 26개의 뼈로 구성되어 있으며, 신체를 지탱하는 역할을 한다. 척추는 위로부터 목 부위의 경추, 등 부위의 흉추, 허리 부위의 요추, 그리고 골반에 연결되는 천골과 미골로 구성되어 있다.

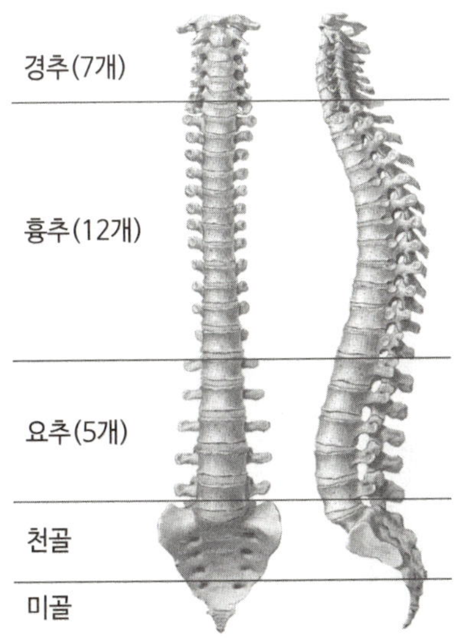

그림 6.6 척추의 구조

목 부위의 경추(cervical vertebrae)는 위에서부터 C1에서 C7까지의 7개의 뼈 마디로 구성되어 있다. 경추는 다른 부위에 비해서 뼈의 크기는 작지만 머리를 지지하고 있고 운동성도 크기 때문에 손상을 받기 쉽다.

가슴 부위의 흉추(thoracic vertebrae)는 위에서부터 T1에서 T12까지 12개의 뼈로 이루어져 있으며 각각의 뼈는 늑골과 연결되어 있다. 이 부위의 척추 뼈들은 움직임이 비교적 작고 안정되어 있어서 디스크는 잘 발생하지 않는다.

허리 부위의 요추(lumbar vertebrae)는 위에서부터 L1에서 L5까지 크기가 넓고 큰 5개의 뼈로 이루어져 있다. 요추는 큰 폭으로 움직이는 큰 근육들이 척추 뼈에 달라붙어 있어 상대적으로 크게 움직이므로 운동을 많이 한다. 똑바로 선 자세에서는 체중의 약 60% 정도가 허리 부위의 요추에 의해 지탱된다.

천골(sacrum)은 척추의 바닥 뼈로 삼각형 모양의 넓은 뼈이다. 천골은 위쪽으로는 허리 부위와 연결되어 있고, 옆쪽으로는 골반과 연결되어 있다. 미골(coccyx)은 천골의 끝에 붙어 있는 두 개 정도의 뼈로 인간에게는 이미 퇴화되고 없는 꼬리 부분의 흔적으로 여겨지고 있다.

척추 디스크(intervertebral disc: 추간판)는 척추와 척추 사이의 유연성을 유지시켜 주는 연골로서 충격을 흡수하는 쿠션 역할을 한다. 디스크의 모양은 원반 형태이며 가운데는 젤리 모양의 수핵(nucleus pulposus)이 있고, 바깥쪽은 섬유질의 띠가 자

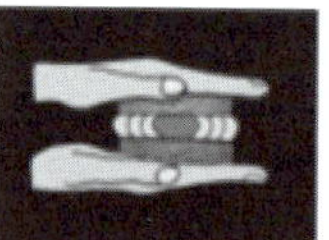
압력(압축): 견딤

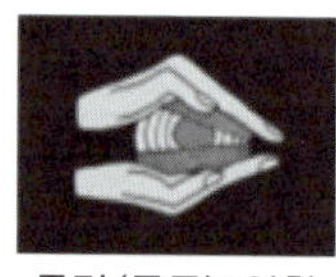
굴절(굴곡): 약함

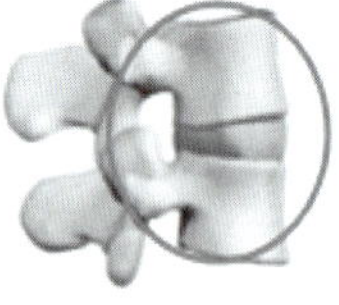

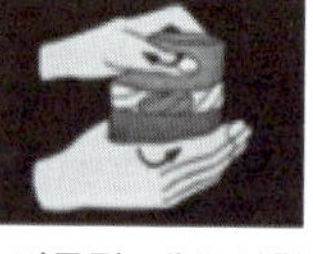
비틀림: 매우 약함

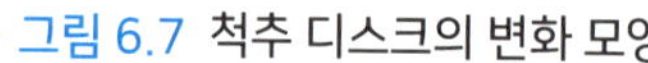
그림 6.7 척추 디스크의 변화 모양

리잡고 있다.

척추가 움직일 때마다 디스크는 운동 방향에 따라 눌려지기도 하고 늘어나기도 한다. 예를 들어, [그림 6.7]과 같이 앞으로 구부리는 운동을 할 때에는 디스크 앞쪽이 눌려지고 뒤쪽이 넓어진다. 또한 압력이 가해지는 순간에는 압력을 받은 부위의 디스크가 얇아지며 충격이 가해진 반대 방향으로 힘을 분산시키는 역할을 한다. 척추 디스크는 비틀림 운동에 대하여 상대적으로 저항 능력이 떨어진다.

척추 디스크를 물 풍선으로 비유하여 설명한다면 똑바로 서 있는 자세에서는 물 풍선을 아래위로 힘을 가하게 되므로 터뜨리기가 어렵다. 허리를 굽히는 경우에는 물 풍선을 한 쪽에서 누르는 형태가 되어 한 쪽만 튀어나오는 모양이 될 것이고 굽힌 각도가 심할수록, 힘을 많이 줄수록 튀어나오는 양은 많아지고 터지기도 쉬워질 것이다. 물 풍선에 힘을 주어 비틀 때에 물 풍선을 제일 쉽게 터뜨릴 수 있다.

갑자기 무거운 물건을 들어 올리거나 허리를 비틀어 디스크에 압력이 지나치게 가해질 경우에는 압력을 이기지 못하여 디스크가 바깥쪽으로 튀어나오게 되는데 이를 추간판 탈출증(prolapsed disc)이라 한다. 디스크가 튀어나오면 신경조직을 압박하여 허리를 움직일 때마다 요통이나 좌골 신경통이 나타나게 된다. 따라서 중량물을 허리 비틀림이 발생하는 자세로 취급하는 경우가 가장 나쁜 자세라고 할 수 있으며, 많이 굽힌 자세도 나쁜 자세로 척추 디스크에 압박을 줄 것이다. 척추에 관한한 똑바로 유지하는 자세가 제일 좋은 자세인 것이다.

2.2 관절, 근육과 신체 동작

[그림 6.8]은 팔의 뼈에 붙어 있는 근육인 골격근과 인대를 나타낸다.

인대와 골격근은 각각 떨어져 있는 뼈들을 연결시키고 한 개의 뼈처럼 기능을 할 수 있게 해준다. 인대(ligament)는 관절을 보강하고 관절의 운동을 제한하는 작용

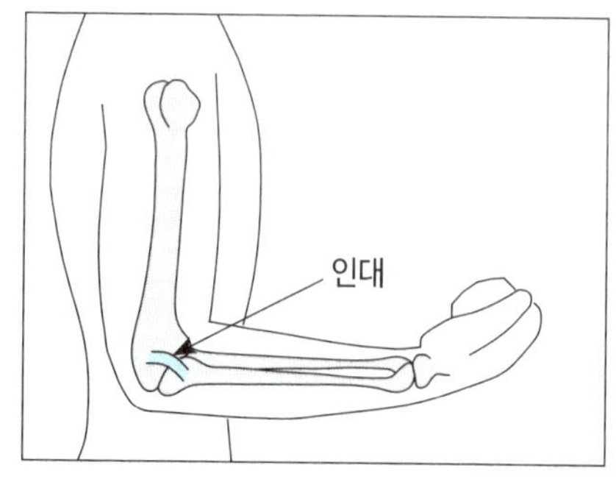

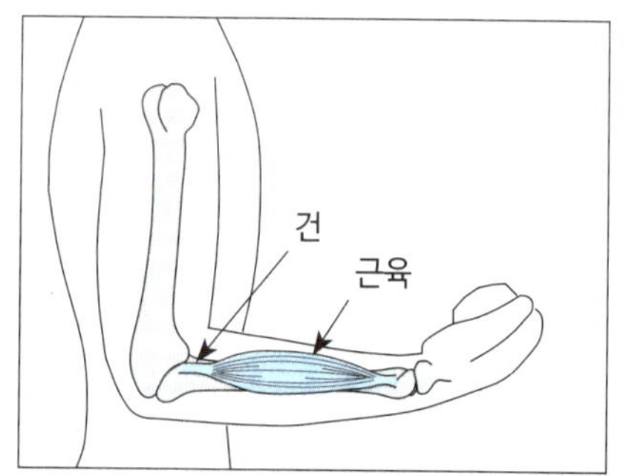

그림 6.8 팔의 뼈와 인대, 근육

을 하는 노끈이나 띠 모양의 결합조직이다. 우리가 흔히 발목 관절을 다쳤을 때 인대가 늘어났다는 말을 하는데, 인대는 운동 범위가 제한되어 있으므로 운동 범위를 뛰어넘는 경우에는 손상될 수 있다.

건(tendon)은 골격근의 연장선으로 근육이 뼈에 붙는 끝 지점을 말하며, 흔히 힘줄이라고 한다. 골격근은 수축할 때 근육의 양쪽에 붙어 있는 건을 끌어당기며, 건에 붙어있는 뼈를 움직인다.

뼈와 뼈가 서로 마주치는 곳은 관절로 연결되어 있다. 관절은 신체 움직임을 위한 축이 된다. 관절은 섬유질 관절(fibrous joint), 연골 관절(cartilaginous joint), 활액 관절(synovial joint)로 구분할 수 있다. 섬유질 관절은 두개골의 봉합선과 같이 움직임을 허용하지 않지만, 연골 관절은 약간의 신축성을 가지며, 척추사이의 디스크나 갈비뼈와 흉골 사이를 연결하는 관절이다. 활액 관절은 자유로이 움직일 수 있도록 윤활 성분의 액을 가지고 있으며, 신체를 움직이는 데 이용되는 대부분의 관절은 활액 관절이다.

활액 관절은 [그림 6.9]와 같이 움직임의 범주에 따라 경첩 관절(hinge joint), 회전 관절(pivot joint), 구상 관절(ball joint, ball-and-socket joint)로 구분된다. 경첩 관절은 손가락(finger)과 같이 한쪽 방향으로만 굴곡 운동을 하는 관절이며, 회전 관절은 팔꿈치(elbow)와 목(neck) 관절과 같이 방향을 바꾸어 움직일 수 있는 관절이다.

구상 관절은 어깨(shoulder)나 고관절(hip joint)과 같이 한쪽은 둥근 모양, 다른 한쪽은 절구 모양으로 되어 서로 맞물려 있어 자유로이 움직일 수 있는 관절이다.

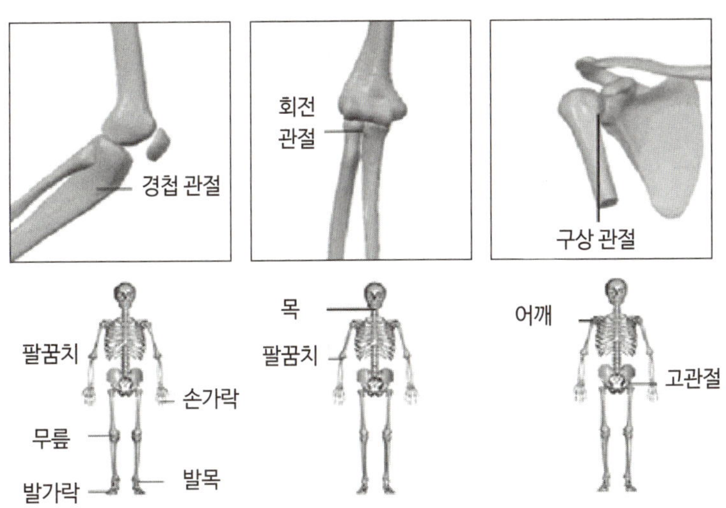

그림 6.9 **활액 관절의 종류**

관절의 종류가 신체 부위별로 다른 유형으로 존재함에 따라 사람의 신체부위별 동작의 유형과 범위가 달라진다. 발레리나나 체조 선수들이 멋있는 동작을 할 수 있는 것도 관절이 있기 때문에 가능한 일이다.

2.3 작업 자세와 작업설계

관절에 의해 신체 동작범위가 다양해지고 복잡한 동작을 수행할 수 있지만 기본적으로 관절도 비틀리거나 과도하게 굽히면 힘들고 불편하여 쉽게 피곤해진다.

신체는 어떤 특정한 자세에서 더 효율적으로 힘을 쓸 수 있다. 손목이 자연스럽게 펴진 상태, 팔꿈치 각도가 90° 정도를 유지하고 어깨에 힘이 빠진 상태로 작업할 때 작업 중의 근육이나 건에 부담이 줄어든다. 등의 디스크나 인대에도 똑같이 적용된다. 물건을 들거나 앉아 있을 때 또는 서 있을 때 등뼈가 자연스런 "S" 곡선을 유지해야 무리한 부하를 줄일 수 있다.

[그림 6.10]은 신체의 위치에 따른 동작 난이도를 나타낸 것이다. 선 자세에서의 신체 동작은 주먹 높이에서 팔꿈치 높이까지 팔꿈치길이 범위 내에서 수행될 때 가장 용이하며, 어깨 위나 무릎 아래 위치에서 뻗치면서 동작이 일어날 때 힘든 위치라고 할 수 있다.

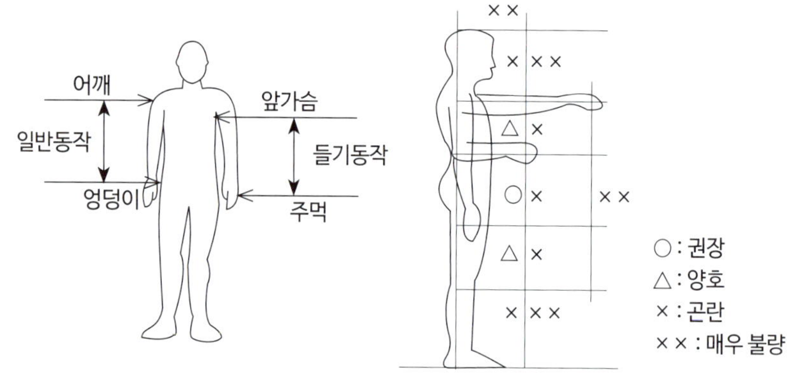

그림 6.10 신체 동작의 난이도

신체 부위들이 중립적인 위치(neutral position)을 벗어나는 자세를 불편한 자세(awkward posture)라고 한다. 불편한 자세는 강하고 큰 근육들을 이용하여 최대 효율로 일하는 것을 방해하고, 작고 약한 근육들이 힘을 과도하게 쓰게 만든다(Cal/OSHA, 1999). 따라서 효율이 떨어질 뿐만 아니라 쉽게 피로하게 만든다.

어깨나 무릎, 팔, 손목, 팔꿈치 등을 계속하여 반복적으로 구부리거나 비틀림을 요구하는 작업 또한 관절에 부담을 주게 된다. 특히, 빈번하게 또는 계속하여 어깨 위로 팔을 들어 올리는 작업은 매우 부담이 크다.

사례 6.4 작업장 설계와 불편한 자세

불편한 자세는 작업자의 올바르지 못한 작업 방법과 부적절하게 설계되거나 배치된 작업장, 작업도구 및 설비 등에서 발생한다. 불편한 작업장의 작업 자세를 살펴보면 [그림 6.11]과 같이 작업점이 너무 멀리 떨어져 있거나 너무 높아 과도하게 뻗침이 발생하는 경우 등이다. 또한, 작업점이 너무 낮아 굽힘과 뻗침, 비틀림이 존재하거나, 협소한 작업공간으로 인한 제한된 작업 자세와 정밀 작업으로 인한 목 굽힘 자세 등이 불편한 작업 자세에 해당된다. 따라서 작업장 설계 시에는 인간이 가진 신체적 특성에 맞도록 적절한 힘으로 편하고 쉽게 사용할 수 있도록 설계해야 한다.

그림 6.11 작업위치와 불편한 작업 자세

사용상에 불편한 자세를 지속하게 하거나 신체 능력을 초과하는 과도한 힘을 요구하는 조작 장치 등은 신체에 부담을 많이 주는 제품이다.

동일한 자세를 지속하는 정적자세의 유지도 같은 근육을 장시간 사용하는 것과 같이 신체에 부담을 준다. 지속적 혹은 집중적으로 신체에 가해지는 부담은 사용자에게 과도한 피로를 줌으로써 쉽게 지치게 만들거나 사용상의 오류를 유발시키기 쉽다.

사용자에게 가능하면 신체적 부담을 주는 동작을 가급적 줄이도록 작업장이나 작업방법을 설계하여야 하며, 신체적 부담이 가해질 경우에는 반복되지 않고 가급적 단시간에 끝낼 수 있도록 설계하여야 한다.

신체적 압박은 날카롭고 단단한 면이나 물체가 신체와 접촉하는 경우에 발생한다. 신체의 손가락, 손바닥, 손목, 전완, 팔꿈치, 무릎, 앉은 자세에서의 허벅지의 부드러운 조직 등은 신경과 건, 혈관 등이 피부와 가까워 신체적 압박에 민감하다. 무릎이나 팔꿈치, 허벅지 등에 가해지는 장시간의 반복적인 압박은 피부에 해를 입힐 수 있고, 근육의 기초를 이루는 건에 해를 입히거나 신경의 기능을 손상시킬 수 있다. 쪼그려 앉거나 무릎 꿇는 것을 요하는 낮은 위치에서는 꼭 필요한 일만 하도록 작업을 설계하는 것이 중요하며, 반복적으로 쪼그려 앉는 것을 피하고 가급적이면 시간을 줄일 수 있도록 노력한다. 필요한 경우에는 무릎 보호대 등과 같이 신체 압박에 의한 충격을 완화시키는 신체 보호대를 제공한다.

사례 6.5 반복동작을 줄여주는 설계

불편한 반복 행위를 줄여주는 기능을 제공하는 제품으로는 자동으로 감기는 청소기의 전원 코드, 원하는 거리만큼 늘인 다음 멈추고 자동으로 감기도록 설계한 줄자 등이 있다. 전화번호를 외우거나 바로 전에 눌렀던 번호를 다시 찾을 필요가 없는 기능을 제공하는 전화기의 단축 번호나 리다이얼 버튼은 정신적인 행위의 반복성까지 줄여준다. 통행료를 지불하기 위하여 자동차를 멈추고 돈을 세어 지불하고 잔돈을 거슬러 받고 다시 출발하는 번거로움 없애주는 하이패스 통행료 시스템은 반복되는 행위를 시스템 상으로 줄여줌으로 효율성을 높인 설계 사례이다.

3 작업 공간과 안전설계

3.1 작업 공간 설계원리

사람이 작업을 하는 데 사용하는 공간을 작업 공간 포락면(work-space envelope)이라 한다. 작업 공간 포락면은 사람이 몸을 앞으로 구부리거나 구부리지 않고 도달할 수 있는 전방의 3차원 공간으로 도달 포락면(reach envelope) 개념이다.

수평 작업면 영역에서는 팔을 뻗치는 동작에 의하여 도달하는 영역으로 정상 작업역(normal area)과 최대 작업역(maximum area)이라는 개념을 이용한다. 정상 작업역은 상완을 자연스럽게 몸에 붙인 채로 전완을 움직일 때 도달하는 영역이며, 최대 작업역은 어깨에서부터 팔을 뻗쳐 도달하는 최대 영역을 뜻한다. 일반적으로 즉각적으로 혹은 빈번하게 취급해야 하는 물건은 정상 작업역 안에 위치해야 하며, 그렇지 않은 물건들은 최대 작업역 안에 위치하면 된다. 작업자가 최대 작업역 밖에 물건을 위치시키면 몸을 굽히거나 뻗쳐야 하므로 빈번하거나 정기적으로 발생하는 작업은 적어도 최대 작업역 내에 위치하는 것이 바람직하다.

[그림 6.12]는 Barnes와 Squires가 제안한 정상 작업역과 최대 작업역을 나타

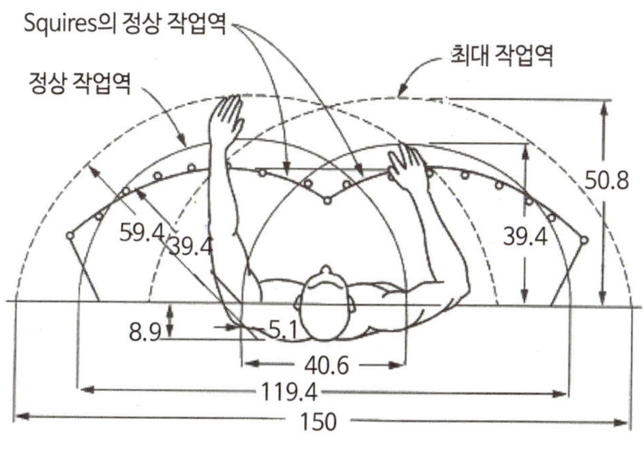

그림 6.12 정상 작업역과 최대 작업역

낸다. 정상 작업역을 정의할 때 Barnes는 팔꿈치가 특정 지점에 고정되어 있다고 가정했으나, Squires(1956)에 의한 정상 작업역은 고정된 팔꿈치를 가정하지는 않았다.

작업장에서 작업자들은 손으로 작동하는 장치들까지 팔을 뻗어 조작해야 하거나, 발 조작 페달(foot pedal)을 작동시키기 위해 발을 뻗어야 할 때가 있다. 부적절한 도달 거리는 작업자의 안락감이나 생산성을 감소시킬 수 있으므로 접근 가능 거리는 체구가 가장 작은 사용자들의 팔이나 손 뻗침 능력에 기초하여 결정되어야 한다.

자주 사용하는 제어장치는 가능한 정상 작업역 이내에 배치하면 이동거리를 줄이며 편하게 작업할 수 있으며, 가끔 사용하는 제어장치도 가능한 허리를 굽히지 않고 사용할 수 있는 최대 허용범위인 최대 작업역 이내에 두도록 설계하는 것이 바람직하다.

3.2 중량물 취급 작업공간 설계

사람은 물건을 들거나 공구를 조작하거나 자세를 유지하기 위해 힘을 쓴다. 힘은 작업을 수행하기 위하여 사용한 근육, 건(腱), 관절, 그리고 인접한 조직의 활동에 의해 발생한다. 따라서 과도한 힘을 요구하는 작업은 근육, 건, 인대, 관절에 더 큰 부담을 주게 된다. 근육이 수축하고 이완할 때 건이 팽팽해진다. 건은 인접한 조직을 마찰시키거나 압력을 가한다. 근골격의 긴장의 정도는 얼마나 많은 힘을 쓰는가에 의존한다. 무리한 힘을 사용하는 작업인 경우, 작업자는 많은 근력을 필요로 하며 근육을 쉽게 피로하게 하여 긴 회복기간이 필요하게 된다. 이때 충분한 휴식을 갖지 못하면 근육 조직은 상처를 입을 수 있다.

자주 발생하지는 않지만 과도한 힘을 갑자기 가해야 하는 경우나 적은 힘이지만 빈번하게 지속적으로 가해야 하는 경우에는 사용자의 특성을 고려하여 사용자 대부분이 편안하게 사용할 수 있도록 배려하여야 한다. 연령별, 성별 인체 특성에는 차

이가 존재하므로 이들 신체적 특성을 고려하여 설계하는 것이 중요하다. 여성의 평균 근력은 남성의 2/3 정도로 알려져 있다. 근력의 연령별 특성을 살펴보면 일반적으로 25-35세에서 최대 근력을 보이는데, 50대에서는 80% 정도로 감소되는 것으로 나타난다. 근력을 이용하는 제품을 설계할 때에는 남자보다 여자가 상대적으로 근력이 작고, 고령자의 근력이 상대적으로 작으므로, 근력이 작은 여성 고령자 그룹에 관한 특성치의 5 퍼센타일을 기준으로 설계한다면 나머지 대부분의 사람은 무리하게 힘을 쓰지 않아도 될 것이다.

[그림 6.13]은 남녀별 자세별 중량물 취급에 관한 허용 한계선을 표현한 것이다.

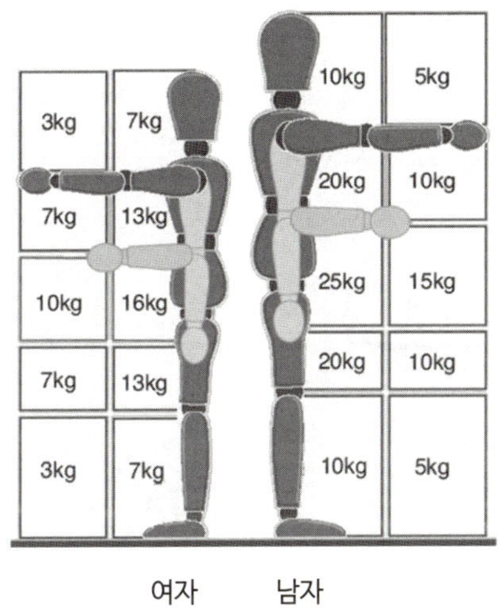

그림 6.13 중량물의 취급 원리(HSE, 2004)

중량물을 취급하는 경우에는 최적 조건을 기준으로 하기 보다는 좋지 않은 조건을 기준으로 중량물 취급 허용한계를 정하는 것이 예방 측면에서 의의가 있다고 할 수 있다. 즉, 작업대 위에 있는 중량물을 어깨 위의 선반 위에 올려놓는 작업자라면 어깨 위로 뻗쳐서 중량물을 취급하는 자세를 기준으로 잡아 남자만 작업하는 경우에는 5kg이하로 여자와 같이 작업하는 경우에는 3kg이하로 기준을 선정하는 것이 요통 예방을 위하여 바람직한 철학이라 할 수 있다.

중량물 취급 기준이 되는 어깨높이와 무릎높이는 팔을 뻗치는 기준선과 허리를 굽히는 기준선의 의미가 있다. 따라서 여러 사람들이 중량물을 취급해야하는 작업에서는 어깨높이는 작은 사람인 최소치(5 퍼센타일)를 기준으로 설계하여야 작은 사람도 뻗치지 않게 된다. 무릎높이는 큰 사람(95 퍼센타일)을 기준으로 설계하여야 작은 사람은 물론 큰 사람도 허리를 덜 굽히게 된다.

손잡이가 없이 무겁고 큰 대상물을 들거나, 너무 멀어 굽히고 뻗쳐서 힘쓰는 동작, 어깨 위에서 힘쓰는 동작, 취급하는 대상물이 미끄러운 경우, 불편한 자세로 운반하거나 힘을 사용하여야 하는 경우에는 신체적으로 요구되는 힘보다도 상대적으로 무리한 힘을 사용하게 된다. 중량물을 드는 작업에서는 [그림 6.14]와 같이 몸에서 거리가 멀리 떨어질수록 더 큰 하중이 요추에 걸리게 된다. 미국 OSHA에서는 몸에서 25cm를 벗어나지 않도록 권장하고 있다(Cal/OSHA, 1999).

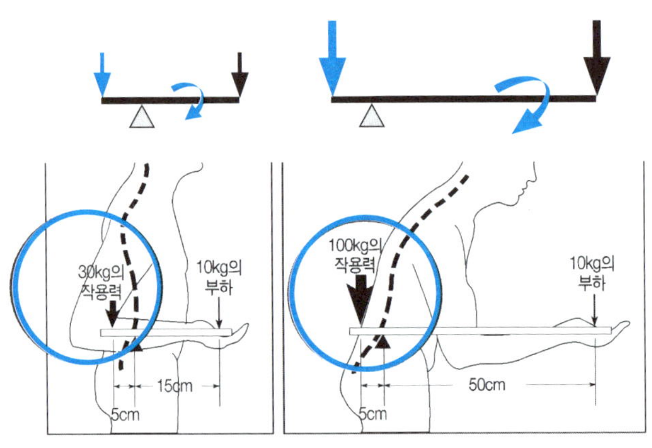

그림 6.14 중량물의 취급 원리

6.6 적재대의 설계원리

남녀 작업자가 같이 일하는 작업장에서 가벼운 부품을 적재하는 선반을 설계하려고 한다. 선반의 높이는 최저 높이는 무릎높이, 최고 높이는 작업자의 어깨 높이를 이용하여 불편하지 않도록 하고자 한다. 선반의 깊이는 부품 무게가 가벼워 팔꿈치 길이를 기준으로 설계하고자 한다.

1) 설계에 필요한 인체치수의 결정

① 최대 적재 높이: 작업자의 어깨 높이

② 최소 적재 높이: 무릎 높이

③ 선반의 깊이: 팔꿈치까지의 길이

2) 설비를 사용할 집단의 정의

남녀 작업자가 공용으로 사용한다.

3) 적용할 인체 자료 응용 원리를 결정

① 최대 적재 높이: 작업자의 어깨 높이 최소치

② 최소 적재 높이: 무릎 높이 최대치

③ 선반의 깊이: 팔꿈치까지의 길이 최소치

4) 적절한 인체측정 자료의 선택

그룹	변수	어깨 높이	무릎 높이	팔꿈치까지의 길이
남자	평균	138.71cm	44.03cm	32.64cm
	표준편차	5.03cm	2.36cm	1.68cm
여자	평균	127.51cm	40.06cm	29.90cm
	표준편차	4.38cm	2.06cm	1.53cm

5) 적절한 인체측정 자료의 선택

사용 집단에 맞는 설계치수의 인체측정 자료를 선택한다. 평균과 표준편차를 이용하여 응용원리에 해당하는 치수를 구한다.

6) 적절한 여유 고려

구두를 신고 사용하는 경우에 의자와 책상 높이는 구두 높이를 고려한다.

7) 설계할 치수의 결정

① 선반 최대높이=여자 어깨높이 5%tile=127.51−1.645×4.38=120.28

② 선반 최소높이=남자 무릎높이 95%tile=44.03+1.645×2.36=47.92

③ 선반 깊이=여자 팔꿈치길이 5%tile=29.90−1.645×1.53=27.38

설계요소	설계원리	설계치수
선반의 최대 높이	여자 5퍼센타일	120.28cm
선반의 최소 높이	남자 95퍼센타일	47.92cm
선반의 깊이	여자 5퍼센타일	27.38cm

8) 여유공간 고려

만일 작업화를 신고 작업하면 작업화의 높이를 고려한다.

[그림 6.15]는 중량물 취급과 관련한 박스 깊이(D)에 따른 권장 한계중량 추천치를 나타낸다. 박스 크기의 폭(W)와 높이(H)는 어깨 폭이 작은 사람도 쉽게 취급할 수 있도록 최소치를 기준으로 정한 추천치이다.

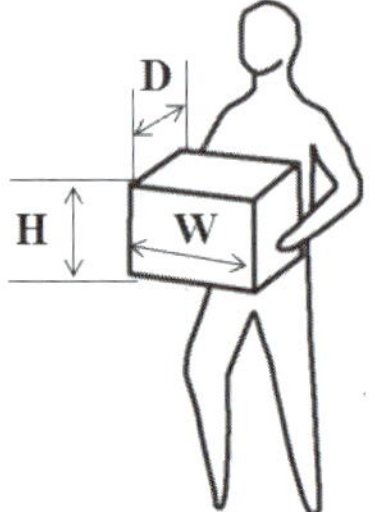

권장 한계중량 (kg)	박스 크기 (mm미만)		
	D	H	W
20.0	305미만	457미만	457미만
13.2	610미만	457미만	457미만
10.0	914미만	457미만	457미만
6.6	1,219미만	457미만	457미만

*Woodson(1981)

그림 6.15 박스 크기에 따른 중량 한계

손가락을 이용하여 물건을 쥘 때에는 [그림 6.16]과 같이 두 손 마주 쥐기(pinch grip)가 감싸 쥐기(power grip)보다 5배나 많은 힘이 요구된다(Cal/OSHA, 1999). 두 손 마주 쥐기가 감싸 쥐기보다 많은 근력을 필요로 하고 근육, 건, 인대, 관절에 더 큰 부담을 주기 때문이다.

중량물 취급을 위한 박스의 손잡이는 [그림 6.17]과 같이 손이 큰 사람이 네 손가락으로 감싸 쥐기로 잡을 수 있을 정도의 크기를 확보하여야 한다.

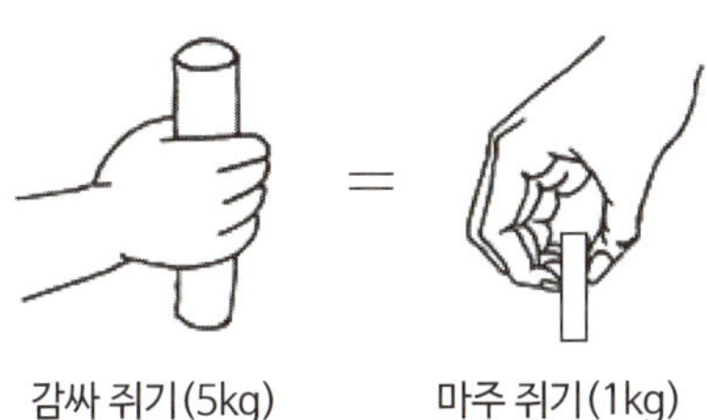

그림 6.16 감싸 쥐기와 마주 쥐기

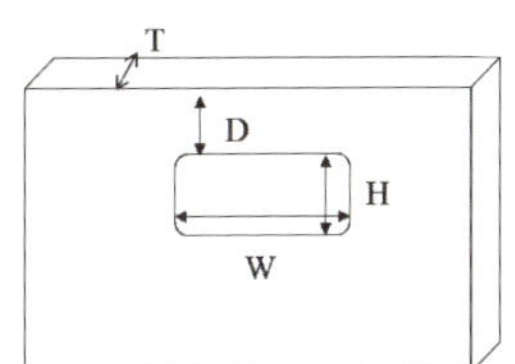

설계요소	W	H	D	T
권장 최소치수 (mm)	120	50	50	10

그림 6.17 박스 손잡이의 권장 크기

3.3 여유공간 설계원리

여유공간(clearance)은 작업장 설계에서 가장 자주 접하게 되는 중요한 문제 중의 하나이다. 충분한 여유 공간이 제공되지 않으면 체구가 큰 작업자들은 특정한 작업 영역까지 접근할 수 없을 것이다. 또한 여유 공간이 있다 해도 부적절하게 제공된다면 어떤 작업자들은 불편한 자세로 작업해야 할 것이고 이것은 불편함을 야기하고 생산성을 감소시킬 것이다. [그림 6.18]은 수작업에서 한 손이나 양 손을 이용하

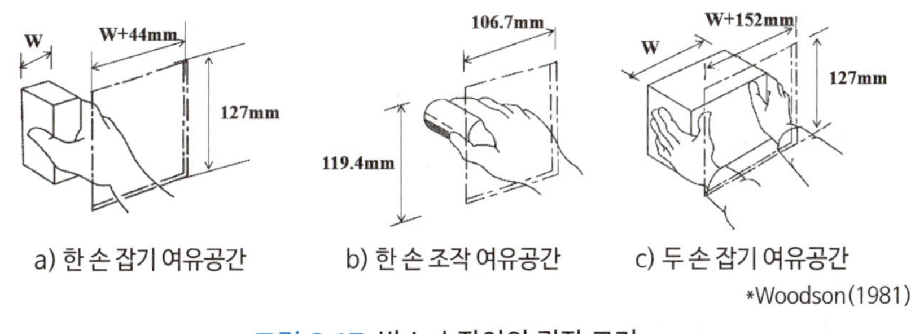

a) 한 손 잡기 여유공간 b) 한 손 조작 여유공간 c) 두 손 잡기 여유공간

*Woodson(1981)

그림 6.17 박스 손잡이의 권장 크기

여 잡거나 조작하기에 필요한 여유공간을 나타낸다.

여유공간은 체구가 큰 작업자도 활동하기에 적합할 정도의 크기로 확보되어야 하므로 설계에 필요한 인체 측정 치수는 95 퍼센타일 값을 이용하는 것이 바람직하다. [그림 6.19]는 좌식 작업공간에서 필요한 무릎 여유공간과 하지 여유공간의 최소치를 나타낸다. 좌식 작업에서 무릎이나 하지 여유공간이 확보되지 않으면 몸이 비틀리거나 한정된 자세만 취하게 되어 근골격계 질환을 유발할 수 있으므로 장기적인 측면에서는 선 자세에서 작업하는 것이 유리할 수 있다. [그림 6.20]은 엎드린 자세에서 동작에 필요한 여유공간의 최소치를 나타낸다.

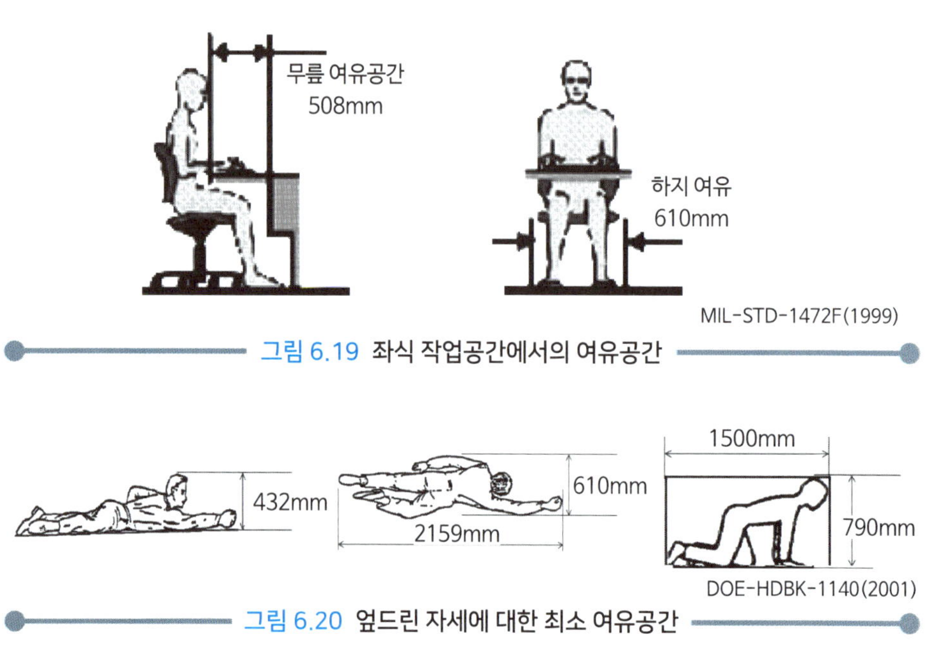

그림 6.19 좌식 작업공간에서의 여유공간

그림 6.20 엎드린 자세에 대한 최소 여유공간

3.4 수공구 설계원리

수공구의 손잡이는 손바닥 전체에 압력이 분포되도록 충분한 길이의 손잡이를 제공하여야 하며, 강한 힘을 필요로 할수록 충분한 길이가 필요하다. 손잡이의 홈

은 손바닥의 일부분에만 스트레스를 많이 주므로 표면에 홈이 파진 손잡이는 피한다.

수공구의 손잡이 길이는 최대치를 기준으로, 손잡이 지름과 손잡이 간격은 최소치를 기준으로 설계하여야 많은 사람들이 편하게 사용할 수 있다[그림 6.21].

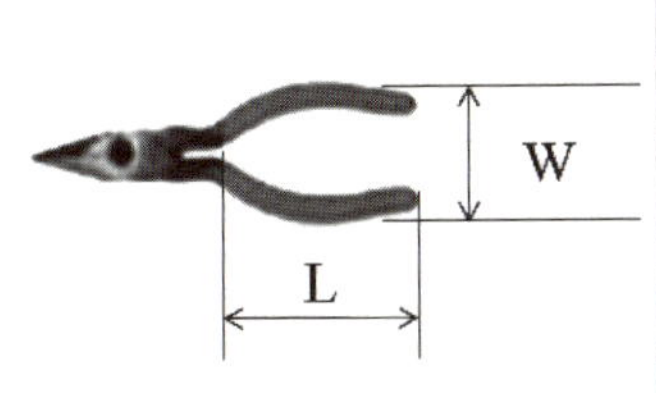

설계 요소		권장 치수 (mm)		
		최소	최대	선호
길이(L)	일반	115		
	장갑	127		
	power grip	140*	152*	
손잡이 간격(W)		50*	89*	

*NIOSH(2004)

그림 6.21 플라이어형 수공구

강한 힘으로 밀어야 하는 도구의 손잡이는 [그림 6.22]와 같이 손바닥 전체에 압력이 분포되도록 T자형 손잡이로 설계하는 것이 효율적이다. 특히, 쥐고 작업하기에 너무 작은 작업 도구들은 손바닥의 일부분에만 압박을 가하여 효율성이 떨어지므로 손잡이를 크게 만드는 것이 편할 뿐만 아니라 시간도 적게 걸린다. 무거운 수공구는 무게를 지탱할 수 있도록 천정에 매다는 보조 장치를 이용하고, 진동 수공구의 손잡이는 패드를 이용하거나 진동방지용 장갑을 착용한다.

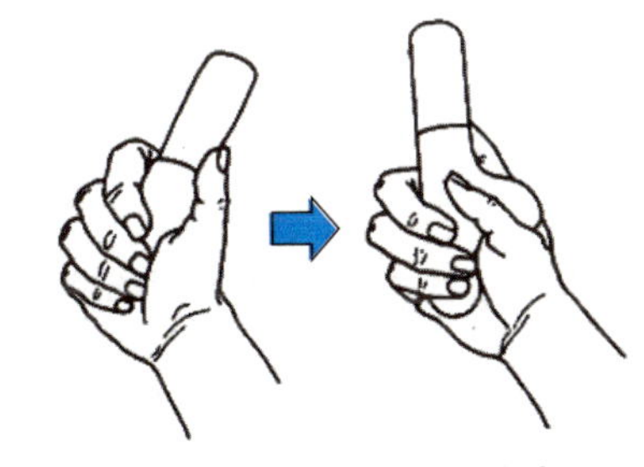

그림 6.22 T자형 손잡이

4 입력 및 조정장치 설계

4.1 자료 입력장치

사람들은 설비나 제품을 사용하기 위해서 키보드나 마우스, 메뉴 선택 등 다양한 형태의 입력장치나 조작 장치를 사용하게 된다. 입력장치나 조정 장치는 인적오류나 응급 시 적절하면서도 빠르게 반응 조작을 하기 위해서 인적 특성을 고려하여 설계하여야 한다.

컴퓨터 키보드, 계산기, 휴대폰 등은 문자와 숫자 정보를 입력하여 자료를 입력한다. [그림 6.23]은 현재 영문 키보드 자판의 표준으로 사용되고 있는 QWERTY 자판과 Dvorak 자판을 나타낸다.

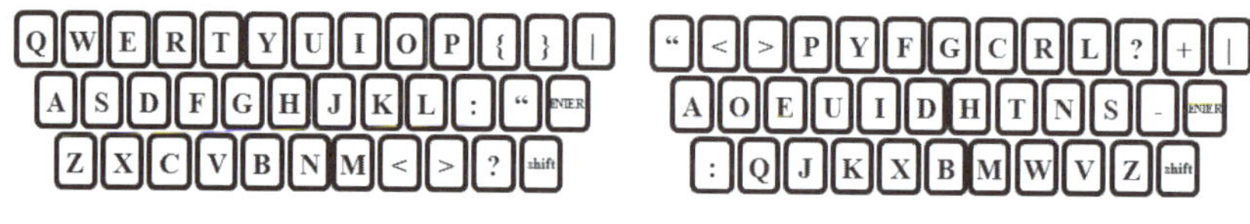

a) QWERTY 자판　　b) Dvorak 자판

그림 6.23 QWERTY 자판과 Dvorak 자판

키보드의 자판은 자주 사용되는 철자는 튼튼한 손가락에 배열하고, 연이어 자주 나오는 글자 배열은 양손을 이용할 수 있도록 양쪽으로 나누어 배열하는 것이 효율적일 것이다. 현재 키보드 자판으로 주로 사용되고 있는 QWERTY 영문 자판은 자주 나오는 글자들이 약하고 느린 손가락에 배열되었으며, 'ER', 'TY' 등과 같이 자주 발생하는 글자 조합은 같은 손 쪽에 배열되어 있다. 이것은 키보드 자판의 원형인 기계식 타자기에서 유래되었다. 기계식 타자기는 활자들의 엉킴을 방지하기 위하여 의도적으로 타자 속도를 늦추도록 자판을 배열하였기 때문이다.

Dvorak은 A O E U I　D H T N S 와 같이 모음을 좌측 중간에, 흔히 쓰이는 자음을 우측 중간에 배열하여 양손을 번갈아 사용할 수 있도록 자판 배열을 고안하였다. Dvorak 자판은 QWERTY 자판보다 성능이 우월하다는 평가를 받고 있으며, 미국 표준협회에서도 사무용 키보드 배열로 인정하고 있다(ANSI X4. 22, 1983). 그러나 이미 기존의 QWERTY 자판에 익숙한 사용자들은 자판배열을 바꾸려 하지 않고, 여전히 QWERTY 자판을 사용하고 있는 사람들이 대세이다.

[그림 6. 24] 와 같이 숫자 입력장치는 3가지가 표준으로 이용된다. 전화기는 위쪽에 1-2-3 버튼을 위치시키고, 계산기는 아래쪽에 1-2-3 버튼을 위치시킨다. 컴퓨터 키보드 입력장치의 숫자 키는 일렬로 배치한다. 숫자 입력장치의 유형은 행하려는 작업의 특성을 고려하여 세 가지 중에서 가장 논리적이고 혼란을 최소화 시킬 수 있는 배치를 선택하여야 한다.

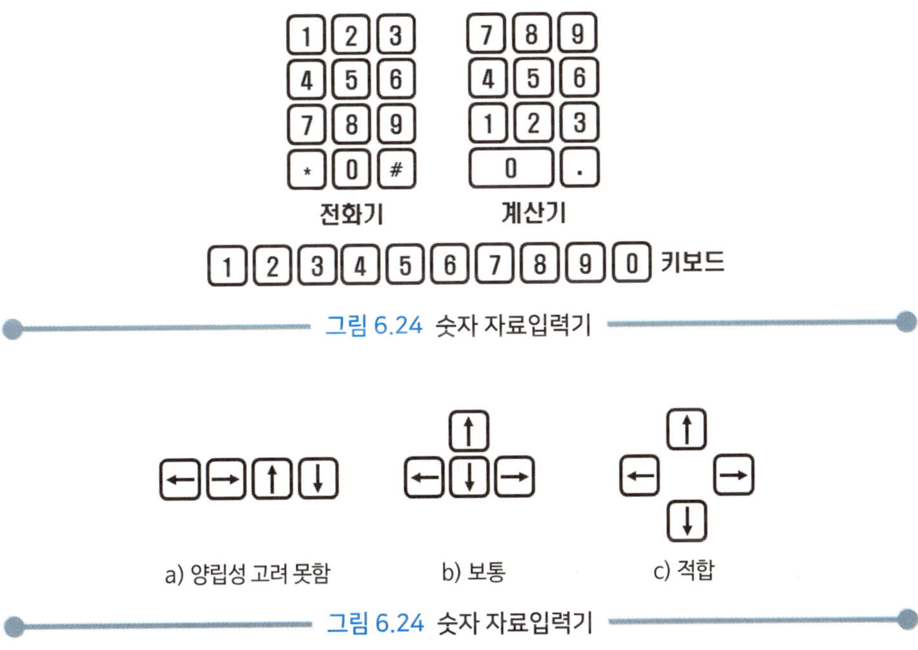

그림 6.24 숫자 자료입력기

그림 6.24 숫자 자료입력기

[그림 6. 25] 와 같이 방향 키의 배치는 세 가지 방법을 생각할 수 있다.

a)는 한 줄로 방향을 나타내어 공간은 적게 차지할 수 있으나 양립성 측면에서

충분히 반영하지 못하는 단점이 있다. b)는 양립성을 일부 반영하고 있으며, c)는 가장 양립성을 잘 반영하고 있는 방향 키 배치방법이라고 할 수 있다.

2.2 Hick 법칙과 Fitts 법칙, 그리고 디자인

입력 및 조정 장치를 설계할 대는 양립성과 함께 조정 장치를 조작하기까지 걸리는 시간이 빠른 방법이 고려되어야 한다. 신호를 확인하고 동작을 마칠 때까지의 응답시간(response time)은 반응시간과 동작시간을 합하여 구할 수 있다.

어떤 자극에 대하여 반응이 발생하기까지의 소요시간을 반응시간(RT: reaction time)이라 한다. 1800년대 독일의 학자인 Donders는 반응시간을 **[그림 6.26]** 과 같이 단순 반응시간(A: simple reaction time), 선택 반응시간(B: choice reaction time), 인지 반응시간(C: recognition reaction time) 등으로 분류하였다(Konz and Johnson, 2000).

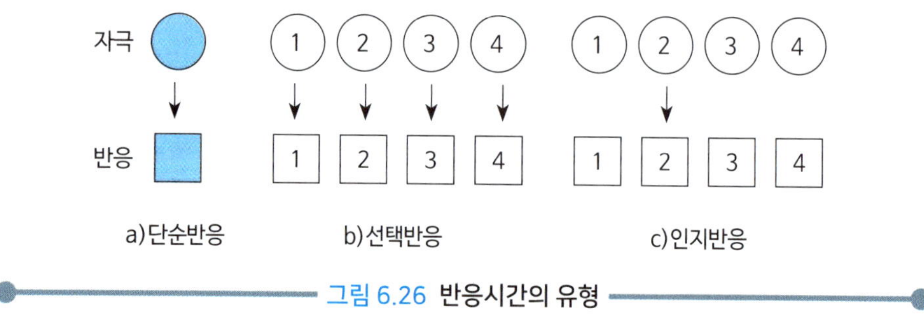

그림 6.26 반응시간의 유형

단순 반응시간은 하나의 특정 자극에 대하여 반응하는 시간으로 자극 특성, 연령, 개인차에 의해 달라지지만 약 0.1~0.2초 정도의 시간이 소요된다.

선택 반응시간은 여러 개의 자극에 대한 짝진 반응을 정의한 후에 자극이 제시되어 선택적으로 반응할 때까지의 시간을 의미한다. Hick(1952)은 선택 반응시간은 일반적으로 선택 대안의 수(N)가 증가할수록 비례하며, 다음과 같이 표현되는 식을 Hick의 법칙(Hick's law)한다.

$$RT(\text{선택 반응시간}) = a + b \log_2 N$$

인지 반응시간은 여러 가지의 자극이 주어지고 이 중에서 특정한 신호에 대해서만 반응할 때 소요되는 시간을 의미한다.

Hick의 법칙에 따르면 선택반응시간은 선택 대안의 수(N)가 늘어날수록 증가하게 되므로, 작업수행에 필요한 선택 대안 수를 최소화하는 것이 효율적이다. 디자인의 단순화(simplicity)를 강조하는 원리라고 할 수 있다. Hick의 법칙에 의하면 대형할인매장에서 40여개 종류의 잼을 진열하여 파는 것보다 3~4가지 종류만 진열하여 판매하는 것이 고객의 선택을 단순화시켜 판매량이 더 좋을 수 있다.

사례 6.7 Hick의 법칙과 메뉴디자인

메뉴 디자인에서 Hick의 법칙을 적용하면 Miller의 단기기억의 한계선인 9가지 이내에서는 2단 구조로 메뉴를 나누는 것보다는 1단으로 설계하는 것이 우월하다고 볼 수 있다.

[그림 6.27]의 a)와 같이 8가지의 선택 대안을 갖는 경우에 1단으로 8개를 나열하면 대안 A나 B를 선택하는데 소요되는 반응시간은 $a+b\log_2 8=a+3b$가 되지만, b)처럼 2단으로 설계한 경우에는 A 또는 B를 선택하는 데 소요되는

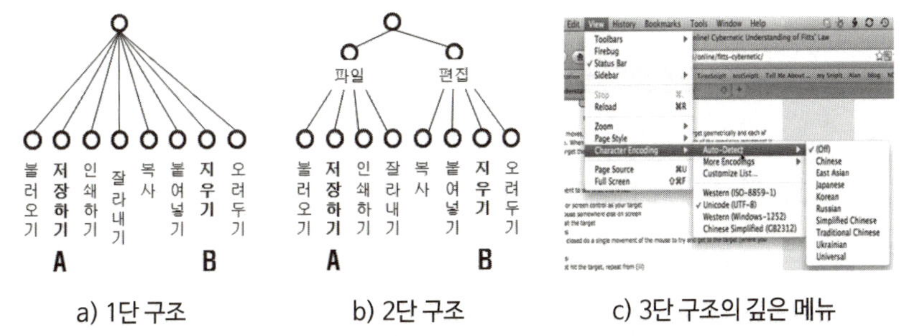

a) 1단 구조　b) 2단 구조　c) 3단 구조의 깊은 메뉴

그림 6.27 Hick의 법칙과 메뉴설계

반응시간은 상단의 2가지 중에서의 선택과 하단에서의 선택 과정을 거치므로 $(a+b\log_2 2)+(a+b\log_2 4)=2a+3b$가 걸리게 된다.

Hick의 법칙을 적용하면 2단 구조보다는 1단 구조로 메뉴를 디자인 하는 것이 반응시간이 적게 걸리게 된다. 따라서 c)와 같은 다단 구조를 갖는 메뉴 디자인은 가능한 피해야 한다.

동작시간(movement time)은 신호에 따라 손을 움직여서 동작을 실제로 실행하는 데에 걸리는 시간으로, 동작의 종류와 거리에 따라 다르지만 최소한 0.3초는 걸린다. Fitts는 이동 거리(A)와 목표물의 너비(W)를 변화시키면서 실험을 한 결과 다음과 같은 동작시간에 관한 예측시간 식을 얻었으며 이를 Fitts의 법칙(Fitts' law)이라 한다. **[그림 6.28]**과 같이 구멍(지름 R_1)에 원형 막대기(지름 R_2)를 꽂는 경우에 목표물의 너비(W)는 R_1-R_2로 표현된다. Fitts의 법칙에 의하면 거리(A)가 가까울수록, 목표물의 폭(W)이 넓을수록 동작시간이 적게 걸리는 것을 알 수 있다.

$$\text{동작시간} = a + b\log_2(2A/W)$$

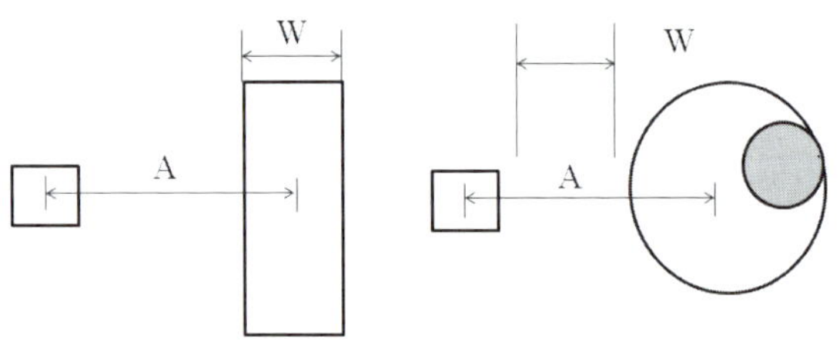

그림 6.28 **Fitts의 법칙과 동작시간**

Hick의 법칙과 Fitts의 법칙을 적용하면 신호를 확인하고 동작을 할 때까지 응답시간(response time)은 반응시간과 동작시간의 합으로 모델링하여 구할 수 있으며, 사람은 최소한 약 0.5초 정도의 응답시간이 걸린다.

사례 6.8 Fitts 법칙과 화면 설계

Fitts의 법칙에 의하면 화면의 버튼은 가능한 선택의 폭은 넓히고 거리를 가깝게 설계하여야 한다.

[그림 6.29]의 라디오 버튼형은 직접 원에 클릭을 해야만 클릭되는 a)보다는 원 뿐만 아니라 설명 문자에만 올려놓고 클릭할 수 있도록 설계된 b)가 시간이 적게 걸리도록 도와주는 디자인이라고 할 수 있다.

클릭을 위한 버튼에서도 설명 문자에만 클릭할 수 있는 a)보다는 면적 전체가 활성화되는 b)가 우수한 디자인이라고 할 수 있다.

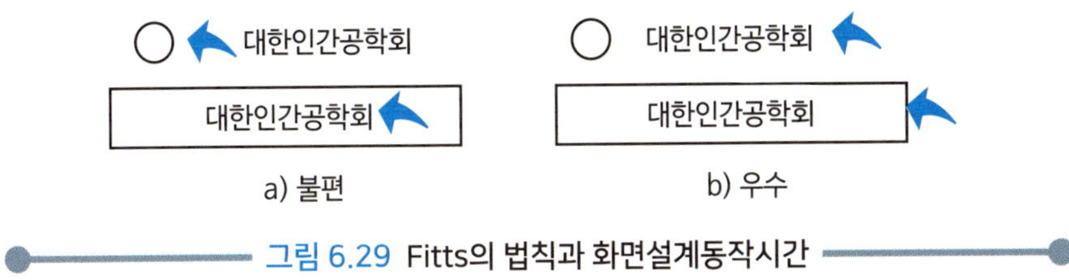

그림 6.29 Fitts의 법칙과 화면설계동작시간

사례 6.9 풀다운 메뉴와 팝업 메뉴

[그림 6.30]의 a)와 같이 풀다운 메뉴(pull-down menu)는 드롭다운 메뉴(drop-down menu)로도 불린다. 메뉴의 선택 항목을 마우스로 클릭하면

서식(J) 쪽(W) 보안(R) 검토
글자 모양(L)... Alt+L
문단 모양(M)... Alt+T
문단 첫 글자 장식(D)...
스타일(S)... F6
스타일마당(Y)...
문단 번호 모양(N)... Ctrl+K,N
문단 번호 적용/해제(U) Ctrl+Shift+Insert
글머리표 적용/해제(B) Ctrl+Shift+Delete
개요 번호 모양(T)... Ctrl+K,O
개요 적용/해제(O) Ctrl+Insert
한 수준 증가(A) Ctrl+Num -
한 수준 감소(C) Ctrl+Num +
개체 속성(P)...

a) 풀다운 메뉴

붙이기(P) Ctrl+V
문자표(C)... Ctrl+F10
인쇄(R)... Alt+P
글자 모양(L)... Alt+L
문단 모양(M)... Alt+T
스타일(S)... F6
문단 번호 모양(N)... Ctrl+K,N
하이퍼링크(Y)... Ctrl+K,H
메모 넣기(T)
채우기(I)
교정 부호 넣기(V)
개인 정보 보호(A)
변경 추적(K)
트위터로 올리기(U)
단어 뜻 알아보기(D)... F12

b) 팝업 메뉴

그림 6.30 풀다운 메뉴와 팝업 메뉴

메뉴가 아래도 펼쳐지도록 되어 있어서 붙여진 이름이다. 메뉴 내의 항목으로 마우스의 포인터를 옮기면 그에 따라 각 항목이 반전되고 클릭하면 그 항목이 선택된다. [그림 6.30]의 b)와 같이 팝업 메뉴(pop-up menu)는 마우스 오른쪽 버튼을 누를 때 팝업창으로 나타나는 메뉴이다. Fitts의 법칙에 의하면 풀다운 메뉴보다는 팝업 메뉴가 움직이는 거리가 적으므로 동작시간이 적게 걸린다.

사례 6.10 Hick과 Fitts법칙을 적용한 리스트 메뉴 디자인

화면의 크기나 선택 항목의 개수에 따라 메뉴 디자인은 선택폭이 달라 질수 있다. 그러나 가능한 선택 항목을 줄이고 이동거리를 줄이려는 노력이 필요하다. 웹 화면에서 [그림 6.31]과 같은 리스트 메뉴의 디자인을 고려해 보자.

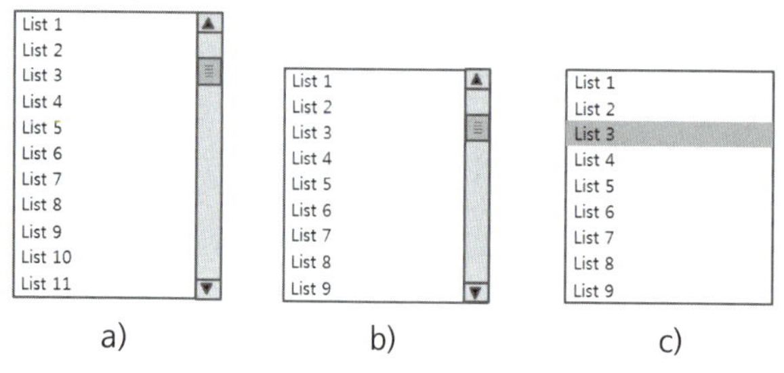

그림 6.31 풀다운 메뉴의 설계

[그림 6.31]의 a)는 오른 쪽의 바를 이용하여 메뉴 창에 펼쳐지는 항목범위를 조정한 후에 원하는 항목을 마우스로 클릭하면 메뉴가 선택된다. b)는 메뉴 선택의 창의 크기를 줄여 선택 항목을 11개에서 9개(Miller의 이론 고려)로 줄임으로써 선택 반응 시간을 줄이는 효과가 있다. 그러나 바를 이용하여 움직이고 마우스로 선택하여 클릭함으로써 이동시간이 존재한다. c)는 마우스를 선택항목에 올려놓으면 현재 선택 항목이 음영으로 나타나고, 마우스를 아래로 움직

이면 선택항목도 이동하도록 하는 방법이다. 그리고 원하는 항목을 더블 클릭하여 선택한다. 선택과 이동에 소요되는 총 응답시간을 줄이는 디자인이라고 할 수 있다.

사례 6.11 리스트 메뉴와 파이 메뉴

[그림 6.32]는 리스트 메뉴와 파이 메뉴를 보여준다. [그림 6.32]의 b)와 같은 파이 메뉴는 a)와 같은 리스트 메뉴보다는 이동거리가 적고, 선택 메뉴의 면적이 크기 때문에 우수한 디자인이라고 할 수 있다.

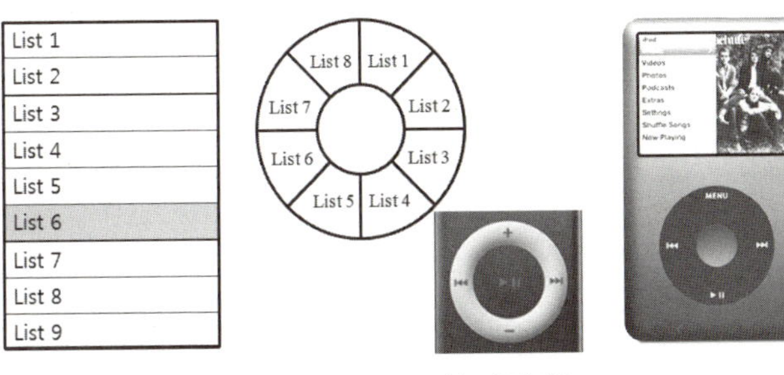

a) 리스트 메뉴　　　b) 파이 메뉴

그림 6.32 리스트 메뉴와 파이 메뉴

사례 6.12 범위 효과

손을 뻗어 특정 위치로 옮기는 동작을 위치(positioning) 동작이라 한다. 눈으로 다른 것을 보면서 손을 뻗어 조종장치를 잡는 동작과 같이 눈으로 보지 않으면서 행하는 동작을 맹목(盲目; blind) 동작이라 한다. 운전대를 잡고 운전을 하면서 오른 손으로 무엇인가를 조작하기 위해 손을 뻗치는 동작은 맹목 동작이 된다.

눈으로 확인하지 않으면서 손을 수평선상으로 움직이는 경우에는 가까운 거리는 의도한 곳보다 지나치고, 먼 거리는 의도한 곳보다 못 미치는 경향이 있다. 이를 범위 효과(range effect) 또는 사정(射程) 효과라 한다. Fitts의 실험에 의하면 맹목 동작은 정면의 방향이 가장 정확하고, 측면이 가장 부정확한 것으로 나타났으며, 표적의 높이는 하단이 가장 정확하고, 상단이 가장 부정확한 것으로 나타났다(박경수, 2004). 일반적으로 눈으로 보지 않고 손을 뻗어서 조작하여야하는 조종 장치는 정면에 가깝게, 어깨보다 낮은 높이에 배치하는 것이 바람직하다.

- 박경수, *인간공학*, 영지문화사, 2004.
- 정병용, 디자인과 인간공학, 민영사, 2012.
- 정병용, 현대작업관리(2판), 민영사, 2018.
- 정병용, 이동경, 현대 인간공학(4판), 민영사, 2016.
- 한인연, *인간공학 응용문제*, 민영사, 2012.
- Alexander, D.C., *The practice and management of industrial ergonomics*, Prentice-Hall, 1986.
- Cal/OSHA, Easy Ergonomics: *A Practical Approach for Improving the Workplace*, Cal/OSHA, 1999.
- Corlett, E.N. and Clark, T.S., *The ergonomics of workspaces and machines*, 2nd ed., Talor and Francis, 1995.
- Daniels, G.S., The *"Average man?"*, Technical Note WCRD 53-7, Wright-Patterson AFB, OH: Wright Air Development Center, 1954.
- DOD-HDBK-761, *Human engineering guidelines for management information systems*, DOD 6-28-85,
- DOE-HDBK-1140, *Human factors/ergonomics handbook for the design for ease of maintenance*, U.S. Department of Energy, 2001.
- F417-129-000, *Lessons for lifting and moving materials*, Washington State Department of Labor and Industries, 2000
- Fitts, P.M. and Peterson, J.R. Information capacity of discrete motor responses. *Journal of Experimental Psychology*, 67(2), 103-112, 1964.
- Fitts, P.M., The information capacity of the human motor system in controlling the amplitude of movement. *Journal of Experimental Psychology*, 47(6), 381-391, 1954.
- Greenberg, A., and Chaffin, D.B., *Workers and their tools*, Pendall publishing company,1977.
- Helander, M., *A guide of the ergonomics of manufacturing*, Taylor & Francis, 1995.
- Hick, W.E., On the rate of gain of information, *Quarterly Journal of Experimental Psychology*, 4, 11-26, 1952.
- Hyman, R., Stimulus information as a determinant of reaction time, *Journal of Experimental Psychology*, 45, 423-432, 1953.
- HSE, *Getting to grips with manual handling*, HSE, 2004.
- NIOSH, *Ergonomic Guidelines for Manual Material Handling*, NIOSH, 2007.

▪ NUREG-0700, *Human-system interface design review guidelines*, U.S. Nuclear Regulatory Commission, 2002.
▪ Woodson, W.E., *Human factors design handbook*, New York: McGraw-Hill, 1981.
▪ MIL-STD-1472F, *Department of defense design criteria standard*, Department of Defense, 1999.

연습문제

01 다음 중 인체 측정치의 응용 원칙과 관계가 먼 것은?

① 조절식 범위를 이용한 설계　　② 기능적 치수를 이용한 설계
③ 평균치를 이용한 설계　　④ 극단치를 이용한 설계

02 다음 설계 요소 중에서 적용할 인체 측정치의 응용 원칙이 다른 하나는?

① 버스 좌석간의 거리　　② 의자의 깊이
③ 의자의 너비　　④ 그네의 중량 한계

03 조절 범위를 이용한 인체 측정치의 응용 원리를 적용해야 할 것은?

① 버스 손잡이의 두께　　② 의자의 높이
③ 수화기의 손잡이 크기　　④ 마우스의 크기

04 인체 측정치의 응용 원칙에 관한 설명으로 적절하지 못한 것은?

① 의자 높이는 5퍼센타일에서 95퍼센타일 범위의 조절식으로 한다.
② 지하철의 손잡이 높이는 5퍼센타일 치수를 이용한다.
③ 의자의 깊이는 평균치인 50퍼센타일 치수를 이용한다.
④ 출입문의 크기는 95퍼센타일 치수를 이용한다.

05 최대 작업역에 관한 설명으로 가장 적절하지 못한 것은?

① 작업 중 허리를 굽히거나 이동하지 않고도 작업을 할 수 있는 영역
② 어깨를 축으로 팔을 휘두를 때의 부채꼴 모양의 원호 내부 지역
③ 양손 작업을 쉽게 할 수 있는 영역
④ 작업자가 쉽게 동작할 수 있는 최대 작업 공간 영역

해답 : 1. ②, 2. ②, 3. ②, 4. ③, 5. ③

06 작업자가 작업 중 허리를 굽히거나 이동하지 않고 작업을 할 수 있는 최대 영역은?

① 최소 작업역　　② 정상 작업역
③ 최대 작업역　　④ 임계 작업역

07 다음 중에서 제품 설계에서 많은 사람들로 구성된 사용자 그룹의 특성을 표현하는 데 사용하는 개념은?

① 퍼센타일　　② 평균
③ 중앙값　　④ 표준편차

08 다음 중에서 인체 측정치에 대한 5퍼센타일의 개념을 잘못 설명한 것은?

① 100명 중 5번째에 해당하는 수치
② 작은 사람을 대변하는 수치이다.
③ 평균, 표준편차로 구할 수 있다.
④ 그네의 하중을 설계할 때 적용하는 치수이다.

09 다음 중에서 평균치의 모순(average person fallacy)에 대한 설명으로 가장 적절한 것은?

① 모든 치수가 평균 범위에 드는 평균치 인간은 존재하지 않는다.
② 평균치는 제품 설계에서 제일 먼저 적용하는 설계 치수이다.
③ 평균은 분포의 치우침을 나타낸다.
④ 신체 치수는 평균 주위에 많이 분포한다.

10 다음 중에서 작업 공간에 대한 설명으로 부적절한 것은?

① 작업을 하는 데 사용하는 공간을 작업 공간 포락면이라 한다.

해답 : 6. ③, 7. ①, 8. ④, 9. ①, 10. ④

② 정상 작업역은 상완을 자연스럽게 몸에 붙인 채로 전완을 움직일 때 도달하는 영역이다.

③ 최대 작업역은 어깨에서부터 팔을 뻗쳐 도달하는 최대 영역이다.

④ 접근 가능 거리는 필요한 인체 치수의 95퍼센타일 치수를 이용하는 것이 바람직하다.

11 정적 인체 치수(static dimensions)는 어떤 자세에서 측정한 것을 의미하는가?

① 선 자세　② 앉은 자세　③ 고정된 자세　④ 휴식 자세

12 서서 하는 작업장의 출입문을 설계할 때 적용하는 설계 치수는?

① 5%tile　② 50%tile　③ 95%tile　④ 75%tile

13 힘을 가하여 작동시키는 조종장치의 설계에 필요한 힘에 관한 수치는?

① 5%tile 여자　② 5%tile 남자

③ 95%tile 여자　④ 95%tile 남자

14 조종장치의 배치 설계 원리에 대한 설명으로 부적절한 것은?

① 사용빈도의 원리　② 중요도 원리

③ 사용 순서의 원리　④ 가독성의 원리

15 정교한 작업, 힘든 작업, 가벼운 작업 중에서 작업대 높이가 가장 높게 설계되어야 하는 곳은?

① 정교한 작업　② 힘든 작업　③ 가벼운 작업　④ 모두 같다.

해답 : 11. ③, 12. ③, 13. ①, 14. ④, 15. ①

16 자동차 설계에 필요한 인체 치수와 같이 움직이는 자세에서 측정한 인체치수는?

① 구조적 인체 치수　　② 기능적 인체 치수

③ 정적 인체 치수　　④ 직접 인체 치수

해답 : 16. ②

실습문제

01 다음은 인체치수 응용원리에 대한 질문이다.

1) 인체측정치의 응용원리에 대해 설명하시오.
2) 인체치수와 퍼센타일에 대해 설계관점에서 설명하시오.
3) 선반 높이의 최대높이와 최저 높이의 설계원리를 설명하시오.

02 다음은 척추구조와 신체동작에 관한 질문이다.

1) 동작에 따른 척추 디스크의 모양변화를 설계관점에서 설명하시오.
2) 척추와 불편한 자세에 대하여 설명하시오.
3) 최대 작업역과 척추와의 관계를 설명하시오.

03 다음은 관절에 관한 질문이다.

1) 관절과 관절의 종류에 대하여 설명하시오.
2) 활액관절(synovial joint)의 종류를 예를 들어 설명하시오.
3) 관절과 동작과의 관계와 관련된 작업설계 원칙을 설명하시오.

04 다음은 중량물 취급과 관련된 질문이다.

1) 신체자세에 따른 중량물 취급에 무게에 대한 관리기준을 설명하시오.
2) 중량물 취급과 관련된 수평위치와 중량물의 손잡이와의 관계를 설명하시오.
3) 중량물 취급의 최적조건을 신체자세 측면에서 설명하시오.

05 다음은 작업공간과 작업도구에 관련된 질문이다.

1) 수공구의 손잡이에 대한 설계원칙을 길이와 손바닥 접촉면 측면에서 설명하시오.
2) 작업에 필요한 여유공간의 설계원리는?
3) 손가락의 쥐는 자세와 부품 상자의 손잡이의 설계원리를 연계시켜 설명하시오.

7 고령화 사회와 Universal Design

1. 고령화 사회와 안전설계
2. 유니버설 디자인(UD)
3. UD 원칙의 적용

1 고령화 사회와 안전설계

1.1 고령화 사회

통계청(www. nso. go. kr) 자료에 의하면 우리나라에서 65세 이상의 노인인구가 전체 인구에서 차지하는 비율은 1970년 3.1%, 1980년 3.8%, 1990년 5.1%, 등으로 지속적으로 늘어나는 추세를 보였으며, 지난 2000년 말에는 65세 이상 노인인구가 전체인구의 7.2%를 차지하여 고령화사회(aging society)에 진입하였다. 특히 2018년에는 14.3%로 고령사회(aged society)가 되고, 2026년에는 20.8%로 본격적인 초고령사회(super-aged society)에 도달할 것으로 전망하고 있다. 특히, 2050년에는 65세 이상 인구가 전체 인구의 37.3%에 이르러 세계 최고령 국가가 될 것으로 예측되고 있다(통계청, 2005).

고령사회의 도래와 함께 고령자들을 포용하는 사회를 만들기 위해 고령자가 일상생활의 다방면에서 이용하는 기계와 설비를 사용하기 쉽게, 그리고 거주환경과 공간을 안전하고 쾌적하게 만드는 것이 요구되고 있다.

노인에 관한 연구는 주로 일상생활 활동에 관한 ADL(Activities of Daily Living)과 수단적 일상생활 활동에 관한 IADL(Instrumental Daily Living tasks)을 중심으로 이루어진다. 일상생활활동(ADL)이란 개인들이 독립적 생활을 유지하기 위해 필요한 기본 기능을 의미한다. 이것은 음식섭취, 식사 준비, 목욕, 옷 입기, 용변 그리고 일반적인 건강/위생에 관한 것을 포함한다. 그리고 수단적 일상생활 활동(IADL)이란 기본적인 자기 관리, 시장보기, 돈 관리, 전화사용, 힘든 집안일과 같이 복잡한 일상생활을 수행하기 위한 노인의 활동을 의미한다. 특히, 수단적 일상생활과 같이 도구이용과 관련되거나 복잡한 절차를 필요로 하는 활동을 위해 노인의 저하된 인간성능의 특성과 한계를 고려한 제품의 설계와 개선이 요구된다.

1.2 고령자의 특성

[그림 7.1]은 고령자의 특성을 신체적, 정신적 측면과 사회환경적 측면 등으로 분류하여 나타낸 것이다. 그러나 고령자의 특성은 개인 편차가 심하고 신체적, 정신적 건강 상태에 따라 관심의 대상이 달라지는 특성을 갖고 있다.

표 7.1 고령자의 특성

요인	특성
사회환경적 요인	역할 상실, 소외감, 핵가족화, 여가시간의 증가, 평균 수명의 증가, 고학력화
신체적 요인	잦은 질병, 신체기능의 쇠퇴, 만성질환, 골다공증, 건강의 악화, 골다공증
정신적 요인	감각기능의 쇠퇴, 침착성, 건강염려증, 자기중심적, 우울증, 경직성, 보수적, 고독, 심한 감정기복

사람은 나이가 증가됨에 따라 신체적, 정신적으로 변화가 진행된다. 생물학적인 측면에서 노화(age)란 신체의 육체적, 정신적 요구에 대한 적응이 감소되는 것을 뜻한다.

1) 시각 기능

연령증가에 따라 눈은 수정체가 점점 얇아지고, 이에 따라 가까운 거리에서 초점을 맞추기 어려운 원시가 된다. 또한 수정체의 탄력이 떨어져 가까운 거리와 먼 거리를 번갈아가며 사물을 읽을 때는 초점조절이 느려지게 된다. 자외선에 장기적으로 노출됨에 따라 눈의 수정체는 점점 황색 또는 갈색으로 불투명해지는 백내장이 된다. 백내장은 보통 50대에서 시작되며, 70대에서는 90%가 걸리게 된다. 수정체가 황색으로 변한 백내장 환자는 본래 사물의 색에 황색을 섞은 형태로 망막에 비치게 되어 청색은 흑색으로 보이고, 황색은 상쇄되어 백색으로 보이게 된다. 이에 따라 청색과 흑색을 구분하는 능력이 떨어진다.

2) 청각 기능

나이가 들면 청력 기능이 떨어져 고주파 음을 듣지 못하게 된다. 또한, 청신경 세포의 감소로 노인성 난청이 되면서, 청각에 의한 정보 전달능력은 감소한다. 정상적인 노화와 관련된 청력저하는 65~75세인구의 20~25%에서 발생할 정도로 매우 흔하다.

3) 근골격계

연령 증가에 따라 근육의 양과 크기는 감소하고 근육의 탄력성과 뼈의 골밀도가 줄어듦에 따라, 고령자는 작업 능력이 떨어지고 관절의 운동범위는 감소된다. 또한, 노화가 진행되면서 손상 받은 조직을 복구하는데 시간이 늘어나게 되고, 심한 육체 활동을 한 후에는 회복이 더 어렵게 된다. 일반적으로 근력은 20~30세에서 최고를 나타내며 연령증가에 따라 완만하게 감소한다. 고령자의 운동능력은 개인차가 크다.

4) 신체 유연성과 평형기능

신체유연성은 남여 모두 10세 후반에서 최고로 나타나며, 남성은 40세 전후까지 여성은 30세 전후까지 급격히 떨어지고, 이후에는 완만하게 떨어진다. 신체평형기능은 신경 감각기능 및 근조절 기능의 쇠퇴와 함께 저하된다. 신체 유연성과 평형기능의 감소로 고령근로자는 전도나 추락에 의한 재해를 입기 쉽다.

5) 심혈관계 및 호흡계

연령증가에 따라 고령자는 폐의 탄력성이 떨어지고, 심혈관계의 기능저하로 심한 육체적 활동 후에 원상회복까지의 시간이 느려지게 된다. 또한, 호흡 기능의 저하로 과격한 육체 활동이 어려워지고, 장시간 지속하여 작업하는 능력도 떨어지게 된다.

6) 피부

피부 노화의 중요한 원인 중의 하나는 자외선 노출이다. 자외선 노출로 인해 피부는 거칠고 건조해지며, 주름이나 검버섯 등이 생기게 된다. 자외선 노출로 인해 노화된 피부는 해부학적으로 더 얇아지고, 투과성이 증가해 추위와 열에 대한 내성이 떨어질 뿐만 아니라, 화학물질 등에 노출 되었을 때 방어벽 역할을 제대로 수행하기 어렵게 된다. 연령 증가에 따라 고령자는 한랭 조건이나 고열 상황에서 체온을 유지하는 능력이 떨어지고, 온도에 대한 감수성이나 인지능력도 감소된다.

7) 인지능력

노화가 진행될수록 인지기능은 현저히 감소한다. 기억 능력은 장기기억보다는 단기기억에 관한 능력의 저하가 크게 나타난다. 고령근로자는 빠른 결정을 요구하거나 복잡한 작업을 수행하는 능력이 떨어진다. 연령 증가에 따라 하나의 자극에 대한 반응시간인 단순반응시간과 복수의 자극 중에서 특정한 자극을 선택하여 반응하는 선택반응시간이 길어지게 된다. 특히, 고령 근로자들은 단순반응시간에서는 차이가 작지만 선택반응에서는 복잡함이 더해질수록 반응시간은 더 길어지고, 변화하거나 규칙적이지 않은 자극이 주어질 때는 반응시간이 더 느려지게 된다.

8) 인체기능의 감소지수

[표 7.2]는 인체기능이 가장 좋은 연령대인 20~24세를 기준으로 100이라고 했을 때, 55~59세에서는 어느 정도 감소하는가를 감소지수(%)로 나타낸 것이다(齊藤一, 遠藤辛南, 1967). **[표 7.2]**에서 보면 상대적으로 신체기능의 저하가 심한 항목은 야근 후 체중회복(피로가 일어나기 쉬움), 피부 진동감각(기계의 미세한 진동감지), 눈의 암순응 능력, 청력(작업지시나 이상음의 청취), 평형감각 등이다.

표 7.2 고령자의 인체기능별 감소

항목		감소지수(%)	항목		감소지수(%)
지각	시력	63	회복	야근후 체중회복	27
	암순응	36		상병 방지 능력	66
	청력	44	심리학적 기능	단순 반응	77
	피부 진동	35		전신 도약 반응	85
	평형 감각	48		동작 속도	85
근력	악력	75		분석 판단력	77
	배근력	75		계산 능력	76
관절운동 범위	견관절	70		비교 변별능력	63
	척추측면굴곡	82		학습 능력	59
	척추 굴곡	92		기억력	53

*감소 지수: 기능별 20~24세 최고치에 대한 55~59세의 기능지수(%)

1.3 고령자를 고려한 설계

고령자를 대상으로 설계할 때 노인을 병약한 균일한 집단으로서 보는 것이 아니라, 상대적으로 노화의 영향이 적은 건강한 노인과 상대적으로 노화의 영향이 큰 병약한 노인으로 나누어 살펴봐야 한다. 또한, 병약한 노인의 경우에도, 정신적 기능과 신체적 기능에 대해 각각 다른 노화 효과를 보일 수 있으므로 노인계층의 세분화가 필요하다.

[그림 7.1]은 노인 계층을 신체적 노화와 정신적 노화 상태에 따라 분류한 것이다. 노화의 상태에 따라 제품이나 환경의 설계 측면에서는 관심사가 달라질 수 있다. 신체적 측면과 정신적 측면에서 모두 문제가 있는 '병약한 노인'의 경우에는 요양시설이나 치료시설 등이 관심사가 될 것이다. 반면에 정신적 측면에서 문제가 있는 '정신적 노화 노인'이나 신체적 측면에서 문제가 있는 '신체적 노화 노인' 등은 노화로 인한 문제점을 극복할 수 있는 신체기능 보조설비 등이 부각될 수 있다. 또한, 건

강한 노인들은 재취업이나 보수교육, 고령에 적합한 근로 형태, 근로 시간, 작업 환경 등이 중요한 이슈가 될 것이다.

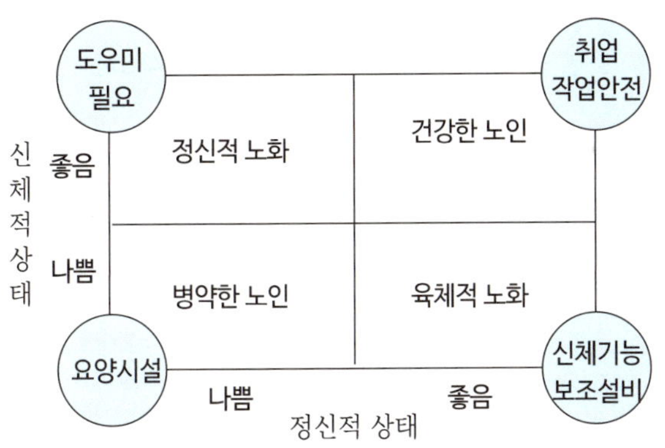

그림 7.1 노화 상태에 따른 노인계층의 세분화

고령자를 대상으로 한 설계는 1) 건강한 고령자를 대상으로 한 작업장 및 작업 설계와 2) 고령자가 사용하는 제품에 관한 고령 친화제품에 관한 설계로 구분될 수 있을 것이다.

1) 고령 근로자관련 작업장 및 작업설계

고령 근로자가 편하고 안전하게 작업할 수 있도록 작업장 설계에서 고려할 사항을 검토하여 보자.

고령자의 시각 특성을 고려하여 작은 글씨나 미세한 작업은 피하는 것이 바람직하고, 게시물은 시력 0.3인 사람이 판독 가능할 정도로 문장의 글자 크기는 가능한 11포인트 이상이 바람직하다. 또한, 원근 조절능력이 떨어지므로 가까운 거리와 먼 거리를 번갈아가며 초점변환이 일어나는 작업은 피해야 한다. 고령자는 조명 밝기에 영향을 많이 받으므로, 작업 조명 조건을 600 lux 이상, 정밀한 작업은 800 lux이상이 되도록 하여야 한다.

연령증가에 따라 청력도 감소하므로 고령자에게는 중요한 지시나 신호

전달의 경우에는 이해하기 쉽게 명쾌한 말을 쓰고 전달 내용을 확인하는 것이 중요하다. 고령자는 고주파에 둔감하므로 경고음은 고주파음을 피하고 필요에 따라서는 시각 또는 후각을 병용할 수 있도록 한다.

고령 작업자의 인지특성을 고려하여 계산이나 기억을 반복하는 작업, 0.5 초미만의 짧은 반응시간을 필요로 하는 작업, 순간적인 판단을 요하는 작업은 되도록 피하고, 지속적으로 집중이 필요한 작업은 1 시간미만으로 한다.

인력에 의한 중량물 취급 작업은 가능한 제거하거나 보조기기를 사용하도록 한다. 한 쪽 다리로 서는 등의 불안정한 자세는 5초 이상 계속하는 일이 없도록 하고, 구부리거나 비틀리는 등 부자연스러운 자세의 지속은 5분 이내로 한다. 팔을 어깨위로 들거나 무릎을 쪼그리는 자세는 하루 1시간을 넘지 않도록 한다. 신체평형기능이 떨어진 고령 작업자에게는 전도·추락 사고를 예방하기 위하여 미끄러지기 쉬운 작업장의 바닥이나 보행로를 개선하고, 계단에는 손잡이를 설치하도록 한다.

2) 고령친화용품의 설계

고령화가 가속됨에 따라 50대 이상의 준고령자까지 포함하는 경제력 있는 50대 이상을 겨냥하는 시니어마켓이 부상하고 있다. 고령자에게만 특화시켰던 실버(silver)산업이란 개념이 50세 이상의 중고령자까지 포함하는 광의의 시니어(senior)마켓 개념으로 확대되고 있는 것이다.

미국의 경우 50세 이상 인구는 전체 인구의 27%에 불과하지만 미 전체 자산의 70%를 차지하고 있으며, 금융자산의 77%(뮤추얼 펀드의 40%, 주식보유자의 66%), 병원의 전체 병상 일수의 65% 등을 차지하고 있는 것으로 알려지고 있다. 특히, 50대 초반에서 가계수입이 가장 높고, 50대 후반 이후엔 상대적으로 자녀부양 의무 등에서 해방되는 경우가 많아 소비의 가능성이 높아질 수 있기 때문에 관심이 모아지고 있다. 일본에서도 고령자 비중이 10%에 달

한 1985년을 전후로 시니어 산업이 대두됐으며, 시니어 산업의 획기적인 성장을 꾀하는 추세이다(LG경제연구원, 2005). 국내 시니어마켓은 2008년을 도입기로 2010년 이후에는 빠른 성장세를 보일 것으로 전망하고 있다.

2 유니버설 디자인의 개념 및 원리

2.1 유니버설 디자인, UD(universal design)

유니버설 디자인이란 장애인, 노인과 같은 신체적 약자들도 건강한 사람처럼 제품을 사용할 수 있도록 배려하는 설계 철학이다. 원래 유니버설이라는 단어는 '보편적인', '만인의', '개개인을 향함'이라는 의미가 내포되어 있다.

유니버설 디자인의 개념은 1960년대 후반에 사회적 요구에 의해 탄생하였다. 미국에서는 베트남 전쟁 참전으로 인하여 신체적 장애가 생긴 부상자들이 많이 발생하였다. 이들을 사회로 복귀시키기 위해서는 일반인과 같이 생활할 수 있도록 장애인을 고려한 설계 개념이 필요하였다. 북유럽에서는 고령화 사회로 인한 일손 부족과 험한 북유럽의 기후에도 고령자들이 다른 사람들의 손을 빌리지 않고 스스로 일상생활을 할 수 있도록 고령자도 편한 생활환경의 설계 개념이 필요했다. 사회적으로 소외계층에 속하는 장애인, 고령자가 일상생활을 자유롭게 하기 위한 디자인, 배리어 프리 디자인(barrier free design)의 개념이 유니버설 디자인의 원류가 된 것이다. 유니버설 디자인이라는 용어는 미국 노스캐롤라이나 주립대학의 Mace에 의해 1990년대에 처음으로 사용되었으며, '특별한 개조나 특수 설계를 하지 않고, 모든 사람들이 이용할 수 있도록 배려된 제품이나 환경 디자인'이라고 정의하였다.

최근에는 **[그림 7.2]**와 같이 유니버설 디자인의 개념이 개개인을 존중해야 한다는 의미로 확대되고 있다. 장애자나 노약자뿐만 아니라 다양한 특성을 가진 모든 사용자들에게 쾌적하고 사용하기 편리한 환경과 제품을 제공한다는 목적을 지향하는 의식과 태도로 발전하고 있는 것이다. 즉, 장애인과 노인과 같은 특수집단의 사람에서 시작하여, 여성, 어린이 등을 포함한 취약자나 소외계층을 배려하는 설계 개념을 거쳐, 최근에는 다양한 문화와 생활양식을 가진 다문화 가정의 일반인과 다양한 신체조건을 가진 일반인까지 포함한 디자인의 개념으로 확대되고 있는 것이다.

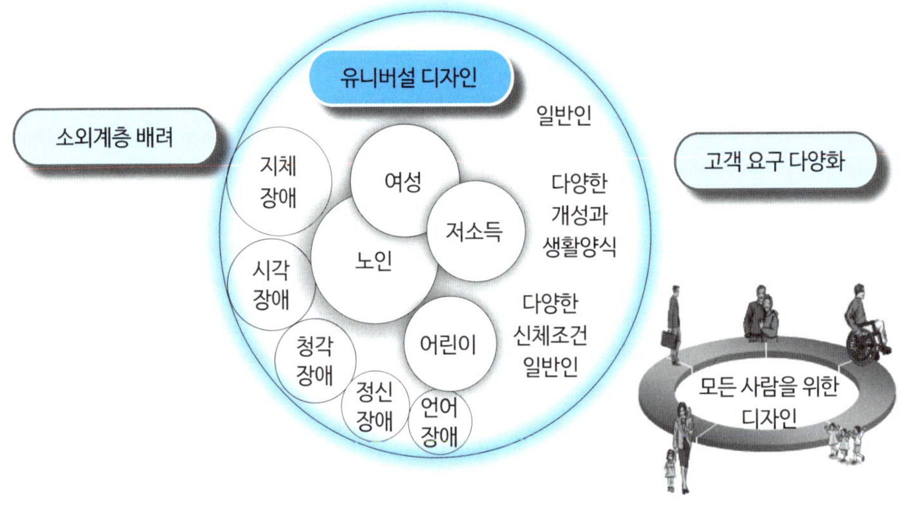

그림 7.2 유니버설 디자인의 개념

2.2 유니버설 디자인의 원리

Null & Cherry(1996)는 유니버설 디자인을 창출하는 데 필수적으로 고려해야 할 원칙을 다음과 같이 네 가지로 정리하였다.

① **신체기능 지원**(supportive)

신체기능상 필요한 도움을 제공해야 하며, 도움을 제공할 때에 어떠한 부담도 초래해서는 안 된다.

② **융통성**(adaptable)

상품이나 환경이 다양한 사람들의 요구를 충족시켜 주어야 한다. 요구의 다양성을 만족시키기 위한 선택 가능성, 능력의 다양성을 수용하기 위한 조절 가능성 등을 포함해야 한다.

③ **접근 용이성**(accessible)

방해가 되거나 위협적인 물리적 환경을 변화시켜서 조작이나 행동을 위한 장애물이 제거된 상태를 의미한다.

④ **안전 지향**(safety oriented)

사고의 가능성이나 위험성을 제거하고 안전을 확보하기 위하여 설계를 고려한다.

유니버설 디자인의 발원지인 노스캐롤라이나 주립대학의 유니버설 디자인 센터에서는 [그림 7.3]과 같이 유니버설 디자인에 관한 7가지 기본적 원칙을 설명하고 있다(http://www.design.ncsu.edu).

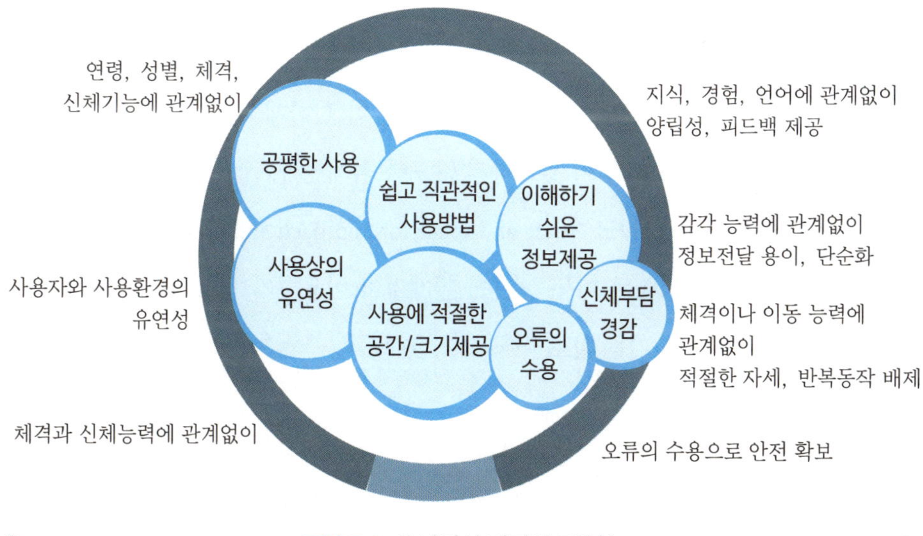

그림 7.3 유니버설 디자인 7원칙

① **공평한 사용**(equitable use)

사용자의 연령이나 성별, 체격의 차이, 신체 기능의 차이 등에 영향을 받지 않고 어떠한 사람이라도 공평하게 사용할 수 있도록 설계한다.

② **사용상의 유연성**(flexibility in use)

다양한 사용자나 사용 환경에 대응할 수 있는 유연성을 확보하여 사용상의 자유로움을 높인다.

③ **쉽고 직관적인 사용 방법**(simple and intuitive use)

제품의 사용 방법을 사용자의 지식이나 경험, 언어능력, 집중력에 관계없이 직감적으로 이해할 수 있도록 설계한다.

④ **이해하기 쉬운 정보**(perceptible information)

사용 상황이나 사용자의 감각 능력에 관계없이 필요한 정보를 효과적으로 전달할 수 있도록 설계되어야 한다.

⑤ **오류에 관한 수용**(tolerance for error)

사고의 가능성이나 위험을 제거하며, 사용상의 오류에 대하여 안전을 확보하도록 설계한다.

⑥ **신체적 부담의 경감**(low physical effort)

다양한 체격과 신체 능력을 가진 사람들이 편하게 사용할 수 있도록 불편한 자세나 과도한 힘이 필요하지 않도록 설계한다.

⑦ **적절한 사용 공간/크기**(size and space for approach and use)

사용자의 체격이나 이동 능력에 관계없이 이용하기 쉽고 조작이 용이하도록 공간이나 크기를 확보한다.

3 UD 원칙의 적용

3.1 원칙 1: 공평한 사용

체격이나 신체능력에 차이에 관계없이 어떠한 사람이라도 사용하기 쉽고 공평하게 사용할 수 있도록 설계되어야 한다. [그림 7.4]와 같이 특정한 신체 부위와 기능에 장애가 있더라도 행하고자하는 행위에 쉽고 원활하게 참여할 수 있도록 하느냐에 따라 장애는 극복될 수 있다. 따라서 조작이 간편하고 안전한 전동 휠체어 제품과 경사로라는 환경을 제공하면 신체부위와 기능의 장애는 극복될 수 있다고 보는 것이다.

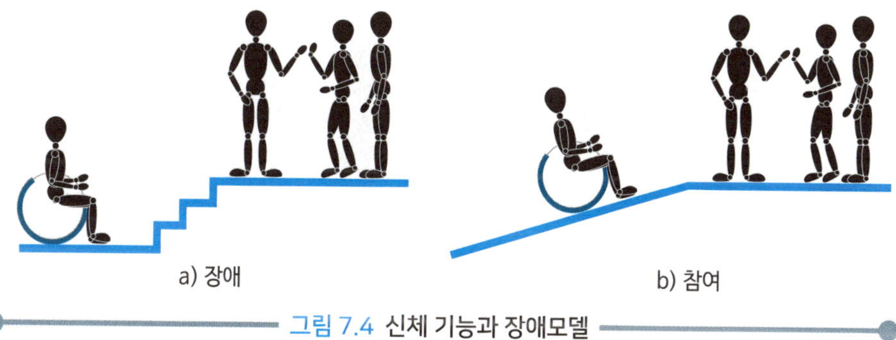

그림 7.4 신체 기능과 장애모델

공평하게 사용할 수 있도록 설계하려면 사용자가 제품을 사용할 때 본인이 원하지 않는 주목을 받거나 불안을 느끼거나 열등감을 느끼는 일 없이 안심하게 사용할 수 있어야 한다(불안감 배제). 또한 사용하면서 거부감을 느끼지 않도록 호감을 주어야 하며(폭 넓은 호감도), 모든 사람을 만족할 수 없는 경우라면 선택권을 주되(선택권 제공), 가능한 사용상의 차별과 불공평을 느끼지 않도록 배려되어 있어야 한다(차별감 배제).

사례 7.1 공평한 사용의 설계 사례

[그림 7.5]는 공평한 설계의 사례를 나타낸다. a) 자동문은 센서에 의해 고객이 접근하면 자동으로 문이 열릴 뿐만 아니라 문턱도 없기 때문에 휠체어를 탄 고객이나 키가 큰 고객도 특별히 주목을 받지도 거부감을 느낄 필요도 없이 자유롭게 출입할 수 있다. b)의 저상 버스는 출입구의 높이를 보도의 높이와 일치시킴으로써 휠체어를 탄 사람도 관절이 좋지 않은 노인들도 사용상의 차별과 불공평을 느끼지 않도록 배려된 설계라고 할 수 있다. c)의 성인과 아동을 위한 공용 세면대는 높이 조절용으로 제공하는 것이 바람직하지만 높이 조절용이 어려운 경우에는 모든 사람들이 만족할 수 없으므로 키가 큰 성인용과 키가 작은 아동용으로 선택권을 제공한 사례이다.

a) 폭넓은 호감도

b) 차별감 배제

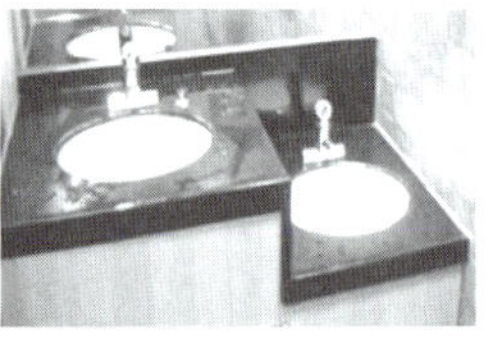

c) 선택권의 제공

그림 7.5 공평한 사용의 설계 사례

3.2 원칙 2: 사용상의 유연성

제품이나 설비를 사용하려는 사용자들이 사용자의 특성이나 사용 환경에 구애되지 않고 사용할 수 있도록 유연성을 확보하여 사용상의 자유로움을 높여야 한다.

사용자의 특성이나 사용 환경에 관계없이 사용의 유연성을 확보하려면 조작법을 본인이 자유롭게 선택할 수 있도록 다양한 사용방법이 가능하고(사용법의 자유), 오른손잡이든 왼손잡이든 거부감 없이 사용할 수 있도록 하거나 그렇지 않으면 오른

손잡이용, 왼손잡이용을 선택 할 수 있어야 한다(주로 쓰는 손의 수용). 또한 정밀도(정밀도에 대한 관용)나 속도에 구속되지 않고 편하게 사용 할 수 있어야 하며(작업 속도의 자유도), 다양한 생활환경 속에서도 문제없이 편하게 사용할 수 있어야 한다(사용환경에 대한 허용도).

사례 7.2 사용상의 유연성 확보 설계 사례

[그림 7.6]는 사용시의 유연성 확보 설계 사례를 나타낸다. a) 자동변속장치는 수동변속장치만큼 정밀도를 요구하지 않을 뿐만 아니라 크루즈 기능을 채택하는 경우에는 정속 구간에서는 가속기를 밟고 있지 않아도 되는 사용법의 자유를 제공한 사례이다. b)의 가위는 왼손과 오른손잡이의 공용으로 설계하기 어려워 왼손잡이용을 따로 설계하여 선택 할 수 있도록 한 사례이다. c)의 TV는 방수 기능이 장착되어 습기가 많은 화장실에서도 사용할 수 있도록 사용 환경에 대한 허용도를 높인 사례이다.

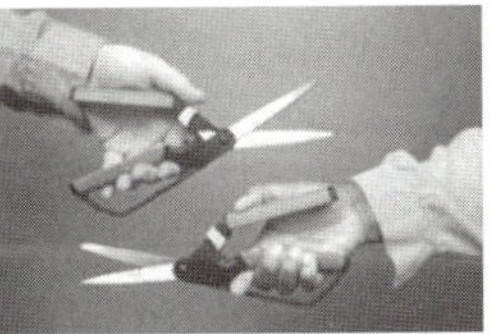

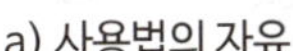

a) 사용법의 자유 b) 왼손잡이의 고려 c) 사용 환경의 고려

그림 7.6 사용상의 유연성 확보 사례

3.3 원칙 3: 쉽고 직관적인 사용방법

제품 사용법이 간단하고 명쾌하여 어떤 사용자라도 직감적으로 곧 이해할 수 있어야 한다.

간단하고 직관적인 사용방법을 추구하려면 사용방법, 외관, 구조 등에 사용자의 이해를 혼란스럽게 한다거나 오해를 불러일으킬 수 있는 요소를 없애야 하며(복잡함 배제), 다양한 사용자들이 사용법을 착각할 가능성이 없이 직감적인 기대와 판단과 일치하여야 한다(양립성). 또한 사용 방법이나 작동 결과를 알기 쉽고 눈에 띄도록 제공하여야 하며(가시성), 조작과정에서 어느 정도 진행 중인지를 알려주어야 한다(피드백 제공).

사례 7.3 쉽고 직관적인 사용방법의 설계 사례

[그림 7.7]은 간단하고 직관적인 사용방법의 설계 사례를 나타낸다. a)의 주유소 주유장치는 고령자들이 주유를 하기 쉽게 휘발유, 경유, 고급 휘발유 등의 글자를 크게 제공할 뿐만 아니라 색깔을 이용하여 주유구와 기름의 종류를 쉽게 연관 시킬 수 있도록 가시성을 높인 설계 사례라고 할 수 있다. b)의 의자 등받이와 시트의 각도를 조절하기 위한 조작 장치는 실물과 같은 모양을 갖추고 있다. 조작장치에 특별한 설명이 없어도 직관적으로 사용할 수 있도록 가시성을 제공한 설계 사례이다. c)는 컴퓨터의 응용 프로그램을 작동시키면서 진척정도를 나타내는 피드백을 제공한 사례이다.

a) 가시성 제공

b) 직관적인 사용방법

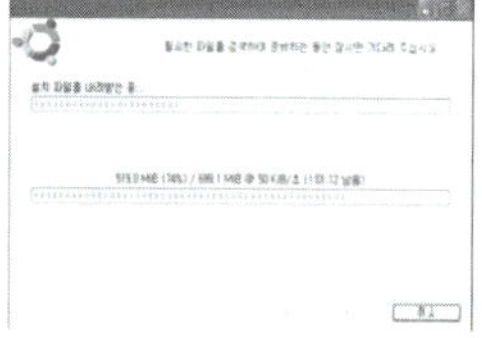
c) 피드백의 제공

그림 7.7 쉽고 직관적인 사용방법의 제공 사례

3.4 원칙 4: 이해하기 쉬운 정보

사용자를 둘러싼 환경이나 인지능력에 관계없이 제품 사용에 필요한 정보가 정확하게 전달되어야 한다. 사용자가 감각 기관의 장애여부, 어둡거나 시끄러운 환경, 연령과 인지 능력 등에 관계없이 필요한 정보를 수용할 수 있도록 설계해야 함을 뜻한다.

누구나 이해하기 쉬운 정보를 제공하려면 시각이나 청력 장애가 있는 사람이라도 필요한 정보를 확실하게 전달할 수 있어야 하며, 시력이나 청력장애를 도와주는 수단을 제공하거나 정상인이라도 조명이 낮거나 소음이 많은 사용 환경에서는 시각이나 청각 신호를 사용할 수 있도록 중복 감각으로 정보를 제공하여야 한다(감각의 중복 및 선택 가능성, 감각 보조수단의 허용). 사용자에게 필요한 정보는 단순하게 정리되어 교육정도에 관계없이 어떤 사람이라도 알기 쉽도록 표현되어야 한다(단순한 구조).

사례 7.4 이해하기 쉬운 정보의 제공 사례

[그림 7.8]는 이해하기 쉬운 정보의 제공 사례를 나타낸다. a) 신호등은 파란색과 딸랑딸랑 소리를 중복적으로 제공하여 시각이나 청각 장애자에 관계없이 건널목을 이용할 수 있다는 정보를 제공받을 수 있도록 하였을 뿐만 아니라, 고령자에게는 어느 정도 건널목을 이용할 수 있는 시간이

a) 중복 정보제공

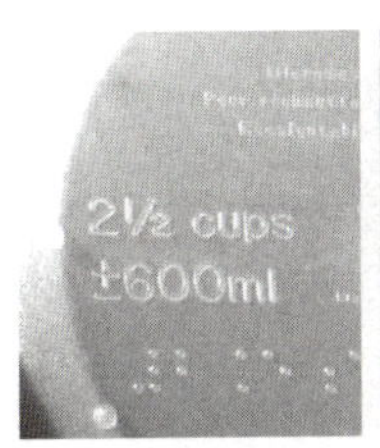

b) 감각보조수단의 허용

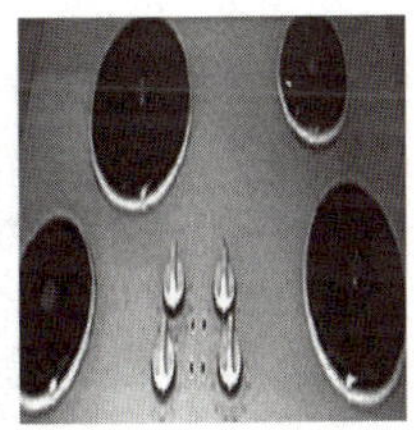

c) 단순한 구조

그림 7.8 이해하기 쉬운 정보의 제공 사례

남았는지에 관한 정보를 제공하고 있다. b)는 시각 장애자들도 이용할 수 있도록 설계된 약 포장용기의 점자와 보도의 유도로를 나타낸다. c)는 전자레인지의 불판과 조종장치의 조작관계를 알기 쉽도록 구조를 단순화한 사례이다.

3.5 원칙 5: 오류에 관한 수용

사용자가 제품의 사용 중에 위험이나 사고에 노출되지 않도록 안전성이 확보되고, 만일의 사태에 대비하여 사고가 나더라도 안전을 확보하거나 원래 상태로 복귀할 수 있어야 한다.

오류에 관한 수용은 위험요소의 제거나 격리를 통하여 위험을 방지하고(위험요소의 제거 또는 격리), 위험을 제거하지 못한 경우에는 안전 확보를 위한 설계(안전설계)나 경고 시스템을 마련하여 사고를 예방한다(경고 시스템). 만일 실수가 발생하더라도 원래 상태대로 복귀할 수 있거나(원상 복귀수단 제공), 사고가 발생하더라도 안전이 확보되도록 설계한다(사고시 안전 확보).

사례 7.5 오류에 관한 수용 사례

[그림 7.9]는 오류에 관한 수용 사례를 나타낸다. a)의 손가락용 베임 방지 도구는 도마 위에서 요리할 때 손을 베지 않도록 손가락에 낌으

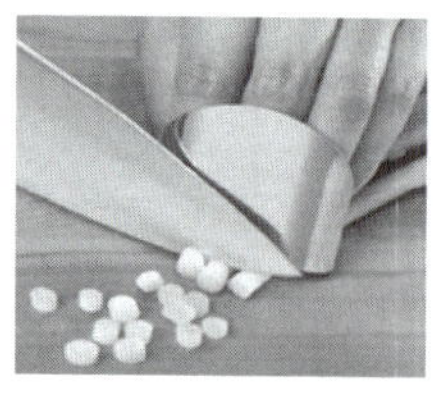

a) 위험의 제거

b) 안전 설계

c) 안내와 경고 시스템

그림 7.9 오류에 관한 수용 사례

로써 위험을 제거한 사례이다. b)는 자동차를 후진 주차할 때 초보 운전자라도 뒤쪽에 한계선을 넘지 못하도록 주차방지 턱을 제공함으로써 오류를 방지하는 안전설계 개념이다. c)는 지하철에서 전동차를 이용할 때 위험을 알리는 경고 시스템을 나타낸다.

3.6 원칙 6: 신체적 부담의 경감

다양한 체격과 신체능력을 가진 제품이나 설비를 사용할 때 사용자라도 신체에 부담을 주지 않고 적절한 힘이나 자세로 사용할 수 있어야 한다.

신체적 부담을 줄이기 위해선 사용자에게 적절한 자세로 사용할 수 있도록 고려하고(적절한 자세 제공), 힘이 약한 사람도 적당한 힘으로 사용할 수 있어야 한다(적당한 힘으로 제어). 제품을 사용하면서 불필요한 반복 동작은 가능한 줄이고(반복동작의 감소), 부담을 주는 동작은 지속시간을 줄인다(지속시간의 감소). 또한, 감각기관에 지나친 부담을 주지 않도록 보조 장치를 제공한다(감각기관의 보호).

사례 7.6 신체적 부담의 경감 사례

[그림 7.10]은 신체적 부담에 대한 사례를 나타낸다. a)는 신체적 부담을 줄이기 위해서 대차의 적절한 적재높이를 제공한 사례이다. 그러나 작업자가 부품을 적재선 보다 높이 적재함으로써 부품을 어깨 위로 올리는 부적절한 작업 자세를 취하게 되는 것을 볼 수 있다. b)는 전자제품 조립라인의 작동검사 작업에서 반복되는 잭을 꽂고 빼는 동작을 줄이기 위하여 한 번에 꽂을 수 있도록 모듈화함으로써 반복동작을 줄인 사례이다. c)는 노안을 배려하기 위하여 돋보기를 장착한 고령자의 감각보호 사례이다.

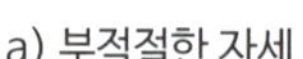
a) 부적절한 자세

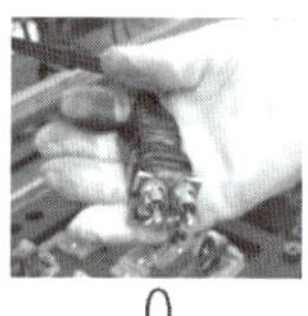

b) 반복 동작의 제거

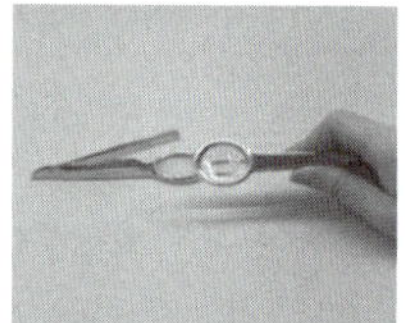
c) 고령자 감각의 배려

그림 7.10 신체적 부담의 경감 사례

3.7 원칙 7: 적절한 사용 공간/크기

사용자의 체격이나 자세, 사용 상황에 관계없이 사용하기 쉬운 크기와 공간이 확보되어야 한다.

다양한 신체 크기의 사용자가 사용상 필요한 부분에 쉽고 편안하게 사용위치에 도달할 수 있고(사용위치의 확보), 보조 장비를 사용하거나 도움이가 옆에 있어도 제품을 사용하기 위한 크기나 공간이 확보되어 있거나 개조의 여지가 있어야 한다(보조·개조의 여지). 또한 휴대나 보관이 용이하도록 적당한 크기와 형태를 이루어야 한다(점유면적의 부담경감).

7.7 적절한 사용 공간 및 크기 제공 사례

[그림 7.11]는 적절한 사용 공간 및 크기에 관한 사례를 나타낸

a) 사용위치 고려

b) 가변 가능성 제공

c) 휴대보관의 용이

그림 7.11 적절한 사용 공간 및 크기 제공 사례

다. a)는 팔 길이보다 먼 위치에 제어장치를 위치시킴으로써 부적절한 자세를 취하게 되는 사례를 나타낸다. b)는 지하철의 출입구로 장애인용 휠체어 사용자의 경우에도 사용할 수 있도록 개조할 수 있도록 된 설계 사례이다. c)는 휴대 보관이 용이하도록 설계된 3단으로 접히는 우산을 나타낸다.

3.8 유니버설 디자인 체크리스트

[표 7.3]은 노스캐롤라이나 주립대학의 유니버설 디자인 센터에서 개발한 유니버설 디자인 이행도 체크리스트를 나타낸다.

[표 7.3]은 유니버설 디자인에 관한 7가지 기본적 원칙을 토대로 실질적인 평가 항목을 제시하고 있다. 유니버설 디자인을 고려한 제품을 개발할 때에는 표에서 해당되는 항목의 '적합성'란에 V하고 평가점수 란에 해당 점수를 표시한 뒤 비고란에 참고 사항을 기록하면 된다.

표 7.3 유니버설 디자인 체크리스트

평가 항목	적합성	평가 점수					비고
		매우 불만족	불만족	보통	만족	매우 만족	
1. 공평한 사용							
a 모든 사용자에게 동일한 사용방법을 제공							
b 어떤 사용자들에게도 차별되지 않음							
c 모든 사람에게 보안성, 안전성을 공평하게 제공							
d 모든 사용자에게 호소하는 디자인							
2. 사용시의 유연성 확보							
a 사용방법에 대한 선택 가능성 제공							
b 오른손과 왼손 사용자를 모두 포용							
c 사용상의 정확성과 정밀도를 촉진							
d 원하는 작업 속도의 수용 가능성							
3. 간단하고 직관적인 사용방법 추구							
a 불필요한 복잡성의 제거							
b 사용자의 기대와 직관에 일치							
c 다양한 교육 수준 및 언어 능력 수용							
d 중요도에 따라 일관된 정보의 배치							
e 효율적인 피드백의 제공							
4. 인식하기 쉬운 정보의 제공							
a 중요한 정보를 중복적으로 다양하게 제공							
b 정보의 가독성 최대화							
c 행동유도성의 제공							
d 감각적 한계를 지닌 사람들에게 호환성 제공							
5. 오류에 관한 수용							
a 위험이나 작동 오류의 최소화							
b 위험과 작동 오류에 관한 경고 제공							
c 고장시 안전 확보 설계							
d 무의식적인 행동에 대한 안전 확보							
6. 신체적 부담의 경감							
a 적절한 자세의 제공							
b 적절한 힘으로 조작							
c 반복동작의 최소화							
d 지속적인 신체부담의 경감							
7. 사용에 적합한 사용 공간							
a 좌식/입식 작업에 관계없이 중요 부품의 시야 확보							
b 편안하게 도달할 수 있는 작업역에 배치							
c 다양한 손과 그립 크기의 배려							
d 적절한 공간의 확보							

- 김명석외 공편, 인체생리학, 고려의학, 1999.
- 대통령비서실 고령사회대책 및 사회통합기획단 인구 고령사회대책팀, 저출산 고령사회 대응을 위한 국가실천전략, 2004. 1. 15
- LG경제연구원, 고령시대, Business Challenges & Opportunities, 2005. 2.
- 일본중앙노동재해방지협회, 고령화시대의 안전, 일본중앙노동방지협회
- 일본노동안전위생법, 고령근로자의 작업부담 허용기준(고령근로자에 대한 배려)
- 저출산고령사회위원회, 일본 고령사회백서, 2006.
- 정병용, 디자인과 인간공학, 민영사, 2012.
- 정병용, 이동경, 현대 인간공학(4판), 민영사, 2016.
- 통계청, 장래인구 특별추계 결과(보도자료), 2005.
- 통계청, 세계 및 한국의 인구현황(보도자료), 2005.
- 한국보건사회연구원, 노인 장기요양보호 욕구 실태 조사 및 정책방안, 보건복지부, 2001
- 齊藤一, 遠藤辛南, 高齢者の運動能力, 動科學叢書 53, 動科學研究所, 1967
- The Center for Universal Design, *The Principles of Universal Design*, North Carolina State University, 1997,
  http://www.design.ncsu.edu/cud

연습문제

01 다음 중에서 유니버설 디자인의 네 가지 원칙이 아닌 것은?

① 융통성　② 사용자 지향　③ 접근 용이성　④ 신체기능 지원

02 다음 중에서 유니버설 디자인의 원칙 중에서 다른 특성인 것은?

① 사용방법에 대한 선택 가능성 제공
② 불필요한 복잡성의 제거
③ 사용자의 기대와 직관에 일치
④ 효율적인 피드백의 제공

03 다음 중에서 고령자의 시가 특성으로 올바르지 않은 것은?

① 수정체가 점점 얇아져 원시가 된다.
② 수정체의 탄력이 떨어져 원근 초점조절능력이 떨어진다.
③ 눈의 수정체는 점점 흰색으로 변하는 백내장이 된다.
④ 백내장 환자는 청색과 흑색을 구분하는 능력이 떨어진다.

04 다음 중에서 유니버설 디자인의 원칙 중에서 사용의 유연성과 거리가 먼 것은?

① 반복동작의 제거　② 주로 쓰는 손의 수용
③ 정밀도에 대한 관용　④ 사용법의 자유

해답 : 1. ②, 2. ①, 3. ③, 4. ①

실습문제

01 다음은 고령자의 특징에 대한 질문이다.

1) 고령화 사회의 특징을 설명하시오.
2) 노화 상태에 따른 노인계층을 분류하여 설명하시오.
3) 고령자의 안전을 고려한 작업설계에 대하여 2가지만 설명하시오.

02 다음은 유니버설 디자인에 관한 질문이다.

1) 유니버설 디자인에서 유니버설의 의미를 설명하시오.
2) 배리어 프리 디자인과 유니버설 디자인의 차이점은?
3) 유니버설 디자인의 작업장 설계에서의 적용방안을 제시하시오.

03 다음은 유니버설 디자인의 설계원리에 관한 질문이다.

1) 유니버설 디자인의 네 원칙 중에서 접근 용이성과 안전 지향성에 대하여 설명하시오.
2) 유니버설 디자인에서 오류에 관한 수용원리에 대하여 설명하시오.
3) 공평한 사용과 관련된 신체 기능과 장애모델에 대하여 설명하시오.

제3부

산업 및 조직심리

8 행동특성과 작업동기

1. 산업/조직 심리학 개요
2. 인간의 행동 특성
3. 주의력과 의식수준
4. 작업동기

1 산업/조직 심리학 개요

심리학은 인간의 행동과 정신 과정에 대하여 과학적으로 연구하는 학문이다. 산업/조직 심리학(industrial/organizational psychology)은 심리학의 원리를 기업 및 조직에 적용하여 산업현장에서 일어나는 인간 문제를 체계적으로 다루는 학문이라고 할 수 있으며, 직업 심리학(occupational psychology) 작업 및 조직 심리학(work and organizational psychology) 등의 용어로도 불린다. 산업/조직 심리학은 인간의 심리 및 행동에 관한 조사 및 분석을 통하여 과학적인 원리를 도출하고, 이들 심리학적 지식을 산업 및 조직 현장에 적용함으로써 생산성을 증가시키고 근로자의 복지를 증진시키고자 하는 학문이라고 정의할 수 있다.

산업/조직 심리학은 인적자원의 효율적인 활용을 도모하는 학문이며, 효율성과 생산성을 높이는 목적 이외에도 산업체 종사원들의 직무만족이나 인사선발, 배치, 소비자 심리, 산업안전, 안전공학, 노사문제, 고충처리, 조직개발, 조직 전환 등의 문제를 다룸으로써 산업체에 종사하는 근로자나 사용자 모두에게 복지와 직무만족을 제공하려는 심리학 분야이다.

산업/조직 심리학의 관심 분야를 나누어 보면 인사노무관련 분야, 작업능률관련 분야, 사회심리학적 분야 등으로 구분할 수 있다. 인사노무관련분야는 직무분석, 직업적성 및 적성검사법, 근로자의 선발배치, 교육훈련, 인사고과 등의 문제를 다루며, 작업능률 분야에서는 작업환경조건, 성과분석, 생산능률과 피로와의 관계, 작업동기, 재해사고의 방지 및 안전관리 등의 개선을 심리학적 측면에서 다룬다. 사회심리학적 분야에서는 인간관계의 분석, 노동집단의 심리학적 구조, 직장의 팀워크, 리더십, 의사소통, 노사관계관리 등의 문제에 관해서 다룬다. 기타 P·R 활동, 선전, 광고, 시장조사, 판매활동 등의 소비자 심리 등에 관한 분야 등이 있다.

산업심리학에서 관심을 갖는 영역을 구체적으로 예시하면 다음과 같다.

(1) 근로자 선발과 배치

조직의 성패는 조직원의 능력 발휘에 달려 있기 때문에 조직원이 갖추어야 하는 직무관련 지식, 기술, 적성, 성격 특성 등을 결정하고, 역할 수행에 필요한 근로자의 선발방법을 다룬다. 또한, 선발된 근로자들에게 가장 적합한 직무를 찾아내어 배치하는 데 관심을 갖는다.

(2) 직무수행의 성과평가

개인과 단위 조직의 평가에 관한 가치와 평가의 정확성에 대하여 관심을 갖는다. 근로자에 대한 업무수행의 질과 결과를 평가하는 직무수행에 관한 평가 방법을 고안하고, 근로자의 직무수행을 향상시키는데 도움이 되는 방법을 다룬다.

(3) 교육훈련과 개발

근로자 훈련의 목적은 개인의 업무성과를 극대화시키고 나아가서 협력관계를 유지할 수 있도록 기술과 지식을 향상시키거나 관리자 개발 프로그램 등과 같이 근로자의 능력을 개발하는 데에 있다. 산업/조직 심리학은 교육훈련 계획을 수립, 실시하고, 평가하는 역할을 담당하게 된다.

(4) 리더십

조직의 효율적인 운영은 현장의 조장에서 최고 경영자에 이르는 통솔력의 수준에 달려 있다. 산업/조직 심리학에서는 조직의 효율적인 리더십과 관련된 개인의 특성과 능력 그리고 다양한 관리감독의 형태와 유능한 지도자의 자질, 동기부여 등에 대하여 다룬다.

(5) 작업조건, 작업동기와 작업만족도

근로자의 작업동기와 만족도는 조직의 효율성에 영향을 미친다. 산업/조직 심리학에서는 직무와 관련한 인간의 욕구와 작업동기 등을 파악하고, 근로자의 고민, 관심 등을 분석하여 어떻게 해결해 줄 것인가에 관심을 갖는다. 또한, 작업장의 조명, 기온, 습도, 소음, 작업시간, 장비의 위치 등을 연구하여 이들 작업조건이 생산과 근로자의 안전보건에 미치는 영향을 조사함으로써 물리적 작업 환경의 개선에 도움을 준다.

(6) 소비심리학과 지속적 성장

산업/조직 심리학에서는 어떤 상품에 대한 잠재시장의 크기와 성질, 캠페인과 광고호소의 효과, 상품에 대한 고객의 반응, 고객의 구매동기와 욕구, 조직의 지속적인 성장에 관한 내용을 다룬다.

2 인간의 행동 특성

2.1 개인의 성격, 태도, 행동 특성

2.1.1 개인의 행동 특성

인간은 서로 비슷한 특징을 가지고 있는 것처럼 보이지만 개인들은 각기 다른 유전적 특성과 경험을 가지고 살아가며, 지식과 기술, 취미와 관심, 그리고 성격과 가치관 등에 개인적 차이가 존재한다. 즉, 개인은 다른 사람들과 구분되는 독특한 특성을 갖고 있으며, 개인차를 구성하는 특성은 신체적 능력 및 기술 등의 육체적 특성과 성격, 태도, 지각 및 학습과정 등의 심리적 특성으로 분류할 수 있다. 특성이 다른 사람들은 주어진 환경조건에서 서로 다른 태도를 보이고 서로 다른 행동을 취하게 된다. 이러한 행동의 차이는 개인의 성과는 물론 나아가서는 조직 전체의 성과에도 영향을 준다. 본 절에서는 개인의 성격과 태도가 행동 특성과 어떻게 연관되어 있는가를 살펴본다.

Lewin은 개인은 의식적으로 행동하는 주체로서 환경에 의해 일방적으로 영향을 받아 행동하는 것이 아니라 자신이 원하는 욕구, 목적, 신념에 따라 환경을 인식하고, 자신의 심리적 환경을 구축하여 이에 따라 행동한다고 생각하였다. 이에 따라 개인의 행동(B)을 개인 특성(P)과 환경(E)의 상호작용에 의한 관계라고 주장하고, 다음과 같이 행동은 개인 특성과 환경의 상호작용에 의한 함수관계로 표현하였다.

$$B = f(P \times E)$$

따라서, 개인의 요구, 신념, 정서 등 내적 특성이 변하면, 개인의 심리적 환경도 변하고 행동도 영향을 받는다고 하였다.

2.1.2 개인의 성격

성격(personality)은 개인의 기질, 능력, 태도, 행동 특성 등이 결합되어서 이루어진 개인적 특성으로, 생활환경 및 인간관계와 개인의 생리적 조건이 조화되면서 형성된다. 성격은 유전적 요인, 문화적 요인, 사회적 요인, 환경적 요인 등에 의하여 형성된다고 알려져 있다. 유전적 요인은 부모에 의하여 영향을 받는 신장, 외형 등의 신체적 특성과 체력 및 오감기능 등의 감각적 특성 등을 의미하며, 사회적 요인은 가족관계, 종교관계 등의 사회적인 관계 등에 의한 영향력을 의미한다. 문화적 요인은 사회 규범 등과 같이 좀 더 광범위한 사회문화적 환경의 특성을 말하며, 환경적 요인은 특정한 상황에 의한 영향을 의미한다.

이론적으로 성격은 비교적 변하지 않는 개인의 특성을 의미한다. 외부 환경이 변해도 그에 대응하는 개인의 내면에는 크게 변하지 않는 부분이 존재하는 데 이를 성격이라고 정의하고 있다. 그러나 안전관리 측면에서 인간의 성격은 특성(trait)과 상태(state)로 구분하여 왔다. 특성은 비교적 변하지 않고 지속적인 부분을 의미하고, 상태란 변하는 부분을 의미한다. 안전과 관련한 사고요인을 분석해온 학자들은 사고성향의 특성을 가진 사람은 극히 적고, 사고와 연관이 있는 것은 오히려 정서 상태라고 지적한다. 인간에게는 긍정적 정서 상태와 부정적 정서 상태가 존재하는 데, 잠을 못자거나 동료와의 관계로 화가 나는 것과 같이 부정적 정서 상태가 유발되면 업무에 집중할 수 없고, 사고의 가능성도 커진다는 것이다. 따라서 변할 수 있는 직원들의 정서 상태를 지속적으로 관리하여 즐거운 직장생활이 되도록 하는 것이 사고 예방과 업무의 효율을 높이는 데 중요하다는 것이다.

2.1.3 개인의 태도

태도(attitude)란 어떤 자극이나 상황에 대하여 좋고 나쁨을 평가하는 개인의 선호경향으로 정의된다. 태도는 개인의 감정과 사고의 규칙성으로 볼 수 있기 때문에 감정과 사고 및 이들 주변에 있는 제반 환경에 적합한 형태로 지향하는 행위성을 갖게 된다. 따라서 개인의 태도를 파악하면 어떤 사건이나 상황에서 개인이 어떻게 반응할 것인가를 예측하기 쉬워진다. 인간의 태도에 관한 관점은 사람의 기질에 의하여 좌우된다는 기질론적 관점과 사회적으로 형성되는 실체에 의하여 형성된다는 상황론적 관점으로 분류된다. 기질론적 관점에서 보면 태도는 감정(affect), 인지(cognition), 의지(intention)라는 세 가지 요소로 구성된다. 감정이란 어떤 대상에 대한 개인적인 느낌을 의미하며, 인지란 사람이 무엇에 대하여 알고 있다고 추정하는 지식을 말한다. 인간의 인지는 사실일 수도 있지만 부분적으로만 사실이거나 완전히 잘못된 것일 수도 있다. 인간의 행동을 어떠한 방향으로 이끌어 가는 것을 의지라고 한다. 그러나 의지가 항상 행동으로 연결되는 것은 아니다.

개인은 일반적으로 자신의 성격과 태도 그리고 행동 사이에 일관성을 유지하려고 노력한다. 개인의 태도와 요구되는 행동 사이에 일관적인 조화관계가 성립되지 않는 경우에 개인은 불균형 상태를 느끼게 되며 적응 행동을 취하게 된다.

2.2 집단과 행동 특성

2.2.1 인간관계와 집단

인간관계(human relations)란 사람 대 사람의 상호작용 및 행위의 양식을 말하며, 집단(group)이란 구성원들 사이에 교섭관계가 있고, 행동이 다소간 조직화되어 있는 사람들의 집합을 말한다. 집단에 대해서는 추후에 '집단 및 리더십'에서 구체적으로 서술한다. 산업의 발전에 따라 기업 규모가 커지고, 노동조합의 발전으로 노사의 이해가 요구됨에 따라 조직에서 인간관계에 관한 관리가 절실하게 되었으며, 안전은 물론 경영 전반에 걸쳐 매우 중요한 과제로 등장하게 되었다.

인간관계의 관리는 동기부여를 통하여 인간의 욕구불만을 해소하고, 합리적인 직장 분위기를 조성하여 자발적이고, 자생적인 협동체계를 이룩하는 데에 목적이 있다. 따라서 인간관계 관리란 집단 내지 조직의 구성원의 행동을 개인적 욕구, 동기, 태도에 이르는 심층적인 면까지 이해하고, 이에 의해 조직 내의 사회관계를 합리적으로 조정하는 것으로서 사기의 앙양, 커뮤니케이션의 원활화, 유효한 리더십의 발휘를 목적으로 한다.

인간관계의 관리 방식은 강압적이고 일방적인 전제적 방식, 은혜를 사용하는 가족주의적 방식인 온정적 방식, 생산 능률을 향상시키기 위하여 능률의 논리를 경영관리 방법으로 체계화한 과학적 방식 등이 있다.

조직에서의 구성원의 태도가 관리에서 중요한 측면으로 대두되기 시작한 것은 미국의 Elton Mayo가 주축이 되어 시카고 교외의 Hawthorne 공장에서 시행한 Hawthorne 실험에서 출발한다. Hawthorne 실험은 작업자의 작업능률은 물리적인 작업조건(온도, 습도, 조명, 환기, 장비)보다는 작업자의 인간관계에 의하여 영향을 받으므로, 인간관계의 기초 위에서 관리를 추진해야 한다고 주장하였다.

2.2.2 구성원의 태도와 행동형태

조직에 긍정적인 영향을 미칠 수 있도록 조직 구성원의 태도를 어떻게 형성하고 변화시킬 것인가는 조직에 핵심적인 문제이며, 해결하여야 할 중요한 과제로 대두되고 있다.

구성원의 태도(attitude)란 생각하는 사고, 느끼는 감정, 행위 의도가 결합된 것으로, 개인 또는 집단의 지속적인 반응 경향을 말한다. 여기에서 사고는 신념(belief)으로 해석되며, 개인 스스로 획득한 갖가지 경험 및 다른 사람으로부터 얻게 된 경험 등으로 이루어지는 종합된 지식의 체계로, 판단의 테두리를 정하는 요인이 된다. 또한, 느끼는 감정은 개인의 선호에 바탕을 둔 규범적인 기준이 포함된 가치(value)로 해석된다. 즉, 집단에서 구성원의 태도는 신념과 가치에 의하여 달라진다고 볼 수 있다.

집단에서의 개인이 나타낼 수 있는 사회행동의 형태는 협력, 대립, 융합, 이탈 등으로 분류할 수 있다. 협력은 협조나 조력, 분업 등을 통하여 힘을 하나로 모으는 것이다. 대립관계에서 공격은 상대방을 가해하거나 압도하여 어떤 목적을 달성하려고 하는 것이며, 경쟁은 같은 목적에 관하여 서로 겨루어 상대방보다 빨리 도달하고자 노력하는 것이다. 융합은 상반되는 목표가 강제, 타협, 통합에 의하여 하나가 되는 것이다. 도피와 고립은 자기가 소속된 인간관계에서 이탈하는 것이다.

2.2.3 집단행동

집단행동은 규칙이나 규율이 존재하는 통제적 집단행동과 구성원의 감정이나 정서에 의해 좌우되고 연속성이 적은 비통제적 집단행동으로 구분할 수 있다.

통제적 집단행동으로는 관습, 제도적 행동, 유행 등이 있다. 관습은 사회적 관습인 풍습(folkway)과 풍습에 도덕적인 제재가 추가된 사회적인 관행(mores)·관례(ritual), 금기(taboo) 등으로 나누어진다. 제도적 행동(institutional behavior)은 합리적으로 구성원의 행동을 통제하고 표준화함으로써 집단의 안정을 유지하려는 것이며,

유행(fashion)은 공통적인 행동양식이나 태도 등을 말한다.

비통제적 집단행동으로는 군중(crowd), 모브(mob), 패닉(panic), 심리적 전염 등이 있다. 군중은 구성원 사이에 지위나 역할의 분화가 없고, 구성원 각자는 책임감과 비판력을 가지지 않는다. 모브는 폭동과 같은 것을 말하며, 군중보다 한층 합의성이 없고 감정에 의해서 행동한다. 이상적인 상황에서 모브가 공격적인 데 비하여, 패닉은 방어적인 것이 특징이다. 심리적 전염은 유행과 비슷하면서 행동양식이 이상적이며 비합리성이 강한 것으로, 어떤 사상이 상당한 기간을 걸쳐서 생각이나 비판 없이 광범위하게 받아들여지는 것을 의미한다.

3 주의력과 의식수준

3.1 주의와 의식수준

각 개인이 지닌 감수성과 흥미, 관심 등은 주의의 선택성을 좌우하는 요소가 된다. 꽃에 흥미가 있는 사람은 다른 사람이 알아차리지 못하는 잡초에도 곧 눈길을 주어 발을 멈춘다. 이와 같이 주의(attention)란 의식작용이 있는 일에 집중하거나 행동의 목적에 맞추어 의식수준이 집중되는 심리상태를 말한다.

주의력의 특성은 선택성, 변동성, 방향성으로 표현된다. 사람은 일반적으로 동시에 두 가지 일에 중복하여 집중하지 못하며, 여러 종류의 자극을 지각할 때 소수의 특정한 것을 선택하여 집중하는 특성을 가지고 있다. 주의의 변동성은 고도의 주의는 장시간 지속할 수 없으며, 주기적으로 부주의의 리듬이 존재하는 특성을 의미한다. 주의력의 방향성은 한 지점에 주의를 집중하면 다른 곳에 대한 주의력은 약해지는 특성으로 공간적으로는 시선에서 벗어난 부분은 무시되는 특성을 가진다. 따라서 주의를 집중한다는 것은 좋은 태도라고 할 수 있으나, 전체를 파악하여야 하는 상황

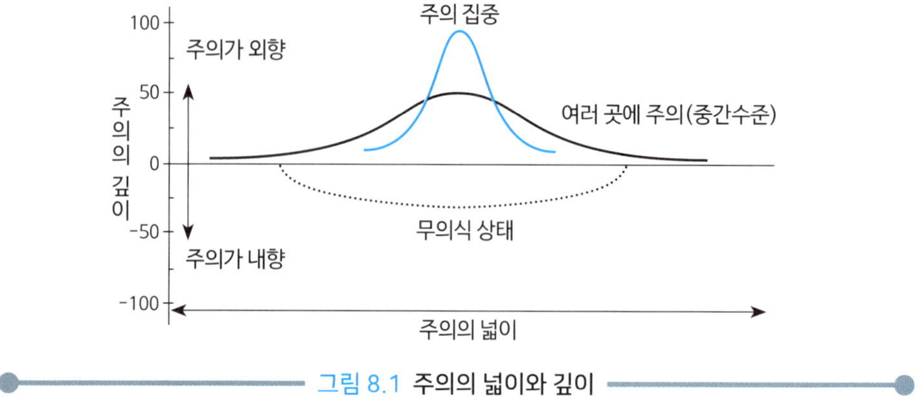

그림 8.1 주의의 넓이와 깊이

이라면 반드시 최상이라고는 할 수 없다.

주의력의 수준은 [그림 8.1]과 같이 주의의 넓이와 깊이에 따라 달라진다. 주의를 기울여 사물을 관찰하는 상태를 주의의 깊이가 외향이라 하며, 신경계가 활동하지 않는 공상이나 잡념을 가지고 있는 상태를 주의의 깊이가 내향이라고 표현한다. 감시하는 대상이 많아지면 주의의 범위는 넓어지고, 감시하는 대상이 적어질수록 주의의 넓이는 좁아지고 깊이는 깊어진다.

하시모토 쿠니에(橋本邦衛, 1984)는 의식수준의 단계와 주의력과의 관계를 [표 8.1]과 같이 나타냈다. 의식수준 0은 무의식 상태로 작업수행이 불가능한 상태이다. 의식수준 Ⅰ은 과로나 야간작업을 하였을 때 보일 수 있는 수준으로 의식이 몽롱하고 활발하지 못하여 신뢰성이 낮은 상태이다. 의식수준 Ⅱ는 휴식이나 단순 반복 작업을 장시간 지속할 때 나타날 수 있는 상태이다. 의식수준 Ⅲ은 대뇌가 활발하게 움직이므로 주의의 범위가 넓고 신뢰성도 매우 높은 상태이다. 의식수준 Ⅳ는 과도 긴장이나 감정이 흥분되어 있는 경우에 나타나는 의식수준으로 주의가 한 쪽으로만 치우쳐 당황한 상태로 신뢰성은 낮은 편이다.

작업을 수행할 때 의식의 수준과 에러 발생의 가능성은 상관관계가 높으며, 에러의 발생 가능성은 의식수준이 Ⅲ일 때 최소이고, Ⅱ, Ⅰ, Ⅳ 순으로 높아진다. 생산현장에서 작업을 할 때에는 일반적으로 의식수준이 Ⅱ인 상태에서 작업을 하는 경우

표 8.1 의식수준과 주의력

의식수준	의식 모드	주의의 작용	행동수준	신뢰성
0	무의식, 실신	0	수면	0
I	의식 몽롱	불활발	과로, 졸음, 음주	낮다
II	정상(느긋한 기분)	수동적	안정, 휴식	다소 높다
III	정상(분명한 의식)	적극적	적극 활동	매우 높다
IV	과긴장, 흥분	주의의 치우침	당황, 패닉	낮다

가 많으므로 Ⅱ단계의 의식수준에서 작업을 안전하게 수행할 수 있도록 작업을 설계하는 것이 바람직하다.

3.2 부주의의 원인과 대책

부주의란 목적 수행을 위한 행동 전개 과정에서 목적으로부터 벗어나는 심리적·신체적 변화의 현상으로 주의의 저하나 주의가 산만해진 상태를 의미한다. 주의력이 떨어지는 부주의 현상은 의식의 수준과 연관관계가 높으며 다음과 같은 경우에 발생한다.

(1) 의식수준의 저하 및 파동

의식수준이란 주의 정도를 결정짓는 수준으로 주의를 긴장시킨 채 같은 상태를 장시간 유지한다는 것은 불가능하며, 긴장상태에서 일정시간이 경과하면 피로가 발생하여 긴장되었던 의식은 점차 이완되고 주의력도 분산된다. 그러나 의식의 이완상태가 일정기간 경과되면 다시 의식은 강화될 수 있다. 주의력의 집중시간은 연령, 지능 및 대상물의 흥미 여하에 따라 다르나 일반적으로 약 40~50분 정도에서 긴장과 이완의 파동을 그리며, 이완의 시간 정도는 주의 집중시간과 집중 정도에 비례한다.

(2) 의식의 우회

의식의 우회현상은 가정불화나 개인적인 고민으로 인하여 정서적으로 갈등을 갖고 있거나 공상을 하고 있을 때 나타날 수 있다. 즉, 눈으로는 작업 내용을 보고 손과 발로는 습관적으로 작업을 하고 있지만 머릿속에는 고민이나 공상으로 가득 차 있어서 작업에 필요한 주의력이 점차 약화되고 작업자가 눈으로 보고 있는 작업 상황이 의식에 전달되지 않는 상태를 의미한다.

(3) 의식의 단절

의식의 단절이란 마치 술에 만취되었을 때처럼 의식은 깨어 있는데도 의식의 흐름이 단절되어 의식의 공백 상태에 놓이게 되는 상황으로 인지와 판단이 불가능하게 된다.

(4) 의식의 과잉

돌발사태나 긴급상황이 발생할 때, 순간적으로 의식이 긴장되고 한 방향으로만 집중되는 상태로 판단력이 정지되는 현상이 발생한다.

(5) 근도반응과 생략행위

일반적인 보행 통로가 있음에도 불구하고 심리적으로 무리를 하여 가까운 길을 택하는, 가까운 길에 대한 유혹을 근도반응이라고 한다. 근도반응은 대충적인 생각이 작용하는 현상으로 먼저 간 사람을 뒤쫓으려고 보행신호를 무시하고 뛰는 행동을 예로 볼 수 있다.

생략행위는 가스 불을 켜려는 시도를 몇 번이나 했음에도 불이 안 켜졌으면 누출된 가스를 환기시키고 다시 시도해야 하지만 이 과정을 생략하고 잘못된 시도를 계속하는 행위를 예로 들 수 있다. 생략행위는 귀찮은 생각에 해야 할 과정을 빠뜨리고 하는 행동으로 객관적인 판단력이 약화되어 있는 상태에서 발생한다.

(6) 억측판단

보행신호등이 막 바뀌어도 자동차가 움직이기까지는 아직 시간이 있다고 제멋대로 생각하여 신호등을 건넜다면 억측판단에 의한 행위라고 할 수 있다. 억측판단은 초조한 심정이나 정보가 불확실할 때, 또는 이전에 성공한 경험이 있는 경우에 주로 이루어진다.

(7) 초조반응

정보를 감지하여 판단하고 행동을 하는 것이 보통이지만 사고의 경향을 가진 사람은 판단 과정을 거치지 않고, 감지하고 나서 바로 행동으로 들어가는 초조반응 행동을 하는 경우가 많다.

일반적으로 부주의의 발생 원인은 작업자의 소질이나 경험 미숙, 의식수준의 저하 등의 작업자 내부적 요소에 의한 원인과 작업 환경조건이 불량하거나 작업순서가 부적당한 경우와 같은 작업자 외적 요소에 의한 원인으로 분류할 수 있다.

부주의에 의한 사고를 예방하기 위해서는 ① 작업자의 정신적 측면에 대한 대책으로 안전의식 및 작업의욕의 제고, 피로 및 스트레스의 해소, 주의력 집중 훈련 등을 들 수 있으며, ② 기능 및 작업적 측면에 대한 대책으로 적성 배치, 안전작업방법의 습득, 표준작업의 습관화, 적응력 향상과 작업조건의 개선 등을 들 수 있다. 또한 ③ 설비 및 환경적 측면에 대한 대책으로는 설비 및 작업환경의 안전화, 표준작업제도의 도입, 긴급시 안전대책의 수립 등을 들 수 있다.

3.3 피로

피로(fatigue)란 작업 활동이 계속됨에 따라 작업자의 주의력이 감소되고 흥미가 떨어지며, 무기력이나 권태 등으로 인하여 심리적인 불쾌감을 일으키는 상태로 작업능률이 감소되고 실수가 증가하는 현상을 총칭한다.

피로는 중추 신경계의 피로 현상을 나타내는 정신피로와 과도한 신체 활동으로 인한 육체피로로 분류된다. 또한, 시간 경과에 따라 보통의 휴식에 의해서 회복되는 급성피로와 오랜 기간에 걸쳐 축적되어 일어나는 만성피로로 분류할 수 있다.

일반적인 피로의 증상을 살펴보면 신체적으로는 지쳐서 작업에 대한 몸 자세가 흐트러지고, 작업에 대한 무감각·무표정·경련 등이 일어나는 경우도 있으며, 작업효과나 작업량이 감소하게 된다. 정신적인 증상으로는 주의력이 감소되고 불쾌감이 증가하며, 긴장감이 떨어져서 태만해지고 관심 및 흥미감이 상실되는 현상이 나타나게 된다.

일반적으로 피로는 작업시간과 작업강도, 작업환경조건, 작업속도, 작업시각 등에 영향을 받으며, 피로가 작업에 미치는 영향으로는 효율의 저하, 휴식시간과 횟수의 증가, 작업속도의 저하, 작업 정확도의 감소, 재해발생 등을 들 수 있다.

피로의 측정방법으로는 근력이나 대뇌피질의 활동, 순환기능의 측정 등에 의한 생리적 방법, 혈액의 성분 측정 등에 의한 생화학적 방법, 집중 유지시간의 측정이나 전신자각 증상 조사 등의 심리학적 방법 등이 사용된다.

피로회복을 위한 대책으로는 휴식과 수면을 충분히 취하고, 충분한 영양분을 섭취하며, 산책이나 명상 등의 기분을 전환시키는 활동을 하거나 목욕을 하는 것이 효과적이다.

4 작업동기

4.1 동기의 본질

동기를 뜻하는 영어의 모티베이션(motivation)은 원래 '움직이다'라는 의미를 가진 라틴어 모베레(movere)에서 유래되었다. 심리학적인 관점에서 동기란 '힘을 주고, 활성화하거나 움직이게 하는 내면적 상태이며, 목표를 향해 행동을 인도하거나 지향하게 하는 내면적 상태'로 정의되는데 ① '인간의 행동을 작동시키는 것은 무엇인가?', ② '그러한 행동을 일정한 방향으로 이끄는 것은 무엇인가?', ③ '그렇게 작동된 행동은 어떻게 유지되고 계속되는가?'에 관심을 집중한다. 즉, 동기란 특정한 방식으로 행위를 하게 만드는 충동적 힘이며, 강력한 목표지향성을 가진다는 의미가 함축되어 있다.

조직관리 측면에서의 동기는 인간의 정적인 상태를 동적인 상태로 만들기 위하여 인간의 행동을 자극하고 유발시키는 것을 의미하며, 목표 달성을 위한 조직원들의 노력을 지속적이며 효과적으로 발동시키는 것을 뜻한다.

동기가 어떻게 형성되는가를 이해하기 위해서는 욕구와 목표에 대한 이해가 필요하다. 욕구란 개인이 성취하고자 하거나 부족하게 느끼는 요소에 대하여 행동을 유발하고 규제하며 유지시키는 인간 내부에 존재하는 힘을 말한다. 개인이 추구하는 목표나 성과는 동기가 목표지향적이라는 의미에서 개인을 이끄는 힘이라고 볼 수 있다.

인간의 동기에 관한 여러 학자들의 연구는 동기 이론(motivation theory)으로 체계화 되었다. 동기 이론은 동기를 유발하는 요인의 내용을 설명하는 내용 이론(content theory)과 동기 유발의 과정을 설명하는 과정 이론(process theory)으로 분류할 수 있다.

내용 이론은 개인의 행동을 작동시키고 에너지를 일정한 방향으로 조정하며 유지시키는 내적 요인에 초점을 맞추고, 인간의 욕구와 욕구에서 비롯되는 충동이나 목표 달성 등에 관심을 갖는다. 과정 이론은 개인행동이 어떻게 형성되는가를 동기 과정에서 발생하는 인지요소를 강조하면서 개인의 동기 발생과 행동선택 과정을 설명한다.

내용 이론에는 Maslow의 욕구단계설, Alderfer의 ERG 이론, McCelleland의 성취동기 이론, McGregor의 XY 이론, Herzberg의 욕구충족요인 이원론 등이 있고, 과정 이론으로는 Adams의 공정성 이론, Vroom의 기대 이론, Locke의 목표설정 이론 등이 있다.

4.2 동기와 내용 이론

4.2.1 Maslow의 욕구단계설

욕구단계설(theory of need hierarchy)을 발표한 Maslow는 인간이 보편적으로 추구하는 공통적인 욕구들을 생리적 욕구, 안전 욕구, 사회적 욕구, 존경 욕구, 자아실현의 욕구의 5가지 기본 욕구로 분류하고, 이들을 강도와 충족 측면에서 계층적 구조로 표현하였다. 즉, 가장 기본적인 생리적 욕구가 어느 정도 충족되면 안전 욕구가 중요해지고, 이것이 어느 정도 충족되면 사회적인 욕구가 중요해지며 계속하여 존경 욕구, 자아실현의 욕구 수준으로 점점 올라간다고 주장하였다.

Maslow의 기본 욕구들을 살펴보면 다음과 같다.

(1) 생리적 욕구(physiological needs)

생리적 욕구는 기본적인 의식주와 수면, 배설에 관련된 욕구로서 가장 아래 단계에 있는 기초 욕구로 모든 욕구들 중에서 가장 강력하다.

(2) 안전 욕구(safety needs)

생리적 욕구가 어느 정도 충족되면 안전의 욕구가 나타난다. 안전 욕구

는 육체적 안전과 심리적 안정에 대한 욕구로서 건강유지와 기본 생계에 관한 경제적 안정 등에 관한 욕구로 나타난다.

(3) **사회적 욕구**(social needs)

생리적 욕구와 안전 욕구가 충족된 후에는 타인들과 친밀한 관계를 가지려고 하고 어울리고자 한다. 즉, 사회적 욕구는 애정을 주고받는 것, 다른 사람과 교제하고 사회적인 관계를 유지하는 것, 어느 집단에 소속하고 싶은 욕구 등을 포함한다.

(4) **존경 욕구**(esteem needs)

사회적 욕구가 어느 정도 만족되기 시작하면 타인으로부터 존경과 인정을 받고자 한다. 대부분의 사람은 자신을 높이 평가하고 존중하며 자존심을 지니고자 하며, 사회생활을 통해서 타인으로부터 존경받기 바라는 욕구가 있다. 존경의 욕구에는 자존심, 성숙, 능력, 지식, 독립심, 자유에 대한 욕구 등이 포함된다.

(5) **자아실현의 욕구**

자아실현의 욕구란 자기 발전을 위해 자신의 잠재력을 극대화시키려는 욕구와 능력을 발휘하고 싶은 욕구이다. 한번 자기실현의 욕구에 의해 지배되면 욕구가 충족되어도 계속해서 이 욕구의 지배를 받게 된다.

4.2.2 Alderfer의 ERG 이론

ERG 이론은 Maslow의 욕구단계설을 수정하여 Alderfer가 주장한 욕구단계 이론으로 욕구단계를 존재 욕구(E: existence need), 관계 욕구(R: relation need), 성장 욕구(G: growth need)의 세 가지 범주로 분류하였다.

존재 욕구는 인간의 생명을 유지하기 위해 필요한 저차원적 생리적, 물질적 욕구이며, 관계 욕구는 다른 사람과의 상호작용을 통하여 만족을 추구하는 대인 욕구를 의미한다. 성장 욕구는 개인적인 발전과 증진에 관한 욕구로 개인에게 중요한 어떠한 능력이나 잠재력을 발전시킴으로써 충족된다.

저차원 욕구가 충족되어야만 고차원 욕구가 등장하는 Maslow의 욕구단계설과는 달리 ERG 이론은 동시에 두 가지 이상의 욕구가 작용할 수 있다고 주장하여 욕구 하나하나에 대한 충족보다는 전체적 욕구 개념으로 개인행동을 설명하고 있다.

4.2.3 Herzberg의 이요인론

Herzberg의 이요인론(two factor theory)은 동기위생 이론(motivation-hygiene theory)이라고 불리기도 하며, 존재하면 개인의 동기를 상승시키는 요소(동기 요인)와 결핍되면 동기를 하강시키는 요인(위생 요인)이 있다고 주장하였다.

Herzberg는 개인으로 하여금 동기로 이어지는 요인으로 열심히 일하게 하고, 성과도 높여주는 요인들을 동기 요인이라고 하였다. 예를 들면 일의 가치와 의미, 인정, 책임감, 자아실현 욕구 등이 있으면 '~하려는 마음'으로 이어질 수 있는 것이다.

반면, 존재하지 않으면 불만으로 이어지지만 충족되어도 일 자체의 동기를 자극하는 데에는 이어지지 못하는 요인들을 위생 요인이라고 하였다. 예를 들면 인간관계, 작업조건, 임금, 작업조건 등은 좋지 않으면 불만이 생기지만, 좋아진다고 '~하려는 마음'으로 이어지지는 않는 위생 조건과 같다고 여긴 것이다.

또한, 위생 요인이 동기를 유발시키지 못하듯이 동기 요인의 결여가 불만족을 초래하지는 않는다고 주장하였다. 따라서, 문제를 접근할 때 불만이 생겨서 발생한 일인지, 의욕이 높아서 발생한지를 판단하여 대응방법을 달리할 필요가 있다는 것이다.

[표 8.2]는 내용 이론에 속하는 Maslow의 욕구단계설, Herzberg 이요인론, Alderfer ERG 이론의 욕구 구조를 비교하여 요약한 것이다.

표 8.2 내용 이론의 욕구 구조 비교

Maslow 욕구단계설	Alderfer ERG 이론	Herzberg 이요인론
5단계: 자아실현의 욕구	성장 욕구(G)	동기 요인
4단계: 존경 욕구		
3단계: 사회적 욕구	관계 욕구(R)	
2단계: 안전 욕구		위생 요인
1단계: 생리적 욕구	존재 욕구(E)	

4.2.4 McGregor의 XY 이론

McGregor는 인간의 본질에 대한 기본 가정을 부정적인 시각과 긍정적인 시각의 두 가지로 구분하고, 각각 X 이론과 Y 이론(theory X and theory Y)이라고 하였다.

[표 8.3]은 X 이론과 Y 이론을 요약한 것으로 McGregor는 관리자가 인간성과 동기에 대한 올바른 이해를 바탕으로 종업원을 관리하는 것이 필요하다고 생각하여 Y 이론이라는 새로운 이론을 제안하였다. 즉, 인간의 본성이 게으르거나 신뢰할 수없는 것이 아니기 때문에 적절하게 동기화만 된다면 자신의 직무에서 자율적이고 창의적으로 처리할 수 있다고 가정하여 사람을 믿고 직무확충을 하는 편이 보다 긍정적이며 생산적인 결과를 초래한다고 주장하였다.

표 8.3 McGregor의 XY 이론

X 이론	Y 이론
인간을 부정적 측면으로 봄	인간을 긍정적 측면으로 봄
인간 불신	상호 신뢰
성악설	성선설
인간은 게으르고 태만하며, 수동적이고 남의 지배받기를 즐긴다.	인간은 부지런하고 적극적이며 스스로의 일을 자기 책임하에 자주적으로 행한다.
저차원적 욕구(물질 욕구)	고차원적 욕구(정신적 욕구)
명령 관리	목표 통합과 자기 통제에 의한 관리
저개발국형	선진국형

4.3 동기와 과정 이론

내용 이론은 주로 어떠한 요인이 동기 유발을 하는가에 관심을 두는 반면 과정 이론(process theory)은 인간의 행동이 어떻게 동기 유발이 되는가에 중점을 둔다. 즉, 과정 이론은 사람들이 어떠한 방법으로 욕구를 충족시키고 욕구 충족을 위하여 여러 가지의 대안 중에서 어떠한 방법으로 행동을 선택하는가에 중점을 둔다고 볼 수 있다. 대표적 과정 이론으로는 공정성 이론(equity theory), 기대 이론(expectancy theory), 목표설정 이론(goal-setting theory) 등이 있다.

공정성 이론은 기본적으로 인간은 공정하게 대우 받기를 원한다는 것을 전제로 하고 있다. 개인은 자신의 노력과 그 결과로 얻어지는 보상과의 관계를 다른 사람의 경우와 비교하여 자신이 느끼는 공정성에 따라서 행동 동기가 영향을 받는다는 것이다. 공정성은 개인의 다른 사람과 비교하여 공정하게 대우를 받고 있다는 믿음이며, 불공정성을 느끼면 심리적 불균형과 긴장, 불안감이 뒤따르고 이것을 해소시키려는 과정에서 개인의 동기와 행동이 형성된다는 것이다.

기대 이론은 장차 개인이 바라는 좋은 결과를 얻을 수 있다고 지각하는 기대에 의해서 작업 동기가 결정된다고 주장한다. 예를 들면, 기울이는 노력이 높은 평가를 받을 것이 확실하다고 생각되고, 인정을 받고 나면 급여 인상이나 보너스, 승진 등으로 이어지고, 결국은 자신의 개인적 목표(personal goal)를 만족시킬 수 있다고 생각될 때 최선을 다해 열심히 해보자는 동기 유발이 된다는 주장이다.

목표설정 이론은 내적인 욕구보다는 외부에서 명확한 목표가 설정될 때 더 강한 동기 유발이 된다는 것을 전제로 한다. 즉, 구성원 모두가 목표를 함께 공유한 상황이라면, 막연하게 '최선을 다하자'보다는 '매출액 1,000억 달성'처럼 명확하고 구체적인 목표가 주어지는 경우에 강한 내적 동기 유발로 이어진다는 것이다.

- 고마츠바라 아키노리, 안전인간공학의 이론과 기술, 세진사, 2018.
- 김경수, 김공수, 조직행동론, 법문사, 2019.
- 김승호, 윤석준, 양혁승, 임우택, 조기홍, 지용선, 안전문화 이해와 적용, 국한에듀, 2018.
- 김태열외 공역, Stephen, P. R. et al., 조직행동론 (16판), 한티미디어, 2015.
- 문광수 역, Paul E. Levy, 산업 및 조직심리학(제5판), 시그마프레스, 2018.
- 박계홍외 공역, Jason, A. C. et al., 성과향상을 위한 조직행동론, McGraw-Hill, 2015.
- 박세영외 공역, Michael G. A., 산업 및 조직 심리학 (제8판), Cengage Learning, 2017.
- 박형인, 김정남역, Aamodt, M. A., 산업 및 조직 심리학(8판), 학지사, 2017.
- 서재현외 공역, Christopher P. N., 조직행동론, 2018년.
- 유태용역, Muchinsky, P. M. et al., 산업 및 조직심리학(11판), 시그마프레스, 2016.
- 정병용, 디자인과 인간공학, 민영사, 2012.
- 정병용, 현대작업관리(2판), 민영사, 2018.
- 정병용, 이동경, 현대 인간공학(4판), 민영사, 2016.
- 橋本邦衛, 安全人間工學, 中央勞動災害防止協會, 1984.
- Riggio, R. E., Introduction to Industrial/Organizational Psychology, 7th Ed. Routledge, 2017.

연습문제

01 다음 중 레빈의 행동방정식인 B = f(P, E)에서 E가 나타내는 것은?

① Education ② Environment ③ Engineering ④ Energy

02 기질론적 관점에서 태도(attitude)의 구성요소와 가장 거리가 먼 것은?

① 감정 ② 인지 ③ 의지 ④ 환경

03 Hawthorne 실험에서 작업자의 작업능률에 영향을 미치는 주요 요인은 무엇으로 나타났는가?

① 인간관계 ② 작업조건 ③ 근로자 특성 ④ 생산기술

04 개인이 나타낼 수 있는 사회행동 형태에 대한 설명으로 올바른 것은?

① 협력: 협조, 조력, 분업 ② 이탈: 공격, 경쟁
③ 대립: 강제, 타협, 통합 ④ 융합: 고립, 도피

05 다음 중에서 상반되는 목표가 강제(coercion), 타협(compromise), 통합(integration)에 의하여 하나가 되는 것을 무엇이라 하는가?

① 협력 ② 도피 ③ 대립 ④ 융합

06 다음 중에서 통제적 집단행동이 아닌 것은?

① 관습 ② 금기(taboo) ③ 유행 ④ 군중

07 다음 중에서 입력 정보에 대한 감지 과정과 거리가 먼 것은?

① 선택 ② 조직 ③ 해석 ④ 견해

해답 : 1. ②, 2. ④, 3. ①, 4. ①, 5. ④, 6. ④, 7. ④

08 정보처리 과정에서 제한된 인지구조의 범위 내에서 중요한 특성만을 지각하여 이를 토대로 지각 대상을 분류하고 평가하는 특성을 무엇이라 하는가?

① 페쇄성 원리 ② 상동적 효과 ③ 후광 효과 ④ 투사

09 다음의 인간관계 메커니즘 중에서 남의 행동이나 판단을 표본으로 하여 그것과 같거나 그것에 가까운 행동 또는 판단을 취하려는 것은?

① 투사 ② 암시 ③ 모방 ④ 동일화

10 지각 대상의 한 가지의 특성에 대한 평가가 다른 특성의 평가에도 유지되거나 영향을 주는 것을 무엇이라 하는가?

① 선택적 지각 ② 상동적 효과 ③ 후광 효과 ④ 투사

11 실제로는 움직이지 않는데도 움직이는 것처럼 느껴지는 심리적 현상을 무엇이라 하는가?

① 가현운동 ② 잔상 ③ 대비 ④ 반응시간

12 다음 중 주의의 특징이 아닌 것은?

① 습관성 ② 변동성 ③ 선택성 ④ 방향성

13 다음은 부주의의 발생현상이다. 혼미한 정신 상태에서 인지와 판단이 불가능한 상태는 어떤 것인가?

① 의식의 과잉 ② 의식의 단절
③ 의식의 우회 ④ 의식수준의 저하

해답 : 8. ②, 9. ①, 10. ③, 11. ①, 12. ①, 13. ②

14 다음은 주의의 깊이와 넓이를 나타낸 그림이다. 그림에 대한 설명으로 부적절한 것은?

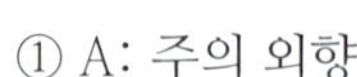
① A: 주의 외향

② B: 주의 내향

③ C: 주의 집중

④ E: 무의식

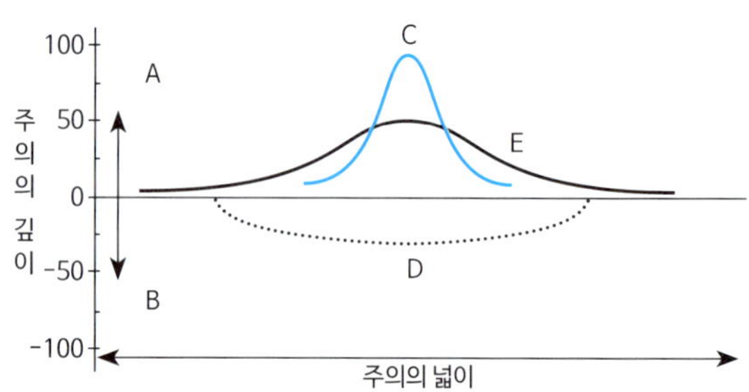

15 앞의 주의의 깊이와 넓이를 나타낸 그림에서 의식수준 0과 가장 관련이 있는 것은?

① A ② C ③ D ④ E

16 다음 중에서 대뇌가 활발하게 움직이므로 주의의 범위가 넓고 신뢰성도 매우 높은 상태는?

① 의식수준 Ⅰ ② 의식수준 Ⅱ
③ 의식수준 Ⅲ ④ 의식수준 Ⅳ

17 다음 중에서 총 응답시간(response time)을 가장 잘 설명한 것은?

① 반응시간(reaction time)과 처리시간(process time)
② 반응시간(reaction time)과 지각시간(perception time)
③ 반응시간(reaction time)과 동작시간(movement time)
④ 동작시간(movement time)과 지각시간(perception time)

18 다음의 의식수준과 부주의 현상과의 관계에 대한 연결중 가장 부적절한 것은?

① 의식의 단절: 의식수준 Ⅰ ② 의식수준의 저하: 의식수준 Ⅱ
③ 의식의 우회: 의식수준 Ⅲ ④ 의식의 과잉: 의식수준 Ⅳ

해답 : 14. ④, 15. ③, 16. ③, 17. ③, 18. ③

19 다음 중에서 부주의 현상에 대한 설명으로 가장 거리가 먼 것은?

① 의식의 단절: 의식의 공백 상태로 인지와 판단이 불가능
② 의식수준의 저하: 판단 과정을 거치지 않고 감지하고 나서 바로 행동하는 상태
③ 의식의 우회: 습관적으로 작업을 하지만 머릿속에는 고민이 가득 차 있는 상태
④ 의식의 과잉: 순간적으로 의식이 긴장되고 한 방향으로만 집중되는 상태

20 보행신호등이 막 바뀌어도 자동차가 움직이기까지는 아직 시간이 있다고 제멋대로 생각하여 신호등을 건너는 행동을 가장 잘 설명하는 용어는?

① 근도반응　② 억측판단　③ 초조반응　④의식의 과잉

21 다음 동기 이론 중에서 성격이 다른 하나는?

① Maslow의 욕구단계설　② Alderfer의 ERG 이론
③ Vroom의 기대 이론　④ McCelleland의 성취동기 이론

22 매슬로우의 욕구 단계를 기초 욕구부터 잘 연결한 것은?

① 생리적 욕구 – 자아실현 욕구 – 존경 욕구 – 사회적 욕구 – 안전 욕구
② 안전 욕구 – 자아실현 욕구 – 존경 욕구 – 사회적 욕구 – 생리적 욕구
③ 생리적 욕구 – 안전 욕구 – 사회적 욕구 – 존경 욕구 – 자아실현 욕구
④ 생리적 욕구 – 사회적 욕구 – 안전 욕구 – 존경 욕구 – 자아실현 욕구

23 McGregor의 이론 중 Y 이론에 해당되지 않는 것은?

① 분권화와 권한의 위임　② 목표에 의한 관리
③ 상부책임 제도의 강화　④ 민주적 리더십의 확립

해답 : 19. ②, 20. ②, 21. ③, 22. ③, 23. ③

24 Alderfer의 ERG 이론에 대한 설명으로 적절한 것은?

① 존재 욕구는 개인적인 발전과 증진에 관한 욕구이다.

② 관계 욕구는 인간의 생명을 유지하기 위해 필요한 저차원적 생리적, 물질적 욕구이다.

③ 성장 욕구는 다른 사람과의 상호작용을 통하여 만족을 추구하는 대인 욕구를 의미한다.

④ 두 가지 이상의 욕구가 작용할 수 있다고 주장하여 전체적 욕구 개념으로 설명한다.

25 다음 맥그리거(McGregor)의 인간 분석 중 X 이론의 관리 처방은?

① 경제적 보상 체제의 강화　　② 직무 확장

③ 민주적 리더십 확립　　④ 분권화와 권한의 위임

26 Herzberg의 위생동기 이론에서 위생 요인에 해당되지 않는 것은?

① 임금　　② 작업조건　　③ 지위　　④ 책임감

27 Maslow의 욕구단계설에 대한 설명으로 부적절한 것은?

① 생리적 욕구: 의식주에 관련된 욕구

② 안전 욕구: 신체적 보호와 안정된 직업, 기본 생계에 관한 보장 등에 관한 욕구

③ 사회적 욕구: 애정을 주고받고, 어느 집단에 소속하고 싶은 욕구

④ 존경 욕구: 자신의 잠재력을 극대화시키고 능력을 완전히 발휘하고 싶은 욕구

해답 : 24. ④, 25. ①, 26. ④, 27. ④

28 Herzberg의 위생동기 이론에 대한 설명으로 적절하지 않은 것은?

① 임금, 작업조건, 승진, 지위, 경영방침, 관리, 대인관계 등은 위생 요소이다.

② 성취감, 인정, 책임감, 성장, 발전, 존경, 자아실현 욕구 등은 동기 요인이다.

③ 위생 요인은 개인으로 하여금 열심히 일하게 하고, 성과도 높여주는 요인이다.

④ 위생 요인이 동기를 유발시키지 못하듯이 동기 요인의 결여가 불만족을 초래하지 않는다.

해답 : 28. ③

실습문제

01 다음은 개인의 성격과 행동특성에 관한 질문이다.

1) Lewin이 주장한 행동에 영향을 주는 두 가지 요인은?
2) 안전관리 측면에서 인간의 성격을 특성(trait)과 상태(state)로 구분하여 설명하시오.
3) 집단에서 구성원의 태도에 영향을 주는 요인을 설명하시오.

02 다음은 주의력과 의식수준에 관한 질문이다.

1) 주의력의 선택성, 변동성, 방향성에 대하여 설명하시오.
2) 근도바응과 생략행위에 대하여 설명하시오.
3) 억측판단과 초조반응에 대하여 설명하시오.

03 다음은 동기이론에 관한 질문이다.

1) Maslow의 욕구단계설에 대하여 설명하시오.
2) Herzberg의 동기위생이론에 대하여 설명하시오.
3) McGregor의 XY 이론에 대하여 설명하시오.

04 다음은 내용 이론의 욕구 구조를 비교한 표이다. 표 안에 들어갈 내용을 완성하고, 비교하여 설명하시오.

<table>
<tr><th>Maslow 욕구단계설</th><th>Alderfer ERG 이론</th><th>Herzberg 이요인론</th></tr>
<tr><td>A</td><td rowspan="2">성장 욕구(G)</td><td rowspan="3">F</td></tr>
<tr><td>B</td></tr>
<tr><td>C</td><td rowspan="2">관계 욕구(R)</td></tr>
<tr><td>D</td><td rowspan="2">G</td></tr>
<tr><td>E</td><td>존재 욕구(E)</td></tr>
</table>

9 집단, 조직 및 리더십

1. 집단의 개념과 조직
2. 집단 역할 분석
3. 집단역학
4. 갈등 관리
5. 리더십

1 집단의 개념과 조직

1.1 집단의 개념

사람들은 집단(group)으로 형성된 조직(organization) 사회에서 생활한다. 조직체는 개인으로 구성되어 있고, 조직 구성원은 집단을 구성하고 있으므로 조직체나 조직 행동에 관한 연구도 집단에 대한 이해에서 출발한다.

사회 집단은 서로 공유하는 가치와 규범에 따라 특정의 목적을 달성하기 위하여 일정 기간 이상 지속적으로 상호작용하는 인간들의 집합체라고 할 수 있다. 오늘 아침에 전철 안에서 만나서 같이 서 있는 사람들이나 농구장에 경기를 보려고 모인 사람들은 지속적인 집합체가 아니며, 공유된 가치나 규범이 별로 없으므로 사회적 집단이라고 할 수 없다. 그러나 직장, 학과나 학부, 동창회, 동호회 등은 일정 기간 동안에 추구하는 목적과 가치를 가지고 지속적으로 상호작용을 하는 사회 집단이다.

집단이 역할을 다하기 위해서는 추구하는 집단 목표(group goal)가 있어야 한다. 또한 집단을 유지하고 집단의 목표를 달성하기 위해서는 집단의 구성원들에 의해 공유되거나 받아들여질 수 있는 행위의 기준인 집단 규범(group norm)이 필수적이다. 집단 규범은 구성원들이 어떤 상황 하에서 어떻게 행동을 취해야 한다는 행동 기준으로 집단에 의해 지지되며 통제가 행하여진다. 집단의 구성원은 각기 소속 집단 내에서 해야 할 일이 있으며, 집단의 역할(role)은 구성원이 집단 내에서 자기의 지위를 보존하기 위해서 해야 할 일을 의미한다. 집단에서의 지위(status)는 집단이나 조직, 또는 사회에서 어느 개인의 상대적 가치와 서열을 나타낸다.

사회 집단이 정형화되면 사회 조직이 된다. 사회 조직이 되면 집단의 목표와 경계가 보다 뚜렷해지고, 규칙과 규범 역시 명백해지며, 각 성원들의 지위와 역할도 명백히 규정된다. 즉, 사회 조직은 사회 집단 가운데에서 목표와 경계가 뚜렷하고 구성원의 지위와 역할이 명백하게 구분·전문화되어 있는 집단을 의미한다.

1.2 집단의 분류

집단은 성격에 따라 다양하게 분류할 수 있다.

(1) 1차 집단과 2차 집단

1차 집단(primary group)은 혈연이나 지연 또는 직장 집단과 같이 장기간 육체적, 정서적으로 매우 밀접한 집단을 의미한다. 2차 집단(secondary group)은 사교 모임과 같이 일상생활에서 임시적으로 접촉하는 집단들을 말한다.

(2) 공식 집단과 비공식 집단

조직 중에서 명문화된 규칙과 규범을 가지고 의도적으로 설립된 조직을 공식 집단(formal group)이라 한다. 공식 집단은 회사나 군대처럼 의도적으로 설립되어, 능률성과 과학적 합리성을 강조하며, 외면적이며 가시적인 특성을 갖는다. 비공식 집단(informal group)은 동창회나 축구 동호회와 같이 자연 발생적인 조직으로 감정의 논리에 따라 운영되고 인간관계를 강조하는 특징을 가지며 소집단 상태를 유지하려는 경향이 있다.

(3) 성원 집단과 준거 집단

성원 집단(membership group)은 개인이 실제로 속해 있는 집단을 의미하며, 준거 집단(reference group)은 특정 개인이 어떤 상태의 지위나 조직 내 신분을 원하는데 아직 그 위치에 있지 않은 사람들의 집단을 의미한다. 예를 들면, 수련의들이 전문의가 되고자 한다면 전문의는 성원 집단이고, 수련의는 준거 집단이다.

(4) 세력 집단과 비세력 집단

조직의 의사결정권을 행사하는 실권자 집단을 세력 집단(in-group)이라 하며, 세력 집단의 영향을 받는 하부 집단을 비세력 집단(out-group)이라 한다.

1.3 집단의 성과와 효율성

집단의 공식 목적을 달성하는 과정에서 구성원들에게는 구체적인 과업이 주어지고, 각 구성원들은 주어진 과업을 수행하는 과정에서 다른 구성원들과 상호작용을 한다. 어떠한 집단이든 집단이 형성된 후에는 집단의 효율성에 대한 문제로 관심이 옮겨지게 된다. 집단의 효율성을 측정하는 데에는 여러 가지가 있지만 조직체의 목적 달성에 필요한 조직 구성원의 경제적 성과를 의미하는 생산성(productivity), 조직체와 자신의 직무에 대한 조직 구성원의 느낌과 자신의 전반적인 요구 충족을 나타내는 만족감(satisfaction), 조직 구성원의 능력 발휘와 잠재 능력의 개발을 의미하는 성장(growth or development) 등이 대표적으로 이용된다.

집단의 구성원이 수행해야 하는 과제의 속성에 따라 효율성은 다르게 나타난다. 예컨대 과제가 지루하고 비효율적으로 설계되었고 지나치게 쉽다거나 어려우면, 집단의 구성원들은 충분한 노력을 하지 않게 된다. 집단의 효율성에 영향을 미치는 요인들을 살펴보면 참여와 배분, 의사소통, 의사결정 과정, 문제해결 과정, 리더십, 갈등 해소, 영향력과 동조, 지지도 및 신뢰 등이 있다.

2 집단 역할 분석

2.1 집단의 역할

조직체나 집단에서의 상호작용은 구성원들이 맡은 일을 수행하는 과정에서 이루어진다. 일반적으로 구성원들의 역할은 과업 역할과 집단유지 역할, 개인 역할의 세 가지로 분류된다.

과업 역할은 집단에서 주어진 과업을 수행하기 위하여 문제를 분석하고 해결하는 행동을 의미한다. 집단유지 역할은 집단이 자생적 집단으로서의 기능을 발휘하고 계속 유지해 나가는 데 필요한 행동을 말한다. 집단의 사기를 올리고 응집력을 기르며 구성원들간의 신뢰성과 친밀감을 조성하는 행동들이 집단유지 역할의 예이다. 개인 역할은 공식적 과업이나 집단유지와 관계없이 주로 구성원 자신의 욕구만을 만족시키기 위한 이기적인 행동을 말한다.

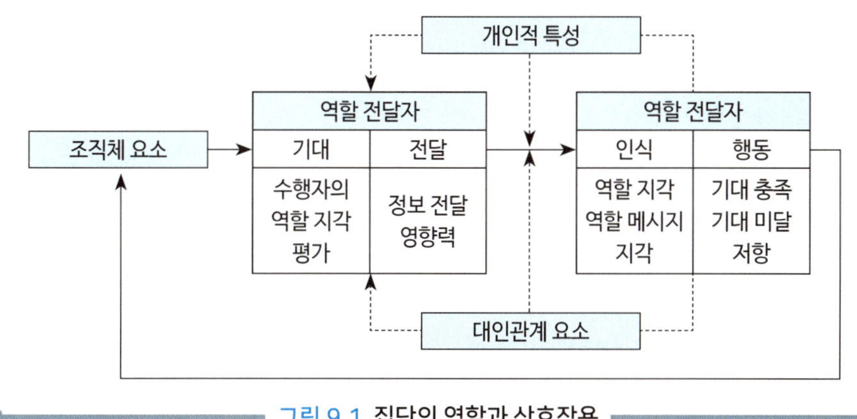

그림 9.1 집단의 역할과 상호작용

집단 구성원들이 서로 함께 일하는 과정에서 각자의 역할이 형성된다. 구성원들은 세 가지의 역할 중 어느 한 가지의 역할을 특히 많이 수행함으로써 역할상의 분화가 이루어진다. 시스템의 관점에서 보면 집단 구성원의 역할은 역할을 인식하고 수행하는 역할 수행자와 수행자의 역할을 지각하고 평가하여 정보 전달을 하는 역할 전달자로 분류한다. [그림 9.1]은 역할 수행자와 역할 전달자를 중심으로 역할 형성에 작용하는 중요 요소들의 상호작용 관계를 나타낸 것이다.

역할 기대는 역할 수행자를 평가하는 기준이 되며, 역할 수행자의 직무기술서에 명시된 과업뿐만 아니라 집단의 규범을 비롯하여 집단유지 행동 등을 모두 종합하여 형성된다. 역할 기대는 여러 가지의 형태로 역할 수행자에게 전달되며, 역할이 수행된 후에는 피드백을 통하여 역할 기대에 대한 메시지가 전달됨으로써 역할 수행자와 역할 전달자 상호간에 만족스러운 기대와 수행 관계를 형성하려고 노력하게 된다.

전달된 역할 기대는 역할 수행자에 의하여 지각되고 인식된다. 역할 지각을 통하여 역할 수행자는 자신의 존재와 가치를 발견하게 되며, 주어진 역할에 만족하는 경우에는 순응하는 행동을 보이고 불만족하는 경우에는 배타적 행동의 가능성이 있다. 전달된 역할 기대의 반응으로서 역할 수행자는 적절한 행동을 수행하게 된다.

역할 전달과 역할 행동은 조직의 구조, 방침, 직무기술서, 관리제도 등의 조직체 요소와 역할 전달자나 역할 수행자의 성격과 동기, 가치관 등의 개인적 특성, 대인관계에 의하여 직접 또는 간접적인 영향을 받는다.

2.2 역할 갈등

구성원들의 역할 기대와 역할 행동이 항상 일치되는 것은 아니다. 역할 기대와 실제 역할 행동 간에 차이가 생기면 역할 갈등이 발생한다. [그림 9.2]는 역할 수행자와 역할 전달자 사이에 발생하는 역할 갈등의 원인을 나타낸다.

역할 갈등의 첫 번째 원인은 수행해야 할 임무와 책임 및 권한 등 역할 자체가 분명하지 못한 수행자가 자기 역할에 대하여 애매한 지각을 갖게 됨으로써 나타나는 역할의 모호성을 들 수 있다. 역할 모호성은 직무기술서의 내용이 분명하지 않거나 직무 내용이 명확히 전달되지 않음으로써 발생할 수 있다. 역할이 역할 수행자의 능력, 자질, 성격에 적합하지 않은 경우에는 기대하는 행동과 결과를 얻기 어려운데 이러한 상태를 역할 무능력 또는 역할 부적합이라 한다. 역할 갈등은 역할 마찰에 의하여 야기될 수 있으며 역할 마찰은 집단 구성원들간에 각자가 선호하는 역할과 실제 역할과의 불일치 또는 부조화에 의해 발생한다.

구성원들간의 역할 갈등과 마찰은 구성원들에게 심리적으로 불건전한 결과를 가져오는 것은 물론, 집단 성과에도 역기능적 결과를 초래한다. 집단의 효율성을 높이기 위해서는 구성원들의 역할 갈등을 적절히 조정함으로써 만족스러운 조화 관계를 이끌어내야 한다. 역할 모호성에 관해서는 직무상의 혼돈과 구성원들 사이의 과다한 불확실성 및 불안감을 방지하기 위하여 직무내용과 책임한계를 명백히 할 필요가 있으며, 역할 무능력은 교육훈련이나 역할전환 등으로 어느 정도 해결할 수 있으나 구성원들의 협조를 통하여 역할 수행자의 능력을 개발시키는 것이 필요하다.

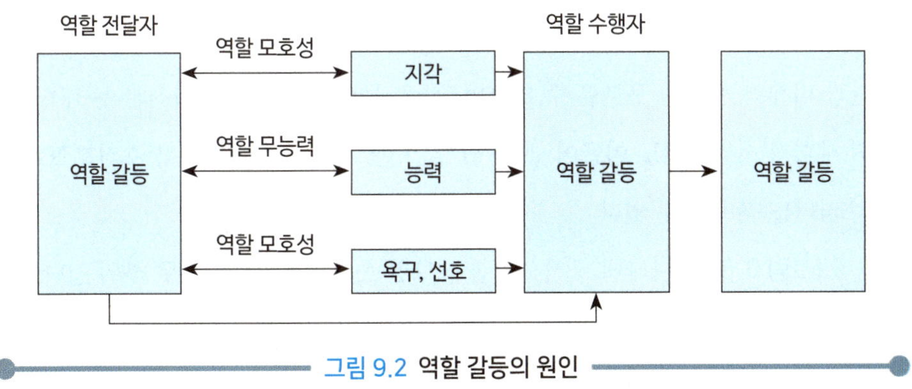

그림 9.2 역할 갈등의 원인

3 집단역학

집단역학(group dynamics)이란 집단 구성원들의 상호의존 관계를 다루는 사회심리학의 한 분야로 집단 구성원 상호간에 존재하는 상호작용과 영향력에 관심을 갖는다. 즉, 집단역학에서는 개인의 행동이 소속된 집단으로부터 어떻게 영향을 받으며, 영향력에 대한 저항을 어떤 과정을 통하여 극복하는가를 다루게 된다.

3.1 소시오메트리

소시오메트리(sociometry)는 구성원 상호간의 선호도를 기초로 집단 내부의 동태적 상호관계를 분석하는 기법이다. 소시오메트리는 구성원들간의 좋고 싫은 감정을 관찰, 검사, 면접 등을 통하여 분석한다.

소시오메트리 연구조사에서 수집된 자료들은 소시오그램(sociogram)과 소시오매트릭스(sociomatrix) 등으로 분석하여 집단 구성원간의 상호관계 유형과 집결 유형, 선호인물 등을 도출할 수 있다.

소시오그램은 집단 구성원들간의 선호, 무관심, 거부 관계를 나타낸 도표로서, 집단 구성원간의 전체적인 관계 유형은 물론, 집단 내의 하위 집단들과 내부의 세력집단과 비세력 집단을 구분할 수 있으며, 정규신분, 주변신분, 독립신분 등 구성원들간의 사회적 서열관계도 이끌어 낼 수 있다. 또한, 집단 구성원간의 선호신분 또는 자생적 리더도 찾아볼 수 있다.

[그림 9.3]에 나타낸 소시오그램을 보면 A, B, C와 D, E의 두 하위 집단이 존재하는 것을 알 수 있으며, A, B, C는 정규신분 위치를 점하고 있고, F와 G는 주변신분, D와 E는 고립신분임을 알 수 있다. 또한 A는 자생적 리더임을 알 수 있다.

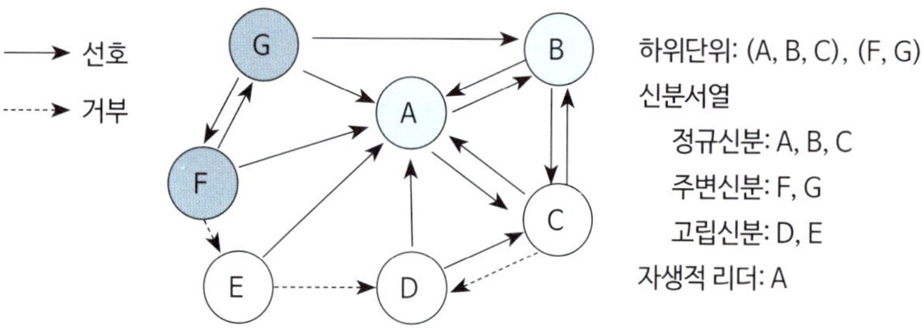

그림 9.3 소시오그램 예제

소시오매트릭스는 소시오그램에서 나타나는 집단 구성원들간의 관계를 수치에 의하여 계량적으로 분석할 수 있다. [표 9.1]은 소시오매트릭스의 예로서 구성원 각자의 다른 구성원에 대한 선호(1), 무관심(0), 거부(−1) 관계를 모두 종합하여 집단내의 자생적 서열구조와 선호인물을 계산해 낼 수 있다.

선호신분지수(choice status index)는 구성원들의 선호도를 나타내며 가장 높은

표 9.1 소시오매트릭스 예제

구성원 \ 선호거부	A	B	C	D	E	F	G
A	X	①	①				
B	①	X	①				
C	①	①	X	-1			
D	1		1	X	-1		
E	1			-1	X		
F	1				-1	X	①
G	1	1				①	X
선호 총계	6	3	3	-2	-2	1	1
선호신분지수	1.00	0.50	0.50	-0.33	-0.33	0.17	0.17

①: 상호선호, 1: 선호, -1: 거부

점수를 얻은 구성원은 집단의 자생적 리더라고 할 수 있다.

선호신분지수 = 선호 총계/(구성원 수 - 1)

[표 9.1]은 [그림 9.3]의 소시오그램을 소시오매트릭스 형태로 나타낸 것으로, 집단 내의 신분서열은 소시오그램의 결과와 같이 선호신분지수에 의하여 A(1.00), B(0.50), C(0.50)는 정규신분, F(0.17), G(0.17)은 주변신분, D(−0.33), E(−0.33)는 고립신분으로 나타나고 있으며, A가 가장 높은 선호신분지수 값을 얻어 집단의 리더로 이해된다.

3.2 집단의 응집력

구성원들이 서로에게 매력적으로 끌리어 목표를 효율적으로 달성하는 정도를 집단 응집력(group cohesiveness)이라 하며, 집단의 내부로부터 생기는 힘을 말한다. 응집력은 집단의 사기, 팀 정신, 구성원에게 주는 매력의 강도, 과업에 대한 구성원의 관심도를 나타낸다.

집단 응집력의 정도는 구성원의 상호작용의 수를 이용한 응집력 지수로 표현하는데 소시오메트리 연구에서 집단의 응집성 지수(cohesiveness index)는 다음과 같이 표현된다.

$$\text{응집성 지수} = \frac{\text{실제 상호선호관계의 수}}{\text{가능한 상호선호관계의 총수}(= {}_nC_2)}$$

[표 9.1]의 소시오매트릭스에 나타난 7명 구성원들간의 실제 상호간의 선호관계수는 4개이며 가능한 선호관계수는 21(=$_7C_2$)로 4/21 = 0.190이 된다. 응집성 지수는 0에서 1까지의 값을 가질 수 있으며, [표 8.1]에서 구한 집단 응집성 지수는 비교적 낮은 것으로 평가할 수 있다.

응집력을 결정하는 요소 중 함께 보내는 시간이 많을수록, 가입의 난이도가 어려울수록, 집단의 구성원이 적을수록, 외부의 위협이 있을 때, 과거에 성공한 경험이 있는 경우에 응집력이 커진다. 집단의 응집력이 높은 집단일수록 구성원 상호간에 친밀감을 가지고 규범적인 동조행위가 강하다.

응집력은 구성원들의 욕구충족과 직접적인 관계가 있지만, 조직의 목적을 달성하는 집단의 성과와는 일관적인 관계를 갖지 않으며, 집단의 목표가 조직의 목적과 일치될 때 집단의 응집력과 집단의 성과 사이에 긍정적인 관계가 성립된다.

[표 9.2]는 집단 응집력의 높고 낮음과 집단 목적과 조직체 목적과의 일치 여부에 따른 집단 성과의 관계를 나타낸 것으로, 응집력이 높으며 집단의 목적과 조직

표 9.2 응집력과 집단 성과와의 관계

목적 일치도 / 집단 응집성		집단 목적과 조직체 목적의 관계	
		불일치	일치
집단 응집성	높음	집단 전체적 개인 목적 달성 (저수준 성과)	집단 전체적 조직체 목적 달성 (고수준 성과)
	낮음	개인별 개인 목적 달성 (저수준 성과)	개인별 조직체 목적 달성 (중간수준 성과)

체의 목적이 일치될 때 집단 전체적으로 조직체의 목적이 달성되는 고수준의 성과를 얻을 수 있다.

집단의 효과로는 상승효과가 있다. 상승효과 또는 시너지(synergy : system + energy) 효과는 두 개 이상의 서로 다른 개체가 힘을 합쳐 둘이 지닌 힘 이상의 효과를 내는 현상으로 전체적 효과에 기여하는 각 기능의 공동작용이나 협동을 뜻한다. 구성요소 전체가 가져오는 효과는 그 요소 각 부문들의 효과들을 단순히 합하는 것보다 크다는 것을 말하는 것으로, 1 + 1 = 2가 되는 것이 아니라 그 이상인 3 또는 4가 되는 원리를 말한다.

4 갈등 관리

복잡한 현대 조직에는 수많은 갈등이 존재한다. 조직 내에 존재하는 갈등의 유형을 분류하는 기준은 여러 가지가 있지만 크게 개인이 내부적으로 겪는 개인적 갈등(intrapersonal conflict), 개인과 개인 사이에 발생하는 대인적 갈등(interpersonal conflict), 집단과 집단 사이에 발생하는 집단간 갈등(intergroup conflict) 등으로 나눌 수 있다.

4.1 개인적 갈등

개인적 갈등(intrapersonal conflict)이란 개인 자신이 느끼는 갈등으로 욕구 좌절과 목표 갈등으로 구분할 수 있다.

4.1.1 욕구 좌절

사람이 어떤 욕구를 갖게 되면 욕구를 만족시키기 위한 원동력이 발생되는데 이러한 원동력이 차단되는 경우에 좌절을 느끼게 되고 내면적으로 갈등을 겪게 된다. 충치 때문에 먹고 싶은 초콜릿을 먹지 못할 때, 총점에서 1점이 모자라 시험에 불합격하거나 A^+ 학점을 받지 못할 때 욕구 좌절을 느낄 수 있다. 목표 달성에 관한 욕구가 좌절되면 사람들은 일반적으로 공격(aggression), 철회(withdrawal), 집착(fixation), 타협(compromise) 등의 방어 메커니즘이 작동하게 된다.

4.1.2 목표 갈등

갈등은 두 가지 이상의 상호 양립할 수 없는 목표들 중에서 개인이 어느 것을 선택해야 할지 의사결정을 내리지 못하는 경우에 발생한다. 목표 갈등은 다음 세 가지 유형으로 분류할 수 있다.

(1) 접근-접근 갈등

접근-접근 갈등(approach-approach conflict)은 두 가지 이상의 거의 동등한 가치 중에서 하나만 선택을 해야 하는 경우에 발생한다. 취직을 준비 중인 학생이 좋은 업무조건과 높은 연봉을 받을 수 있는 두 회사로부터 합격통지서를 받았다고 가정하자. 두 회사 모두 긍정적이지만 두 회사 중에서 하나를 선택해야 하기 때문에 갈등을 느낄 수 있다. 이 경우 일시적인 불안감을 갖게 하지만 나쁜 영향을 미치지는 않는다.

(2) 회피-회피 갈등

회피-회피 갈등(avoidance-avoidance conflict)은 두 가지 이상의 부정적인 결과를 초래하는 일 중에서 하나를 선택해야 하는 경우에 발생한다. 애인과 공원에서 데이트를 하고 있는데 불량배가 애인에게 시비를 걸어왔을 때, 싸워

서 다치거나 꼬리를 내리고 피하여 여자친구 앞에서 창피를 당하는 것 중에서 하나를 선택해야 하는 경우이다. 두 가지 모두 회피하고 싶은 상황으로 심각한 갈등에 빠지게 되는 것이다.

(3) 접근-회피 갈등

접근-회피 갈등(approach-avoidance conflict)은 어느 특정의 목표가 긍정적인 속성과 부정적인 속성을 모두 갖고 있을 때에 발생한다. 직장에서 바라던 승진이 이루어졌으나 자신이 거주하고 있는 지역이 아니라 다른 지역으로 발령이 난다면 가족과 떨어져 있어야 한다는 것을 생각할 때 스트레스를 받을 것이다.

개인에게 긍정적 결과와 부정적 결과를 포함하는 접근-회피 갈등으로 구성되어 있는 두 가지의 대안 중에서 한 가지만을 선택할 것을 요구할 경우를 이중 접근-회피 갈등이라 한다. 만일 당신이 장래가 유망한 야구선수이고 두 프로야구 구단에서 입단을 제안 받았다고 가정하자. 한 구단은 지난 시즌에서 우승한 구단이지만 선수들과 감독이 마음에 들지 않고, 다른 구단은 최근에 저조한 기록을 남긴 구단이지만 감독과 선수들을 좋아한다. 어떻게 하겠는가? 당신이 좋아하지 않는 사람들이 있는 이름난 구단에 가겠는가, 아니면 성적이 나쁘지만 경기하기 좋은 분위기를 갖춘 구단에 가겠는가? 이를 이중 접근-회피 갈등이라 한다.

4.1.3 역할 갈등

역할 갈등이란 구성원들의 역할 기대와 실제 역할 행동 간에 차이가 생길 때 발생한다.

4.2 대인적 갈등 해결 유형

대인적 갈등(interpersonal conflict)이란 개인과 개인 사이에서 발생하는 갈등이다.

대인적 갈등이 야기되었을 때 대처하는 방법으로는 lose-lose approach, win-lose approach, win-win approach 등 세 가지가 있다. lose-lose approach는 양쪽 모두가 물러나는 방법으로 서로가 양보나 타협을 하는 방법이다. win-lose approach는 어느 한 쪽이 이기고 다른 쪽은 지게 되는 것을 말한다. 이 방법은 경쟁심을 북돋아 응집력을 높이는 순기능이 있지만 언제나 어느 한 쪽은 지게 되어 있으므로 협조를 통한 문제해결은 어렵다. win-win approach는 대인적 갈등 해결의 가장 바람직한 해결 방안으로 양자 모두가 이익을 보는 방법이다.

또 다른 해결 방법으로는 자신의 이익 추구 정도와 상대방의 이익 추구 정도 측면을 **[그림 9.4]**와 같이 회피, 경쟁, 순응, 협동, 타협으로 분류할 수 있다. 회피(avoiding)란 자신의 이익이나 상대방의 이익에 모두 무관심한 방안이며, 경쟁(competing)이란 상대방의 이익을 희생하여 자신의 이익을 추구하는 방안이다. 순응(accommodating)이란 자신의 이익은 희생하면서 상대방의 이익을 만족시키는 방안이며, 협동(collaborating)은 자신과 상대방의 이익 모두를 만족시키려는 방안이다. 마지

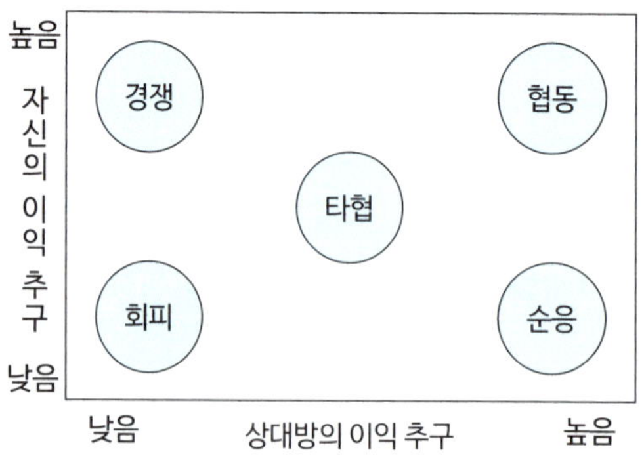

그림 9.4 대인적 갈등의 해결 유형

막으로 타협(compromising)은 자신과 상대방 이익의 중간 정도를 만족시키려는 갈등 해결 방안이다.

4.3 집단간 갈등

집단간 갈등(intergroup conflict)이란 조직 내의 집단과 집단 사이에서 발생하는 갈등을 말한다.

4.3.1 집단간 갈등의 종류

집단간의 갈등은 여러 가지 형태로 나타나지만 계층적 갈등, 기능적 갈등, 라인-스태프 갈등, 공식-비공식 조직간의 갈등, 문화적 차이에 의한 갈등 등으로 분류할 수 있다. 계층적 갈등은 조직체의 계층간에 발생하는 갈등으로 관리자와 구성원, 상위층과 하위층 간의 갈등 등을 포함한다. 기능적 갈등은 부서간 또는 팀간의 업무 기능상의 역할 차이에 의한 갈등을 의미하며, 라인-스태프 갈등은 실무 라인과 전문 스태프 부서 간의 갈등을 의미한다. 문화적 차이에 의한 갈등은 성, 연고관계, 종교 측면에서 구성원들의 다양한 배경 차이에서 발생한다.

4.3.2 집단간 갈등 요인

집단간의 갈등에는 여러 가지 요인들이 작용하고 있다. 집단간 갈등의 요인으로는 ① 집단간의 목표 차이, ② 동일한 사안을 바라보는 집단간의 인식 및 지각 차이, ③ 제한된 자원, ④ 과업 목적과 기능에 따른 집단간 견해와 행동 경향의 차이 등이 있다.

4.3.3 집단간 갈등 관리

집단간 갈등을 관리하는 방안으로는 갈등의 해소와 갈등의 촉진을 고려할 수 있다. 즉, 집단간 갈등이 너무 심한 경우에는 갈등의 역기능을 줄이기 위하여 갈등의 해소 방안을 강구해야 하며, 갈등이 너무 없을 경우에는 갈등의 순기능 측면에서 갈등을 촉진시키는 방안을 고려할 수 있다.

집단간 갈등을 해소하는 방안으로는 갈등관계에 있는 당사자들이 함께 추구해야 할 새로운 상위 목표를 제시하거나 갈등의 원인을 찾아 공동으로 문제를 해결하는 방법이 있다. 제한된 자원의 획득으로 인하여 갈등이 발생되었을 때에는 자원을 확충시켜 주는 방법도 이용된다. 한편으로는 갈등관계에 있는 집단들의 구성원들의 직무순환(job rotation)을 실시하여 상호 유사성이나 공동의 이익을 강조하거나, 극단적으로는 갈등 집단의 통합이나 조직구조를 개편함으로써 갈등의 원인을 제거하는 방법이 있다.

조직 내의 갈등이 너무 없을 경우에는 새로운 구성원을 투입하여 혁신적인 과업을 담당하게 함으로써 새로운 분위기를 조성하거나 조직의 구조를 개편하여 직무를 새로이 설계함으로써 긴장을 촉진하는 방안이 있다. 또한, 포상이나 상여금 등을 이용하여 집단별로 경쟁을 유도하는 방법도 이용된다.

5 리더십

5.1 리더와 리더십

조직체의 목적을 효과적으로 달성하려면 개인과 집단의 협조가 필요하며, 개인과 집단의 협조는 그들과 직접적으로 상호작용을 하는 리더(leader)의 역할 없이는

수행될 수 없다. 리더십(leadership)은 개인행동과 집단행동을 형성하고 이들 행동을 조직 성과에 연결시키는 중요한 요소이다. 임진왜란 당시 이순신 장군이 부족한 전함과 병력으로 왜군과 싸워 대승을 거둘 수 있었던 것도 뛰어난 리더십 때문이라는 것은 널리 알려진 사실이다.

리더십에 대한 정의는 리더십을 보는 입장에 따라 상이한 의미를 지니고 있다. 첫째, 리더가 지니고 있는 성격 특징에 근거해서 리더십을 설명하는 것으로 '리더십이란 공통의 문제를 추구하는 데 있어 특정한 성격의 소유자가 그의 의지, 감정 및 통찰력 등으로 다른 구성원들을 이끌어 가고 다스리는 특성'이라고 정의할 수 있다. 둘째는 목표 달성과 구성원의 행동 유도에 대한 영향력을 강조한 것으로 '리더십이란 집단 구성원에게 자발적으로 최선의 행동을 하게 함으로써 집단의 목표에 도달할 수 있게 하는 것'으로 정의된다. 셋째는 인간관계와 상호작용을 강조한 정의로 '리더십이란 집단의 어떤 특정 개인과 구성원들과의 사회적 상호작용의 형태이고 리더와 구성원과의 역할 행동'이라 정의된다. 이상의 정의들을 종합하여 보면 리더십이란 일정한 상황에서 목표달성을 위하여 개인이나 집단의 행위에 영향력을 행사하는 과정이라고 할 수 있다. 리더십은 리더와 구성원 및 상황의 함수 관계인 $L=f$(리더, 구성원, 상황)으로 표시할 수 있다.

5.2 리더십과 헤드십

집단의 구성원들에 의하여 선출되는가 아니면 집단의 외부 요소에 의하여 선출되는가에 따라 외부에 의해 선출된 지도자들의 경우를 헤드십(headship) 또는 명목상의 리더십이라고 한다. 반면에 집단 내에서 내부적으로 선출된 지도자를 리더십 또는 사실상의 리더십이라 한다. [표 9.3]은 헤드십과 리더십의 차이를 비교 설명한 표이다.

일반적으로 헤드십은 구성원들의 활동을 감독하고 지배할 수 있는 권한을 보장받고 인사권을 가지게 된다. 그러나 리더의 역할을 못하면 구성원들은 임명된 헤드를 위해 자진해서 열심히 일하지 않고 위에서 하라니까 한다는 식의 경향을 보인다. 진정한 지도자는 집단의 협력을 조성하며 집단의 연대감각과 응집력을 증가시켜서 구성원들이 자발적으로 지도자와 함께 일할 수 있게 만들어야 한다.

표 9.3 리더십과 헤드십의 비교

개인과 상황변수	리더십	헤드십
권한 행사	선출된 리더	임명된 헤드
권한 부여	밑으로부터 동의	위에서 위임
권한 근거	개인능력	법적 또는 공식적
권한 귀속	집단목표에 기여한 공로 인정	공식화된 규정에 의함
구성원과의 관계	개인적인 영향	지배적
책임 귀속	리더와 구성원	헤드
구성원과의 사회적 간격	좁음	넓음
지휘 형태	민주주의적	권위주의적

5.3 리더십의 권한과 기능

리더들은 주어진 상황이나 구성원들의 특성, 자신들의 개인적인 특성에 의하여 여러 가지 서로 다른 권한을 가지고 있는데, 권한의 종류는 조직이 리더에게 부여한 권한과 리더 자신이 자신에게 부여한 권한으로 구분할 수 있다.

조직이 리더에게 부여하는 권한으로 보상적 권한과 강압적 권한, 합법적 권한이 있다. 조직의 리더들은 보상적 권한을 부여받는데 구성원들에게 승진이나 포상 등의 보상을 할 수 있는 능력을 의미한다. 이로 인해 리더들은 구성원들을 매우 효과적으로 통제할 수 있으며 구성원들의 행동에 영향을 끼칠 수 있다. 또한 리더들에게는 강압적 권한이 부여되는데, 이 권한으로 구성원들을 징계하거나 처벌할 수 있다. 리더들은 합법적 권한도 갖게 되며, 조직의 규정에 의하여 권력 구조가 공식화된 것

을 의미한다. 예를 들면 경찰이나 군대 조직에서와 같이 리더의 권리와 이 권한을 받아들여야 하는 구성원들의 의무를 합법화한 것을 들 수 있다.

리더가 자신에게 부여한 권한은 구성원들이 리더의 성격이나 능력을 인정하고 자진해서 따르는 존경이라고 할 수 있다. 위임된 권한은 리더가 정한 목표를 구성원들이 자신의 것으로 받아들이고 목표를 성취하기 위하여 리더와 함께 일하는 것이다. 전문성의 권한은 리더가 집단의 목표 수행에 필요한 분야에 얼마나 많은 전문적인 지식을 갖고 있는가와 관련된 권한이다. 리더가 주어진 업무와 전문적인 지식을 갖고 있다는 것을 구성원들이 인정하게 되면 더욱 더 자발적으로 리더를 따르게 될 것이기 때문이다.

리더의 기능은 집단의 유형이나 속성에 따라 달라지지만 환경 판단의 기능, 집단의 목표 달성 기능, 통일 유지의 기능으로 요약할 수 있다.

환경 판단의 기능은 리더가 자신을 포함한 집단 내외의 상황에 대한 자료를 분석, 정리하여 정확하게 상황을 인지하고 조직을 올바른 방향으로 이끌어 가도록 해야 하는 기능이다. 집단의 목표 달성 기능은 집단의 목표를 결정하고 구체적인 계획을 세워서, 구성원들을 조직화하고 추진하는 기능이다. 통일 유지의 기능은 집단 구성원들의 일체감, 연대감을 조장하고, 집단의 통일성을 유지하기 위한 기능을 의미한다.

리더가 실질적인 조직 활동에서 담당하게 되는 역할은 매우 다양하다. 리더의 역할을 정리하면 다음과 같이 서술할 수 있다.

어떠한 집단이나 리더의 가장 뚜렷한 역할은 집단의 방침이나 목표를 결정하고 집행하는 집행자로서의 역할이다. 리더는 전문가로서의 역할도 부여받는데 이용 가능한 정보나 기술에 관한 정보원으로서의 역할을 수행한다. 특히, 비공식 집단이나 자발적 집단의 경우에는 리더에게 중요한 기술적 정보를 요구하는 사례가 많다. 집단의 규모가 커지면 구성원 모두가 다른 집단이나 외부 인사와 직접 접촉하기는 어렵기 때문에 리더가 집단을 대표하여 집단의 요구와 외부의 요구를 절충하는 역할을 담당하게 된다. 따라서 리더는 집단 대표로서의 역할이 있다. 리더는 일반 구성원에 대해 상벌을 적용하는 집행자로서의 역할이 있으며, 이러한 기능으로 집단을 통제할 수 있게 된다. 리더는 집단 구성원의 모범이 되어야 한다. 흔히 리더가 모델로서 내보이는 행동은 집단 구성원에게 행동지침이 되므로, 리더는 모범자로서의 역할도 있다. 어떠한 집단에서나 리더는 구성원 각자가 하는 행동이나 결정에 대한 책임을 대행하는 개개인의 책임 대행자로서의 역할도 부여된다. 또한, 리더는 상당히 선망이 되는 사람으로 생각되지만, 반대로 구성원의 욕구가 좌절되거나 실망할 경우 공격의 대상이 되는 희생양으로서의 역할도 종종 있다.

5.4 리더십 이론

오늘날 개인 활동보다 집단 활동이 더욱 중요시되어 리더십에 대한 관심은 더욱 높아져서 유능한 리더를 선발하고 리더십을 개발, 육성하는 방안을 모색하려는 연구가 활발히 추진되고 있다. 리더십 이론은 이론의 특성과 흐름에 따라 리더의 특성에 착안한 특성 이론, 리더의 행동에 착안한 행동론적 접근 방법 및 상황에 착안한 상황 이론적 접근 방법으로 구분할 수 있다.

5.4.1 특성 이론

특성 이론에서는 리더의 기능 수행과 리더로서의 지위 획득 및 유지가 리더 개인의 성격이나 자질에 의존한다고 주장하며, 리더의 성격 특성을 분석·연구한다. 따라서 리더에게 필요한 심리적·신체적인 모든 특성을 과학적으로 조사하며 리더로서의 적격 여부를 판정하는 데 있어 성공적인 리더의 자질을 근거로 하는 귀납적 논리를 사용한다. Barnard는 리더의 자질로서 지구력과 인내력, 설득력, 책임감, 지적 능력 등을 들었으며, Hellriegel은 지능, 사회적 성숙도 및 관용, 성취 의욕과 내적 동기, 정직성 등을 리더의 자질로 들었다.

리더의 구비 요건을 종합하면 화합성, 통찰력, 정서적 안전성 및 활발성 등을 들 수 있다. 화합성 측면에서 리더는 구성원들의 정서적 요구에 대한 호응력을 지녀야 한다. 구성원들이 원하는 바를 알아차릴 수 있어야 하며 어느 정도 그들의 기분과 상통할 수 있어야 한다. 또한 리더는 구성원들로부터 집단의 한 구성원으로 수용될 수 있어야 한다. 구성원들이 늘 멀리하는 한 리더로 인정받기는 어려운 것이다. 통찰력 측면에서 리더는 자신과 그의 조직이 처해 있는 현재의 입장과 장래의 전망을 살펴볼 수 있는 능력이 있어야 한다. 즉, 리더는 상황을 인지할 수 있어야 하고, 부분과 전체와의 관련성 또는 문제의 전체적 윤곽을 파악할 수 있는 능력을 갖추고 있어야만 조직을 올바른 방향으로 이끌어 갈 수 있는 것이다. 정서적 안정성 및 활발성 측면에서 리더는 정서적으로 안정되어 있어야 한다. 즉, 항상 마음의 균형과 침착성을 잃지 않고, 집단 내외로부터 받는 공격, 냉담 등의 문제를 처리할 수 있는 역량을 갖추어야 한다. 또한 리더는 집단의 다른 구성원들보다 명랑하고 열의가 있으며 표현능력이 있어야 한다. 즉, 즐거울 때나 괴로울 때나 활발하게 집단을 이끌어 나감으로써 집단의 사기를 일정 수준으로 유지시켜야 한다.

5.4.2 행동 이론

리더십에 관한 행동 이론은 리더가 취하는 행동에 역점을 두고 리더십을 설명하는 이론이다. 행동 이론에 입각한 리더는 자신의 행동에 따라 집단 구성원에 의해 리더로 선정되며, 나아가 리더로서의 역할과 리더십이 결정된다고 한다. 따라서 집단의 성격에 따라 리더에게 요구되는 행동 유형이 달라질 수 있다.

리더의 행동을 연구하는 리더십 행동 이론에는 여러 가지가 있지만 그 중 독재적-민주적 리더십, 구조주도적-배려적 리더십, 관리 그리드 리더십으로 구분할 수 있으며, 다음 절에서 구체적으로 설명한다.

5.4.3 상황 이론

상황 이론은 리더에게 초점을 맞추는 것이 아니라 리더가 처해 있는 상황을 강조하고 분석한다. 상황 이론에 의하면 리더란 상황의 산물이기 때문에 상황이 요구하는 리더의 형태가 있는데 리더가 이에 부응하게 될 경우에 효율적인 리더십이 발휘된다는 것이다.

상황 이론 중의 하나는 리더의 유형을 분류하는 데에 가장 싫어하는 동료 지수(LPC: the least preferred co-worker) 점수를 사용하는 것이다. LPC 점수는 리더들이 자기가 가장 싫어하는 동료를 어떻게 평가하는가에 대한 점수로서 과업지향형(task-oriented leader) 리더와 관계지향적 리더(relation-oriented leader)로 분류된다. 자기가 싫어하는 동료를 관대하게 평가하는 리더는 LPC 점수가 높고 대인관계를 통하여 높은 수준의 만족감을 얻는 관계지향성을 지닌 리더들이며, 싫어하는 동료를 부정적으로 평가하는 리더는 LPC 점수가 낮고 과업지향형 리더로 평가된다.

5.5 리더십의 유형

리더의 행동을 연구하는 리더십 행동 이론에는 여러 가지가 있지만 그 중에 독재적-민주적 리더십, 구조주도적-배려적 리더십, 관리 그리드 리더십으로 구분할 수 있다.

독재적-민주적 리더십 이론은 의사결정 과정에서 나타나는 리더의 행동을 독재적 리더십(autocratic leadership), 민주적 리더십(democratic leadership), 자유방임적 리더십(laissez-faire leadership)으로 분류한다. [표 9.4]는 리더십에 따른 집단 구성원의 반응을 나타낸다.

독재형은 자신의 권위를 앞세워 구성원들에게 명령하고 지시하며, 과업에 높은 관심을 갖는 형이다. 민주형은 과업을 계획하고 수행하는 데에 있어서 구성원과 함께 책임을 공유하고 인간에 대하여 높은 관심을 갖는 형이다. 독재형은 맥그리거의 X 이론에 근거를 두고 있으며, 모든 정책이 리더에 의하여 결정된다. 민주형은 Y 이론에 입각하여 모든 정책이 집단 토의나 결정에 의해 이루어진다. 독재형 리더십

에서는 구성원들의 불만이 높고 사기도 낮은 편이며, 민주형 리더십에서는 구성원 상호간은 물론 리더와 구성원 간의 관계가 신뢰, 존경으로 결합되기 때문에 협조적, 자발적으로 일이 행해져서 생산성과 사기가 높게 나타난다. 자유방임형 스타일은 리더가 구성원에게 최대의 자유를 허용함으로써 어느 면에 있어서는 리더십 기능이 발휘되지 않는 상태라고도 할 수 있다.

표 9.4 리더십에 따른 집단 구성원의 반응

민주형	독재형	자유방임형
• 리더를 존경 • 의사교환이 원활함 • 구성원간의 상호관계 원만 • 과업수행에 성의, 연대감 • 자발적 행동이 나타남 • 통찰력 발휘	• 리더에게 복종적이나 반감 • 작업량 많으나, 질 낮음 • 의견교환이 제한되고 의존적 • 구성원간의 적대심, 공격성 • 내적 불만과 연대감 부족 • 개성을 발휘하지 못함	• 리더를 타인으로 간주 • 낭비, 파손품 많음 • 의견교환이 없음 • 독자적 행동 • 연대감 없음 • 개성이 강함

독재적 리더십에 의해 집단의 생산성을 높이기 위하여 압력이 가해지거나 벌이나 위협을 사용하는 경우에 단기적인 효과는 있지만 장기적으로는 오히려 생산성에 역효과를 가져오는 경우가 많다. 반면에 민주적 리더십은 구성원들의 참여에 따른 적극적인 태도에 의하여 장기적인 생산성에 좋은 효과를 가져온다. 자유방임형 리더십은 구성원들간의 혼란과 갈등을 야기함으로써 생산성에 역기능적 효과가 있는 것으로 인식되고 있다.

구조주도적-배려적 리더십 이론은 오하이오 대학의 리더십 연구팀의 연구결과로 리더를 구조주도적(initiating structure) 리더와 배려적(consideration) 리더로 분류

한다. 구조주도적 리더십은 구성원들의 성과 환경을 구조화하는 리더십 행동으로서 구성원의 과업을 설정, 배정하고 구성원과의 의사소통 네트워크를 명백히 하는 한편, 성과도 구체적으로 정확하게 평가하는 행동 유형을 말한다. 배려적 리더는 관계지향적, 인간중심적으로 인간에 관심을 가지고 있으며 온화한 인간관계, 신뢰, 리더의 행위 설명, 구성원들의 의견 수렴과 같은 행동을 하는 유형이다. 구조주도적-배려적 리더십 이론은 조직의 상황적인 요소들에 대한 영향이 고려되지 않았고, 리더와 구성원들이 기술한 설문지에 의해 리더의 유형을 분류할 때 리더와 구성원들이 기술한 내용의 관련성이 적을 수 있다는 점에서 비판을 받고 있다.

관리 그리드 이론(managerial grid theory)은 블레이크와 모우톤(Blake and Mouton)이 구조주도적-배려적 리더십 개념을 연장시켜 정립한 이론이다. 관리 그리드 이론은 리더십을 인간중심(people concern)과 과업중심(production concern)으로 나누고 이를 9등급씩의 그리드로 계량화하여 리더의 행동 경향을 표현해서 **[그림 9.5]**와 같은 주요유형으로 분류하였다. 이들 유형은 리더의 행동 경향을 측정하는 설문지를 리더 자신이 기입하여 분류하게 된다.

(1) 무관심형: (1,1)형으로 과업 달성 및 인간관계 유지에 모두 관심을 갖지 않는 리더십 유형으로 리더 자신의 직위를 유지하는 데에만 최소한의 노력을 하는 유형이다.

(2) 인기형: (1,9)형으로 인간에 대한 관심은 매우 높은 반면 과업에 관한 관심은 낮은 리더십 유형으로 구성원의 만족과 구성원과의 친밀한 관계를 유지하기 위하여 최대한 노력을 기울이는 유형이다.

(3) 과업형: (9,1)형으로 인간관계 유지에는 낮은 관심을 보이지만 과업에 대해서는 높은 관심을 보이는 리더십 유형이다.

(4) 타협형(중도형): (5,5)형으로 과업과 인간관계 유지에 모두 적당한 정도의 관심을 갖는 리더십 유형이다.

(5) 이상형(팀형): (9,9)형으로 과업과 인간관계 유지 모두에 높은 관심을 갖는 리더십 유형으로 가장 이상적인 유형이다.

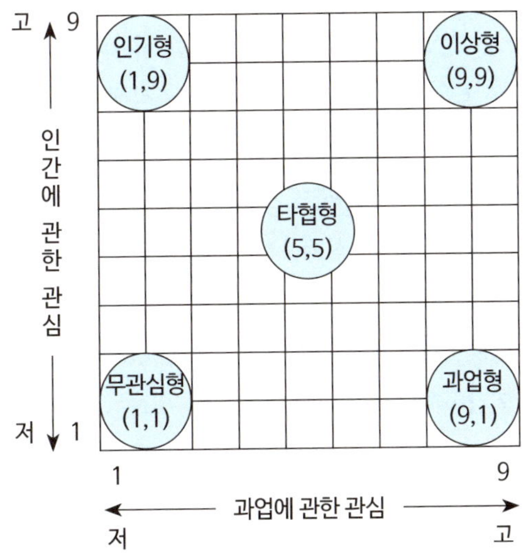

그림 9.4 대인적 갈등의 해결 유형

일반적으로 민주적 리더십, 구조주도와 배려가 모두 높은 리더십, 그리고 과업과 인간에 대한 관심도가 모두 높은 리더십이 집단 성과와 구성원의 만족감을 높여주는 것으로 나타나고 있다.

- 고마츠바라 아키노리, 안전인간공학의 이론과 기술, 세진사, 2018.
- 김경수, 김공수, 조직행동론, 법문사, 2019.
- 김승호, 윤석준, 양혁승, 임우택, 조기홍, 지용선, 안전문화 이해와 적용, 국한에듀, 2018.
- 김태열외 공역, Stephen, P. R. et al., 조직행동론 (16판), 한티미디어, 2015.
- 문광수 역, Paul E. Levy, 산업 및 조직심리학(제5판), 시그마프레스, 2018.
- 박계홍외 공역, Jason, A. C. et al., 성과향상을 위한 조직행동론, McGraw-Hill, 2015.
- 박세영외 공역, Michael G. A., 산업 및 조직 심리학 (제8판), Cengage Learning, 2017.
- 박형인, 김정남역, Aamodt, M. A., 산업 및 조직 심리학(8판), 학지사, 2017.
- 서재현외 공역, Christopher P. N., 조직행동론, 2018년.
- 유태용역, Muchinsky, P. M. et al., 산업 및 조직심리학(11판), 시그마프레스, 2016.
- 정병용, 디자인과 인간공학, 민영사, 2012.
- 정병용, 이동경, 현대 인간공학(4판), 민영사, 2016.
- 정진우, 산업안전보건관리의 이론과 실제, 중앙경제, 2015.
- 한인연, 인간공학 응용문제, 민영사, 2012.
- 橋本邦衛, 安全人間工學, 中央勞動災害防止協會, 1984.
- Antonsen, S., Safety culture: theory, method and improvement, CRC Press, 2009.
- Cooper, M.D., Towards a model of safety culture, Safety Science, 36, 111-136, 2000.
- Edwards, J.R.D., Davey, J., Armstrong, K., Returning to the roots of culture: A review and re-conceptualisation of safety culture, Safety Science, 55, 70-80, 2013.
- Fleming, M., Safety culture maturity model, HSE Books, 2001.
- Flin, R. et al., Measuring safety climate: identifying the common features, Safety Science, 34, 177-192, 2000.
- Guldenmund, F.W., The nature of safety culture: a review of theory and research, Safety Science, 34, 215-257, 2000.
- Hewitt, M., Relative culture strength: a key to sustainable world class safety performance, DuPont Safety Resources, Wilmington, DE, 2011.
  https://www.dupont.com/products-and-services/consulting-services-process-technologies/articles/safety-performance.html
- Hudson, P., Applying the lessons of high risk industries to health care, Quality & Safety in Health Care, 12, i7–i12, 2003.

▪ INSAG, Safety culture, Safety Series No. 75–INSAG–4, IAEA, Vienna, 1991.
▪ INSAG, Key Practical Issues in Strengthening Safety Culture, INSAG-15, IAEA, Vienna, 2002.
▪ Reason, J., Achieving a safe culture: theory and practice, Work & Stress, 12(3), 293-306, 1998.
▪ Riggio, R. E., Introduction to Industrial/Organizational Psychology, 7th Ed. Routledge, 2017.
▪ Wilson, J. Q., Kelling, G. L., Broken windows : The police and neighborhood safety, The Atlantic Monthly, 249, 1982.

연습문제

01 다음 중 사회적 집단의 정의와 거리가 먼 것은?

① 버스 정거장에서 버스를 기다리는 사람들
② 버스에 같이 탄 승객들
③ 야구장에 모인 사람들
④ ○○대학교 학생회 간부들

02 다음 중에서 호손실험 결과에서 나타난 생산성 향상에 영향을 미치는 주요인은?

① 생산기술　② 리더십　③ 작업환경　④ 인간관계

03 집단 구성원들이 서로에게 매력적으로 끌리어 집단 목표를 공유하는 정도를 무엇이라 하는가?

① 리더십　② 집단 응집성　③ 집단 역학　④ 집단 역할

04 다음 중에서 집단에 대한 설명 관계가 적절하지 않은 것은?

① 집단 규범: 구성원들의 행동 기준
② 집단 역할: 지위를 보존하기 위한 활동
③ 집단 지위: 상대적 가치와 서열
④ 1차 집단: 임시적으로 접촉하는 집단

05 다음 중에서 집단에 대한 설명으로 올바른 것은?

① 공식 집단: 임시적으로 접촉하는 집단
② 준거 집단: 조직내 신분을 원하는데 아직 그 위치에 있지 않은 사람들의 집단

해답 : 1. ④, 2. ④, 3. ②, 4. ④, 5. ②

③ 세력 집단: 자연발생적 조직으로 인간관계를 강조하는 집단

④ 1차 집단: 조직의 의사결정권을 행사하는 실권자 집단

06 다음 중에서 역할 수행자의 설명으로 가장 적절한 내용은?

① 역할 기대와 전달　　② 역할 인식과 행동

③ 역할을 지각하고 평가　　④ 역할 기대와 행동간의 차이

07 다음의 역할 형성과 관련된 그림의 A, B, C, D에 들어갈 내용이 적절한 것은?

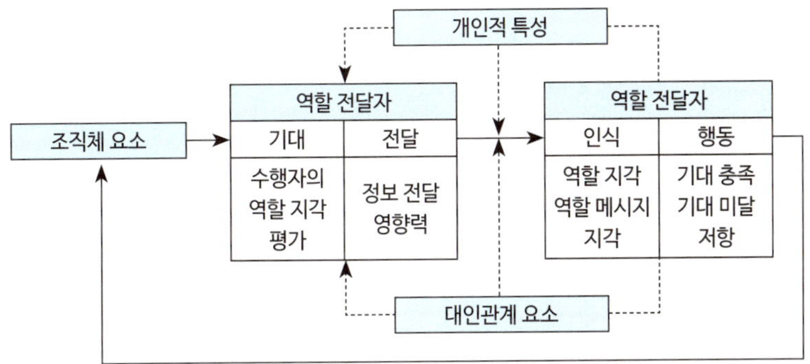

① A: 역할 전달　　② B: 역할 행동

③ C: 역할 인식　　④ D: 역할 기대

08 다음 중에서 역할 갈등의 주요 원인으로 거리가 가장 먼 것은?

① 역할 모호성　　② 역할 무능력

③ 역할 부조화　　④ 역할 마찰

해답 : 6. ②, 7. ③, 8. ③

09 다음 그림의 A, B, C에 들어갈 용어가 순서대로 적절하게 연결된 것은?

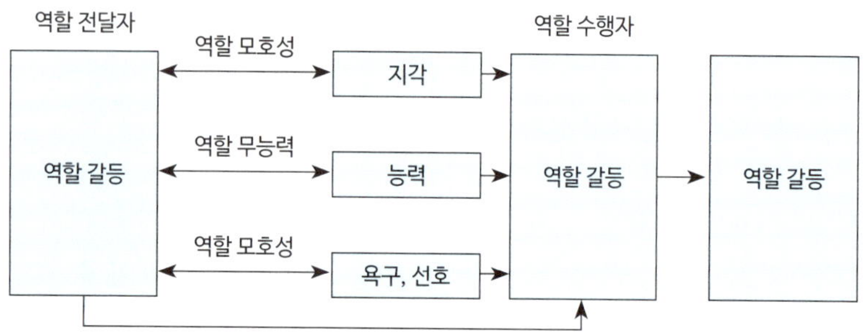

① 역할 모호성, 역할 무능력, 역할 마찰

② 역할 모호성, 역할 마찰, 역할 무능력

③ 역할 마찰, 역할 무능력, 역할 모호성

④ 역할 마찰, 역할 모호성, 역할 무능력

10 다음 소시오그램에 대한 분석으로 부적절한 것은?

① 자생적 리더: A

② 정규신분: A, B, C

③ A의 선호신분지수: 0.5

④ 응집성 지수: 0.190

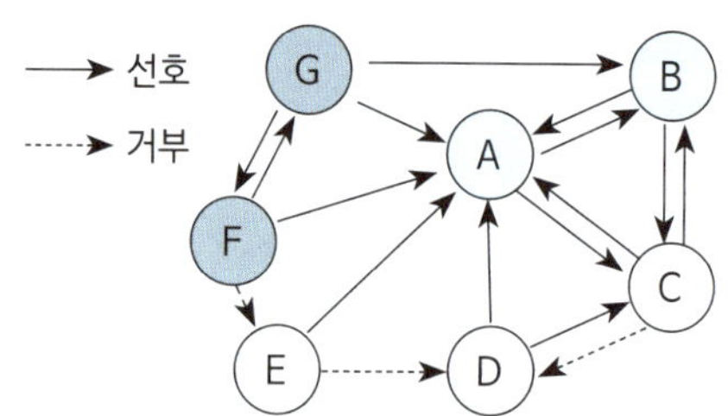

11 두 개 이상의 서로 다른 개체가 힘을 합쳐 둘이 지닌 힘 이상의 효과를 내는 현상은?

① 시너지 효과 ② 견물 효과

③ 동조 효과 ④ 응집성 지수

12 다음 집단의 응집력과 관련된 설명으로 가장 거리가 먼 것은?

① 상호간의 선호관계의 횟수에 따라 집단 사기를 표현한다.

해답 : 9. ①, 10. ③, 11. ①, 12. ④

② 구성원들이 서로에게 매력적으로 끌리어 목표를 효율적으로 달성하는 정도

③ 집단의 내부로부터 생기는 힘

④ 함께 보내는 시간이 많을수록, 가입의 난이도가 어려울수록 응집력은 떨어진다.

13 다음 집단의 응집력에 대한 설명으로 거리가 먼 것은?

① 함께 보내는 시간이 많을수록 응집력이 높다.

② 가입의 난이도가 쉬울수록 응집력은 낮다.

③ 집단의 구성원이 적을수록 응집력은 낮다.

④ 과거에 성공한 경험이 있는 경우에 응집력이 높다.

14 취직을 준비 중인 학생이 좋은 업무조건과 높은 연봉을 받을 수 있는 두 회사로부터 합격통지서를 받았을 때 한 회사를 선택할 때 느끼는 갈등은?

① 욕구 좌절 ② 접근 – 접근 갈등

③ 회피 – 회피 갈등 ④ 접근 – 회피 갈등

15 다음 중에서 자신의 이익이나 상대방의 이익에 모두 무관심한 갈등 해결방안은?

① 회피 ② 경쟁 ③ 순응 ④ 타협

16 어느 특정의 목표가 긍정적인 속성과 부정적인 속성을 모두 갖고 있을 때 발생하는 갈등은?

① 욕구 좌절 ② 접근 – 접근 갈등

③ 회피 – 회피 갈등 ④ 접근 – 회피 갈등

해답 : 13. ③, 14. ②, 15. ①, 16. ④

17 17. 다음 갈등 해소 방안에 대한 그림 설명으로 연결이 바르게 된 것은?

① A: 회피
② B: 경쟁
③ C: 순응
④ D: 협동

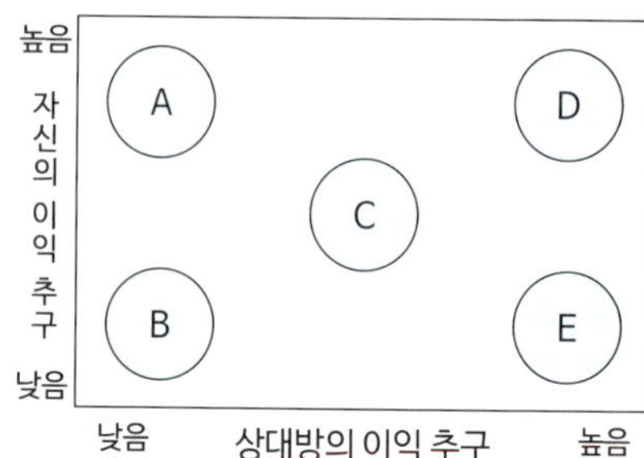

18 다음 중에서 자신의 이익은 희생하면서 상대방의 이익을 만족시키는 갈등 해결 방안은?

① 회피　② 경쟁　③ 순응　④ 타협

19 다음 중에서 집단간의 갈등 요인으로 가장 거리가 먼 것은?

① 집단간의 목표 차이　② 집단간의 인식 및 지각 차이
③ 제한된 자원　④ 욕구 좌절

20 다음 중에서 집단간의 갈등을 해소하는 방법으로 갈등의 역기능을 제거하는 측면에서의 방안이 아닌 것은?

① 상위 목표를 제시　② 공동으로 문제 해결
③ 자원의 확보　④ 집단별로 경쟁을 유도

21 다음 중에서 조직이 리더에게 부여하는 권한과 거리가 먼 것은?

① 보상적 권한　② 강압적 권한
③ 합법적 권한　④ 전문성의 권한

해답 : 17. ④, 18. ③, 19. ④, 20. ④, 21. ④

22 리더십과 비교하여 헤드십에 대한 특징을 설명한 것으로 가장 거리가 먼 것은?

① 외부에 의해 선출된 지도자

② 법적 또는 공식적 권한 근거

③ 권위주의적 지휘 형태

④ 구성원과의 사회적 간격이 좁다.

23 다음 중에서 집단 내외의 상황에 대한 자료를 분석, 정리하여 정확하게 상황을 인지하고 조직을 올바른 방향으로 이끌어 가도록 하여야 하는 리더의 기능은?

① 환경 판단의 기능

② 통일 유지의 기능

③ 목표 달성 기능

④ 전문성의 기능

24 다음 중에서 리더십 이론에 관한 설명으로 적절하지 않은 것은?

① 특성 이론: 리더의 자질과 특성

② 특성 이론: 독재적 리더십과 민주적 리더십

③ 행동 이론: 리더의 행동 유형 분석

④ 상황 이론: 리더가 처해 있는 상황 강조

25 다음 중에서 자유방임형 리더십의 특징과 거리가 먼 것은?

① 리더를 타인으로 간주함

② 작업의 양과 질이 우수하다.

③ 개성이 강하고 연대감이 없다.

④ 의견 교환이 없는 편이다.

해답 : 22. ④, 23. ①, 24. ②, 25. ②

26 관리 그리드 행동 유형 중에서 가장 이상적인 리더십 유형은?

① A

② B

③ C

④ E

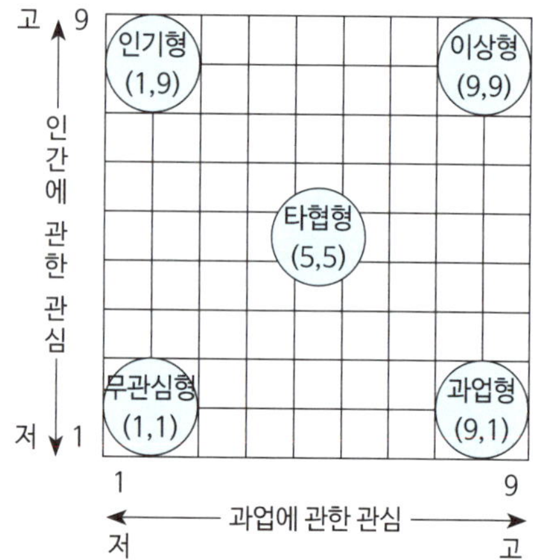

27 다음 중에서 민주형 리더십의 특징과 거리가 먼 것은?

① 맥그리거의 X 이론에 근거

② 모든 정책이 집단 토의나 결정에 의해서 이루어진다.

③ 과업 수행에 성의와 연대감을 가짐

④ 생산성과 사기가 높게 나타난다.

28 리더십에 관한 권한 중에서 징계나 처벌에 관련된 권한은?

① 강압적 권한 ② 전문성 권한

③ 합법적 권한 ④ 위임된 권한

29 관리 그리드 행동 유형 중에서 과업과 인간관계 유지에 모두 높은 관심을 갖는 리더십 유형은?

① 무관심형 ② 인기형

③ 타협형 ④ 이상형

해답 : 26. ②, 27. ①, 28. ①, 29. ④

실습문제

01 다음은 집단과 역학에 관한 질문이다.

1) 역할 갈등의 원인이 되는 3 가지 요인을 설명하시오.
2) 집단의 역학에 대하여 설명하시오.
3) 집단의 응집성을 나타내는 방법을 설명하시오.

02 다음은 집단의 갈등 관리에 관한 질문이다.

1) 개인적 갈등인 욕구 좌절과 목표 갈등에 대하여 설명하시오.
2) 욕구 좌절에 대한 방어 메커니즘에 대하여 설명하시오.
3) 목표 갈등에서 회피-회피 갈등에 대하여 설명하시오.

03 다음은 집단의 리더십에 관한 질문이다.

1) 리더십과 헤드십에 대하여 설명하시오.
2) 리더의 역할에 대하여 3가지만 설명하시오.
3) 관리 그리드 행동유형에 따른 리더십 유형으로 무관심형과 이상형에 대하여 설명하시오.

04 본인이 현재 속해 있는 집단을 구체적으로 제시하고, 역할의 상호작용에 관한 내용을 **[그림 9.1]**을 이용하여 나타내고, 역할 갈등 요인을 **[그림 9.2]**의 형식으로 나타내시오.

05 특정 집단의 구성원들에게 선호관계에 관한 질문을 하여 소시오그램과 소시오 매트릭스를 작성하고 집단 내의 하위 집단들의 성격과 응집력, 리더 등을 분석하시오.

06 갈등 해결 유형 분류

다른 사람과 갈등 관계에 있다고 가정하고 다음 설문에 대한 응답 점수와 합계를 구하시오.

설문	응답 점수	점수 합계
응답 점수: ① 매우 부정 ② 부정 ③ 보통 ④ 긍정 ⑤ 매우 긍정		
1. 내가 원하는 것을 강력히 주장한다. 2. 논쟁에서 항상 이기려고 한다. 3. 상대방에게 내 입장의 논리를 이해시키려고 노력한다.	①②③④⑤ ①②③④⑤ ①②③④⑤	
4. 의견 차이에 대해서는 말하기도 싫다. 5. 나에게 기분 나쁜 것은 피하도록 노력한다. 6. 상호간에 의견대립을 야기시키는 입장은 피한다.	①②③④⑤ ①②③④⑤ ①②③④⑤	
7. 서로 유익한 해결책을 찾도록 노력한다. 8. 상대방과 타협하도록 노력한다. 9. 상호간의 이익과 손해의 균형을 찾도록 노력한다.	①②③④⑤ ①②③④⑤ ①②③④⑤	
10. 의견이 다른 상대방의 입장을 이해하려고 노력한다. 11. 어느 상황에서도 상호간의 인간관계를 유지하려 한다. 12. 상대방이 기분 상하지 않도록 노력한다.	①②③④⑤ ①②③④⑤ ①②③④⑤	
13. 의견 차이를 솔직히 토의하는 것을 환영한다. 14. 상호간의 의견 차이를 좁히려고 노력한다. 15. 모든 문제를 확 터놓고 토의하려고 노력한다.	①②③④⑤ ①②③④⑤ ①②③④⑤	

응답 점수를 다음 영역별로 합산하여 방사형 그래프를 그리고, 점수가 큰 부분을 이용하여 어떤 형의 갈등 해결 유형에 가까운지 해석하시오.

항목	1~3 항목	4~6 항목	7~9 항목	10~12 항목	13~15 항목
영역	경쟁	회피	타협	순응	협동
점수 합계					

10 직무 스트레스

1. 스트레스 개념 및 기능
2. 직무 스트레스
3. 스트레스 요인
4. 스트레스 결과 및 관리

1 스트레스 개념 및 기능

1.1 스트레스 개념 및 기능

스트레스(stress)의 어원은 '팽팽하게 죄다'라는 라틴어 스트링게르(stringer)라는 단어에서 유래하여 14세기에 스트레스라는 용어로 정착되었으며, 당시는 고뇌, 억압, 곤란의 의미로 사용되었다. 오늘날의 스트레스라는 의미는 19세기에 나온 것으로 물체나 인간에게 작용하는 힘, 압력, 강한 영향력이라는 공학적인 의미가 강하다.

스트레스란 위협적인 환경 특성에 대한 개인의 반응이라 볼 수 있다. 즉, 스트레스는 환경의 요구가 지나쳐서 개인의 능력 한계를 벗어날 때에 발생하는 개인과 환경의 불균형, 부적합 상태를 가리키는 것이다.

[그림 10.1]과 같이 스트레스 요인(stressor)에는 소음, 진동, 열, 어두운 조명과 같은 직접적인 환경 영향뿐만 아니라 불안, 피로, 좌절 및 분노와 같은 간접적인 심리적 요인들도 포함된다. 직접적인 환경 요인들은 정보처리 수용기들에 의해 받아들여진 정보의 질이나 반응의 정확성에 영향을 미친다.

사람이 스트레스를 받게 되면 우리 몸의 자율 신경은 자동적으로 활성화된다. 즉, 스트레스 요인에 맞서기 위해 맥박, 혈압, 혈류, 혈당, 호흡 등이 증가하고 감각기관과 신경이 예민해진다. 인체는 외부 스트레스에 대해 할 수 있는 모든 방법을 동원

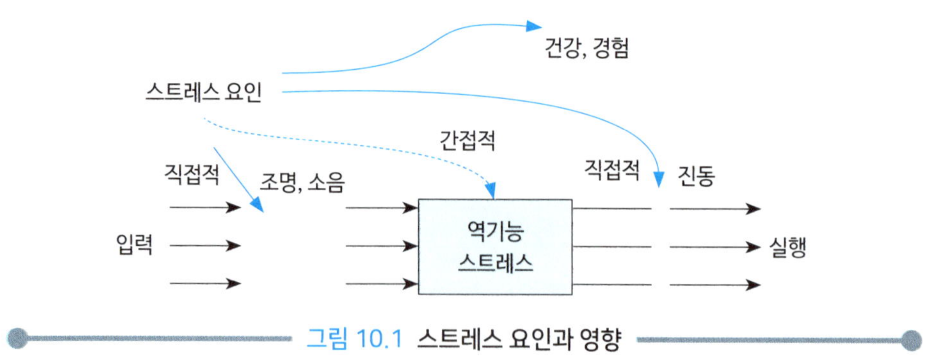

그림 10.1 스트레스 요인과 영향

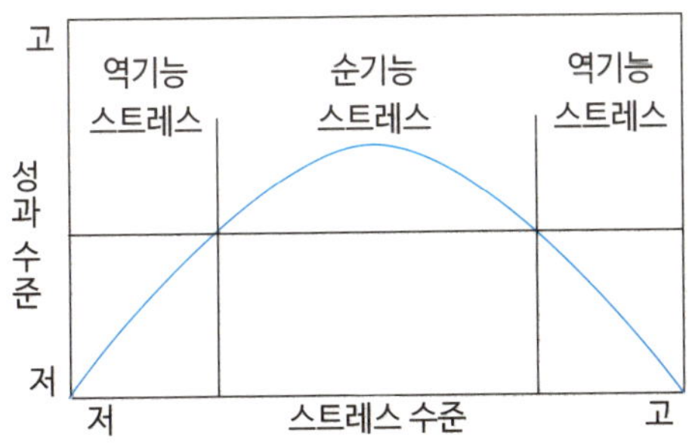

그림 10.2 **스트레스 요인과 영향**

해 대항한다. 따라서 적절한 자극은 작업 능률을 올리고, 개인의 발달에 도움을 줌으로 적당한 스트레스는 삶의 활력소가 된다.

스트레스가 '지속적이고 지나치게 강해 조절이 불가능한 상태'까지 이어지면 몸에 이상이 올 수 있다. 스트레스를 지속적으로 받게 되면 인체는 자기조절 능력을 상실하게 되고 체내 항상성이 깨져서 대뇌의 전달 물질, 신경조절 물질, 신경내분비 기능의 변화를 초래한다. 나아가 면역계의 기능 저하나, 내분비 기능 장애의 발생, 심혈관계 및 소화기계에 변화를 가져온다. 특별한 질병이 없다는 진단을 받았는데도 자율조정 균형의 변화로 만성 소화불량, 생리불순, 수면 기능 장애, 만성피로 등의 스트레스성 질환이 생기는 것이다.

[그림 10.2]와 같이 스트레스는 스트레스가 아주 없거나 너무 많을 때에는 역기능 스트레스(distress), 적정 수준이 작용할 때에는 긍정적으로 작용하는 순기능 스트레스(eustress)의 양면성을 갖고 있다. 순기능 스트레스는 스트레스의 반응이 긍정적이고 건전한 결과로 나타나는 현상으로, 조직과 개인에게 장·단기적으로 성장, 적응성 및 높은 성과 수준 등의 건설적인 결과를 가져오게 된다. 역기능 스트레스는 좋지 않은 일로 인해 발생하는 부정적인 유해 스트레스로 개인의 능력을 초과하거나 요구를 만족시켜 주지 못할 때 발생하며, 불안, 우울, 좌절 등과 함께 개인적, 조직적으로 역기능적 결과를 초래한다. 따라서 모든 스트레스가 나쁜 것은 아니며, 적당한 스트레스는 오히려 유용하므로 스트레스를 완전히 없애기보다는 부작용이 발생하지

않을 정도의 통제 가능한 적당한 수준 이내로 스트레스를 유지하는 것이 바람직하다.

좋은 스트레스와 나쁜 스트레스는 '예측'과 '통제'가 가능한지의 여부로 구분한다. 사전에 예측할 수 있어서 계획을 세울 수 있고, 이를 통해 조절과 통제가 가능하면 개인에게 부담을 주거나 질병을 일으키지 않는다. 이런 상태에서는 좋은 스트레스가 발생한다는 것이다. 반면 스트레스를 경험하는 당사자가 스트레스를 예측하지 못하고 조절할 수 없다면 나쁜 스트레스로 발전할 가능성이 높다.

2 직무 스트레스

2.1 직무와 스트레스

산업이 고도화되고 직무환경과 내용이 복잡, 다원화 됨에 따라 직장생활은 스트레스의 연속이라고 할 수 있다. 특히 경쟁이 치열해지고, 기업의 구조조정이 일반화되면서 고용 불안이나 동료와의 갈등 등으로 인하여 직무 스트레스가 심화되고 있다. 미국 국립산업안전보건연구원(NIOSH)에 따르면 미국에서는 40%의 근로자가 업무로 인해 심한 스트레스를 받고 있으며, 직장인들은 직장 문제가 생활 속의 다른 스트레스 요인보다 건강에 더 심각한 피해를 준다고 믿고 있다고 한다.

가정이나 사회생활에서 겪게 되는 일반적인 스트레스와 구분하여 조직 내의, 특히 직무와 관련된 스트레스를 직무 스트레스라고 한다. 직무 스트레스란 근로자의 심신이 정상적인 기능에서 벗어날 수밖에 없도록 직무관련 요소들이 작업자와 상호작용하여 심리적·생리적 상황을 변화시키는 조건이라고 정의할 수 있다.

NIOSH에 따르면 직무 스트레스는 직무요건이 근로자의 능력이나 자원 또는 근로자의 요구와 일치하지 않을 때에 발생하는 신체적·정서적으로 해로운 반응으로 정의할 수 있다. 위험한 일을 할 때나 마감시간의 임박으로 압박감을 받거나, 군중 앞

에 싶은 때, 초조한 상황일 때 긴장감을 심하게 느끼는 경우가 스트레스 상황이다.

직무 스트레스는 보통 두 가지 차원에서 원인을 찾는데, 사업장의 문제 등 외부적인 요인과 개인의 심리적인 변수 등의 내부적인 요인으로 구분할 수 있다. 보통 많은 사람들은 스트레스를 자신이 처한 상황, 즉 외부적인 요인 때문이라고 생각하는 경향이 강하다. 치열한 경쟁 관계, 불안한 직장 상황, 낮은 임금, 부당한 인사 조치, 과중한 업무 등 외부 문제가 스트레스의 주요 원인이라는 것이다. 하지만 외부적 요인과 함께 심리적이고 내부적인 요인도 스트레스의 결정적 요인으로 지적된다. 같은 외부 자극을 받았더라도 어떤 사람은 심한 스트레스를 받는 반면 그렇지 않은 사람들도 있기 때문이다. 자신에게 닥친 상황을 어떻게 받아들이느냐에 따라 스트레스 강도가 달라진다는 것이다. 명상, 취침, 호흡법 등 스트레스 관리 지침은 대부분 이런 개인적 차원에서 문제가 발생했다고 보는 데 따른 치유법이다.

2.2 NIOSH의 직무 스트레스 모형

NIOSH는 여러 연구가들의 스트레스 모형을 종합하여 직무 스트레스에 관한 모형을 제안하였는데 [그림 10.3]과 같이 요약된다.

NIOSH 직무 스트레스 모형에서 보면 직무 스트레스 요인은 크게 작업 요인, 조직 요인, 환경 요인으로 구분된다. 작업 요인은 작업 부하, 작업 속도, 교대 근무 등을 의미하며, 조직 요인에는 역할 갈등, 관리 유형, 의사결정 참여, 고용 불확실 등이 포함된다. 환경 요인으로는 조명, 소음 및 진동, 고열 및 한랭 등이 포함된다.

같은 직무 스트레스 요인에서도 개인들이 지각하고 상황에 반응하는 방식에는 차이가 있는데 이것을 중재 요인이라 하고, 개인적 요인, 조직 외 요인, 완충작용 요인 등이 해당된다. 개인적 요인은 성격이나 연령, 경력 등을 의미하며, 조직 외 요인은 가족상황, 교육상태, 결혼상태 등을 의미한다. 완충작용 요인은 사회적 지지, 업

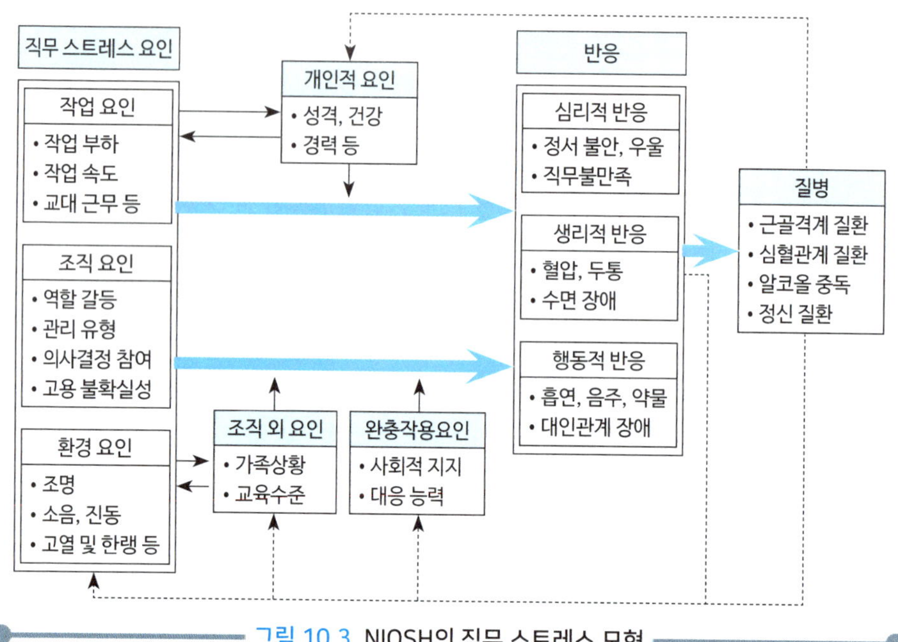

그림 10.3 NIOSH의 직무 스트레스 모형

무 숙달 정도, 대응 능력 등을 포함한다.

중재 요인에 의하여 감당이 되지 않는 경우에는 스트레스 반응이 일어나는데 정서 불안이나 우울 등의 심리적 반응, 혈압, 두통, 수면 장애 등의 생리적 반응, 흡연, 음주, 약물 복용, 대인관계 장애 등의 행동적 반응으로 나타난다. 급성 반응이 지속되면 근골격계 질환, 심혈관계 질환, 알코올 중독, 정신 질환 등의 다양한 질병에 걸릴 수 있다.

3 스트레스 요인

3.1 개인적 스트레스 요인(individual stressor)

3.1.1 생활 사건

가족의 죽음, 불치의 병에 걸린 것을 아는 것, 이혼, 실직 등과 같은 부정적 생활 사건의 속성이 스트레스를 유발하는 원인이 된다. 결혼, 아이의 출생, 승진, 새 집을 사서 이사하는 것 등은 대부분의 사람들이 긍정적으로 생각하는 것이지만, 새로운 생활방식에 적응하기 위해서는 스트레스의 원인이 될 수도 있다. 일반적으로 스트레스의 수준이 높은 몇 개의 사건이 한꺼번에, 그리고 단기간에 일어나는 경우에는 불안이나 우울증에 걸릴 가능성이 높고, 질병에 걸리는 확률도 높다고 알려져 있다.

3.1.2 통제 소재

심리학자인 로터(Rotter)는 성공이나 실패의 원인을 어디에 두느냐에 따라 내적 통제자(internal-locus of control)와 외적 통제자(external-locus of control)로 구분하였다. 내적 통제자는 자신이 자율적으로 운명을 지배하기 때문에 그들에게 일어난 모든 사건에 대해서 자신이 책임을 져야 한다고 믿고 있는 반면, 외적 통제자는 자신의 운명이 거부할 수 없는 외부의 힘에 의하여 지배된다고 믿고 있다. 내적 통제자는 스트레스 상황에 직면하면 인내심을 가지고 자신의 노력으로 대적한다. 외적 통제자들은 스트레스 환경에 직면하면 이에 대적하지 못하고 비생산적인 활동을 함으로써 스트레스를 해소하려 한다.

일반적으로 내적 통제자들은 자기 행위를 잘 통제하며 외적 통제론자들보다 스트레스 상황에서의 적응력이 높아서 스트레스를 적게 받으며 직무에 높은 만족을 나타낸다.

3.1.3 A형 성격과 B형 성격

개인의 성격을 건강과 관련시켜 연구하는 성격 유형으로 A형 성격과 B형 성격을 들 수 있다[표 10.1].

A형의 성격을 가진 사람들은 공격적이며 원하는 것을 얻기 위해서 다른 사람들에게 압력을 가하는 성향이 있으며, 여러 가지 장애가 도사리고 있는 상황에 처했을 때에 포기하기보다는 과감하게 도전을 하려고 한다. A형인 사람들은 야심적이며 정력적인 사람들로 스스로가 매우 높은 업무 기준을 세워놓고 있다. 이들은 그들이 과중한 업무에 시달릴 때조차도 더 많은 일을 떠맡으려 하며, 업무 마감시간을 넘기기 보다는 믿을 수 없을 정도의 빠른 속도로 일을 처리하려 든다. 또한 A형인 사람들은 매우 경쟁적이고 여가활동에서조차 이기려 하는 특징이 있다. 이와는 대조적으로 B형 성격인 사람들은 매사에 느긋하고 시간에 대한 압박감을 덜 느낀다. 이들은 시간에 맞추어 일하기보다는 느린 속도로 일을 처리하며, 업무 마감시간을 연장하려고 할 가능성이 높다. 또한, 일반적으로 작업 기준을 낮게 세워놓는 편이며, 여러 가지 문제를 부딪쳐서 해결하기보다는 뒤로 미루는 경향이 있다.

A형 성격에 관한 연구에서 나타난 결과는 A형인 사람들은 높은 스트레스 상황에 처할 가능성이 높고, 여러 가지 스트레스로 인한 질병으로 고통을 받을 가능성이 높다. 그러나 A형인 사람들이 노력과 경쟁적 성격임에도 불구하고 회사의 최고

표 10.1 A형 성격과 B형 성격의 비교

A형 성격	B형 성격
① 항상 분주하다. ② 음식을 빨리 먹는다. ③ 한꺼번에 많은 일을 하려 한다. ④ 수치계산에 민감하다. ⑤ 공격적이고 경쟁적이다. ⑥ 항상 시간에 강박관념을 가진다. ⑦ 여가시간을 활용하지 못한다. ⑧ 양적인 면으로 성공을 측정한다.	① 시간관념이 없다 ② 자만하지 않는다. ③ 문제의식을 느끼지 않는다. ④ 온건한 방법을 택한다. ⑤ 느긋하다. ⑥ 승부에 집착하지 않는다. ⑦ 마감시간에 대한 압박감이 없다. ⑧ 서두르지 않는다.

경영층이 되는 경우는 적었다. A형 성격은 세일즈맨이나 중간 관리자로서는 우수하지만, 자기 성찰적이고 참을성이 있으며 행동이나 일에서 서두르지 않는 B형이 회사의 최고 경영자가 될 가능성이 더 높은 것으로 나타나고 있다.

3.2 조직에 의한 스트레스 요인(organizational stressor)

3.2.1 역할 요구(role demands)

(1) 역할 갈등

역할과 관련된 기대의 불일치를 역할 갈등이라고 부르며 양립될 수 없는 두 가지 이상의 행위가 동시에 기대될 때 발생하게 된다. 예를 들면, 생산팀장은 생산량을 극대화하라고 하는데 반해 경영합리화팀장은 원료 낭비와 불량품을 줄이라고 하는 예가 해당된다. 생산량을 극대화하다 보면 잔업도 하고 무리하게 작업 속도도 내게 되므로 원료 낭비나 불량품이 많아질 가능성이 커지기 때문이다. 이러한 역할 갈등을 조직에서 완전히 제거할 수는 없겠지만 조직의 기본적인 구성 단위를 개인으로 보기보다는 역할 구성 단위, 즉 역할 수행에 관련된 사람들의 상호 의존성·기대·협동이라는 관점에서 파악하면 어느 정도 개선할 수 있다.

(2) 역할 모호성

조직에서 구성원들이 직무를 수행하기 위해서는 그들이 무슨 일을 해야 하고 하지 말아야 할지를 알 필요가 있다. 역할 모호성은 자신의 직무에 대한 책임 영역과 직무목표를 명확하게 인식하지 못할 때에 발생한다. 예를 들어, 두 회사가 합병될 때 구성원들은 종종 어떤 일을 누가 수행해야 할지 모르게 된다. 구성원들은 그들이 다른 사람의 일을 중복해서 하는 게 아닌가 생각하게 되고, 업무상의 문제를 누구에게 보고해야 할 것인지 확신을 갖지 못하게 된다. 이러한 역할 모호성은 구성원들의 불안을 유발하는 요인이 되고 결과적으로 그들은 직무 스트레스를 경험하게 된다.

3.2.2 과업 요구(task demands)

업무를 수행하는 과정에서 직무의 특성, 다양성, 중요성, 자율성, 불안전성 등은 스트레스와 관계가 있으며, 직무특성이 반영된 직무설계는 스트레스를 경감시키고 직무만족을 높이며 정신적인 긴장이나 불안 등을 감소시킨다. 급속한 기술의 변화에 대한 적응이 요구되는 직무나 직무의 곤란성과 속도를 요하는 특성을 가진 업무도 스트레스와 관련이 있다. 일반적으로 직무와 관련하여 역할이 과부하되거나 과소평가된 경우, 업무 수행 평가 등이 스트레스 원인으로 부각된다.

(1) 역할 과부하

역할 과부하는 역할 수행자에 대한 요구가 개인의 능력을 초과하거나 자신이 믿는 것보다 어떤 일을 보다 급하게 하거나 부주의하도록 강요당하는 상황을 말한다. 즉, 구성원들이 시간과 능력이 허용하는 것 이상을 달성하도록 요구받고 있다고 느끼는 상황이다. 주어진 시간 동안 수행해낼 수 있는 업무량 이상을 하도록 역할이 요구되는 것을 양적 역할 과부하라 하고, 자신의 능력, 재능, 지식의 한계를 넘어선 역할이 요구되는 것을 질적 역할 과부하라고 한다. 이러한 역할 과부하는 직무기술서가 분명치 않은 관리직이나 전문직에서 더욱 많이 나타난다.

(2) 역할 과소 및 능력발휘 과소

역할 과소란 직무에서 너무 할 일이 없거나 일의 변화가 거의 없는 상황

을 말하며, 능력발휘 과소는 자기 능력을 충분히 발휘해 볼만한 일을 거의 맡고 있지 않는 상황을 말한다. 백화점의 판매원이 손님이 없어서 할 일 없이 무료하게 온종일 서 있어야 하는 경우나, 조립 라인의 작업자들이 단순하고 반복적인 작업을 계속해서 수행해야 하는 경우에 역할 과소를 경험할 수 있다. 한편 능력발휘 과소는 대학팀을 우승으로 이끌었던 운동선수가 프로팀에 가서 후보선수로 벤치에 앉아 있는 경우라든가 대학에서 우등생이던 학생이 직장에서 자신의 능력을 발휘하지 못한 채 잔심부름을 해야 하는 경우 등을 들 수 있다. 이들은 권태와 단조로움에 시달릴 수 있고, 이러한 스트레스의 증상으로 신체적·정신적 피곤, 두통, 신경증 등을 들 수 있으며, 직무관련 질병 및 사고 등을 유발할 수 있다.

(3) **업무 수행 평가**

구성원들의 업무 수행을 평가하는 활동은 감독자뿐만 아니라 구성원에게도 똑같이 스트레스를 일으키는 요인이 된다. 어느 연구결과를 보면 구성원들은 긍정적인 평가에 대해서는 잘 반응하는 반면, 비판에 대해서는 비록 건설적인 비판을 해주더라도 긍정적으로 반응하는 경우가 드물었다. 또한, 감독자의 부정적인 수행 평가와 비판이 구성원들에게 스트레스를 주기도 하지만 구성원들의 방어적 자세도 감독자에게 스트레스를 유발시키는 요인이 된다.

3.2.3 대인관계 요구(interpersonal stressor)

(1) **지위 불일치**

자신의 능력이나 지식에 비추어 더 낮은 사회적 지위를 가지거나 정당하다고 생각하는 이상의 사회적 지위를 가졌다고 보는 지위의 불일치는 스트레스를 유발할 수 있다.

(2) 사회적 밀도

대인 상호간의 관계에서 개인이 생각하고 있는 공간이나 거리에 비해 너무 밀착되거나, 편안한 거리 안에 있지 않을 때 받는 스트레스를 사회적 밀도에 의한 스트레스라 한다. 지나치게 붐비는 작업장이나 너무 고립된 작업장에서 일하는 작업자는 스트레스를 겪을 수 있다.

(3) 리더십 스타일

관리자나 감독자는 구성원들에게 의식적으로나 무의식적으로 스트레스를 야기할 수 있다. 예를 들면, 리더의 권위주의적 행동은 구성원들에게 긴장이나 갈등을 야기할 수 있다. 또한, 리더가 지니고 있는 보상과 제재 권력이 조직 내의 구성원들에게 똑같은 정도로 영향력을 행사하지 않기 때문에 스트레스의 유발자가 될 수 있다.

(4) 집단 압력

조직 내에 존재하는 집단들은 조직 구성원에게 집단 압력이나 행동적 규범에 의하여 스트레스와 긴장의 원인으로 작용할 수 있다.

3.2.4 환경 요인(physical demands)

작업 환경이나 시설에 의한 스트레스 요인으로는 조명, 소음 및 진동, 고열 및 한랭 등이 포함된다.

4 스트레스 결과 및 관리

4.1 스트레스 결과

조직에서 발생하는 스트레스의 결과는 개인적으로 영향을 주는 개인적 결과와 조직에 영향을 주는 조직적 결과로 분류된다.

스트레스가 지나치게 격렬하거나 자주 나타나서 개인이 적절한 해소책을 찾을 수 없을 때에 스트레스의 결과는 개인적으로 역기능 스트레스로 나타난다. 역기능 스트레스의 유형은 행동적, 심리적, 의학적 결과를 포괄하게 된다. 행동적 결과는 흡연, 알코올 남용, 무절제한 식사, 약물 남용, 폭력 등으로 나타날 수 있으며, 사고 발생의 중요한 원인이 될 수도 있다. 스트레스에 의한 심리적 결과는 행동적 결과와 밀접하게 관계되어 있으며, 수면 방해, 우울증, 성적 기능의 감퇴, 가정 문제, 심리적 무능력, 기력 쇠진 현상 등을 야기할 수 있다. 의학적인 측면에서 스트레스의 반응은 개인의 건강과 생리학적 측면에도 영향을 미쳐 두통, 고혈압, 뇌심혈관계 질환, 근골격계 질환 등을 유발시킬 수 있다.

스트레스는 개인의 건강에 영향을 미치지만 직무와 관련해서도 여러 가지 영향을 미친다. 스트레스가 직무에 미치는 영향은 불만족, 업무 성과의 저하, 결근율이나 이직률 등으로 나타난다.

4.2 스트레스 관리

오늘날 조직에서 일하고 있는 사람들이 스트레스를 받는 것은 피할 수 없는 현상이다. 적당한 스트레스는 구성원들에게 활력을 주고 동기를 부여할 수 있지만 과중한 직무 스트레스는 개인의 건강뿐만 아니라 조직의 효율성에도 역기능으로 작용하기 때문에 스트레스에 대한 예방 및 대응책이 요구된다.

스트레스는 관리될 수 있는 측면이 있으며, 실제로 스트레스의 강도를 줄이고 대처할 수 있는 방안들이 제시되고 있다. 스트레스에 대한 관리 방안은 개인적 차원과 조직적 차원에서 접근할 수 있다.

4.2.1 개인적 차원의 대응책

(1) 적절한 운동

직장인들은 스트레스를 극복할 목적으로 등산, 달리기, 수영, 테니스 혹은 배드민턴 등을 한다. 운동은 체력 단련의 효과뿐만 아니라 긴장 이완, 자긍심의 강화, 잠시 동안 작업을 잊고 정신적인 휴식을 취하게 하는 등의 부대효과를 통해 개인이 스트레스에 보다 잘 대응할 수 있도록 해준다.

(2) 긴장이완법

스트레스가 강하게 되면 사람들은 긴장하게 되고, 잘 대처하지 못하는 경우에는 자율 신경계의 교감신경이 흥분하게 된다. 이러한 경우에는 긴장을 이완시켜 개인이 스트레스에 보다 잘 대응할 수 있도록 해주는 것이 도움이 된다.

긴장이완법에는 인위적인 근육의 긴장과 이완을 경험하도록 하는 근육이완법, 명상에 의한 영상 훈련법, 신체의 생리적 지표와 개인정보를 종합하여 근육 긴장도를 스스로 알게 함으로써 긴장을 낮추려는 바이오 피드백법, 독서, TV 시청 등이 있다.

(3) 적절한 시간 관리

직장생활에서 가장 큰 스트레스의 원인 중의 하나는 사람들이 자신이 설정한 불가능한 기준을 실천하려고 하는 시도에서 온다. 따라서 한꺼번에 너무 많은 일을 하려는 계획을 세우지 말아야 하며, 현실적인 목표를 설정하고 가용시간에 맞추어 자신의 일정을 계획하고 관리해야 한다.

(4) 협력관계 유지

다른 사람들과 협력관계를 유지해야 다른 사람들과 일을 분담할 수 있고, 정보를 교환함으로써 업무를 보다 신속히 적은 노력을 들여 수행할 수 있다. 이러한 업무 협력관계 이외에 신뢰감이 있고 우호적인 동료 작업자나 가까운 친구들과 친목을 도모하여 스트레스 상황에 직면할 때 위로해 주고 대화를 나눌 수 있는 인간적인 협력관계도 필요하다.

4.2.2 조직적 차원의 대응책

(1) 우호적인 직장 분위기 조성

직무에서의 우호적인 직장 분위기가 조직 구성원이 직무 스트레스에 대처할 수 있게 해줄 수 있다. 조직 구성원들이 서로 상호작용하는 것을 쉽게 만들어 주거나 동료들이나 하급자, 상급자들에게 후원을 받을 수 있도록 직장 분위기를 조성하면 스트레스를 경감시켜 줄 수 있다는 것이다.

(2) 참여적 의사결정

구성원들을 의사결정에 참여시키게 되면 보다 많은 정보들을 구성원들이 공유하게 되고, 참여와 자율성의 증가는 구성원들의 행동에 신축성을 부여하게 됨으로써 비록 제한된 범위에서라도 구성원들은 자연스럽게 스트레스 배출구를 찾을 수 있게 된다.

(3) 직무 재설계

조직 구성원들에 대한 직무분석이나 직무평가를 통해 역할 모호성, 역할 과다 및 과소 발휘, 위험과 건강에 해로운 작업 조건 등을 밝혀낼 수 있다. 직무분석 결과를 토대로 역할 모호성이 있을 경우에는 구성원들이 해야 할 업무규정과 지침을 제공하고 충분한 권한을 확보해 주어야 한다. 또한 역할 과다 및 과소 발휘에 대해서는 개인이 가지고 있는 기술과 능력에 맞게 직무를 할당해 주어야 한다. 위험한 작업 조건에 대해서는 안전하게 일할 수 있는 작업 환경으로 개선한다거나 안전 보호구와 충분한 방호 장비를 갖추어 종업원들이 안심하고 작업할 수 있게 해 주어야 한다.

(4) 경력계획과 개발

승진에서의 누락이나 적성에 맞지 않는 부서로의 이동, 또는 구성원들의 경력개발에 조직이 무관심하면 구성원들은 만성적인 스트레스를 느낄 수 있다. 이러한 유형의 스트레스를 완화시키기 위해 조직에서는 종업원들을 위해 경력계획 및 개발 과정을 수립하고 상담을 제공해야 한다. 또한, 현재의 업무능력을 고양시키거나 새로운 직무에 필요한 기술과 지식을 준비시키는 교육 및 경력 프로그램 등을 제공하는 것이 바람직하다.

- 고마츠바라 아키노리, 안전인간공학의 이론과 기술, 세진사, 2018.
- 김경수, 김공수, 조직행동론, 법문사, 2019.
- 김승호, 윤석준, 양혁승, 임우택, 조기홍, 지용선, 안전문화 이해와 적용, 국한에듀, 2018.
- 김태열외 공역, Stephen, P. R. et al., 조직행동론 (16판), 한티미디어, 2015.
- 문광수 역, Paul E. Levy, 산업 및 조직심리학(제5판), 시그마프레스, 2018.
- 박계홍외 공역, Jason, A. C. et al., 성과향상을 위한 조직행동론, McGraw-Hill, 2015.
- 박세영외 공역, Michael G. A., 산업 및 조직 심리학 (제8판), Cengage Learning, 2017.
- 박형인, 김정남역, Aamodt, M. A., 산업 및 조직 심리학(8판), 학지사, 2017.
- 서재현외 공역, Christopher P. N., 조직행동론, 2018년.
- 유태용역, Muchinsky, P. M. et al., 산업 및 조직심리학(11판), 시그마프레스, 2016.
- 정병용, 디자인과 인간공학, 민영사, 2012.
- 정병용, 이동경, 현대 인간공학(4판), 민영사, 2016.
- 정진우, 산업안전보건관리의 이론과 실제, 중앙경제, 2015.
- 한인연, *인간공학 응용문제*, 민영사, 2012.

연습문제

01 다음 중에서 스트레스에 대한 설명으로 올바르지 못한 것은?

① 위협적인 환경 특성에 대한 개인의 반응이다.

② 환경의 요구가 개인의 능력 한계를 벗어날 때에 발생하는 개인과 환경과의 불균형 상태이다.

③ 스트레스가 아주 없거나 너무 많을 때에는 순기능 스트레스로 작용한다.

④ 스트레스를 지속적으로 받게 되면 인체는 자기조절 능력을 상실할 수 있다.

02 다음의 스트레스에 관한 요약 설명표에 들어갈 설명으로 바른 것은?

스트레스 수준	낮음	보통	높음
기능	역기능	①	②
성과 수준	낮다	③	④

① 역기능　② 순기능　③ 높다　④ 높다

03 다음 중에서 NIOSH 직무 스트레스 모형의 중재 요인에 해당되지 않는 것은?

① 개인적 요인　② 조직 외 요인

③ 완충작용 요인　④ 환경 요인

04 다음 중, NIOSH 직무 스트레스 모형의 완충 요인에 해당되는 것은?

① 성격이나 연령　② 가족 상황이나 대인 관계

③ 사회적 지지나 대처 능력　④ 환경 요인

05 다음 중에서 내적 통제자의 특성이 아닌 것은?

① 자신이 자율적으로 운명을 지배한다고 생각한다.

해답 : 1. ③, 2. ③, 3. ④, 4. ③, 5. ③

② 스트레스 상황에 직면하면 인내심을 가지고 자신의 노력으로 대적한다.

③ 자신의 운명이 거부할 수 없는 외부의 힘에 의하여 지배된다고 여긴다.

④ 스트레스를 적게 받으며, 직무 만족도가 높다.

06 개인 특성의 스트레스 유발 요인에서 A형 성격의 특성이 아닌 것은?

① 항상 분주하다. ② 온건한 방법을 택한다.

③ 한꺼번에 많은 일을 하려 한다. ④ 수치계산에 민감하다.

07 양립될 수 없는 두 가지 이상의 행위가 동시에 기대될 때 발생하는 역할과 관련된 기대의 불일치를 무엇이라 하는가?

① 역할 갈등 ② 역할 모호성 ③ 역할 과부하 ④ 역할 과소

08 자신의 직무에 대한 책임 영역과 직무목표에 대하여 명확하게 인식하지 못하고 무슨 일을 해야 하고 하지 말아야 할지를 모르는 경우를 무엇이라 하는가?

① 역할 갈등 ② 역할 모호성 ③ 역할 과부하 ④ 역할 과소

09 역할 수행자에 대한 요구가 개인의 능력을 초과하거나 자신이 믿는 것보다 어떤 일을 급하게 하거나 부주의하도록 강요당하는 상황을 무엇이라 하는가?

① 역할 갈등 ② 역할 모호성 ③ 역할 과부하 ④ 역할 과소

10 다음 중에서 조직 관리상의 스트레스 관리 대책과 거리가 먼 것은?

① 참여적 의사결정 ② 직무 재설계

③ 경력계획과 개발 ④ 명상법

해답 : 6. ②, 7. ①, 8. ②, 9. ③, 10. ④

11 다음 중 NIOSH 직무 스트레스 모형에서 직무 스트레스 요인에 대한 성격이 다른 하나는?

① 작업 요인　　② 조직 요인　　③ 환경 요인　　④ 완충작용 요인

12 다음 중 스트레스에 관한 설명으로 옳지 않은 것은?

① 내적 통제자들은 외적 통제자들보다 스트레스에 약하다.
② A형 성격은 B형보다 스트레스 상황에 처할 가능성이 높다.
③ 역할 과소 및 능력 발휘 감소는 권태와 단조로움을 유발시킬 수 있다.
④ 역할 과부하는 개인의 능력을 초과하는 업무를 요구받을 때 발생한다.

해답 : 11. ④, 12. ①

실습문제

01 직무 스트레스 평가

다음 설문 항목에 답하고, 응답 점수를 합산하여 자신의 직무 스트레스 수준을 약식으로 평가하여 보시오.

문항	응답 점수
응답 점수: ① 매우 부정 ② 부정 ③ 보통 ④ 긍정 ⑤ 매우 긍정	
1. 동료 구성원들에게 화를 잘 낸다.	①②③④⑤
2. 일할 때 항상 일에 쫓기는 기분이다.	①②③④⑤
3. 가끔 일하러 가기가 두려울 때가 있다.	①②③④⑤
4. 일할 때 가끔 머리나 배 또는 허리가 아플 때가 있다.	①②③④⑤
5. 가끔 사소한 일에 신경질을 부린다.	①②③④⑤
6. 무엇을 하든 내 힘을 다 빼앗기는 기분이다.	①②③④⑤
7. 다른 사람의 질문이나 의견을 나에 대한 비판으로 받아들이는 경향이 있다.	①②③④⑤
8. 항상 시간과 싸우는 것 같다.	①②③④⑤
9. 일에 몰두할 때 가끔 점심을 안 먹거나 간단한 식사로 해결한다.	①②③④⑤
10. 집에서도 직장일 문제에 대하여 걱정을 많이 한다.	①②③④⑤
점수 합계	

직무 스트레스 평가는 응답점수 합계가 10~18점이면 정상, 19~38점이면 스트레스가 잠재된 상태, 39~50점은 스트레스가 심한 상태로 평가할 수 있다.

02 A형, B형 성격 평가

다음 질문에 대하여 '예' 또는 '아니오' 란에 ✓표시하시오

설문에서 6개 이상의 '예' 응답이 있으면 A형 성격이라고 평가한다.

설문 문항	예	아니오
1. 줄을 서서 기다리기를 매우 싫어한다.		
2. 내 일을 시작하기 전에 남의 일이 끝날 때까지 기다리기 싫다.		
3. 내 일자리를 비울 때마다 죄진 느낌을 느낀다.		
4. 필요 없이 서두르고 시간에 쫓기는 편이다.		
5. 다른 사람들은 내가 쓸데없이 화를 잘 낸다고 생각한다.		
6. 되도록 하는 일에 경쟁심을 갖고 일한다.		

7. 다른 사람들은 내가 경쟁적 상황에서 좋지 않은 성격을 나타낸다고 생각한다.		
8. 일이 너무 많아 스트레스가 쌓일 때에는 제 정신을 잃는 편이다.		
9. 휴가 갈 때에도 직장 일을 가지고 간다.		
10. 가능하면 여러 가지 일을 한꺼번에 같이 처리하려고 애쓴다.		
11. 일의 절차도 다 이해하기 전에 일을 서둘러 착수하는 경향이 있다.		
12. 내가 저지르는 과오는 대체로 계획 없이 일을 너무 조급하게 서둘렀기 때문이다.		
✓ 표시 개수 합계		

11 안전문화

1. 조직과 문화
2. 안전풍토와 안전문화
3. 안전문화와 성숙도

1 조직과 문화

1.1 조직풍토와 조직문화의 개념

풍토(climate)와 문화(culture)는 겹치는 부분도 있지만 풍토가 자연환경에서 유래되어 주어진 시점에서의 막연한 특성으로 비유되는 반면, 문화는 구성원의 활동으로 누적된 공통 가치관 형태로 안정되고 지속적인 특성을 지닌 성격으로 표현된다.

조직문화에 대한 개념은 조직풍토(climate)의 연구에서 비롯된다. Lewin의 행동이론에서 시작된 연구는 McGregor의 XY 이론을 통하여 강제적인 통제 분위기보다는 협력적인 분위기가 필요하다는 주장으로 발전하였으며, Argyris는 조직풍토를 관료적, 권위적인 '미성숙 조직풍토'에서 민주적, 인본적인 '성숙한 조직풍토'로 변화시켜야 한다고 주장하였다.

조직문화에 대한 개념은 Schein의 연구로 정립되었다고 할 수 있다. 샤인은 조직문화를 1단계 인공 창작물, 2단계 가치, 3단계 기본적 가정의 3단계로 구성된다고 제시하였다. 1단계 인공 창작물은 기업 이념이나 경영방침과 같이 조직이 만들어낸 물리적, 사회적 환경을 의미한다. 2단계 가치는 논의되거나, 의문시되거나, 반대에 부딪히는 단계를 의미하며, 3단계 기본적 가정은 조직에서 합의되거나 무의식적으로 조직 구성원의 행동규범이 된 것을 의미한다. 샤인은 3단계의 계층을 조직문화 빙하 모형으로 제시하였는데, 인공창작물은 보이지만, 2단계의 가치와 더 깊은 곳에 자리잡은 3단계의 기본 가정은 보이지 않는 빙하 속과 같은 조직의 행동방식으로 조직문화가 구성된다고 하였다.

조직풍토의 개념은 조직문화로 확장되는데, 조직 내 태도나 심리적 현상을 의미하는 조직풍토에서 확대되고, 강하게 드러나는 공통된 태도들의 구체적인 모습이 신념으로 노출된 것을 조직문화로 해석하게 되었다. 즉, 조직풍토는 조직 구성원의 행동 및 감정 표현에 관한 공통된 특성으로 이해되며, 조직문화는 조직 구성원이 공

유하는 신념과 가치로 해석된다.

요약하면, 조직문화(culture)는 개인의 개성처럼 다른 조직과는 구별되는 개별 조직 고유한 특성으로, 개인과 집단, 그리고 조직의 태도와 행동에 영향을 주는 공유된 가치와 규범을 의미한다. 즉, 조직의 구성원들에게서 공통적으로 공유하고 있는 가치의식과 행동방식으로 말할 수 있다.

1.2 조직문화의 구성요소와 기능

조직 내의 활동은 조직 구성원, 조직구조, 프로세스를 중심으로 전개되며, 이들을 조직문화의 3대 구성요소라 한다. 조직 문화의 구성요소를 7대 요소로 표현하는 학자도 있으며, 리더십 스타일, 관리 기술, 전략, 구조, 제도와 절차, 구성원, 공유가치 등으로 표현된다.

조직문화는 경영자와 조직이 지향하는 가치와 구성원들이 지향하는 가치를 통합하여 조직과 구성원들을 하나로 연결시켜 주는 역할을 한다. 또한, 공유된 가치와 신념을 통해 구성원 간 갈등의 소지를 줄이고, 구성원들에게 행동 기준을 설정해주는 역할도 한다. 요약하면, 따라서 조직의 전략 수행이나 조직 내의 갈등, 조직 결속력, 생산성 등에 영향을 미친다. 즉, 조직문화는 급변하는 환경에 대응하기 위한 경영전략의 일부가 될 수 있고, 조직목표 달성을 위한 수단이 될 수도 있다.

조직문화의 순기능은 다음과 같이 요약된다.

① 행동지침의 제공: 조직문화는 공동체를 하나로 묶어주는 공유가치의 기능이 있기 때문에, 구성원들에게 일의 의미와 방향을 제시하여 행동을 유발하는 역할을 한다. 즉, 조직문화는 구성원들에게 공통의 의사결정의 기준을 제공하며, 구성원들에게 행동 기준을 설정해주는 역할도 한다.

② 구성원의 조화와 단합: 조직문화는 경영자와 조직이 지향하는 가치와 구성

원들이 지향하는 가치를 통합하여 조직과 구성원들을 하나로 연결시켜 주는 역할을 한다. 또한, 공유된 가치와 신념을 통해 구성원 간 갈등의 소지를 줄일 뿐만 아니라, 일체감을 조성하여 내면적 통합을 촉진한다.

③ 조직몰입의 강화: 구성원들이 조직문화를 신뢰하게 되면 조직에 더욱 몰입하게 되고, 이에 따라 이직률은 낮아지고 조직의 정책에 동조하게 된다.

④ 변화에 대한 적응력: 조직문화가 발달된 경우에 구성원들은 조직과의 공감대를 가지고 있고, 조직의 강점과 약점을 잘 알고 있기 때문에 환경변화에 대한 적응력이 빠르다.

2 안전풍토와 안전문화

2.1 안전풍토와 안전문화

조직풍토와 조직문화에 대한 개념과 마찬가지로, 안전풍토와 안전문화라는 용어도 학자마다 정의도 다르고, 의미도 혼동되어 사용되어 왔다.

1950년도에 안전풍토(safety climate)라는 용어가 등장하면서 안전풍모에 관한 연구가 시작되었으며, 안전풍토는 '근로자들이 작업환경에 대해 갖는 지각 또는 인식', '조직의 안전정책, 관행 및 절차를 통해 표현된 안전가치에 대한 근로자들의 공통적인 인식', '안전에 관하여 근로자들이 작업현장에서 공유하는 인식' 등으로 정의되고 있다.

안전문화(safety culture)라는 용어는 1986년 국제원자력기구(IAEA: International Atomic Energy Agency)의 안전자문그룹인 INSAG(International Nuclear Safety Advisory Group)에서 체르노빌 원자력발전소 사고의 원인에 관한 전문가들의 논의 과정에서 처음으로 등장하였다. 이어 1988년 '원자력발전소 기본안전 원칙'에서 안전문화를

안전원칙으로 제시하였으며, 1991년 '안전문화'에서 안전문화의 개념을 정의하고 효과적인 안전문화를 실천하기 위한 구성요소 등을 제시하였다(INSAG, 1991). 국제원자력기구에서는 안전문화를 안전을 최우선으로 고려하는 조직이나 개개인의 특성과 태도의 결합체라고 정의하였다.

사례 11.1 사회적 측면에서의 문화와 제도

사회적인 측면에서 문화와 제도의 관계를 살펴보면 문화란 지식·신앙·예술·도덕·법률·관습 등 인간이 사회의 구성원으로서 획득한 행동양식 또는 습관의 총체로 정의되며, 제도는 사회의 구성원 사이에서 여러 가지 생활영역을 중심으로 한 규범이나 가치체계에 바탕을 두고 형성되는 복합적인 사회규범의 체계로 정의된다.

또한, [그림 11.1]과 같이 문화와 제도는 순환관계에 있는데, 제도가 정착되어 문화를 형성하고, 문화가 제도를 형성하는 순환과 피드백의 관계에 있다고 할 수 있다.

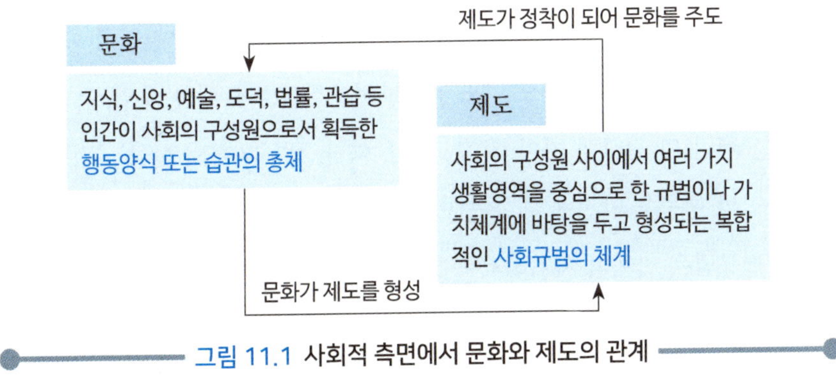

그림 11.1 사회적 측면에서 문화와 제도의 관계

안전문화를 해석하는 관점은 학자마다 다른 형태로 나타나고 있다. Cooper(2000)는 안전문화를 [표 11.1]과 같이 구성원이 어떻게 느끼는가에 관한 심리적 요소, 구성원이 무엇을 행하는가에 관한 행동 요소, 조직이 무엇을 지니고 있는가에 관한 상황 요소들의 상호작용의 결과로 형성된다고 해석하였다.

표 11.1 Cooper(2002)의 안전문화 구조

심리적 측면	행동 측면	상황 측면
구성원: 어떻게 느끼는가? 사람	구성원: 무엇을 행하는가? 직무	조직: 무엇을 지니고 있는가? 프로세스
가치, 신념, 태도, 지각	안전관련 조치, 리더십, 행위	정책, 절차, 규제, 경영시스템

반면, Edwards등(2013)은 안전문화를 규범적 요소(조직 정책, 절차, 구조)와 인류학적 요소(신념, 가치, 태도, 기본적 가정), 실용적 요소(관행, 행동변화)가 결합된 조직 구성원이 공유하는 기본 가정, 신념, 가치 및 태도의 결합체로 정의하였다.

안전문화는 다양하게 정의되고 있는데, '안전에 대한 개인 및 집단적 태도뿐만 아니라 조직적 의사결정을 좌우할 수도 있는 공유된 가치, 믿음, 기본적 가정 및 규범', '안전과 관련되어 근로자들이 공유하는 태도, 믿음, 인지 및 가치', '조직 내 모든 계층 구성원들이 생각하는 안전가치와 우선순위의 척도', '조직에서의 가치, 태도, 지각, 역량, 행동패턴에 대한 개인의 결과물', '조직 내 모든 구성원들이 공유하는 안전에 관한 지속적인 가치와 태도', '조직의 안전보건경영에 대한 몰입, 유형 및 역량을 규정하는 개인 및 집단의 가치, 태도, 인지, 역량, 행위유형의 산물', '집단 내의 개인들이 자신의 행동을 안전에 대한 중요성을 믿고 따르는 것이며, 모든 구성원들이 집단의 안전규범을 기꺼이 지지하고 공통의 목적을 위해 다른 성원들을 지원하는 공유된 이해' 등으로 정의되고 있다.

종합하면 안전문화는 조직의 안전보건관리에 대한 의지와 안전보건관리 방식, 성숙도를 결정하는 개인과 그룹의 가치, 태도, 인식, 능력 및 행동양식에 관한 종합 결과물이라고 정의할 수 있으며, 조직 구성원들이 공식/비공식적으로 안전을 중요시하는 정도를 나타내며, 안전문화는 조직부서간의 목표 갈등을 조정할 때 가장 잘 나타난다.

2.2 안전문화 3계층 구조모형

안전문화를 조직학 이론과 인류학적 관점에서 Schein의 조직문화 계층을 발전시켜 Guldenmund(2000)에 의해 소개된 안전문화 3계층 구조모형은 **[그림 11.2]**와 같이 기본 가정, 공유 가치와 유형물로 표현된다. 기본 가정은 구성원들이 무의식적으로 받아들이는 안전에 대한 믿음, 신념을 의미하며, 공유 가치는 조직 구성원들이 채택하거나 지지하는 가치, 태도를 의미하며, 유형물은 구성원의 행동방식, 안전방침 등 가시적으로 드러나는 요소를 의미한다.

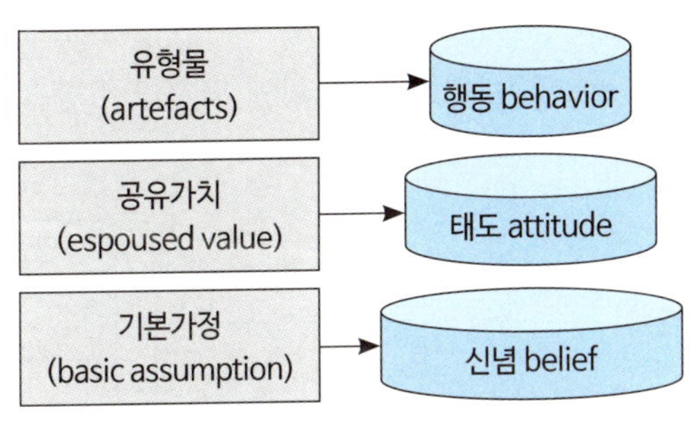

그림 11.2 안전문화 3계층 구조모형

안전문화는 개인과 집단, 조직 측면으로 구성되어 있다. 개인적인 측면에서는 개인의 행동, 지식, 기술 능력이 포함되며, 집단 측면에서는 집단역학, 관행, 비전 등이 포함된다. 조직 측면에서는 관리관행, 구조, 의사소통 등이 포함된다. 이들 개인, 집단, 조직은 서로 보완관계에 있다고 볼 수 있다.

그러나 활발한 안전문화에 대한 연구와는 별개로 안전문화를 조직문화와 분리하고 다르게 취급하면 보건과 안전 이슈는 핵심 조직의 주요 의사결정 과정에서 벗어날 수 있다고 지적하는 학자도 있다.

2.3 안전문화의 구성요소

국제원자력기구(IAEA)의 안전자문그룹인 INSAG(1991)에서 펴낸 '안전문화'에서는 안전문화를 실천하기 위한 구성요소로 [그림 11.3]과 같이 정책단계 책무, 관리자의 책무, 개인의 책무 등으로 제시하였다.

정책단계 책무에서는 안전정책의 명시, 경영 구조, 자원, 자율 규제 등을 포함하며, 관리자의 책무는 책임의 정의, 안전실무 정의/관리, 자격과 훈련, 보상과 대가, 감사 및 검토와 비교 등을 포함한다. 또한, 개인의 책무는 의문을 가지는 태도, 철저하고 신중한 접근, 소통 등을 포함한다.

안전문화를 연구하는 학자들은 안전문화에 미치는 영향요인들을 파악하여 안

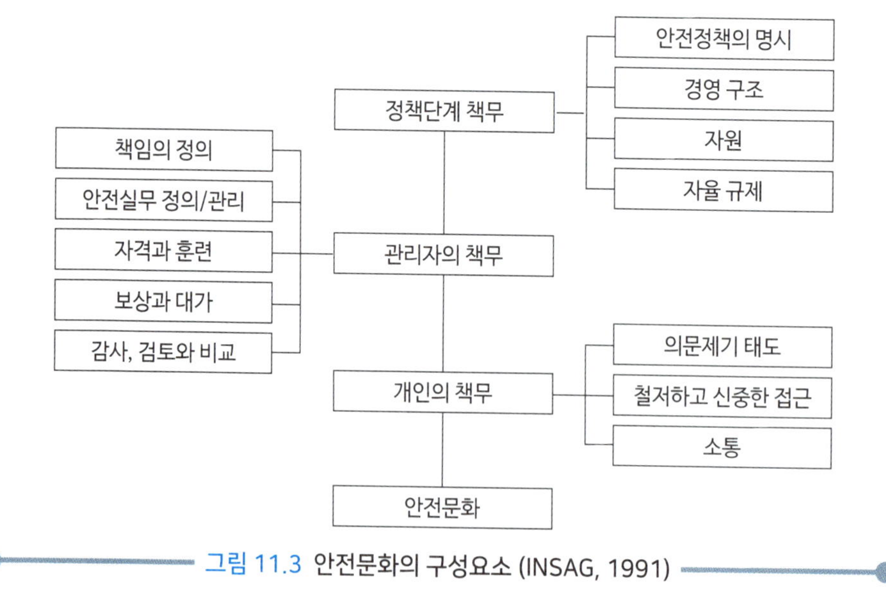

그림 11.3 안전문화의 구성요소 (INSAG, 1991)

전문화 향상에 기여하고자 한다. 이러한 안전문화 모형에서의 영향요인들은 특성이나 차원으로 불리고 있다. 분야별 다양한 형태의 연구를 통해 안전문화를 형성하는 특성(차원)으로 제시되고 있다. 사고의 결과가 치명적인 항공이나 철도관련 분야들은 안전문화 정착이 매우 필요한 분야로 인식되어 체계적인 접근이 시도되었다.

사례 11.2 항공분야의 안전문화

미국연방항공국(FAA: Federal Aviation Administration)은 항공분야의 안전문화 차원을 다음과 같이 5가지로 제시하였다.

① 조직의 책임: 경영진의 관심, 긍정적 태도, 예산 지원, 자원 할당.
경영진의 안전을 조직의 핵심 가치와 관리원칙으로 인정하는 정도.

② 경영진의 관여: 안전증진 활동 참여, 모니터링, 의사소통.
경영진 및 중간 관리자가 안전관리에 참여하는 정도.

③ 상벌 체계: 상벌체계의 유무, 공정한 평가기준, 예외없는 운영.
안전행동의 평가여부, 상벌시스템의 존재여부.

④ 권한 위임: 부하의 의견 반영정도, 안전기록, 행동에 대한 책임감.
권한위임 여부, 능동적 참여여부, 역할의 독려여부.

⑤ 보고 제도: 안전문제 보고 독려, 보고내용 공개, 보고내용 소통.
불안전 행동 및 오류를 보고할 수 있는 여건 및 체계 유무.

사례 11.3 철도분야의 안전문화

영국의 철도안전감독기관인 HMRI는 철도산업의 안전문화 차원을 5가지로 표현하였다.

① 안전 리더십: 성과와 안전의 우선순위, 지침 제공, 안전 행동 등
안전 목표의 정의, 안전과 성과의 균형을 위한 경영진의 노력.

② 의사소통: 안전보고 시스템, 피드백에 대한 반응, 경영진 접근가능성.
부서 간, 조직 계층 간 안전에 관한 의사소통 채널 존재.

③ 구성원 참여: 안전 미팅, 교육 참여, 동기부여.
모든 계층의 안전관리 참여 보장.

④ 학습 문화: 안전풍토 모니터링, 안전관련 사항 기록 및 공개, 사고조사.
학습하는 분위기 조성.

⑤ 비난에 대한 태도: 안전문제 보고 독려, 보고내용 공개, 보고내용 소통.
불안전 행동 및 오류를 보고할 수 있는 여건 및 체계 유무.

다양한 연구결과들을 요약하면 안전문화 증진을 위한 6 요소로 ① 리더십과 참여, ② 의사소통, ③ 신뢰, ④ 감사, ⑤ 협력, ⑥ 보고 등을 들 수 있다.

안전문화 향상을 위한 4요소로는 ① 구성원의 능력과 자질(Competence), ② 조직의 관리(Control), ③ 개인과 조직 간의 협력(Cooperation), ④ 개인과 조직 내 의사소통(Communication) 등을 들 수 있으며, 안전문화의 4C로 불린다.

3 안전문화와 성숙도

3.1 안전문화의 악화와 성숙

3.1.1 안전문화의 악화징후

안전문화가 높아지면 사고를 경험할 가능성이 낮아지는 반면, 안전문화의 징후가 나타나면 안전 활동에 틈이 생기고, 악화될 수도 있다.

국제원자력기구(IAEA)의 안전자문그룹인 INSAG(2002)에서는 안전문화 악화의 전형적인 유형을 [표 11.2]과 같이 나타내고 있다. [표 11.2]에서 보면 안전문화의 악화되는 징후를 5단계로 나누고 있는 데, 1단계 과신, 2단계 자만심, 3단계는 무시, 4단계는 위험, 5단계 붕괴 단계로 분류하고 있다. 안전문화가 악화되는 징후를 과신에서 시작하여 점점 나빠져서 붕괴되는 단계까지로 분류한 것이다. 처음 두 단계와 늦어도 3단계 초반에서는 조직의 성과가 떨어지는 것을 인식하여 대책을 세우는 것이 필요하다.

표 11.2 안전문화 악화의 유형

단계	유형	현상
단계 1	과신 Overconfidence	양호한 과거 실적이나 평가결과, 또는 근거없는 자기만족에서 발생.
단계 2	자만심 Complacency	경미한 사건이 발생하기 시작한다. 감독활동이 약화되고, 자기만족으로 개선을 미루거나 안하게 된다.
단계 3	무시 Denial	경미한 사건이 늘어나고, 의미 있는 사건도 발생하지만, 특별한 경우라고 여긴다. 내부감사의 지적은 부적절하다고 무시한다. 시정조치는 체계적으로 수행되지 않고, 개선도 불완전하게 마친다.
단계 4	위험 Danger	심각한 사건이 발생하지만, 관리자들이 내부감사나 외부로부터의 비판을 받아들이지 않는다. 비평이 타당하지 않고 편향되어 있다는 믿음이 팽배해, 감시조직도 부정적인 지적을 하는 것을 두려워한다.
단계 5	붕괴 Collapse	모든 구성원들이 외부감사나 평가가 필요하다고 여길 정도로 문제가 명확하게 나타난다. 경영진의 퇴진이 발생하기도 한다. 많은 비용이 들어가는 개선 프로그램이 요구된다.

사례 11.4 깨진 유리창 이론(Broken windows theory)

Wilson과 Kelling(1982)은 '깨진 유리창(Broken Windows)'이론을 제시하면서 지역사회의 물리적 환경이 깨어진 유리창처럼 무질서한 채로 방치되면, 질서유지에 신경을 쓰지 않는다는 심리적 인식이 확산되어 범죄가 증가한다고 주장하였다.

1980년대 뉴욕은 지하철 범죄가 골칫거리였다. 뉴욕 교통국의 Gunn 국장은 Kelling 교수의 '깨진 유리창' 이론을 받아들여서 지하철에서 철저하게 낙서를 지우는 방침을 세웠다. 또한, 강력한 의지를 가지고 CCTV를 설치하고 낙서한 사람들을 끝까지 추적했다. 낙서를 지우기 시작하면서 계속해서 증가하던 중범죄 발생이 2년 후부터는 감소하기 시작하였으며, 결과적으로 뉴욕의 지하철 중범죄 사건은 75%나 줄어들었다.

뉴욕시장에 취임한 줄리아니(Giuliani)는 지하철에서 성과를 올린 범죄 억제 대책을 뉴욕시에 도입했다. 눈감아 주던 경범죄인 보행자의 신호위반, 무임승차, 노상방뇨, 낙서, 쓰레기 무단투척 행위 등을 철저하게 단속한 것이다. 지속적인 단속으로 강력한 의지를 거듭 확인한 뉴욕 시민들은 자신들의 과거 행태를 바꾸기 시작했다. 그 결과로 범죄 발생 건수가 급격히 감소했고, 연간 살인 사건도 50%이상 줄어드는 효과를 거두었다. 물론 반론으로 깨진 유리창 이론이 높은 범죄 감소율에 영향을 주었다고 확신할 수는 없지만, 실제로 범죄율 감소로 미국에서도 범죄 다발 도시의 오명을 갖고 있던 뉴욕시를 비교적 안전한 도시로 변화시킨 사례로 주목을 받고 있다.

[그림 11.4]와 같이 이 사례는 안전문화에서도 중요한 점을 시사하고 있다. 깨진 유리창과 같은 경미한 질서이탈을 방치하여, 질서관리가 되지 않는다고 생각하면 불안전 행동이나 의도적 위반으로 이어질 수 있고, 이런 행위들이 지속되면 안전 불감증으로 이어져 사고 가능성이 높아진다는 것이다. 반면 범죄를 줄인 사례에선 행위 규범을 제시하고 철저하게 점검하고 지적할 뿐만 아니

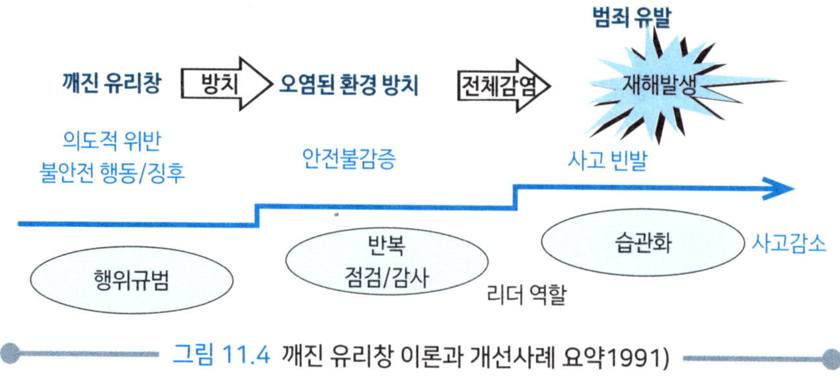

그림 11.4 깨진 유리창 이론과 개선사례 요약1991)

라 습관화될 때까지 의지를 가지고 지속함으로써 안전문화를 한 단계 성숙하게 향상시켰다고 의미를 부여할 수 있다.

3.1.2 안전문화의 향상을 위한 문화요소

조직의 안전문화가 향상되었는가를 평가하고 성숙도 수준을 나타내는 것은 매우 중요한 관심사라고 볼 수 있다. Reason(1998)은 안전을 향상시키기 위해서는 현장에서 발생한 문제에 대한 정보를 모으고, 이를 바탕으로 적절한 안전대책을 강구하는 것이 필요하다고 주장하며 이를 '정보 문화(informed culture)'라고 하였으며, '보고문화(reporting culture)', '공정 문화(just culture)', '학습 문화(learning culture)', '유연문화(flexible culture)'를 주장하였다.

'보고 문화'는 현장에서 일어나는 사소한 징후까지도 보고하는 것을 의미한다. 그러나 현장에서는 보고하려면 번거롭고, 보고하면 불이익을 받을 수 있다고 생각하기 때문에 꺼리거나, 생략하는 경우가 많이 발생한다. 따라서 해야 되는 것과 해야 되지 않는 것을 정하고, 보고를 장려하는 '공정 문화'가 자리 잡아야 한다. '공정 문화'라는 의미는 악의를 가지거나 의도적인 위반 행위 등을 보고하지 않으면 사고를 유

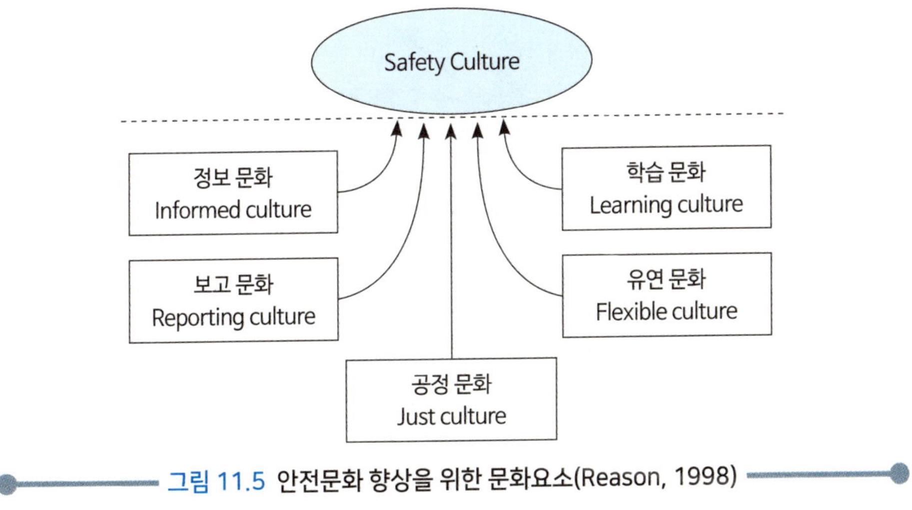

그림 11.5 안전문화 향상을 위한 문화요소(Reason, 1998)

발할 수 있으므로 엄격하게 보고하는 것이 공정하다는 의미를 내포하고 있다. '학습 문화'는 보고를 받으면 보고 내용을 바탕으로 개선하는 활동이 필요한데 이를 통해 학습한다는 의미이다. 또한, 개선이 요구되는 상황에서는 조직의 형태를 유연하게 재구축할 수 있는 '유연 문화'가 요구된다.

3.2 안전문화 성숙단계 평가

3.2.1 안전문화 성숙모형(Fleming, 2001)

영국의 안전보건청인 HSE에서 2001년 발간된 책자에서 Fleming(2001)은 안전문화 성숙 단계를 평가하기 위한 안전문화 성숙모형(safety culture maturity model)을 제시하였다. 안전문화 성숙모형은 안전수준을 5단계로 나누고, [그림 11.6]과 같이 수준1: 출현, 수준2: 관리, 수준3: 참여, 수준4:협동, 수준5: 지속적 개선으로 표현하였으며, 수준이 높아짐에 따라 안전문화가 향상되고 아울러 일관성도 향상된다고 하였다.

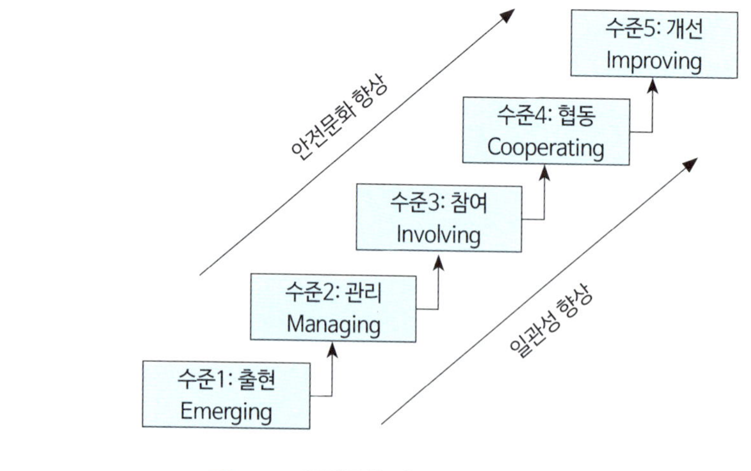

그림 11.6 안전문화 성숙도 모형(Fleming, 2001)

① 수준1: 출현

안전은 기술적, 절차적 솔루션과 법규준수 측면으로 존재한다. 안전을 중요한 기업의 위험요인으로 보지 않고, 안전에 대한 주요 책임은 안전부서에 있다고 인식한다. 사고는 직무수행의 과정에서 불가피한 것으로 본다. 대부분의 현장 근로자들은 안전에 무관심하고, 교대제 변경과 같은 논란이 있을 때만 안전이 기본개념으로 적용된다.

② 수준2: 관리

조직의 사고율은 동종업계의 평균 정도이지만, 심각한 사고들은 평균보다 더 발생하는 경향이 있다. 안전을 기업위험 요인으로 인식한다. 사고는 예방할 수 있는 것으로 보고, 사고예방을 위하여 시간과 노력을 기울인다. 하지만, 안전은 규칙과 절차, 공학적 관리의 준수정도로 정의된다. 관리자들은 사고의 대부분은 현장 근로자들의 불안전 행동으로 인하여 발생한다고 생각한다. 안전성과는 근로손실 재해자와 같은 후행지표로 측정되고, 안전 인센티브는 재해율의 감소를 기준으로 제공된다. 상부 경영진들은 안전보건 분야의 참여에 수동적이어서, 재해율이 증가하여 처벌이 필요한 경우와 같을 때만 개입한다.

③ 수준3: 참여

재해율이 상대적으로 낮고, 일정하게 유지된다. 조직은 안전보건에서 개선을 위해서는 현장 근로자들의 참여가 중요하다고 인식한다. 관리자들은 다양한 사고요인과 사고의 근본원인이 경영의사결정으로부터 발생할 수 있다는 것을 인식하고 있다. 현장 근로자들은 안전보건의 향상을 위해 관리자와 협력하려고 하고, 안전보건에 관한 개인의 책임을 받아들이고 있다. 안전성과는 적극적으로 모니터링 되고, 안전관련 데이터는 효율적으로 활용된다.

④ 수준4: 협동

조직 구성원들은 대다수가 안전보건은 도덕적인 측면과 경제적인 측면에서 모두 다 중요하다고 여긴다. 관리자와 현장 근로자들은 다양한 사고요인과 사고의 근본원인이 경영의사결정으로부터 발생할 수 있다는 것을 인식하고 있다. 현장 근로자들은 자신과 동료의 안전보건을 위해 개인의 책임을 받아들이고 있다. 조직은 사고예방을 위하여 능동적으로 대책을 세우고 노력한다. 비업무 사고를 포함하여 모든 가능한 데이터들을 적극적으로 모니터링 하고, 건강한 생활방식이 촉진된다.

⑤ 수준5: 지속적 개선

근로자의 사내와 가정에서의 재해예방이 회사의 공유가치이다. 기록 가능한 사고나 잠재적인 아차사고도 조직에서 오랫동안 발생하지 않았지만, 자만하지 않는다. 조직은 성과를 모니터링하기 위해 다양한 지표를 이용하지만, 안전 프로세스를 중요시하기 때문에 성과위주만은 아니다. 조직은 위험요인 관리체계를 향상시키는 더 나은 방법을 찾기 위하여 지속적으로 노력한다. 모든 근로자들은 안전보건은 그들의 직무에서 중요한 요소이고, 업무외적인 재해예방도 중요하다는 믿음을 가지고 있다. 회사는 가정에서의 안전보건을 증진시키는데도 상당한 노력을 기울인다.

또한, Fleming(2001)은 안전문화 성숙수준을 평가하기 위한 요인들로 다음과 같이 10가지 요인들을 제시하였다.

① 관리 책임과 선언(Management commitment and visibility)

② 의사소통(Communication)

③ 생산성 대 안전성(Productivity versus safety)

④ 학습 조직(Learning organization)

⑤ 안전 자원(Safety resources)

⑥ 참여(Participation)

⑦ 안전에 관한 공유 인식(Shared perceptions about safety)

⑧ 신뢰(Trust)

⑨ 노사관계와 직무만족(Industrial relations and job satisfaction)

⑩ 훈련(Training)

3.2.2 Hudson(2003)의 안전문화 진화단계

항공 산업이나 석유 및 가스 산업 등은 고위험 산업으로 알려져 있다. Hudson (2003)은 안전문화의 진화단계를 5단계로 나누고, [그림 11.7]과 ① 병적(pathological) 단계, ② 수동적(reactive) 단계, ③ 계산적(calculative) 단계, ④ 능동적(proactive) 단계, ⑤ 발생적(generative) 단계로 표현하였으며, 수준이 높아짐에 따라 탐색능력이 향상되고 아울러 신뢰감도 향상된다고 하였다.

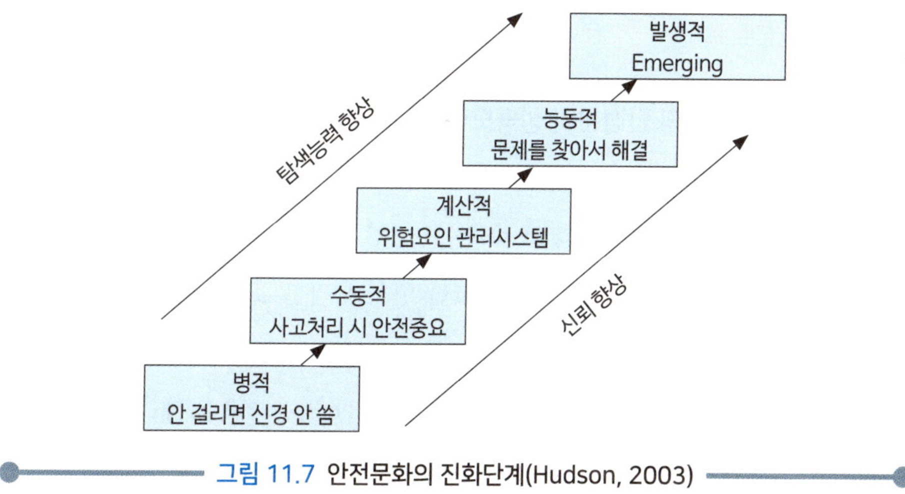

그림 11.7 안전문화의 진화단계(Hudson, 2003)

① 병적(pathological) 단계

사업이 주동력이고, 안전에 무관심하다. 안전은 근로자들에 의해 야기되는 문제이다. 규제 당국에 노출되지 않기를 바라고, 문제가 있으면 규제당국의 말을 따르면 된다. 위험한 일이므로 사고 발생은 어쩔 수 없다.

② **수동적**(reactive) **단계**

조직이 안전을 심각하게 여기기 시작하지만, 단지 사고가 일어 난 후에만 조치가 있다. 관리자는 규칙과 절차를 강요한다.

③ **계산적**(calculative) **단계**

안전은 많은 데이터를 가지고 위험관리 시스템에 의해 추진된다. 아직 경영진에 의해서만 추진되고, 근로자들에게는 부과되는 것으로 인식된다.

④ **능동적**(proactive) **단계**

향상된 안전성과를 보인다. 사고예방을 위해 자원이 분배된다. 근로자의 참여가 하향식 접근으로부터 벗어나 적극적으로 움직이기 시작한다.

⑤ **발생적**(generative) **단계**

모든 계층에서 적극적인 참여가 있다. 안전은 사업의 중요한 일부분으로 인식된다. 적극적으로 문제를 찾아 해결하려 한다.

3.2.3 DuPont의 안전문화 성숙모형(Bradley curve)

안전을 기업의 최고 가치라고 선언하고 안전문화를 추진하고 있는 DuPont은 여러 산업의 사업장에 관한 안전문화에 대한 인식에 관한 조사를 통하여 안전문화 수준을 평가하는 데 활용하고 있다.

Bradley curve(Hewitt, 2011)로 불리는 **[그림 11.8]**은 Y축은 재해율을 나타내고, X축은 '상대적 문화 강점'(RCS: relative culture strength) 개념으로 표현된 안전문화 수준을 나타낸다. 안전문화 수준은 RCS 값에 따라 분류되는 데, '약(RCS<40)', '평균(40<RCS<60)', '양호(60<RCS<80)', '세계수준(RCS>80)'으로 분류하였다. Bradley curve는 상대적인 안전문화 점수와 안전성과 지표사이에는 강한 상관관계가 존재함을 보여주고 있다. Bradley curve는 4단계로 구성되며, 다음과 같은 특성이 있다.

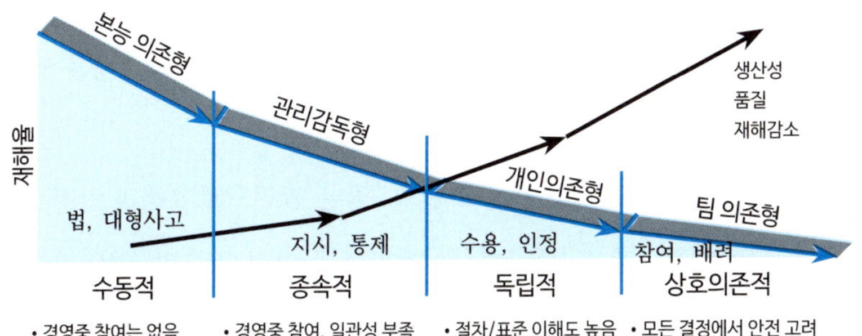

그림 11.8 Bradley curve

① **수동적**(reactive)

안전은 경영층의 참여없이 안전부서에 일임한다. 조직 구성원들이 기본적 양심과 자연 본능에 의해 안전관리를 하는 수준이다.

② **종속적**(dependent)

안전부서에서 안전을 주도하며, 지시, 통제의 관리감독형으로 안전관리를 하는 수준이다.

③ **독립적**(independent)

조직 구성원 스스로가 절차와 표준에 대한 이해도가 높고, 개개인이 자발적으로 참여한다. 안전위험을 지각하고 능동적으로 현장중심으로 안전 활동이 이루어진다.

④ **상호의존적**(interindependent)

안전이 모든 결정에서 고려되고, 조직에 대한 강한 믿음과 자부심이 존재한다. 안전 목표와 개선활동에 전 구성원이 참여하고, 자신과 동료의 안전도 생각하고 배려하는 수준이다.

사례 11.5 안전관리 패러다임의 변화(Geller, 2001)

Geller(2001)는 안전관리 패러다임의 변화의 시대를 맞아 다음과 같은 특성의 변화가 있다고 요약하였다.

1) 정부의 규제에서 기업 자율로 변화: 많은 안전프로그램과 안전설비의 구비는 정부의 법적규제에 의해 하향식으로 이루어져 왔으나, 기업과 근로자가 안전의식과 책무로 인식하고 규범으로 난드는 패러다임의 변화가 요구된다.

2) 실패에서 성취 지향: 재해율이나 재해로 인한 작업시간의 손실을 제어하기 위하여 기록하는 활동에만 생산성이나 품질향상에 관한 긍정적인 요소보다는 부정적인 동기부여 시스템으로 작동할 수 있으므로 작업자를 격려하는 패러다임으로의 전환이 필요하다.

3) 결과중심에서 과정중심으로: 성과위주의 안전관리는 재해숫자는 줄일 수 있으나 안전성과를 향상시키지는 못한다. 결과중심의 안전관리는 미미한 사고를 보고하지 않는 것으로 재해발생 수치를 유지시킬 수는 있지만, 안전사고 유발의 원인을 수정하고 개선하는 활동을 방해하게 된다. 행동과 과정중심의 패러다임이 필요하다.

4) 하향식 통제에서 상향식 참여로: 임시직을 포함한 근로자의 참여가 절실하다. 근로자는 어디에 위험요소가 있고, 언제 위험한 행동이 일어날 수 있는지를 가장 잘 알기 때문에 이들의 참여가 절대적으로 필요하다. 근로자의 권한과 위임을 부여한 자율권과 책무를 강조하고, 상부경영진의 적극적인 지지가 필요하다.

5) 개인에서 팀워크로: 근로자 참여가 주도되는 패러다임으로 전환하기 위해서는 작업자 상호간의 믿음을 바탕으로 한 팀워크를 요구한다.

6) 부분적 접근에서 시스템 접근으로: 위험 사회에서 안전을 유지하기 위해서는 부분적이 아닌 사고가 발생할 가능성이 있는 모든 측면을 고려하는 시스템적 접근방식으로 전환해야 한다.

7) 결함 찾기에서 사실 찾기로: 단편적인 원인이나 사고자를 찾는 사고조사에 그치지 않고, 근본원인을 발견하고 폭넓은 이해를 바탕으로 해결안을 제시할 수 있는 사고분석이 되어야 한다.

8) 수동적(reactive)에서 능동적(proactive)으로: 공정 시스템이 복잡하고 자동화될 뿐만 아니라, 법적으로 안전관련 요구사항이 많아짐에 따라 수동적인 자세로 안전을 유지하기는 어렵다. 따라서 구성원 전원이 안전에 능동적인 태도를 취하는 패러다임으로 전환되어야 한다.

9) 미봉책에서 지속적 개선으로: 구성원들이 능동적 태도로 전환하기 위해서는 미봉책이 아니라 지속적으로 개선을 하도록 해야 한다. 지속적인 개선을 위해서는 시스템적 사고와 인간에 대한 특성을 이해하는 것이 필요하다.

10) 우선(priority)에서 가치로(value): 안전제일은 우선순위의 대상이 아니라 가치 규범이어야 한다. 위험이 예측할 수 없는 순간에 발생하기 때문에 우선순위가 아닌 가치 패러다임으로 전환해야 한다는 것이다. 즉, 사고예방은 구성원들이 지속적으로 지켜야하는 조직규범이며, 타협할 수 없는 절대적 가치이어야 한다.

- 고마츠바라 아키노리, 안전인간공학의 이론과 기술, 세진사, 2018.
- 김경수, 김공수, 조직행동론, 법문사, 2019.
- 김승호, 윤석준, 양혁승, 임우택, 조기홍, 지용선, 안전문화 이해와 적용, 국한에듀, 2018.
- 김태열외 공역, Stephen, P. R. et al., 조직행동론 (16판), 한티미디어, 2015.
- 문광수 역, Paul E. Levy, 산업 및 조직심리학(제5판), 시그마프레스, 2018.
- 박계홍외 공역, Jason, A. C. et al., 성과향상을 위한 조직행동론, McGraw-Hill, 2015.
- 박세영외 공역, Michael G. A., 산업 및 조직 심리학 (제8판), Cengage Learning, 2017.
- 박형인, 김정남역, Aamodt, M. A., 산업 및 조직 심리학(8판), 학지사, 2017.
- 서재현외 공역, Christopher P. N., 조직행동론, 2018년.
- 유태용역, Muchinsky, P. M. et al., 산업 및 조직심리학(11판), 시그마프레스, 2016.
- 橋本邦衛, 安全人間工學, 中央勞動災害防止協會, 1984.
- Antonsen, S., Safety culture: theory, method and improvement, CRC Press, 2009.
- Cooper, M.D., Towards a model of safety culture, Safety Science, 36, 111-136, 2000.
- Edwards, J.R.D., Davey, J., Armstrong, K., Returning to the roots of culture: A review and re-conceptualisation of safety culture, Safety Science, 55, 70-80, 2013.
- Fleming, M., Safety culture maturity model, HSE Books, 2001.
- Flin, R. et al., Measuring safety climate: identifying the common features, Safety Science, 34, 177-192, 2000.
- Guldenmund, F.W., The nature of safety culture: a review of theory and research, Safety Science, 34, 215-257, 2000.
- Hewitt, M., Relative culture strength: a key to sustainable world class safety performance, DuPont Safety Resources, Wilmington, DE, 2011. https://www.dupont.com/products-and-services/consulting-services-process-technologies/articles/safety-performance.html
- Hudson, P., Applying the lessons of high risk industries to health care, Quality & Safety in Health Care, 12, i7–i12, 2003.
- INSAG, Safety culture, Safety Series No.75-INSAG-4, IAEA, Vienna, 1991.
- INSAG, Key Practical Issues in Strengthening Safety Culture, INSAG-15, IAEA, Vienna, 2002.
- Reason, J., Achieving a safe culture: theory and practice, Work & Stress, 12(3), 293-306, 1998.
- Riggio, R. E., Introduction to Industrial/Organizational Psychology, 7th Ed. Routledge, 2017.
- Wilson, J. Q., Kelling, G. L., Broken windows : The police and neighborhood safety, The Atlantic Monthly, 249, 1982.

연습문제

01 다음 중에서 조직문화에 대한 설명으로 올바르지 못한 것은?

① 조직풍토: 조직 구성원의 행동 및 감정 표현에 관한 공통된 특성
② 조직문화: 조직 구성원이 공유하는 신념과 가치
③ 유형물, 가치, 기본적 가정
④ 유형물: 보이지 않는 빙하 속과 같은 조직의 행동방식

02 다음 중에서 안전문화 3계층 구조에 대한 설명으로 올바른 것은?

① 기본 가정: 조직 구성원들이 채택하거나 지지하는 가치, 태도
② 공유 가치: 구성원들이 무의식적으로 받아들이는 믿음, 신념
③ 유형물: 구성원의 행동방식, 안전방침 등 가시적으로 드러나는 요소
④ 유형물: 보이지 않는 빙하 속의 행동방식

03 다음 중에서 지식·신앙·예술·도덕·법률·관습 등 인간이 사회의 구성원으로서 획득한 행동양식 또는 습관의 총체는?

① 제도　　② 조직　　③ 문화　　④ 기본적 가정

04 Schein의 3단계 계층 조직문화 빙하모형에서 보이지 않는 부분은?

① 유형물　　② 가치
③ 가치, 기본적 가정　　④ 유형물, 기본적 가정

05 Cooper(2002)의 안전문화 구조에 대한 설명으로 올바르지 않은 것은?

① 심리적 측면: 가치, 태도, 신념

해답 : 1. ④, 2. ③, 3. ③, 4. ③, 5. ③

② 행동 측면: 안전관련 조치, 리더십

③ 실용 측면: 관행, 행동 변화

④ 상황 측면: 정책, 절차, 경영시스템

06 안전문화를 규범적 요소, 인류학적 요소, 실용적 요소의 결합체로 정의할 때 인류학적 요소에 해당하는 것은?

① 정책　　② 가치　　③ 관행　　④ 절차

07 조직 내 모든 구성원들이 공유하는 안전에 관한 지속적인 가치와 태도를 무엇이라 하는가?

① 안전문화　　② 조직문화　　③ 문화　　④ 제도

08 국제원자력기구(IAEA)의 안전자문그룹인 INSAG에서 제시한 안전문화 단계에서 경미한 사건이 늘어나고 의미 있는 사건도 발생하지만 특별한 경우라고 여기고, 시정조치는 체계적으로 수행되지 않고 개선도 불완전하게 마치는 단계는?

① 자만심　　② 위험　　③ 무시　　④ 과신

09 Reason의 '정보 문화(informed culture)'와 거리가 먼 것은?

① 보고문화　　② 공정문화　　③ 유연문화　　④ 관리문화

10 Fleming의 안전문화 성숙 단계를 올바르게 표현 한 것은?

① 관리-출현-협동-참여-지속적 개선

② 관리-출현-협동-참여-지속적 개선

해답 : 6. ②, 7. ①, 8. ③, 9. ④, 10. ④

③ 출현-참여-관리-협동-지속적 개선

④ 출현-관리-참여-협동-지속적 개선

11 다음 중 Hudson의 안전문화 진화단계를 올바르게 표현 한 것은?

① 병적-수동적-계산적-능동적-발생적

② 병적-수동적-계산적-발생적-능동적

③ 수동적-병적-능동적-계산적-발생적

④ 수동적-병적-계산적-능동적-발생적

12 다음 중 Bradley curve에서 안전문화 진화단계를 올바르게 표현 한 것은?

① 종속적-수동적-독립적-상호의존적

② 수동적-종속적-독립적-상호의존적

③ 수동적-종속적-상호의존적-독립적

④ 종속적-수동적-상호의존적-독립적

해답: 11. ①, 12. ②

실습문제

01 다음은 안전문화에 대한 질문이다.

1) 안전문화에 대하여 설명하시오.
2) 안전문화의 3계층 구조에 대하여 설명하시오.
3) 3계층 구조를 빙하모형으로 해석하시오.

02 다음은 Reason의 안전문화 모형에 관한 질문이다.

1) 정보문화에 대하여 설명하시오.
2) 공정문화와 보고 문화에 대하여 설명하시오.
3) 유연문화에 대하여 설명하시오.

03 다음은 Bradley curve에 관한 질문이다.

1) Bradley curve에 대하여 설명하시오.
2) Bradley curve가 X축과 Y축의 변수를 설명하고, 두 변수의 관계를 설명하시오.
3) Bradley curve에서의 안전문화 성숙단계를 설명하시오.

제4부

시스템 안전

12 시스템과 신뢰도

1. 시스템과 평가척도
2. 시스템과 신뢰도

1 시스템과 평가척도

1.1 시스템의 정의

시스템은 목적을 달성하기 위하여 모인 구성요소들의 집합을 의미한다. 이들 구성요소들은 목적을 달성하기 위해 서로 상호작용하며 필요한 정보를 주고받으며, 적절한 임무와 기능을 수행하게 된다. 시스템의 목적, 구성요소, 상호작용(정보교환 고리: communication link)을 시스템의 3요소라 한다[그림12.1].

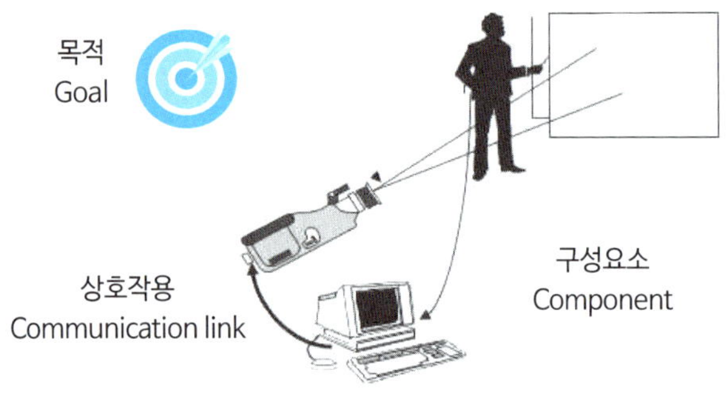

그림 12.1 시스템의 3요소

시스템의 구성요소들은 목적을 달성하기 위하여 ① 감지, ② 정보보관, ③ 정보처리 및 의사결정, ④ 실행의 4가지로 구성된 기본기능을 조합하여 수행한다. 정보보관 기능은 다른 기능들과 상호작용하지만 다른 3가지 기능들은 순차적으로 일어난다.

[그림 12.2]는 시스템의 구조에 의한 분류 체계를 나타낸다. 복잡한 시스템에는 내부에 하부 시스템이 존재하고, 하부 시스템 내부에도 또 다른 하부 시스템이나 구성요소들이 존재할 수 있다. 하부 시스템이나 구성요소는 자체로도 하나의 작은 시스템을 이루게 된다.

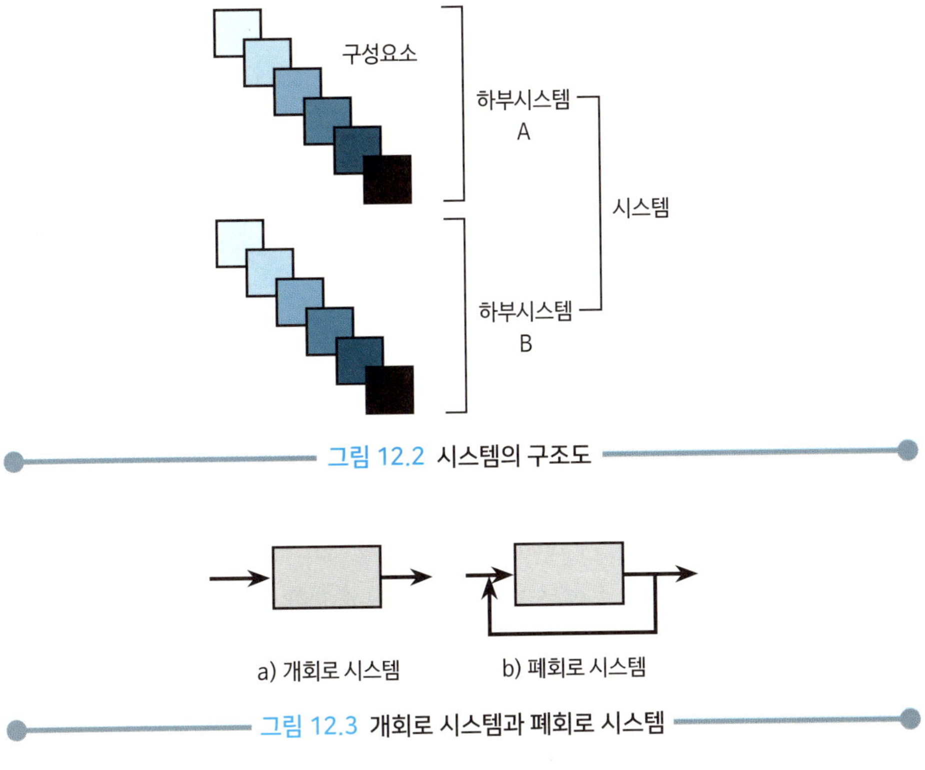

그림 12.2 시스템의 구조도

그림 12.3 개회로 시스템과 폐회로 시스템

시스템은 정보의 피드백 여부에 따라 개회로(open-loop) 시스템과 폐회로(closed-loop) 시스템으로 구분하며, [그림 12.3]과 같이 시스템의 출력에 관한 정보를 입력에 다시 되돌려 주는 과정이 존재하느냐에 의해서 분류된다. 폐회로 시스템은 차량 운전과 같이 시스템이 의도한 바와 출력 사이의 오차에 관한 정보가 입력으로 피드백되는 시스템을 말한다. 개회로 시스템은 세탁기와 같이 일단 작동되면 더 이상 제이기 필요 없거나 제어할 수 없고, 정해진 절차에 의하 여 작업이 진행되는 시스템을 말한다.

인간의 개입 정도에 따라 시스템은 수동 시스템, 반자동(기계) 시스템, 자동 시스템의 세 가지로 분류할 수 있다. 수동 시스템(manual system)은 인간과 기계로 구성된 시스템에서 인간이 자신의 에너지를 동력원으로 사용할 뿐만 아니라 조정하는 역할까지 하며, 기계는 단지 구성요소로서의 역할만 한다. 작업자가 드라이버로 못을 박는 경우에는 인간이 동력과 조정을 맡고, 드라이버와 못은 작업에 사용되는 구성요소로서의 역할만 있는 수동 시스템이라고 할 수 있다. 반자동 시스템(semi-automatic system)은 기계 시스템(mechanical system)이라고도 하며, 기계가 동력을 담당하고 인간은 제어장치를 이용하여 조정하는 역할을 한다. 전동 드라이버로 못을 박는 경우에는 동력은 전동 드라이버가 제공하고, 인간은 드라이버를 조종하는 반자동 시스템이라 할 수 있다. 자동 시스템(automatic system)은 기계가 동력원을 제공하고 조정하는 역할까지 담당하고, 인간은 시스템의 보수, 유지 및 감시 등의 역할만을 담당한다. 발전소의 제어장치 시스템은 기계들이 체계적으로 동력을 제공하고 조정의 기능까지 체계적으로 수행하고, 인간은 감시와 보수, 유지를 담당하는 자동 시스템이라 할 수 있다.

시스템을 디자인할 경우에는 '전체 시스템을 어떻게 하부 시스템들로 적절하게 구성할 것인가', '개회로 시스템으로 할 것인가, 폐회로 시스템으로 할 것인 가', '수동 시스템으로 할 것인가, 자동 시스템으로 할 것인가' 등이 주요 관심사가 된다.

1.2 시스템의 평가척도

시스템은 추구하는 목적이 있기때문에 얼마나 효율적으로 목적을 달성하거나 수행 하는지를 평가하기 위한 척도가 필요하며, 이를 평가척도 또는 평가기준(criterion)이라 불리기도 한다.

시스템을 평가하는 척도로는 효과, 효율 및 주관적 만족도 등이 있다([표 12.1]). 효과(effectiveness)는 시스템이 의도한 목적을 얼마나 정확하고 완성도 있게 달성하는 가를 나타낸다. 즉, 효과는 목적의 달성 여부와 관계가 있다. 효율(efficiency)은 원하는 목적을 달성하는 데 소모하는 자원의 정도와 관련되어 있다. 즉, 효율은 목적을 달성하기까지 투입되는 자원과 시간이 얼마나 경제적인가를 나타낸다. 만족도

(satisfaction)는 인간이 주어진 역할을 수행하면서 느끼는 만족도를 나타낸다.

시스템의 평가척도를 어떻게 정의하느냐 하는 문제는 시스템이 달성하고자 하는 목표나 목적에 기반을 두고 정해야 한다. 특히 사람이 관여한 시스템에서는 평가 척도를 무엇으로 정하느냐에 따라 시스템의 목표를 왜곡하는 방향으로 구성요소들이 작용할 수 있으므로 여러 가지 지수 중에서 어떤 지수를 평가 척도로 정할 것인가에 주의를 기울여야 한다. 시스템의 목표를 하나의 지수로 평가하기 어려운 경우에는 복수의 평가척도들을 상호 보완적으로 사용할 수도 있다.

표 12.1 **사용성과 평가척도**

구분	정의	평가척도 예시
효과 (effectiveness)	의도한 목적을 얼마나 정확하고 완성도 있게 달성하는가에 대한 정도	• 목적 달성 비율 • 목적 달성의 완성도 • 목적 달성의 정확도
효율 (efficiency)	원하는 목적을 달성하는 데 소모하는 자원의 효율 정도	• 단위 과제당 완성 시간 • 시간당 과제 완성 개수
만족 (satisfaction)	구성요소인 인간이 느끼는 만족도	• 사용상의 주관적 만족도 • 포함된 기능에 대한 만족도

일반적으로 평가척도는 다음과 같은 요건을 만족하여야 한다.

(1) **실제적 요건**(practical requirement)

평가 척도는 현실성을 가지고 있어야 하며, 이용하기가 용이하여야 한다. 기준 척도가 실제적이기 위해서는 ① 객관적이고, ② 정량적이며, ③ 수집이 쉬우며, ④ 자료 수집 기법이나 기기가 특수하지 않고, ⑤ 돈이나 수고가 적게 드는 것이어야 한다.

(2) **타당성**(validity), **적절성**(relevance)

측정하고자 하는 평가척도가 시스템이 의도하는 바, 즉 시스템의 목적을 잘 반영하는가에 대한 것이다.

(3) 신뢰성(repeatability)

신뢰성은 결과에 대한 반복성을 의미하는 것으로, 비슷한 환경에서 평가를 반복할 경우에 일정한 결과를 나타내야 함을 의미한다.

(4) 무오염성(freedom from contamination)

무오염성은 측정하고자 하는 변수가 아닌 다른 외적 변수들에 의해 영향을 받지 않는 성질을 뜻한다.

(5) 측정의 민감도(sensitivity of measurement)

측정의 민감도는 기대되는 차이에 적합한 정도의 단위로 측정이 가능해야 함 을 의미한다. 즉, 차이에 비례하는 단위로 측정이 가능해야 한다.

시스템의 효율을 평가하는 척도로는 생산성(productivity)이라는 용어가 주로 이용된다. 생산성은 생산과정이나 서비스 제공에 사용된 투입물의 효율(productive efficiency)을 나타내는 척도로 단위 기간당 '산출물/투입물'로 표현된다. 일반적으로 투입물로는 인원수, 자재량, 자본금 등이 이용되고, 산출물로는 생산량, 판매액, 이익 등이 이용된다.

교통경찰의 업무수행을 어떻게 평가할 것인가에 대하여 생각하여 보자. 만일 단위 기간당 발부한 벌금 고지서 수로 생산성을 나타낸다면 어떤 문제가 있을까? 출근시간에 스티커를 발부하느라 교통 흐름이 막혀 있다면 교통경찰의 생산성은 높다고 할 수 있을까? 시스템의 목적에 맞게 평가척도가 정해져야 한다. 목표에 맞는 척도를 산정하기 위하여 '무엇을 산출물로 할 것인가?', '선택된 산출물을 어떻게 수치화 할 것인가?'를 결정하는 것이 중요하다.

12.1 재단작업 시스템과 개선, 그리고 평가척도

재단 작업은 인쇄된 용지를 제작하려는 책의 용지 크기에 맞추

어 자르는 작업을 의미하며, 용지와 재단기, 작업자로 시스템이 구성된다.

현재의 재단 작업은 용지를 자르는 재단기만 있고, 용지를 올리는 데 사용하는 리프트나 파레트가 없이 사람이 직접 들고 내리기 작업을 수행하고 있다. 현재는 용지를 바닥에 쌓아 놓고 작업을 하므로 용지에 이물질이 묻는 경우가 발생한다. 또한, 작업자가 직접 용지를 들어 올리고 내리기 때문에 작업도중 허리를 굽히게 되어 힘들뿐만 아니라, 시간도 많이 걸리고, 종종 들고 내리다 떨어뜨리는 일도 발생한다. 즉, 용지에 이물질이 묻는 품질 불량, 작업시간이 많이 걸리는 생산성 저하, 작업자의 안전성도 떨어지는 문제점이 존재한다. 현재 수행하고 있는 재단 작업의 문제점을 개선하기 위하여 용지를 파레트 위에 놓고, 들기/내리기 작업을 대신하기 위하여 리프트를 1대 도입하려고 한다. 팔레트 위에 용지를 놓게 되면 바닥에서 이물질이 묻는 품질 불량을 해결 할 수 있으며, 팔레트 위에 용지를 올려놓고 리프트나 운반 설비로 운반할 수 있어 시간을 단축하거나 사람이 들거나 내리는 힘든 작업의 횟수를 줄일 수 있을 것이다.

리프트와 팔레트를 도입하여 얻는 효과를 작업의 효율성과 작업자의 안 전성 측면에서 평가하기 위해서 평가 척도를 고려하여 보자. 작업의 효율성 측면에서 평가척도로는 단위시간당 재단 작업이 된 용지의 양 (또는 용지 묶음당 평균 재단 시간), 단위 작업 시간당 품질불량 인쇄 용지의 양 등의 정량적인 척도 가 이용될 수 있을 것이다. 작업자의 안전성 측면에서의 평가척도로는 작

a) 들기

b) 재단기

c) 내리기

d) 리프트

그림 12.4 재단작업 시스템

업 단위당 작업자가 수행한 들기/내리기 작업의 무게와 취급 회수, 작업 단위당 작업자의 평균 허리 굽힘 회수, 작업의 힘든 정도에 대한 작업자의 평가점수 등 의 정량적인 척도가 이용될 수 있을 것이다.

이제 리프트 1대를 도입하는 경우에 전지 크기의 용지를 드는 작업에 이용할지, 잘려진 용기를 내리는 작업에 이용할지를 고려하여 보자. 팔레트에 전지 크기의 용지를 올려놓고 리프트로 올려서 재단기 높이까지 올려놓는다면, 작업자는 무게가 많이 나가는 전지를 더 이상 들지 않아도 되고 재단기에 용지를 미는 형태의 작업만 수행하면 될 것이다. 만일 잘려진 용지를 재단기와 같은 높이의 리프트에 올려놓는데 이용한다면, 상대적으로 힘든 전지 크기의 들기 작업은 그대로 존재하게 되므로 개선의 효과는 상대적으로 떨어질 것이다.

작업 개선은 시스템을 변화시킨다. 개선 후에도 재단작업 시스템은 목적은 같지만, 시스템의 구성요소가 작업자와 재단기, 리프트, 팔레트와 용지로 변화된다. 또한, 작업 방법이 변화되어 상호작용의 내용도 변화된다. 개선 후에는 작업자가 팔레트 위에 올려져 있는 용지를 리프트로 재단기 높이로 올려 놓은 상태에서, 용지를 재단기에 밀어 넣은 후 자르고, 잘려진 용지는 팔레트에 내려놓는 순서로 작업이 변화되기 때문이다.

만일 예산이 허락한다면 리프트 2대를 이용하면 1대는 전지 크기의 용지를 드는 작업에, 1대는 잘려진 용지를 내리는 작업 용도로 이용한다면 작업자의 들기/내리기 작업은 최소화될 것이며, 재단작업 시스템은 변화될 것이다.

1.3 인간-기계 시스템

어떠한 작업환경 속에서 인간과 기계(또는 시스템)가 특정한 목적을 수행하기 위하여 결합된 집합체를 인간-기계 시스템(MMS: man-machine system)이라고 한다.

즉, 인간-기계 시스템이란 인간과 기계(또는 시스템)에게 각각의 역할과 기능이 주어지고, 공통의 목표인 작업이나 직무를 수행하기 위하여 유기적인 정보의 흐름 과정이 존재하는 집합체를 뜻한다. 운전자가 있는 승용차나 잔디 깎는 작업, 컨베이어 라인의 검사 작업 등도 인간-기계 시스템이라 할 수 있다.

운전자가 자동차의 속도를 조절하는 인간-기계 시스템을 예로 들어보자. 자동차의 속도가 자동차의 속도 표시 장치인 속도계에 나타나면 인간은 감각기관인 눈을 통하여 속도를 감지하게 되고, 중추 신경계에서 정보처리를 통하여 속도가 빠르다고 해석되면 발로 자동차의 조종 장치인 브레이크를 밟게 된다. 조종 장치의 조절에 따라 자동차는 반응하게 되고 속도가 줄어든 결과는 다시 표시 장치인 속도계에 나타나 일련의 정보 링크가 형성된다. 이러한 자동차와 인간의 상호작용에 따라 적당한 속도를 유지하고자 하는 목표가 성취되는 것이다. 물론 기계와 인간의 주변에는 인간과 기계에 영향을 미칠 수 있는 외부 환경이 존재한다.

인간-기계 시스템은 인간과 기계나 시스템, 작업 형태, 그리고 이를 포함하는 환경의 집합이라 할 수 있으며, 인간-기계 시스템의 효율성은 인간의 특성에 맞게 시스템이 설계되고, 운용되는가에 의해 좌우된다. 이는 일반적인 인간-기계 시스템의 설계나 구성이 인간의 특성을 충분히 고려해서 사용자에게 맞게 설계되어야 한다는 것을 의미한다. 과학 기술의 발전과 더불어 기계 장비들의 기능이 복잡해지고

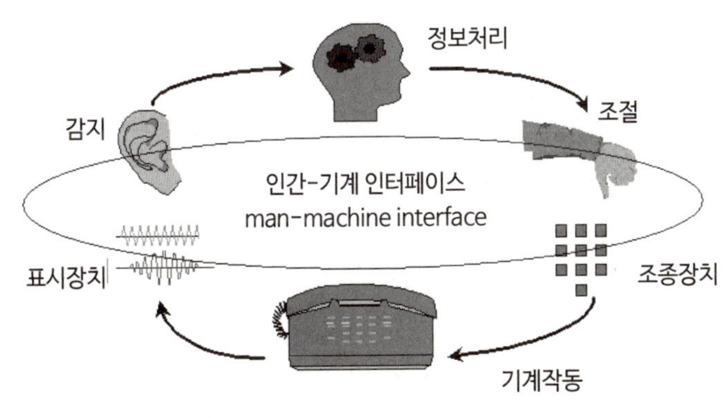

그림 12.5 인간-기계 시스템과 인간-기계 인터페이스

다양해지면서, 인간 요소를 고려한 설계의 필요성은 더욱 더 증가하고 있다. 인간-기계 시스템에서 사용자가 보고, 조작하는 정보의 상호작용이 이루어지는 공간을 인간-기계 인터페이스(MMI: man machine interface) 또는 사용자 인터페이스(UI: user interface)라 한다[그림 12.5].

인터페이스(interface)의 사전적 의미는 '계면, 즉 인간과 도구와의 사이'를 말하며 공유 영역 혹은 커뮤니케이션 통로를 뜻한다. UI란 사람과 시스템간의 접점, 또는 사용자와 시스템 사이에서 정보 전달이 일어나는 정보 교환의 창구로 정의된다.

기술의 발달은 인간을 보다 적극적이고 능동적인 정보 수용의 주체로 변화시켰으며, 인간의 창조성을 기반으로 한 인간과 도구 사이의 상호작용인 인터랙션(interaction) 디자인에 대한 관심을 높였다. 인터페이스는 인터랙션이 일어나는 개념적이고 구체적인 장소를 의미하며, 인터랙션은 인간과 도구 사이에서 수행할 수 있는 커뮤니케이션을 목적으로 일어나는 일련의 활동을 의미한다. 인터랙션은 인간에게 영향을 미치는 물리적 기구나 환경을 대상으로 하는 시공간적 개념을 포함하고 있다.

제품의 기능은 점점 복잡해지고 다양화되고 있으며, 아울러 소프트화 되어가고 있다. 따라서 제품을 사용하려고 하는 사용자의 특성이나 사용에 관한 행동, 사용 상황 등에 관한 분석이 필요하다. 사용자가 쉽고 효율적으로 기능을 사용할 수 있도록 사용자의 관점에서 제품을 디자인하는 개념을 사용자 중심 설계(UCD: user-centered design)라고 한다. 즉, 사용자 중심 설계는 사용자와 사용 행위에 관한 정보 및 제품이 사용되는 상황 등을 고려하여 제품의 사용성(usability)을 높이도록 설계하는 개념을 말한다.

최근에는 사용자 중심 설계 개념이 사용자 경험(UX: User eXperience)을 강조하는 개념으로 부각되고 있다. ISO 9241-210(2010)에서는 UX를 사용자가 어떤 제품이나 시스템, 서비스를 직간접적으로 이용하면서 지각하고 반응하게 되는 경험으로 정의하고 있다. UX는 사용자가 반복적으로 제품을 사용하면서 학습과 생각을 통

하여 만들어진다. 따라서 제품의 외관적인 디자인 요소뿐만 아니라 제품을 사용하는 상호작용 행위에서 경험하게 되는 효용성과 가치, 감정 등을 포함하고 있다. ISO 9241-210(2010)에서는 인간 중심 디자인 프로세스(HCDP: human-centered design process)를 1) 사용 환경의 이해와 명시, 2) 사용자 요구사항 명시, 3) 디자인 해결안 도출, 4) 요구사항에 대한 디자인 평가의 4 단계로 표현하고 있으며, 사용자의 요구사항을 만족하는 디자인 해결안을 얻을 때까지 적절한 단계에서부터 반복적인 과정을 수행하게 된다.

사용자 경험 디자인(UXD: User eXperience Design)은 제품의 외관에 관한 디자인뿐만 아니라 소비자들의 행동양식과 심리, 제품사용 등을 종합적으로 추적해 그 결과를 제품에 반영하는 것을 말한다. 사용자 입장을 고려하고 사용자 경험을 바탕으로 사용자에게 어떻게 보이고, 어떻게 작용하며, '무엇을 경험할 수 있는가'에 초점을 두고, 제품과 상호작용하는데 영향을 줄 수 있는 인터페이스 요소와 인터랙션 요소까지를 고려하여 설계하는 과정을 사용자 경험 디자인이라고 할 수 있다.

사례 12.2 안전관리와 UXD

최근 사용자 경험을 토대로 한 사용자 경험 디자인은 [그림 12.6]과 같이 외관과 작동, 콘텐츠까지를 포함하는 영역으로 확대되고 있다. 보기 좋거나, 독창적이거나, 매력적인 외관을 갖도록 설계하여야 하고, 편안하

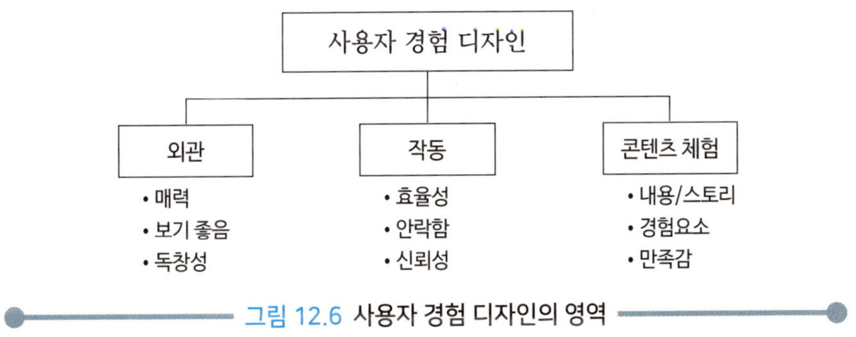

그림 12.6 사용자 경험 디자인의 영역

고, 안전하게 사용할 수 있으며, 효율적으로 작동되도록 설계하여야 할 뿐만 아니라 제품을 사용하며 기분 좋게 느낄 수 있는 체험적인 만족감까지 디자인하는 콘텐츠 체험 영역으로 확대되고 있는 것이다.

기업의 안전관리 측면에서도 사용자 경험 디자인은 매우 필요한 요소라 할 수 있다. 안전 보호구의 착용, 안전교육, 안전문화 추진 등의 안전과 관련된 기업의 활동은 근로자들이 안전과 건강을 확보하기에 성능이 좋을 뿐만 아니라 착용하기 편하고, 동기부여까지 될 수 있도록 지속적으로 근로자의 의견을 듣고, 요구사항을 반영하는 것이 필요하다.

근로자의 업무나 작업의 활동이 되는 작업장을 인터페이스 측면에서 근로자의 신체적, 정신적 특성을 반영하여 설계할 뿐만 아니라 인터랙션의 대상인 작업방법과 업무 프로세스를 근로자가 쉽게 수행할 수 있을 뿐만 아니라, 흥미를 느낄 수 있는 지도 설계의 관심사로 떠오르게 된 것이다.

2 시스템과 신뢰도

2.1 신뢰도의 정의

시스템 신뢰도(reliability)는 '주어진 조건이나 환경에서 시스템이 특정 사용 기간 동안 의도한 목적을 만족스럽게 수행할 확률'을 말한다. 신뢰도의 개념에는 작동 조건이나 환경, 작동 기능, 작동 기간, 확률을 포함한다. 즉, 주어진 환경이나 조건에서 시스템이 의도하는 기능을 정해진 기간 동안 수행할 확률로 표현된다. 작동 기간의 개념은 시간 이외의 단위도 사용될 수 있으며, 자동차는 주행 거리를 기준으로 명시할 수 있고, 모터와 같은 기계장비는 작동 회전수 개념이 기준이 될 수도 있다.

어떤 장비의 신뢰도는 요구되는 장비의 기능이 주어진 기간 동안 고장이 나지 않고 작동될 확률로도 표현된다. 여기서 고장(failure)은 주어진 조건에서 요구되는 장비의 기능을 수행하지 못하는 것을 의미하며, 장비가 작동되더라도 요구되는 기능이 허용한계 수준을 만족하지 못하는 경우를 포함한다.

고장의 개념에는 작동 조건과 요구되는 작동 기능을 포함되므로, 고장의 개념을 이용하면 신뢰도는 주어진 기간 동안 고장이 나지 않고 작동될 확률로 표현된다. 따라서 신뢰도를 정의할 때는 고장의 개념이 이용되며, 고장의 개념을 이용하면 신뢰도는 작동 기간(일반적으로 수명 또는 작동시간은 T로 표현)의 함수로 표현될 수 있다.

시스템의 수명 또는 고장시간을 확률 변수 T 나타내면, 시스템이 t 시간 이내에 고장이 날 확률인 $F(t)$와 시스템이 t 시간까지 고장 없이 작동할 확률인 신뢰도 함수 $R(t)$는 다음과 같이 표현된다.

$$F(t) = P(T \le t)$$

$$R(t) = P(T > t) = 1 - F(t)$$

즉, 신뢰도 함수 $R(t)$는 시스템의 가동 기간이 t 시간 이상일 확률을 의미한다.

12.3 시스템의 신뢰도

다음 각 경우에 따라 신뢰도가 어떻게 정의 되는지를 표현하여 보자.

1) 제품의 수명시간 T의 확률밀도함수(probability density function)가 $f(t)$로 주어진다면 50시간 안에 고장 날 확률은

$$F(500) = P(T \le 500) = \int^{500} f(t)\,dt$$

로 표현된다.

2) 어느 양궁 선수가 화살을 쏘았을 때 과녁을 벗어날 확률이 0.1로 알려져 있다면 과녁을 맞출 확률은 0.9(=1 − 0.1)가 된다. 만일 이 양궁 선수가 3개의 화살을 쏘았을 때 3번 모두 과녁에 맞출 확률은 $0.9 \times 0.9 \times 0.9 = 0.9^3$이 된다.

이 양궁 선수가 n 개의 화살을 쏘았을 때 n 개 모두 과녁에 맞출 확률인 신뢰도는

$$R(n) = 0.9^{n}$$

로 표현 될 수 있다.

2.2 시스템의 구조와 신뢰도

시스템의 구성요소가 어떠한 구조로 구성되어 있는가에 따라 시스템의 신뢰도는 달라진다. 따라서 구성요소들이 어떤 물리적인 구조로 구성될 수 있는가 형태를 살펴보고, 구조 형태에 따라 어떻게 신뢰도를 구할 수 있는가를 살펴보자.

신뢰도를 구할 때 구성요소들의 고장이 독립적으로 발생하지 않고, 서로 영향을 주는 경우에는 조건부 확률이론을 이용해야 한다. 하지만 이 책에서는 구조에 따른 신뢰도의 개념을 쉽게 이해시키기 위하여, 시스템의 구성요소들이 서로의 신뢰도에 영향을 주지 않고 독립적으로 임무를 수행하는 것을 가정으로 서술한다.

시스템의 구조는 몇 개의 부품들로 구성된 단순한 구조의 제품에서 수백 개의 부품으로 구성된 복잡한 구조의 제품까지 다양하게 나타나지만, 구조를 분석하면 기본이 되는 몇 개의 구조로 분류할 수 있다.

2.2.1 직렬구조와 신뢰도

인간과 기계가 **[그림 12.7]**와 같이 직렬(serial system)로 연결되어 있을 때에는 인간과 기계 중 어느 한 쪽의 임무 실패 또는 고장이 전체 인간-기계 시스템의 실패 또는 고장을 초래한다. 즉, 구성요소들이 직렬 구조로 구성된 시스템에서는 시스템이 작동하려면 모든 구성요소들이 하나도 고장이 나지 않고 모두 다 작동해야만

가능해진다.

인간과 기계로 구성된 인간-기계 시스템에서 인간과 기계가 서로의 신뢰도에 영향을 주지 않고 독립적으로 임무를 수행하며, 인간의 신뢰도가 R_1, 기계의 신뢰도가 R_2로 표현된다면 인간-기계 시스템의 신뢰도(R_S)는 다음과 같이 표현된다.

$R_S = R_1 \times R_2$ ----------------- 직렬 시스템의 신뢰도

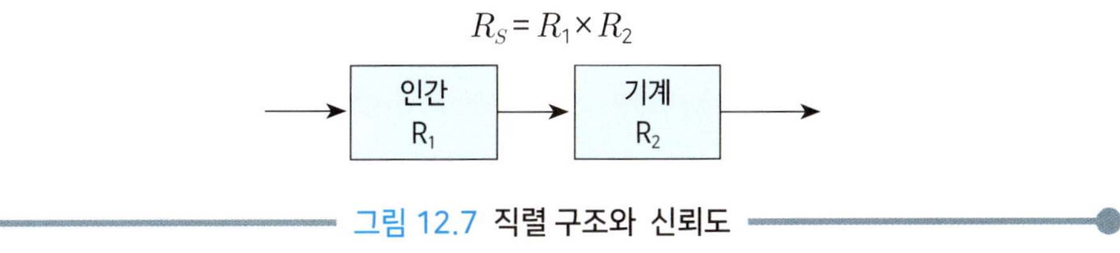

그림 12.7 직렬 구조와 신뢰도

직렬구조 시스템에서는 모든 구성요소들의 신뢰도가 중요하며, 전체 시스템의 신뢰도는 구성요소들 중에서 가장 신뢰도가 낮은 부품에 의해 영향을 받게 된다. 연결고리가 여러 개로 이어진 줄은 가장 약한 고리가 끊어지면 줄이 끊어지는 원리와 같다고 할 수 있다. 따라서 직렬구조 시스템의 신뢰도는 가장 약한 구성요소의 신뢰도보다 낮으므로, 신뢰도 측면에서는 약한 구조라고 할 수 있다. 또한, 각 구성요소의 신뢰도가 높더라도 구성요소의 수가 많아지면 전체 시스템의 신뢰도는 낮아지는 구조이다. 예를 들면 구성요소들이 모두 0.9의 신뢰도로 이루어진 시스템이라도 구성요소가 직렬로 7개가 연결된 경우에는 시스템 신뢰도는 (0.9)7 = 0.4783 으로 0.5 미만이 되게 된다.

사례 12.4 직렬구조 시스템의 신뢰도

트럭의 바퀴 4개가 모두 동일한 품질로 구성되어 있고, 5년 동안 고장이 나지 않고 작동할 확률이 0.95로 같을 때의 시스템 신뢰도를 구해보자. 단, 바퀴의 고장은 서로 독립적으로 발생한다고 가정한다.

1) 트럭의 바퀴에 관한 시스템 신뢰도를 블록 다이어그램으로 표현하시오.

트럭의 바퀴는 물리적으로는 병렬구조 형태로 배치되어 있지만 신뢰도 구조측면에서는 바퀴 4개가 모두 고장나지 않아야 트럭을 운행할 수 있으므로 다음과 같이 직렬구조로 표현된다.

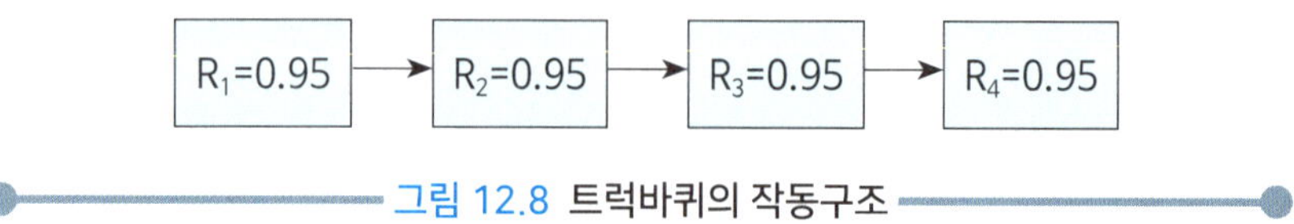

그림 12.8 **트럭바퀴의 작동구조**

2) 트럭이 5년 동안 바퀴가 고장이 나지 않고 운행될 수 있는 확률(R_S)은?

$$R_S = R_1 \times R_2 \times R_3 \times R_4$$
$$= 0.95 \times 0.95 \times 0.95 \times 0.95$$
$$= 0.8145$$

이 된다. 따라서 직렬구조로 된 시스템은 각 부품의 신뢰도 0.95보다 전체 시스템의 신뢰도가 0.8145로 낮아지는 것을 볼 수 있다.

12.5 직렬구조 시스템의 신뢰도 개선

1) 다음과 같이 4개의 부품으로 구성된 시스템의 신뢰도는?

R_1=0.9 → R_2=0.8 → R_3=0.7 → R_4=0.6

그림 12.9 **4개부품으로 구성된 직렬구조**

$$R_S = R_1 \times R_2 \times R_3 \times R_4$$
$$= 0.9 \times 0.8 \times 0.7 \times 0.6$$
$$= 0.3024$$

2) 만일 위의 4개 부품 중에서 한 개만 부품의 신뢰도를 개선하여 전체 시스템의 신뢰도를 개선하고자 한다면, 어떤 부품의 신뢰도를 개선하는 것이 가장 좋은 대안인가?

시스템의 신뢰도는 각 부품의 신뢰도의 곱한 값으로 표현되고, 1보다 작은 값들이 곱해지므로, 가장 낮은 부품의 신뢰도보다도 낮게 된다. 따라서 가장 신뢰도가 낮은 부품4의 신뢰도 R_4(=0.6)를 높이는 것이 가장 효율적이다.

2.2.2 병렬구조와 신뢰도

인간과 기계가 **[그림 12. 10]** 과 같이 병렬(parallel system)로 작업을 하게 되면 시스템의 고장은 인간과 기계가 모두 임무를 실패할 경우에만 발생한다. 따라서 시스템 신뢰도는 기계 단독이나 사람 단독으로 임무를 수행할 때보다 신뢰도가 높아진다. 인간의 신뢰도가 R_1, 기계의 신뢰도가 R_2이고, 병렬구조로 시스템이 구성된 경우의 인간-기계 시스템의 신뢰도(R_S)는 다음과 같이 표현된다.

$R_S = 1-(1-R_1)\times(1-R_2)$ ----------------- **병렬 시스템의 신뢰도**

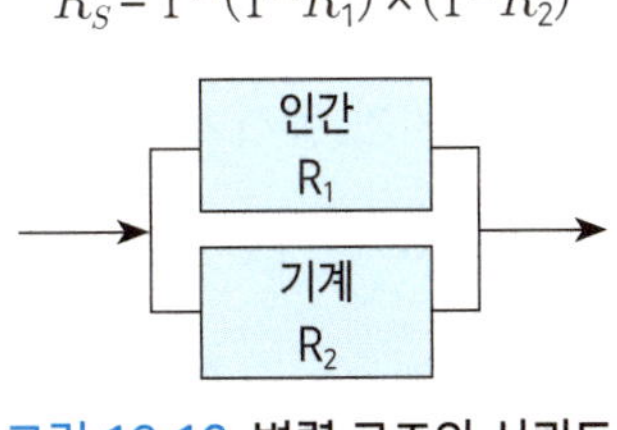

그림 12.10 **병렬 구조와 신뢰도**

병렬구조 시스템에서는 구성요소 모두 다 고장이 나야 시스템이 고장이 나게 되므로, 어느 부품 하나라도 작동하면 시스템이 작동하게 된다. 따라서 전체 시스템의 신뢰도는 가장 신뢰도가 높은 구성요소 보다 높게 되며, 부품의 수가 증가할수록 시스템 신뢰도는 높아지게 된다.

사례 12.6 병렬구조 시스템의 신뢰도

1) 두 줄 중에서 한 개만 끊어지지 않으면 작동하는 중량물 인양장치가 있다. 한 개의 줄이 1,000 시간동안 끊어지지 않고 작동할 확률은 0.9로 알려져 있다면, 중량물 인양장치가 1,000시간 동안 고장이 나지 않고 작동할 확률은?

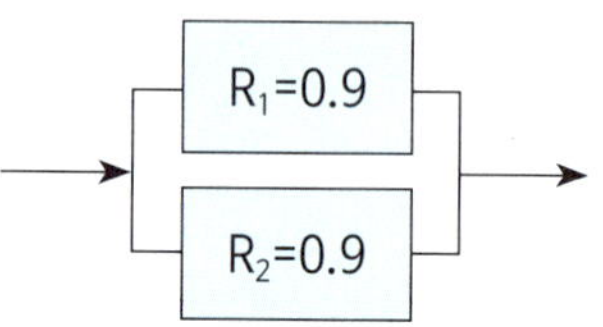

그림 12.11 2개 부품으로 구성된 병렬구조

둘 중의 한 개의 줄만 작동하면 시스템이 고장 나지 않으므로, 병렬 구조로 해석하여 시스템 신뢰도(R_S)는 다음과 같이 계산할 수 있다.

$$R_S = 1 - \text{두 줄 모두 고장 날 확률} = 1-(1-0.9)\times(1-0.9)$$
$$= 1-0.1\times 0.1 = 0.99$$

2) 인간과 감지기가 병렬로 연결되어 감시업무를 수행하는 인간-기계 시스템이 있다. 인간이 감지를 못할 확률은 0.3, 감지기가 감지를 못할 확률은 0.4로 알려져 있다. 인간과 감지기가 동시에 감지를 하지 못하는 경우에 인간-기계 시스템의 감시업무는 실패로 본다면 감시 업무에 대한 신뢰도는?

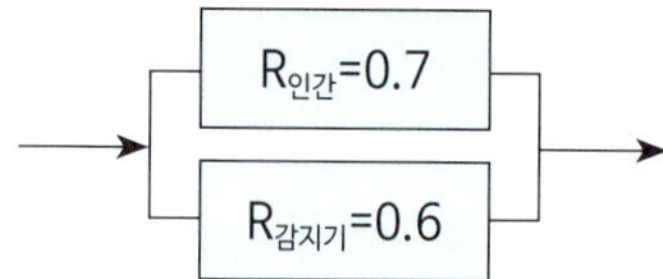

그림 12.12 인간-기계의 병렬 작업구조

병렬 구조로 해석하여 시스템 신뢰도(R_S)는 다음과 같이 계산할 수 있다.

R_S = 1 - 인간과 감지기가 모두 감지 못할 확률

= 1 - 0.3×0.4 = 0.88

3) 만일 4개 부품이 병렬로 연결된 시스템에서 전체 시스템의 신뢰도를 개선하고자 한다면, 어떻게 하는 것이 가장 좋은 대안인가?

병렬 구조로 구성된 시스템의 전체 신뢰도는 신뢰도가 가장 높은 부품의 신뢰도보다 높게 되므로, 적은 비용으로 신뢰도를 높이기 쉬운 부품을 선택하여 개선하는 것이 좋은 대안이다.

2.2.3 *n* 중 *k* 구조와 신뢰도

n개의 동일한 부품으로 구성된 시스템에서 k개만 작동하면 시스템이 작동하는 구조를 n 중 k 구조라 한다. n개의 지지대의 신뢰도가 모두 R 로 동일하고 n개중 k 개 이상의 지지대만 작동하면 하중이 지탱되는 시스템의 신뢰도를 구하여 보자.

n개중에서 i 개의 지지대가 작동할 확률은 n개중 i개를 선택하여 i개는 작동하고, $(n-i)$ 개는 작동하지 않을 확률을 구하면 되므로, $\binom{n}{i}$이 된다. 따라서 n 중 k 구조의 시스템 신뢰도는 n 개중에서 k 개 이상이 작동할 확률로 다음과 같이 표현된다.

$$\sum_{i=k}^{n}\binom{n}{i}R^i(1-R)n-i$$

사례 12.7 *n* 중 *k* 구조 신뢰도 구하기

4개 지지대의 신뢰도가 모두 0.9로 동일하고, 4개중 3개 이상의 지지대만 작동하면 하중이 지탱되는 4중 3구조의 시스템 신뢰도 (R_S)는?

$$R_S=\sum_{i=4}^{5}\binom{5}{i}0.9^i(0.1)^{5-i}=\binom{5}{4}0.9^4(0.1)^1+\binom{5}{5}0.9^5(0.1)^0$$

$$=0.9185$$

사례 12.8 n 중 k 구조와 중복설계

1) n개의 부품으로 구성된 시스템에서 k개만 작동하면 시스템이 작동하는 구조를 n 중 k 구조라 하였으므로, 병렬구조 시스템은 n 중 1 구조로도 해석할 수 있다. 병렬구조 시스템은 n개의 부품으로 구성된 시스템에서 어느 것 1개만 작동하면 되기 때문이다. 반면, 직렬구조 시스템은 n 중 n 구조로도 해석할 수 있다. 직렬구조 시스템은 n 개의 부품으로 구성된 시스템에서 n 개 모두 작동해야 시스템이 작동하기 때문이다.

2) 시스템 설계에서 특정 기능을 하는 부품의 신뢰도를 높이기 위하여 병렬구조의 특성을 이용한다. [사례 12.6]에서 줄 한 개의 신뢰도는 0.9이지만 두 줄을 병렬 구조로 설계하면 시스템 신뢰도는 0.99로 높아진다. 이와 같이 동일한 기능을 갖는 부품을 병렬구조로 연결하여 신뢰도를 높이는 설계를 중복설계라 한다.

2.2.4 복잡한 구조의 신뢰도

시스템의 구조가 직렬구조나 병렬구조만으로 구성되어 있지 않고 직렬과 병렬구조가 혼합되어 구성된 시스템의 시스템 신뢰도를 구하여 보자.

복잡한 구조로 되어 있지만 직렬구조와 병렬구조로 분해가 가능한 시스템의 신뢰도는 병렬구조나 직렬구조로 분해하여 단순화 시키면서 시스템 신뢰도를 구하면 된다. 즉, 직렬구조와 병렬 구조만으로 분류할 수 있는 경우에는 부품들을 소단위로 묶어서 구조를 단순화 시켜서 신뢰도를 구하면 된다.

사례 12.9 직렬과 병렬구조로 분해 가능한 경우

그림과 같이 직렬과 병렬 구조로 분리할 수 있는 구조의 시스템 신뢰도를 구하시오.

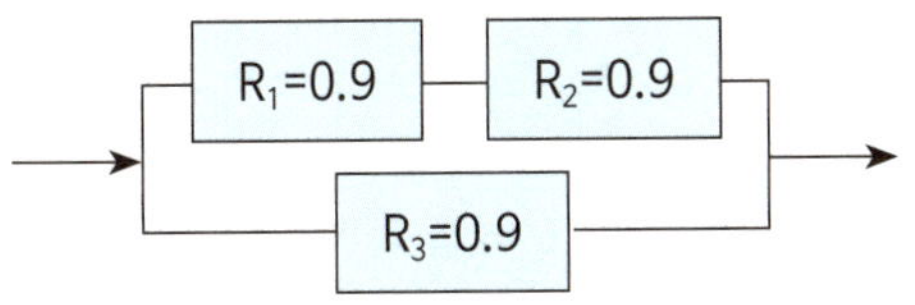

그림 12.13 **직렬과 병렬구조로 분리 가능한 구조**

부품 1,2의 직렬구조에 대한 신뢰도 $R_{12} = 0.9 \times 0.9 = 0.81$을 먼저 구하고, 아래 그림을 이용하여 병렬구조의 신뢰도 R_{123}는 R_{12}와 R_3를 이용하여 구하면 다음과 같다.

그림 12.14 **부품$_{12}$와 부품$_3$로 구성된 병렬구조**

$$
\begin{aligned}
R_{123} &= 1 - (1 - R_{12}) \times (1 - R_3) \\
&= 1 - (1 - 0.81) \times (1 - 0.9) \\
&= 0.981
\end{aligned}
$$

12.10 직렬과 병렬구조로 분해 가능한 경우

다음과 같이 3개의 부품으로 구성된 구조의 시스템 신뢰도는?

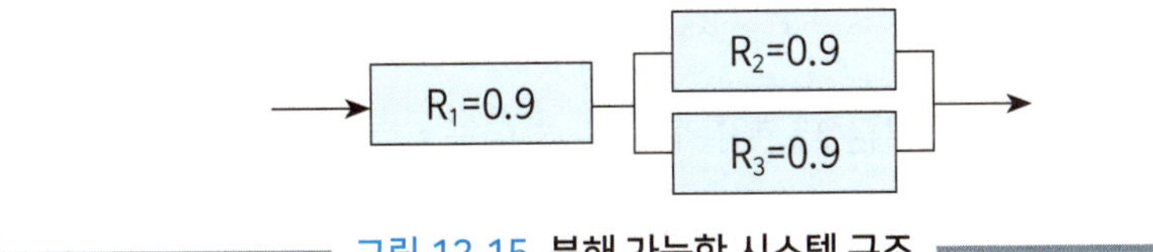

그림 12.15 **분해 가능한 시스템 구조**

부품 2,3의 병렬구조에 대한 신뢰도 $R_{23} = 1 - (1 - 0.9) \times (1 - 0.9) = 0.99$가 된다. 아래 그림을 이용하여 직렬구조의 신뢰도 R_{123}는 R_1와 R_{23}를 이용하여 구하면 다음과 같다.

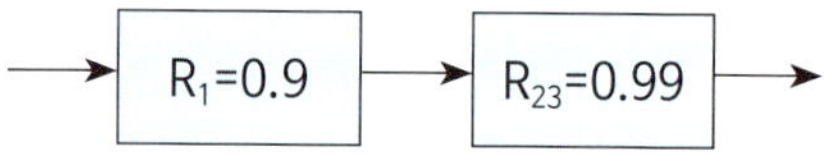

$R_1=0.9$ → $R_{23}=0.99$

그림 12.16 부품$_1$과 부품$_{23}$으로 구성된 직렬구조

$$
\begin{aligned}
R_{123} &= R_1 \times R_{23} \\
&= 0.9 \times (1-(1-0.9)\times(1-0.9)) \\
&= 0.891
\end{aligned}
$$

사례 12.11 직렬과 병렬구조로 분해 가능한 경우

그림과 같이 직렬과 병렬 구조로 분리할 수 있는 구조의 시스템 신뢰도를 구하시오.

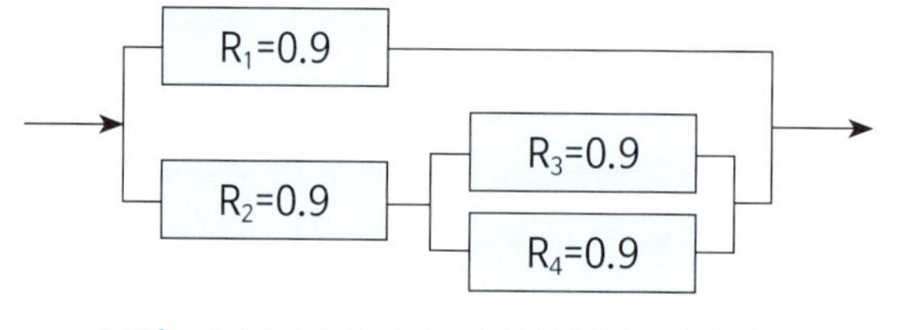

그림 12.17 부품 4개로 구성된 복잡한 구조

[그림 12.15] 에서 부품 2,3,4로 구성된 구조의 신뢰도는 다음과 같이 0.891이 됨을 알 수 있었다.

$$R_{234} = R_2 \times R_{34} = 0.9 \times (1-(1-0.9)\times(1-0.9)) = 0.891$$

최종적으로 [그림 12.18]과 같은 병렬구조로 간략화 되고, 병렬구조의 신뢰도 R_{1234}는 R_1과 R_{234}를 이용하여 구하면 다음과 같다.

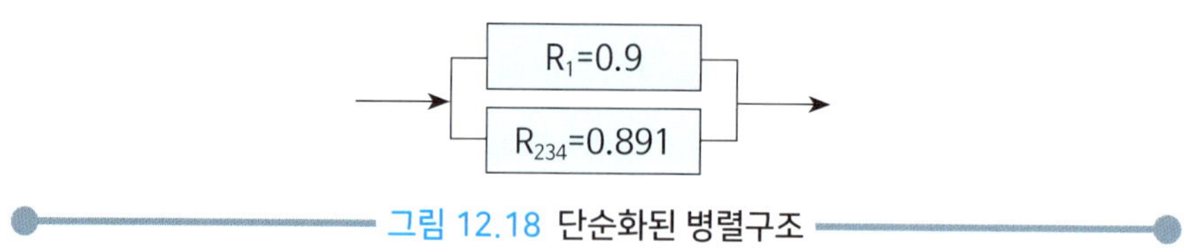

그림 12.18 단순화된 병렬구조

$$R_{123} = 1 - (1 - R_1) \times (1 - R_{234})$$
$$= 1 - (1 - 0.9) \times (1 - 0.891)$$
$$= 0.9891$$

복잡한 구조로 되어 있고 직렬구조와 병렬구조로 분해도 쉽지 않지만, 특정 부품의 작동과 고장 상태에 따라 시스템의 구조가 단순화 되는 경우도 존재한다. 이 경우에는 특정 부품의 작동여부에 따라 작동 조건에서의 시스템 구조도와 고장 조건에서의 시스템 구조도를 그려서 조건별 시스템 신뢰도를 산출하여 구하면 된다.

사례 12.12 직렬과 병렬구조만으로 구성되어 있지 않은 경우

[그림12.19] 와 같이 직렬과 병렬 구조로 분리할 수 없는 구조의 시스템 신뢰도를 구하시오. 단, 모든 부품의 고장은 독립적으로 발생하고, 부품 신뢰도는 0.9로 동일하다고 가정하자.

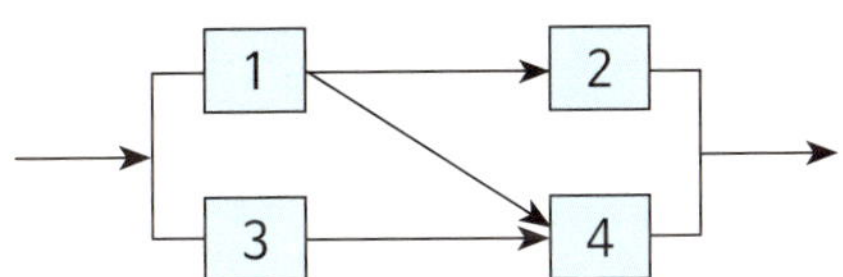

그림 12.19 직렬과 병렬 구조로 분리할 수 없는 구조

위의 구조는 병렬과 직렬구조만으로는 분해가 되지 않는 구조이지만, 부품 1의 고장여부에 따라 아래 [그림 12.20] 과 같이 시스템의 구조를 단순하게 표현할 수 있다.

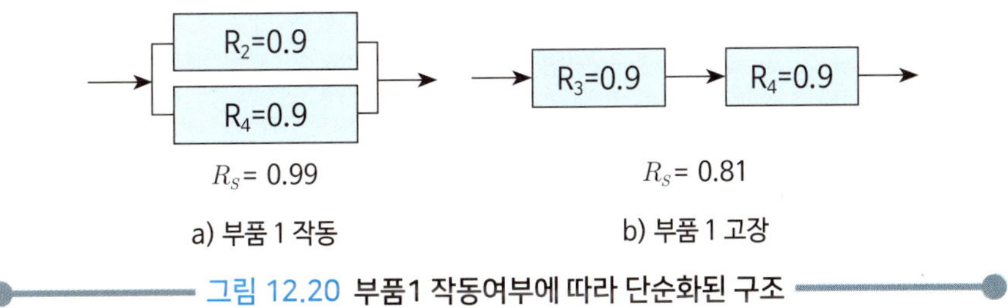

그림 12.20 부품1 작동여부에 따라 단순화된 구조

즉, 부품 1이 작동된다고 가정하면 부품 3의 작동여부에 상관없이 부품 2와 4로 구성된 병렬구조가 되고, 부품 1이 고장이 난다고 가정하면, 부품 3과 4로 구성된 직렬구조가 된다.

따라서 시스템 신뢰도는 부품 1이 작동하고 부품2,4 구조가 작동하거나, 부품 1이 고장이 나고 부품 3, 4 구조가 작동할 확률의 합으로 표현된다.

$$
\begin{aligned}
Rs &= P(1\ \text{작동}) \times P(2,\ 4\ \text{병렬구조 작동}) + P(1\ \text{고장}) \times P(3,\ 4\ \text{직렬구조 작동}) \\
&= R_1 \times R_{24} + (1 - R_1) \times R_{34} \\
&= 0.9 \times (1 - (1 - 0.9) \times (1 - 0.9)) + (1 - 0.9) \times 0.9 \times 0.9 \\
&= 0.972
\end{aligned}
$$

연습문제

01 다음 중 기준(criterion)이 가져야 할 요건이 아닌 것은?

① 의도된 목적에 대한 적절성

② 측정하려는 변수 외에 다른 변수에 의해서도 설명할 수 있어야 한다.

③ 실험 반복에 대한 일정한 결과

④ 측정시의 민감도

02 기준이 갖추어야 할 요건 중에서 비슷한 환경 하에서 평가를 반복할 경우에 일정한 결과를 나타내야 하는 특성은?

① 적절성 ② 신뢰성 ③ 실제적 요건 ④ 무오염성

03 다음 중에서 시스템의 정의와 관련된 용어와 가장 거리가 먼 것은?

① 목표 ② 정보궤환 고리 ③ 구성요소 ④ 개회로

04 세탁기와 같이 일단 작동되면 더 이상 제어가 필요 없거나 제어할 수 없고, 정해진 절차에 의하여 작업이 진행되는 시스템은?

① open-loop system ② closed-loop system

③ mechanical system ④ manual system

05 측정하고자 하는 평가 척도가 시스템이 의도하는 바인 시스템의 목표를 잘 반영하는 것을 무엇이라 하는가?

① 신뢰성 ② 타당성 ③ 실제성 ④ 무오염성

해답 : 1. ②, 2. ②, 3. ④, 4. ①, 5. ②

06 인간-기계 시스템에서 인간과 기계 사이의 정보 흐름이 일어나는 창구를 무엇이라 하는가?

① 사용성 ② 인간-기계 인터페이스

③ 솔리드 인터페이스 ④ 시스템 기준

07 다음 중에서 평가 척도의 요건에 대한 설명으로 맞는 것은?

① 실제성: 비슷한 환경 하에서 일정한 평가 결과를 나타내야 한다.

② 타당성: 현실적이고, 이용하기가 용이하여야 한다.

③ 신뢰성: 시스템의 목표를 잘 반영하여야 한다.

④ 무오염성: 측정하려는 변수 외에 다른 변수에 의해 영향을 받지 않아야 한다.

08 연속적 제어가 필요하고 시스템이 의도한 바와 출력 사이의 오차에 관한 정보가 연속적으로 피드백 되는 시스템은?

① 전자레인지 음식 데우기 ② 비행관제실의 모니터링 작업

③ 세탁기를 이용한 자동세탁 ④ 단발 사격

09 시스템의 네 가지 기본기능과 가장 거리가 먼 것은?

① 정보교환 고리 ② 정보처리 및 의사결정

③ 정보보관 ④ 감지

10 다음 중에서 사용성의 정의와 가장 거리가 먼 것은?

① 효과 ② 효율 ③ 만족성 ④ 경험

해답 : 6. ②, 7. ④, 8. ②, 9. ①, 10. ④

11 다음 사용성의 정의에 대한 설명으로 가장 거리가 먼 것은?

① 효과: 의도한 목적의 달성여부

② 효율: 원하는 목적을 얼마나 정확하게 달성하는가 여부

③ 만족: 사용자들이 느끼는 사용상의 편안함과 만족

④ 효과(effectiveness), 효율(efficiency), 만족(satisfaction)

12 다음과 같이 부품이 결합될 때 신뢰도가 제일 큰 것은?

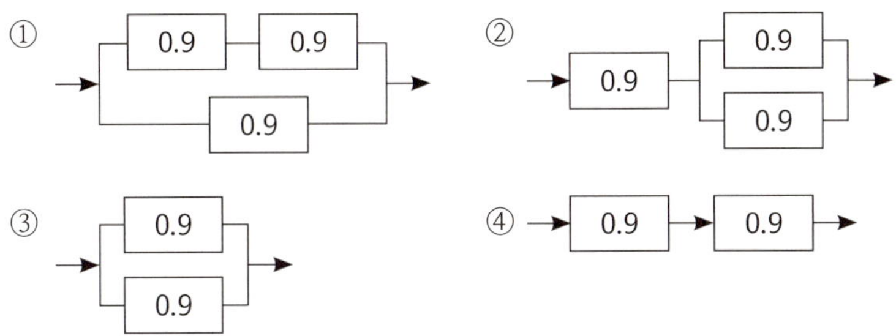

13 다음 중 병렬 시스템의 특성에 관한 설명으로 틀린 것은?

① 요소 중 어느 하나가 정상이면 시스템은 정상으로 작동된다.

② 시스템의 수명은 요소 중 수명이 가장 긴 것에 의하여 결정된다

③ 요소의 중복도가 늘수록 시스템의 수명은 짧아진다.

④ 요소가 개수가 증가될수록 시스템 고장의 기회는 감소된다.

14 다음 중 직렬시스템과 병렬시스템의 특성에 대한 설명으로 옳은 것은?

① 직렬시스템에서 요소의 개수가 증가하면 시스템의 신뢰도도 증가한다.

② 병렬시스템에서 요소의 개수가 증가하면 시스템의 신뢰도는 감소한다.

③ 시스템의 높은 신뢰도를 안정적으로 유지하기 위해서는 병렬시스템으로 설계하여야 한다.

해답 : 11. ②, 12. ①, 13. ③, 14. ③

④ 일반적으로 병렬시스템으로 구성된 시스템은 직렬시스템으로 구성된 시스템보다 비용이 감소한다.

15 다음 시스템의 신뢰도는?

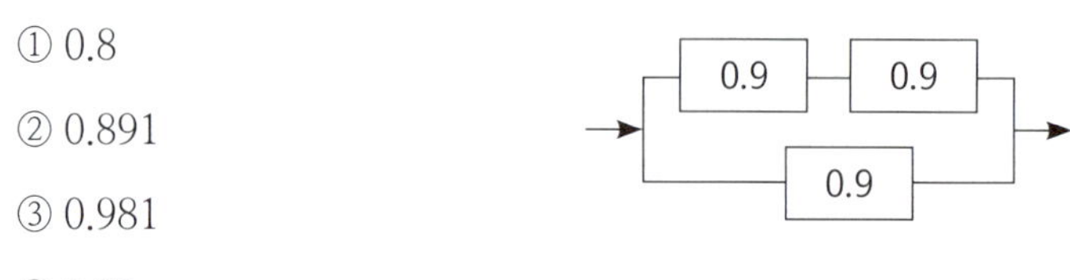

① 0.8
② 0.891
③ 0.981
④ 0.99

16 인간과 기계가 병렬로 업무를 수행하는 인간-기계 시스템의 신뢰도를 구하시오. 단, 인간의 신뢰도는 0.6, 기계의 신뢰도는 0.95이다.

① 0.96 ② 0.97 ③ 0.98 ④ 0.99

해답 : 15. ③, 16. ③

실습문제

01 다음은 시스템에 대한 문제이다.

1) 시스템의 3요소를 이용하여 시스템을 설명하시오.
2) 시스템의 평가척도를 ISO의 사용성 측면에서 설명하시오.
3) User interface와 user interaction의 개념을 비교하여 설명하시오.

02 다음은 사용자 경험에 대한 문제이다.

1) user experience(사용자 경험)에 대하여 설명하시오.
2) 사용자 중심 설계에 대하여 설명하시오.
3) 안전관리에서 사용자 경험이 중요한 이유를 설명하시오.

03 다음은 신뢰도에 대한 문제이다.

1) 직렬구조와 병렬 구조에 대하여 설명하시오.
2) 병렬구조의 신뢰도와 중복설계에 대하여 설명하시오.
3) 3개 부품의 신뢰도가 동일할 때, 3개의 부품으로 구성된 시스템을 구성한다면 전체 신뢰도를 가장 높게 하는 구조는?

04 다음과 같은 구조의 시스템 신뢰도를 구하시오. 단, 각 부품의 고장은 독립적이며 고장 확률은 0.1로 동일하다.

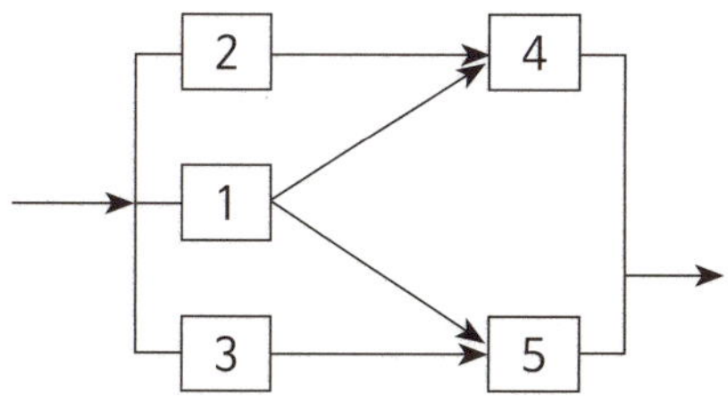

13 위험성 평가

1. 위험과 위험성 평가
2. 위험성 평가절차와 원리
3. 위험성 평가제도
4. 위험성 평가 예시

1 위험과 위험성 평가

1.1 유해위험요인과 위험

유해위험요인(hazard)은 상해나 직업병, 재산상 손실을 초래할 수 있는 활동, 공정, 물질 등의 잠재적인 요인을 의미하며, 위험(risk)은 원하지 않는 사건의 가능성이나 결과의 심각한 정도를 의미한다(HSE, 2004).

유해위험요인은 유해요인과 위험요인으로 분류할 수 있으며, 일반적으로 물리적 요인 또는 환경에 의한 부상 등의 발생 가능성이 있는 경우를 위험요인(반대: 안전)이라고 하며, 물리적 요인 또는 환경에 의한 질병의 발생 가능성이 있는 경우를 유해요인(반대: 위생)이라고 한다.

유해위험요인은 발생 유형에 따라 기계적 위험, 화학적 위험, 에너지 위험, 작업적 위험으로 분류할 수 있다. 기계적 위험은 접촉적 위험(틈에 끼임, 잘림, 찔림), 물리적 위험(비래, 낙하), 구조적 위험(연삭기의 숫돌 파괴, 파열) 등이 있으며, 화학적 위험은 폭발, 화재 위험(폭발성 물질, 발화성 물질), 생리적 위험(독극물)이 있다. 에너지 위험은 전기적 위험(감전, 과열)과 열 기타의 에너지 위험(화상, 방사선 장해) 등이 있으며, 작업적 위험은 작업 방법적 위험과 장소적 위험 등이 있다.

1.2 위험의 처리방법

위험의 처리 방법은 위험의 회피/제거, 위험의 감소, 위험의 보유, 위험의 전가 등으로 구분할 수 있다.

위험의 회피는 위험이 있는 사업을 하지 않거나 보유하지 않는 것을 의미한다.

위험의 제거/감소는 위험 방지나 위험의 분산 등으로 구분되며, 위험 방지는 사고를 줄이기 위한 위험 예방, 사고 발생시 손해를 감소시키기 위한 위험 경감, 계약서 등을 통한 위험 제한 등으로 분류된다. 위험 분산은 위험을 하청업체에 이전하거나 위험물과 분리 저장하는 등의 조치를 의미한다.

위험의 보유는 위험에 대한 무지에서 오는 소극적 보유와 위험을 충분히 확인한 후에 오는 준비금 설정 등의 적극적 보유로 분류된다.

위험의 전가는 보험을 의미한다.

위험은 회피/제거가 이루어지지 않는 한 경감되어도 위험은 남는다.

1.3 위험성 평가란?

위험성 평가(risk assessment)는 안전보건시스템의 계획단계에서 기본이 되는 영역이다. HSE는 안전보건시스템의 이행과정에서 계획단계에서의 목적은 위험을 최소화하는 것이라고 하였다. 위험성 평가방법은 위험요인을 제거하고 위험을 감소시키기 위한 목표를 정하고, 우선순위를 정하기 위하여 사용된다. 위험은 설비, 장비, 공정을 도입할 때 위험이 없는 설비나 장비, 공정을 선택하거나 디자인을 통하여 제거될 수 있다. 그러나, 위험이 제거될 수 없다면, 관리나 개인보호구 등을 통하여 위험은 감소될 수 있다.

유럽에서는 사업주의 일반적인 의무(general duties)로 1974년부터 사업주의 위험성 평가에 대한 법적 의무를 명시하였으며, 작업에 대한 근로자의 위험뿐만 아니라 방문자나 고객은 물론 일반 사회 구성원에 미칠 수 있는 위험까지로 확대하였다.

위험성 평가는 정량적 위험성 평가(quantitative risk assessment)와 정성적 위험성 평가(qualitative assessment)로 분류된다. 정량적 평가는 위험의 가능성과 강도를 수치화하여 평가하며, 유독 화학물질과 같이 위험으로 인한 결과가 매우 심각한 결과를 초래할 수 있는 상황 등에서 이용된다. 정성적 평가는 개인적인 주관을 토대로 위험을 대, 중, 소로 정의하여 평가한다.

2 위험성 평가절차와 원리

2.1 위험성 평가절차 개론

위험성 평가는 작업의 유해·위험요인을 파악하고 해당 유해·위험요인에 의한 부상 또는 질병의 발생 가능성(빈도)과 중대성(강도)을 추정하여 감소대책을 수립하고 실행하는 과정을 말한다. 즉 유해위험요인을 미리 찾아내어 어느 정도로 위험한지를 추정하고, 추정한 위험성의 크기에 따라 대책을 세워 유해위험요인을 제거 또는 관리하여 피해를 최소화하는 과정이라 할 수 있다. 우리나라에서는 산업안전보건법 제5조(사업주의 의무)와 사업장 위험성평가에 관한 지침(고용노동부 고시 제2012-104호)에 의해 지속적으로 사업장의 유해·위험요인에 대한 실태를 파악하고 이를 평가하여 관리·개선하는 등 필요한 조치를 하여야 한다.

위험성 평가는 [그림 13.1]과 같이 자율적으로 위험요인을 찾아내고, 위험 수용성 판정기준과 위험도에 따라 위험감소 방안의 우선순위를 결정한 뒤, 개선안을 시행하는 절차로 진행된다(HSE, 2002). 즉 위험성 평가는 위험요인을 찾아내고 추정하는 위험분석(risk analysis), 위험도 판정기준에 근거한 위험감소 방안을 도출하는

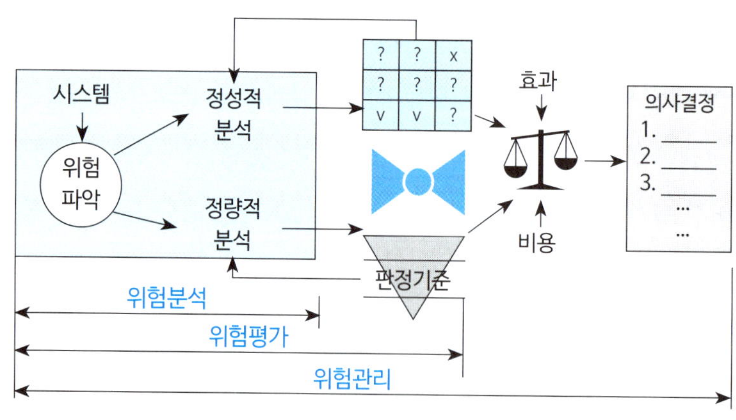

그림 13.1 위험성평가 절차

위험성 평가(risk assessment), 비용분석을 통한 위험감소 방안의 결정 및 시행에 대한 위험관리(risk management) 단계로 구분할 수 있다(HSE, 2002).

2.1.1 위험요인 파악(hazard identification)

위험요인 파악은 위험성 평가의 중요한 첫 단계이다. 사람에게 피해를 줄 수 있는 중요한 위험요인들은 파악하고, 사소한 위험요인은 무시한다.

위험 평가 팀에 의한 고려하고 있는 지역을 조사하는 것은 위험요인을 파악하는데 필수적인 요소이다. 사고와 상해 기록에 대한 검토는 또한, 위험요인의 파악에 도움을 준다. 안전 점검(safety inspection), 조사와 감사 보고서, 직무 또는 작업 보고서, 생산자의 핸드북이나 지침도 유용한 자료이다.

위험분석에서는 작업에 존재하는 위험 요인을 파악하는 단계이다. 위험요인의 파악은 공정과 작업의 분류 기준에 따라서 단위 작업별로 수행되며, 사고나 질병의 원인이 될 수 있는 유해·위험요인을 작업자 스스로가 자율적으로 파악하는 단계라고 할 수 있다.

2.1.2 위험수준의 평가(evaluation of risk level)

위험성 평가의 목적은 잔존하는 위험(residual risk)의 감소에 있다. 가능하면 잔존하는 모든 위험을 합리적으로 낮은 위험 수준까지 낮추는 것이 목적이다. 그러나 복잡한 작업장에서는 위험수준이 높을수록, 우선적으로 빨리 위험을 낮추기 위한 우선순위를 정하는 것이 필요하다. 즉, 위험성 평가결과에 따라 작업장의 개선대책을 수립할 때에는 위험수준이 높을수록 우선적으로 투자를 할 수 있도록 순위를 부여하여야 하고, 위험감소대책은 기술적인 면과 경제적인 면을 고려할 뿐만 아니라 '합리적으로 실행 가능한 낮은 위험수준(ALARP : As Low As Reasonably Practical)'까지 위험이 낮춰지도록 고려하는 것이 필요하다.

각 위험요인은 위험의 정도를 나타내기 위하여 위험도라는 점수를 이용한다. 일반적으로 위험도는 위험의 강도와 빈도로써 표현한다. 위험의 강도와 빈도의 수준은 평가자가 주관적으로 부여하거나, 정해진 정량적인 판정 기준에 의해 부여한다. 주로 3 등급(H: 1점, M: 2점, L: 3점)에서 5 등급으로 표현한다. [그림 8.4]는 강도와 빈도가 각각 3 등급으로 정의된 위험요인들에 대한 위험도를 빈도와 강도의 합과 곱으로 나타낸 예이다. [그림 13.2]에서 보면 빈도와 강도가 각각 높은(H: 3점) 경우에는 위험도가 6점(=3+3) 또는 9점(=3*3)으로 표현됨을 볼 수 있다. 위험도를 빈도와 강도의 합으로 표현할지 곱으로 표현할지에 관한 문제는 회사의 상황이나 위험요인의 여건을 반영하여 정하게 된다.

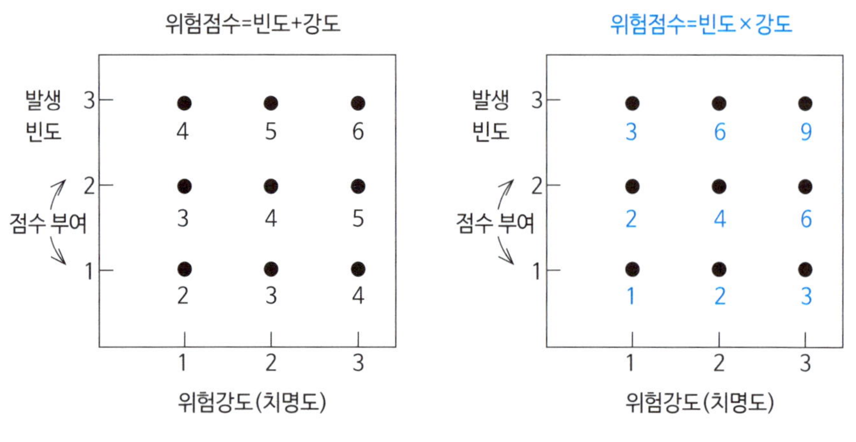

그림 13.2 **위험 평가요소와 위험점수 방법**

위험도 점수에 따라 위험의 수용여부에 관한 관리기준은 [표 13.1]과 같이 3 등급이나 5 등급이 주로 사용되며, 위험 수준에 따라 특정 위험 수준의 등급 이상에 대해서는 개선 계획을 세우고 위험 감소활동을 시행하게 된다. 위험 수준을 3 등급으로 분류하는 경우에는 위험 수용(1 등급), 조건부 위험 수용(2 등급), 위험 불허(3 등급)로 분류한다. [표 13.1]에서와 같이 5 등급으로 위험 수준을 분류하는 경우에는 위험 수준 1 등급(무시할 정도의 위험), 2 등급(수용 가능한 위험)은 위험성을 수용하며 주기적 교육이나 관리적 대책에 의해 현 상태로 계속 작업을 유지한다. 3 등급(온건한 위험), 4 등급(큰 위험)은 조건부 위험 수용으로, 현재 위험이 나타나지 않으면 계속 작업이 가능하지만 위험 감소 대책이나 활동을 실시하여야 한다. 5 등급(허용할 수 없는 위험)은 위험 불허로 즉시 작업을 중지 하여야 한다.

표 13.1 **위험 등급과 관리 기준**

등급	관리 기준	등급	관리 기준
1	무시할 정도의 위험	1	위험 수용
2	수용 가능한 위험		
3	온건한 위험	2	조건부 위험 수용
4	큰 위험		
5	허용할 수 없는 위험	3	위험 불허

[그림 13.3]과 같이 위험관리 기준은 위험도를 기준으로 수용 가능한 위험 등급부터 허용할 수 없는 위험 등급까지 영역을 분리하여 표현할 수 있다. 위험성 평가에서는 빈도와 강도의 등급을 어떻게 정하고 몇 개의 수준으로 나누며, 위험도를 어떻게 표시하느냐, 위험도에 따라 관리 수준을 몇 등급으로 나누는가, 개선 조치 사항은 어떻게 연계시키는가에 대한 내용이 의사결정 변수라고 할 수 있다.

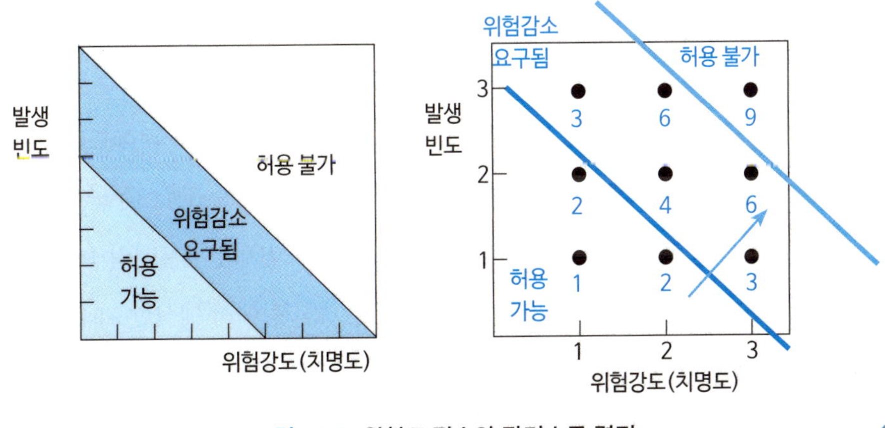

그림 13.3 **위험도 점수와 관리수준 결정**

위험 관리 기준이 정해지면 위험 등급에 따라 위험 작업이나 공정에 대한 개선 활동을 실시하고 결과를 검토하게 된다. 또한 위험 불허작업의 대책이나 위험 수준을 감소시키기 위한 개선활동 등을 평가하고 조치하는 활동을 행함으로써 PDCA (Plan-Do-Check-Action) 순환과정을 통한 위험성 평가의 효과를 분석하게 된다.

사례 13.1 위험도 점수에 따른 위험 관리

[표 13.2]와 [표 13.3]은 위험도 점수에 따른 각기 다른 두 가지의 위험관리 기준을 예시하고 있다. 표에서 보면 위험강도와 발생빈도를 각각 3단계로 표시하고 위험도 점수를 빈도와 곱으로 표현하고 있다. 위험도 점수는 1점에서 9점까지 분포하며, 위험도 점수에 따른 관리 등급을 1등급에서 3등급까지로 표현한다. 1등급은 위험을 수용하는 관리 등급, 2등급은 조건부 위험 수용 등급이며, 3등급은 위험 불허 등급으로 표현된다.

표 13.2 위험도 점수와 관리 기준의 예시

위험도 / 관리 등급		위험 빈도			관리 기준		
		1	2	3	등급	위험도 점수	관리 수준
위험 강도	1	1 / 1	2 / 1	3 / 1	1	1~2	위험 수용(허용 가능)
	2	2 / 1	4 / 2	6 / 2	2	3~5	조건부 위험 수용
	3	3 / 1	6 / 2	9 / 3	3	6~9	위험 불허(허용 불가)

[표 13.2]는 1등급은 1~2점, 2등급은 3~5점, 3등급은 6~9점으로 표현하고 있으며, [표 13.3]에서는 1등급을 1~3점, 2등급을 4~6점, 3등급을 7~9점으로 정하고 있다. [표 13.2]의 관리 기준은 영국산업안전보건청(HSE)나 고용노동부 고시인 사업장 위험성평가에 관한 지침 등에서 예시한 기준이며, 서비스업종의 일부 업종처럼 위험이 크지 않은 작업들로 이루어진 사업장에서는 [표 13.3]의 관리 기준을 적용할 수도 있다. 이 사례는 위험성 평가에서 위

험 강도와 빈도의 수준을 몇 개로 나누고, 어떻게 점수를 부여하는가에 대한 의사 결정뿐만 아니라, 위험도 점수에 따라 관리 기준을 어떻게 정하는가도 의사 결정변수임을 보여준다.

표 13.3 위험도 점수와 관리 기준의 예시

위험도 / 관리 등급		위험 빈도			관리 기준		
		1	2	3	등급	위험도 점수	관리 수준
위험 강도	1	1 / 1	2 / 1	3 / 1	1	1~3	위험 수용(허용 가능)
	2	2 / 1	4 / 2	6 / 2	2	4~6	조건부 위험 수용
	3	3 / 1	6 / 2	9 / 3	3	7~9	위험 불허(허용 불가)

사례 13.2 위험도 점수에 따른 위험 관리 매트릭스

다음은 A 제조 작업에 대한 위험성 평가 결과이다. 위험성 평가는 빈도는 3등급(1:낮음, 2:보통, 3:높음), 강도는 3등급(1:저, 2:중, 3:고, 4:최고)으로 평가하였으며, 위험수준=빈도수준*강도수준으로 평가한다. 위험등급은 위험수준점수에 따라 표현하며 저위험(1등급)은 6점미만, 중위험(2등급)은 9점미만, 고위험(3등급)은 9점 이상으로 평가한다.

1) A에서 F까지 파악된 위험요인들의 강도수준과 빈도수준에 따라서 위험수준과 위험등급을 구하시오.

표 13.4 위험수준과 위험등급도출

위험 요인	강도수준	빈도수준	위험수준	위험등급
A	4	2	8	2
B	1	2	2	1
C	4	1	4	1
D	3	3	9	3
E	3	2	6	2
F	4	3	12	3

2) 위험성 평가표를 이용하여 위험등급별 위험요인을 구분하여 나타내시오.

표 13.5 위험성 평가표 도출

강도 \ 빈도	3	2	1
4	F (3)	A (2)	C (1)
3	D (3)	E (2)	(1)
2	(2)	(1)	(1)
1	(1)	B (1)	(1)

13.3 위험성평가제도의 선행조건과 과제

위험성평가제도의 선행조건으로 첫 번째는 시대에 맞는 안전보건에 관한 철학의 정립이 필요하며, 철학에 맞는 제도의 구축이 필요하다. 안전보건활동의 흐름은 근로자 중심, 수요자 중심, 탈규제로 요약할 수 있다. 유럽에서 위험성평가 제도를 도입할 때도 규제를 합리화하고 유연화 하겠다는 철학을 정립한 것과 같이, 기업 활동에 지장을 주지 않으면서도 근로자의 안전보건을 확보할 수 있는 제도로의 변환이 모색되어야 할 것이다. 안전보건에 관한 법규나 제도를 살펴보면 법규나 제도가 법을 집행하는 관리감독자 중심으로 되어 있으며, 정부의 각 부처마다 각기 다른 통제수단으로 통합되지 않은 채로 되어있어 지키기 어렵고 힘들다는 의견들이 존재한다. 그렇다고 법규들이 다 지켜지면 안전보건이 모두 확보되느냐라는 관점에서 보면 또한 불만이 존재할 수 있다. 이런 문제들을 해결하기 위해선 현실적으로 모두 다 지켜야 할 안전보건의 객관적인 기준선을 정하고 나머지는 위험성평가제도에 맡기겠다는 기본적인 합의가 노사를 포함한 정부 각 부처, 관련 관리감독 기관 등으로부터 도출되어야 한다.

두 번째는 성과 중심의 안전보건 활동이 요구된다. 현행 제도에서는 전체적인 안전보건활동들이 측정과 검진, 조사에 초점이 맞추어져 있으며, 관리 감독의 활동도 개선과 성과 위주의 전문성이 요구되는 부분은 평가하고 있지 못한 경우들이 존재한다. 검사와 측정비용이 개선활동 비용보다 많은 것이 당연하다고 여겨지는 제도는 안전보건의 활동을 성과중심이 아닌 측정중심으로 관리감독을 하였기 때문이라고 할 수 있다. 성과 중심의 안전보건활동이 되기 위해선 관리 감독을 담당하고 있는 인력들의 전문성과 다양성이 요구되며 따라서, 이들 인력들의 충원과 훈련에 관한 전반적인 자격제도와 훈련제도가 안전 활동의 성과를 평가할 수 있는 수준으로 재구축 되어야 한다. 안전보건활동을 지원하는 행정체계도 꼭 지켜야 하는 안전보건의 기준선을 정하는 기능과 성과중심의 활동을 평가하고 지원할 수 있는 기능이 갖추어지도록 재편되어야 하며, 안전보건활동을 수행하는 관련기관이나 전문회사들도 측정과 검사로 사업을 하는 것이 아니라 전문성을 기반으로 성과를 내어야만 사업이 될 수 있도록 행정적, 재정적 지원체계도 변화되어야 할 것이다. 이러한 선행조건이 갖추어져야만 위험성 평가의 큰 틀을 구성하고 있는 위험요인 분석(risk analysis), 위험정도 평가(risk assessment), 위험관리를 위한 개선(risk management)이 효율적으로 작동될 수 있을 것이다.

세 번째는 현장 중심, 근로자 중심의 안전보건 활동이 되도록 환경이 조성되어야 한다. 위험성평가제도가 정착되기 위해서는 안전보건활동이 서류작업에 그치지 않도록 하는 실천적 접근을 위한 훈련과정이 필요하다. 근로자가 참여하지 않은 위험요인의 평가 및 개선안 도출은 비효율적이며, 개선하기 쉬운 대안만을 해결하는 등의 형식적인 제도로 흐를 수 있기 때문이다. 따라서 현장 근로자가 위험요인을 인지하고, 안전한 작업을 할 수 있도록 다양한 사례 및 예시 등을 제공하는 현장 중심의 교육이 필요하며, 위험요인의 제거하는데 동참할 수 있는 기회가 제공될 수 있도록 기업체도 전문성을 갖춘 다양한 인력들이 유기적인 조직을 구성하여 안전보건활동을 수행할 수 있도록 변화하는 노력이 필요하다.

3 위험성 평가제도

3.1 위험성 평가관련 제도

우리나라에서는 산업안전보건법 제5조(사업주의 의무)와 제6조(근로자의 의무)에서 산업재해예방에 관한 사업주와 근로자의 의무를 명시하고 있으며, 2013년도에 산업안전보건법 제41조의2에 위험성평가 조항을 신설하여 사업주는 건설물, 기계·기구, 설비, 원재료, 가스, 증기, 분진 등에 의하거나 작업행동, 그 밖에 업무에 기인하는 유해·위험요인을 찾아내어 위험성을 결정하고, 그 결과에 따라 조치를 하여야 하며, 근로자의 위험 또는 건강장해를 방지하기 위하여 필요한 경우에는 추가적인 조치를 하도록 하였다. 이에 따라 고용노동부 고시 '사업장 위험성평가에 관한 지침'에서 **유해·위험요인을 찾아내어 위험성을 결정하고 조치하는 방법, 절차, 시기, 그 밖에 필요한 사항을 규정하고 있다.**

또한, 지속적으로 사업장의 유해·위험요인에 대한 실태를 파악하고 이를 평가하여 관리·개선하는 등 필요한 조치를 하기 위하여 고용노동부 고시 '사업장 위험성평가에 관한 지침'에서는 사업주는 위험성평가를 실시한 경우에 위험성평가 대상의 유해·위험요인, 위험성 결정의 내용, 위험성 결정에 따른 조치의 내용, 그 밖에 위험성평가의 실시내용을 확인하기 위하여 필요한 사항을 3년간을 보존하도록 하고 있다.

3.2 위험성 평가제도 관련 용어

'위험성평가'란 유해·위험요인을 파악하고 해당 유해·위험요인에 의한 부상 또는 질병의 발생 가능성(빈도)과 중대성(강도)을 추정·결정하고 감소대책을 수립하여 실행하는 일련의 과정을 말한다.

'유해·위험요인'이란 유해·위험을 일으킬 잠재적 가능성이 있는 특징이나 속성을 말한다.

'유해·위험요인 파악'이란 유해요인과 위험요인을 찾아내는 과정을 말한다.

'위험성'이란 유해·위험요인이 부상 또는 질병으로 이어질 수 있는 가능성(빈도)과 중대성(강도)을 조합한 것을 의미한다. 즉, 위험요인이 노출되어 부상 또는 질병과 같은 특정한 사건으로 이어질 수 있는 가능성(발생빈도)과 결과의 중대성(손실크기)의 조합으로서 표현된다.

'위험성 추정'이란 유해·위험요인별로 부상 또는 질병으로 이어질 수 있는 가능성과 중대성의 크기를 각각 추정하여 위험성의 크기를 산출하는 것을 말한다.

'위험성 결정'이란 유해·위험요인별로 추정한 위험성의 크기가 허용 가능한 범위인지 여부를 판단하는 것을 말한다.

'위험성 감소대책 수립 및 실행'이란 위험성 결정 결과 허용 불가능한 위험성을 합리적으로 실천 가능한 범위에서 가능한 한 낮은 수준으로 감소시키기 위한 대책을 수립하고 실행하는 것을 말한다.

'기록'이란 사업장에서 위험성평가 활동을 수행한 근거와 그 결과를 문서로 작성하여 보존하는 것을 말한다.

[그림 13.4]는 법에서 제시한 위험성 평가 절차를 나타낸다.

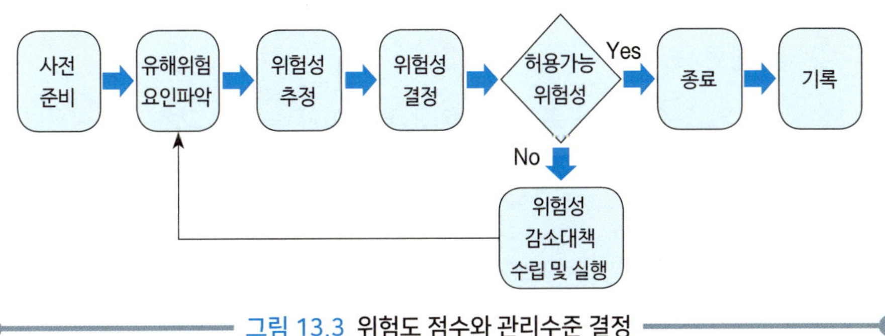

그림 13.3 위험도 점수와 관리수준 결정

3.3 위험요인의 근원

위험요인의 근원은 작업자/사람(Man), 기계설비(Machine), 재료(Materials), 작업방법(Method), 작업환경(Environment) 등으로 구분할 수 있다.

1) 작업자

표준작업 순서를 지키지 않거나 안전 및 방호장치를 해제하는 행위, 정리정돈을 제대로 하지 않은 행위와 같은 작업자의 바람직하지 않은 행동이나 실수는 자신뿐만 아니라 타인의 안전과 보건에도 영향을 미친다.

2) 기계설비

기계설비는 작업에 필요한 수공구에서부터 기계, 장비 등 생산이나 업무 수행에 필요한 모든 설비를 말한다. 기계설비는 디자인 단계에서부터 구매/제조, 가동, 폐기단계까지 위험요인이 고려되어야 한다.

3) 재료

화학물질을 포함하여 생산에 필요한 원자재나 재료 등이 날카롭거나, 무겁거나, 다루기 힘들거나, 뜨겁거나, 차갑거나, 미끄럽거나, 독성이나 가연성 있으면 위험요인이 된다.

4) 작업방법

작업을 수행하기 위해 적용되는 방법이나 순서는 고유의 위험뿐만 아니라 어떠한 분석에서든 고려되어야 할 중요한 사항이다.

5) 작업환경(Work Environment)

작업조건이 여기에 포함되어 있으며 구체적으로 온도, 레이아웃, 접근성, 출구, 조명, 작업장 바닥, 환기, 소음, 공기의 질 등이 고려되어야 한다.

3.4 위험요인

[표 13.6]은 위험요인별 유형을 나타낸 것이다. 위험요인은 크게, 기계적 요인, 전기적 요인, 화학(물질)적 요인, 생물학적 요인, 작업특성 요인, 작업환경 요인 등으로 구분하고 있다.

표 13.6 **위험요인별 유형**

유형	위험요인
기계적 요인	넘어짐, 추락, 위험한 표면, 낙하/비래, 붕괴, 충돌, 끼임(감김)
전기적 요인	감전, 화재/폭발
화학(물질)적 요인	가스, 증기, 에어로졸·흄, 액체·미스트, 고체(분진), 반응성 물질, 방사선, 화재/폭발 위험, 복사열/폭발과압
생물학적 요인	병원성 미생물, 바이러스에 의한 감염, 유전자 변형물질(GMO), 알러지 및 미생물, 동물, 식물
작업특성 요인	소음, 초음파·초저주파음, 진동, 근로자 실수(휴먼에러), 저압 또는 고압상태, 질식위험·산소결핍, 중량물 취급작업, 반복작업, 불안정한 작업자세, 작업(조작)도구, 기후/고온/한랭
작업환경 요인	기후/고온/한랭, 조명, 공간 및 이동통로, 주변 근로자, 작업시간, 조직 안전문화, 화상, 작업(조작) 도구

4 위험성 평가 예시

4.1 공정 흐름도와 작업

작업공정은 분석 단위에 따라 공정, 작업, 동작 등으로 구분하여 관리한다. 작업자는 생산과정에서 맡은 역할에 따라 정해진 일을 수행하게 되는데, 이 때 작업자가 주관적으로 경험하게 되는 업무의 최소 단위를 작업(task)이라 한다. 작업보다 작은 범주로 더 이상 세분화하기 힘들 정도로 분할한 동작 요소를 동작(motion)이라 한다. 작업들이 더 큰 개념의 목적과 절차를 가지고 모인 단위를 공정(process)이라 한다. 작업들을 단위에 따라 동작, 작업, 공정 등으로 구분하면 복잡한 전체 흐름을 효율적으로 관리할 수 있다. 일반적으로 위험성 평가는 공정별로 작업을 기준으로 실시된다.

[표 13.7]은 각종 음식점 등에서 고객의 요구에 따라 해당 요리를 특정장소까지 배달하는 음식배달원의 작업 내용을 조사하여 공정 흐름을 기준으로 작업을 나타낸 것이다. 공정을 기준으로 작업에서 발생할 수 있는 유해·위험요인을 파악하여 위험성 평가를 수행하여 보자.

표 13.7 음식배달 작업의 작업공정

공정 명	작업 명	작업 내용
준비	주문접수 작업	-고객으로부터 음식 주문 받음
	준비 작업	-음식물의 조리시간을 감안하여 배달원이나 배달지역을 할당 -빈 그릇을 수거하거나 식당을 청소
	장소확인 작업	-배달할 음식과 수저 등 기타 준비물을 준비 -배달할 장소를 지도 등에서 확인
상하차	상차 작업	-배달 물품을 배달 장비(자동차 또는 오토바이)에 올림
	하차 작업	-배달 물품을 배달 장비(자동차 또는 오토바이)에서 내림
이동	차량 운전 작업	-배달 물품을 싣고 배달지로 배달장비(오토바이)를 운전함
인력운반	인력 운반	-차량에서 내린 후 배달장소까지 이동
배송	음식전달 작업	-음식전달 및 요금을 계산함

4.2 작업공정별 위험요인 파악

다음은 음식배달 작업에서 작업공정별 발생할 수 있는 유해·위험요인을 파악하여 나타낸 것이다(정병용, 2018). 위험요인이 파악되면 각 위험요인별로 위험강도와 위험빈도를 3점 척도로 표현하고 위험성은 강도와 빈도의 곱으로 표현한다.

1) 준비 작업

표 13.8 음식배달원 준비작업의 위험요인

연번	위험요인	안전 조치	위험성 평가 결과		
			강도	빈도	위험성
1-①-1	각종 전기장치 누전 미확인에 의한 감전				
1-①-2	뜨거운 음식 용기 이동 중 낙하에 의한 화상 위험				
1-①-3	바닥 청소 시 미끄러운 바닥에 넘어지는 위험				
1-①-4	그릇 세척 중 파손된 음식용기, 칼등에 손을 베임				
1-①-5	청소용 호스 등에 걸려 넘어짐				
1-①-6	음식 랩 포장 중 칼날 부위에 베일 위험				
1-①-7	운반용기에 적재 중 날카로운 부위에 찔리는 위험				
1-①-8	투명 유리문 등에 착시로 인해 부딪힐 위험				

2) 상하차 작업

표 13.9 음식배달원 상하차 작업의 위험요인

연번	위험요인	안전 조치	위험성 평가 결과		
			강도	빈도	위험성
2-①-1	상차 작업 중 뜨거운 머플러 접촉에 의한 화상 위험				
2-①-2	음식배달 박스에 음식물 적재 중 낙하에 의한 발등 재해 위험				
2-①-3	상하차 중에 오토바이가 넘어질 위험				
2-①-4	적재작업 중 배달박스 날카로운 부위에 찔릴 위험				

3) 이동 작업

표 13.10 음식배달원 이동 작업의 위험요인

연번	위험요인	안전 조치	위험성 평가 결과		
			강도	빈도	위험성
3-①-1	운전 시 흡연 등 불안전한 행동에 의한 사고 위험				
3-①-2	배달박스 고정방법 불량으로 운행 중 낙하 위험				
3-①-3	배달적재함 잠금 미확인으로 운행 중 낙하 위험				
3-①-4	운전경로 상의 도로상태 등 운전 전 확인 미실시				
3-①-5	뜨거운 용기 취급 시 부주의에 의한 화상 위험				

3-①-6	악천후 시 미감속 운행에 의한 교통사고 위험				
3-①-7	보호구 미착용으로 인한 사고 시 피해 가중				
3-①-8	야간 식별 표지 미부착에 의한 추돌 사고 위험				
3-①-9	차량상태 미점검으로 타이어 펑크 등 사고 위험				

4) 인력운반 작업

표 13.11 음식배달원 인력운반 작업의 위험요인

연번	위험요인	안전조치	위험성 평가 결과		
			강도	빈도	위험성
4-①-1	운반 보조도구(배달박스) 미사용에 의한 손 하중 가중 위험				
4-①-2	이동 시 바닥상태 미확인에 의한 넘어짐 위험				
4-①-3	미끄러운 대리석 바닥 진입 시 넘어질 위험				
4-①-4	빙판길 부주의에 의한 넘어짐 위험				
4-①-5	계단 승하강 시 넘어짐 및 떨어짐 위험				
4-①-6	25kg 초과 물품의 인력운반에 의한 요통재해 위험				
4-①-7	다량의 음식 운반 시 근골격계질환 위험				
4-①-8	뜨거운 음식의 고정 미흡으로 화상 위험				
4-①-9	투명 유리문의 착각으로 인한 부딪힘 재해 위험				

5) 배송 작업

표 13.12 음식배달원 배송 작업의 위험요인

연번	위험요인	안전조치	위험성 평가 결과		
			강도	빈도	위험성
5-①-1	출입문을 갑자기 열어 얼굴에 부딪힐 위험				
5-①-2	출입문이 갑자기 닫쳐 손가락 부위가 끼일 위험				
5-①-3	25kg 이상 물품의 인력운반으로 요통 재해 위험				
5-①-4	결재단말기 펜에 의한 찔림 재해 위험				
5-①-5	승강기 문에 끼임 및 부딪힘 위험				
5-①-6	낮은 출입구를 지나다가 머리 부분을 부딪힘 위험				

4.3 음식배달 작업의 작업공정별 위험성 평가 결과 예시

[표 13. 13]는 음식배달원의 작업 내용을 기준으로 위험성 평가를 한 결과를 나타낸다. 작업공정을 기준으로 오토바이 이동 작업은 사고 빈도가 높고(3) 강도도 중(2)에 해당되며, 상하차 작업은 빈도와 강도가 모두 중(2)으로 나타남을 볼 수 있다. 따라서 오토바이 이동과 상하차 작업은 위험성 등급으로 2등급이므로 보호구 착용, 잠금장치 확인, 운전시 안전교육 등의 감소 대책을 세워야 한다.

표 13.13 **음식배달 작업의 위험성 평가**

빈도 \ 강도	대(3)	중(2)	소(1)
고(3)	중대(9)	경미(6) 오토바이 이동	미미(3)
중(2)	경미(6)	경미(4) 상하차	미미(2) 인력운반
저(1)	미미(3) 준비작업	미미(2)	미미(1) 배송

- 고용노동부, 산업안전보건법,
  2019. http://www.law.go.kr/lsInfoP.do?lsiSeq=203199&efYd=20181018#0000
- 고용노동부, 산업안전보건법 시행령,
  2019. http://www.law.go.kr/lsInfoP.do?lsiSeq=209711&efYd=20190702#0000
- 고용노동부, 산업안전보건법 시행규칙, 2019.
  http://www.law.go.kr/lsInfoP.do?lsiSeq=208507&efYd=20190419#0000
- 정병용, 현대작업관리(2판), 민영사, 2018.
- 정진우, 산업안전보건관리의 이론과 실제, 중앙경제, 2015.
- 한인연, *인간공학 응용문제*, 민영사, 2012.

연습문제

01 다음 위험성 평가에 대한 설명 중 틀린 내용은?

① 유해위험요인: 잠재적인 요인

② 위험: 원하지 않는 사건의 가능성이나 결과의 심각한 정도

③ 위험관리: 위험도 판정기준에 근거한 위험감소 방안도출

④ 위험의 전가: 위험이 있는 사업을 하지 않거나 보유하지 않는 것

02 다음 중 성격이 다른 위험요인은?

① 넘어짐 ② 감전 ③ 추락 ④ 충돌

03 다음 위험성 평가에 대한 설명 중 틀린 내용은?

① 작업의 유해요인 파악

② 강도와 빈도에 의해 위험도 추정

③ 위험 등급에 따른 감소 대책 실행

④ 우리나라의 산업안전보건법에서는 시행하고 있지 않다.

04 위험성 평가에 관한 용어로 적절하게 연결되지 않은 것은?

① 위험관리: 비용분석에 의한 위험감소방안 결정 및 시행

② 위험 분석: 위험요인을 찾아내고 위험도를 추정함

③ 위험성 평가: 위험 판정기준에 의한 위험 감소방안 제출

④ 위험도 점수: 위험강도와 위험빈도의 곱으로만 표현함

해답: 1. ③, 2. ②, 3. ④, 4. ④

실습문제

01 다음은 위험성 평가에 대한 질문이다.

1) 위험성 평가에 대하여 설명하시오.
2) 위험성 분석이란?
3) 위험 관리에 대하여 설명하시오.

02 관심 있는 직종의 작업자를 대상으로 수행 작업의 공정을 표현하고, 작업공정별 위험요인을 파악하시오. 파악된 위험요인에 대한 빈도와 강도를 이용하여 위험도를 계산하고, 관리 수준을 평가하시오.

03 다음은 A 제조 작업에 대한 위험성 평가 결과이다. 위험성 평가는 빈도는 3등급(1:낮음, 2:보통, 3:높음), 강도는 3등급(1:저, 2:중, 3:고)으로 평가하였으며, 위험수준=빈도수준*(2*강도수준)으로 평가한다. 위험등급은 위험수준점수에 따라 표현하며 저위험(1등급)은 6점이하, 중위험(2등급)은 12점미만, 고위험(3등급)은 12점 이상으로 평가한다.

1) 다음 위험성 평가표에 위험수준과 위험등급을 구하시오.(5점)

위험 요인	강도수준	빈도수준	위험수준	위험등급
A	3	2		
B	1	2		
C	3	1		
D	2	3		
E	2	2		
F	2	3		

2) 다음 표에 평가결과를 표시하고, 위험등급별로 구분하시오.

강도 \ 빈도	3	2	1
3			
2			
1			

14 시스템 안전

1. 시스템 안전과 위험분석
2. FMEA
3. ETA
4. FTA
5. THERP

1 시스템 안전과 위험분석

1.1 시스템 안전성 분석과 기법

시스템 안전은 공학과 경영의 원리, 기준 및 기술들을 적용하여 시스템의 안전을 높이기 위하여 활동을 의미한다. 시스템 안전은 시스템에 존재하는 위험을 식별하고 허용기준과 우선순위에 근거하여 설계나 절차에 따라 위험을 제거하거나 제어하여 안전을 확보하고자 한다. 따라서 시스템 안전은 시스템의 기능, 시간, 비용 등에 관한 제약조건 하에서 인적인 측면에서의 상해나 물적인 측면에서의 손실을 최소화하기 위한 시스템 관점에서의 제반 활동을 의미한다. 따라서 시스템에서 발생할 수 있는 고장이나 재해의 가능성을 시스템의 관점에서 파악하고 분석하여, 위험을 제거하거나 허용되는 범위이하로 제어하는 활동은 전형적인 시스템 안전의 영역이라고 할 수 있다.

시스템의 안전성을 확보하기 위해서는 시스템에 존재하는 위험을 파악하고, 안전성을 예측, 평가하기 위한 분석이 기본이 된다. 시스템의 위험분석을 위한 기법 또는 시스템의 안전성 분석기법은 분석 방법에 따라 아래와 같이 다양한 방법이 존재한다.

1) 논리적 접근 방법에 따른 분류

개별적인 특수한 사실이나 원리로부터 일반적이고 보편적인 명제 및 법칙을 유도해 내는 접근을 귀납법(inductive method)이라 하며, 일반적인 사실이나 원리를 전제로 하여 개별적인 사실이나 보다 특수한 다른 원리를 이끌어 내는 접근 방법을 연역법(deductive method)이라 한다.

시스템의 안전성 분석에서 귀납적 방법은 시스템의 구성요소에 의한 원인이 발단이 되어 시스템의 고장이나 바람직하지 않은 사건이 발생하기까지 상향식

(bottom up)으로 찾아가는 방법으로, FMEA, HAZOP, ETA 등이 해당된다. 즉, 하위수준의 고장이나 결함이 원인이 되어 상위수준에 미치는 영향이나 고장으로 분석 수준을 높여 가면서, 마지막으로 시스템의 사고나 고장으로 일반화시켜 가는 분석방법이다.

연역적 접근방법은 시스템의 사고나 고장이 발생하는 조건을 하향식(top down)으로 분석하여 구체적인 원인까지 찾아가는 방법으로 FTA가 해당된다. 즉, 상위수준의 시스템 고장이라는 결과를 초래한 원인을 하위단계에서 찾아내어 구체적인 세부 원인까지 도출하는 분석하는 방법이다.

2) 수리적 결과 제시여부에 의한 분류

분석한 결과를 수리적으로 제시하는가 여부에 따라 정성적 방법과 정량적 방법으로 분류된다.

정성적 방법(qualitative method)은 주관적인 경험과 직관적인 통찰을 근거로 연구결과를 제시하는 방법으로 수학적 평가지표를 활용하지 않는 분석방법이다. 복잡하거나 난이도가 높지 않아 현장에서 쉽게 이용할 수 있으나, 논리성이 부족하다는 단점이 있으며, FMEA, PHA 등이 해당된다.

반면, 정량적 방법(quantitative method)은 자료에 근거하여 객관적인 분석을 통하여 수치결과로 표현하는 방법으로 기술적인 전문성이 요구되는 방법이다. FTA나 ETA, THERP 등이 해당된다.

1.2 시스템 안전 분석기법

안전에 관한 분석을 시스템 측면에서 다루기 이전에는 구성요소들 개개의 신뢰성을 분석하고 고장이나 사고의 원인을 규명하여 대책을 수립하는 데 중점을 두었다. 즉, 시스템의 안전을 확보하기 위한 체계적인 방법이 존재하지 않아 시행착오를 거치면서 문제를 해결하면서 시스템을 개발하였다. 예를 들면 라이트 형제가 비행기를 개발한 과정은 처음부터 체계적인 접근방법을 정해놓고 개발한 것이 아니라, 날 수 있는 비행기를 일단 만들고 떨어지는 문제점이 발견되면 다시 고쳐가며 날도록 하는 '날고 떨어지면 고쳐서 나는 방법(fly-fix-fly approach)'에 의해 개발하였다.

1960년대부터는 군사기술이나 우주산업에서 시스템적 접근방법이 시도되기 시작하였으며, 1969년에는 미국 국방부에 의해 시스템 안전 표준으로 MIL-STD-882 가 발표되었다.

미국 국방부 시스템 안전 표준인 MIL-STD-882E(2012)에서는 시스템 안전 프로세스(system safety process)를 제시하고 있는데 1) 시스템 안전접근의 문서화, 2) 위험요인(hazard)의 파악 및 문서화, 3) 위험(risk)의 평가 및 문서화, 4) 위험 경감 대책, 및 문서화 5) 위험의 경감 및 문서화, 6) 위험 경감의 확인 및 검증과 문서화, 7) 위험의 수용 및 문서화, 8) 생명주기 위험 관리(manage life-cycle risk)로 구성된다.

사례 14.1 시스템 안전표준 MIL-STD-882E

MIL-STD-882E에서는 시스템 안전을 위한 작업구조로 [표 14.1]과 같이 1) 관리(management), 2) 분석(analysis), 3) 평가(evaluation), 4) 확인(verification) 과정으로 구성하고 있다.

MIL-STD-882E에서는 시스템 안전분석 기법으로 예비 위험요인 목록(PHL: Preliminary Hazard List)과 예비 위험요인 분석(PHA: Preliminary Hazard Analysis)을 제시하고 있다.

예비 위험요인 목록(PHL) 방법은 설계단계에서 시스템에 존재할 수 있는 잠재적 위험요인을 시스템의 구성요소들로부터 정성적으로 파악하고, 파악된 위험의 영향을 목록으로 제시하는 방법이다.

예비 위험요인 분석(PHA)에서는 예비 위험요인 목록(PHL)에서 파악된 위험요인 목록을 토대로 보다 상세하게 위험요인을 나열할 뿐만 아니라 위험요인의 조건이나 원인을 식별하고자 노력한다. 또한 만일 위험요인으로부터 사고가 발생하는 경우에는 어떤 영향이나 결과가 초래될 수 있는가를 분석한다.

위험수준은 강도측면에서 4개의 수준 1 파국적(catastrophic), 2 중대(critical), 3한계(marginal), 4 무시(negligible)로 분류한다. 빈도측면에서는 6개의 수준A 자주(frequent), B 가능한(probable), C 가끔(occasional), D 낮음(remote), E 거의 없음(improbable), F 제거(eliminated)로 평가한다.

파악된 위험수준을 제거하거나 감소시키기 위한 대책이나 요구사항을 제시하고, 이러한 요구사항이 반영되었을 때 예측되는 위험수준을 서술한다.

표 14.1 **시스템 안전표준 MIL-STD-882E의 작업구조 매트릭스**

작업	제목	유형	MSA	TD	EMD	P&D	O&S
관리	위험요인 파악 및 경감노력	관리	G	G	G	G	G
	시스템 안전프로그램 계획	관리	G	G	G	G	G
	위험요인 관리 계획	관리	G	G	G	G	G
	검토/감시 지원	관리	G	G	G	G	G
	통합 제품 팀/워킹 그룹 지원	관리	G	G	G	G	G
	위험요인 추적 시스템	관리	S	G	G	G	G
	위험요인 관리 진행 보고서	관리	G	G	G	G	G
	위험물질 관리 계획	관리	S	G	G	G	G
분석	예비 위험요인 목록(PHL)	공학	G	S	S	GC	GC
	예비 위험요인 분석(PHA)	공학	S	G	S	GC	GC
	시스템 요구사항 위험요인 분석	공학	G	G	G	GC	GC
	서브시스템 위험요인 분석	공학	N/A	G	G	GC	GC
	시스템 위험요인 분석	공학	N/A	G	G	GC	GC
	운용 및 지원 위험요인 분석	공학	S	G	G	G	S
	건강 위험요인 분석	공학	S	G	G	GC	GC
	기능 위험요인 분석	공학	S	G	G	GC	GC
	시스템계통 위험요인 분석	공학	N/A	G	G	GC	GC
	환경 위험요인 분석	공학	S	G	G	G	GC

평가	안전성 평가 보고서	공학	S	G	G	G	S
	위험요인 관리 평가보고서	공학	S	G	G	G	S
	시험 및 평가 참여	공학	G	G	G	G	S
	변경안 검토, 통지, 결점 보고	공학	N/A	S	G	G	G
확인	안전성 확인	공학	N/A	S	G	G	S
	폭발 위험요인 분류자료	공학	N/A	S	G	G	GC
	폭발 무기 처분자료	공학	N/A	S	G	G	S

프로그램 단계 : MSA-재료 해결분석, TD-기술개발, EMD-공학 및 제조개발, P&D-생산 및 배치, O&S-운용 및 지원

적용가능 단계 : G-일반적인 적용, S-선택적 적용, GC-디자인 변경에 일반적인 적용, N/A-해당사항 없음

[표 14.2] 는 예비 위험요인 분석(PHA)의 형식을 예시하고 있다.

표 14.2 예비 위험요인 분석(PHA) 형식 예시

명칭	위험 요인	원인	영향	작업 모드	위험수준 강도/빈도	요구사항	수정 위험수준

사례 14.2 위험요인과 운전성 분석(HAZOP)

위험요인과 운전성 분석(HAZOP: Hazard and Operability Study)은 1970년대 영국의 화학산업협회(ICI: Institute of Chemical Industry)에서 화학공장의 위험성을 평가하기 위해 개발한 기법이다. 화학공장의 설비의 이상이나 운전조건 등의 변화 등으로 인한 예기치 않은 운전상황이 발생하는 경우를 가정하고, 잠재되어 있는 위험요인과 문제점을 파악하고 이로 인한 영향을 분석하는 기법이다. HAZOP 분석은 분석 대상 시스템에 대한 지식과 경험이 있는 다양한 분야의 5~8명의 전문가들로 팀을 구성하고, 팀의 리더를 중심으로 브레인스토밍 기법을 이용하여 분석하는 방법이 주로 이용된다.

이 밖에도 시스템 안전 분석기법으로 FMEA, ETA, FTA, THERP 등이 있으며, 다음 절부터 체계적으로 서술한다.

2 FMEA

FMEA(고장형태 및 영향 분석: failure mode and effect analysis)은 시스템이나 기기의 잠재적인 고장 형태를 찾아내고, 가동 중에 고장이 발생하였을 경우에 미치는 영향을 조사하여 평가하며, 영향이 큰 고장 형태에 대하여 적절한 대책을 세움으로써 고장을 방지하고자 하는 기법이다. FMEA는 시스템이나 기기를 구성하는 모든 부품을 찾아 이들의 고장 형태와 원인을 파악하고 부품의 고장이 제품에 미치는 영향을 상향식으로 조사하는 정성적, 귀납적 분석 방법이다.

고장(failure)은 요구된 기능이 허용한계를 벗어나 종료되는 사건이고, 결함(fault)은 요구된 기능을 수행하지 못하는 부품의 상태를 말한다. 고장분석에서 오차(error)는 측정된 값과 목표 값과의 차이를 의미하며, 오차가 목표 값의 허용한계 내에 있으면 고장이 아니라 고장의 발단이라고 할 수 있다.

고장의 유형은 소프트웨어 고장과 같이 단지 짧은 시간동안에 기능을 하지 못하는 간헐적 고장과, 부품이 교체되거나 수리가 될 때까지 지속되는 지속적 고장으로 분류된다. 고장의 원인은 고장을 유발하는 설계, 제조, 또는 운용상의 환경으로 정의한다.

FMEA는 미군과 NASA에서 이용되기 시작한 후에 미군이 업무 절차로 MIL-STD-1629A(Procedures for performing a failure mode, effects, and criticality analysis)을 규정하였으며, 자동차 산업에서는 품질보증을 위해 SAE(Society of Automotive Engineers)에서 산업용 표준 FMEA로 SAE J 1739(2009)를 도입하여 설계 FMEA(Potential Failure Mode and Effects Analysis in Design)와 공정 FMEA(Potential

Failure Mode and Effects Analysis in Manufacturing and Assembly Processes)를 규정하고 있다. 전기전자분야에서도 IEC 60812(IEC Standard 60812)에서 FMEA 절차(Procedure for Failure Mode and Effects Analysis)를 규정하여 활용하고 있다. 한편 FMEA와 유사한 FMECA(Failure Mode, Effects and Criticality Analysis)는 기존의 FMEA에 치명도 분석(Criticality Analysis)을 포함하여 정성적 분석의 특성과 정량적인 분석의 특성을 반영하여 분석하는 기법이다.

FMEA는 부품과 시스템 고장의 인과관계를 체계적으로 규명할 수 있으며 비전문가도 이해하기 쉽고 시간이 적게 걸리는 장점이 있다. 그러나, 시스템 내의 단일 부품의 고장에 초점을 맞추어 분석하기 때문에 부품들간의 상호작용이나 다중고장을 해석하기는 어려운 한계점이 있다. 또한, 분석자의 주관에 좌우되고, 인간의 실수가 분석에서 고려되지 않는 것은 단점이다.

사례 14.3 FMEA 양식 예시

[표 14.3]은 FMEA의 양식을 예시한 것이다. 대상 품목은 공정이나 설비에서 고장이나 재해 가능성이 높은 부품의 명칭과 수행되는 기능을 '힘을 전달한다.'와 같이 '명사+동사' 형태로 간략하게 표현한다.

고장모드 란은 '드럼 파손'처럼 고장의 형태를 간략하게 표현하고, 고장 원인 란에는 고장을 일으키는 원인을 기입하며, 검출방법 란에는 계측기기, 육안, 센서의 경보 등과 같이 고장을 감지하기 위한 방법을 기입한다.

고장의 영향 란에는 시스템, 설비, 인원 등에 미치는 영향을 기입한다.

위험성 평가빈도와 강도에 따라 등급을 산출한다. 위험 등급의 결정은 고장이 어느 정도 영향을 미치는가를 객관적으로 평가하여 개선대책의 우선순위를 정하기 위하여 사용된다.

대책 란에는 고장의 영향을 경감하고 제거하기 위한 보상수단, 설계변경, 작업자의 조치사항 등을 기재한다.

표 14.3 FMEA 양식

대상 품목		고장			고장의 영향			위험성 평가			대책
부품	기능	모드	원인	검출 방법	시스템	시설	인원	빈도	강도	등급	

3 ETA

ETA(사상나무 분석: event tree analysis)은 의사결정나무(decision tree)를 작성하여 재해 사고를 분석하는 방법으로 문제가 되는 초기 사상(initiating event)을 기준으로 파생되는 결과를 귀납적으로 분석하는 방법이다.

사상나무의 작성은 초기 사상을 기준으로 왼쪽부터 오른쪽으로 진행하며, 기능이 정상인 경우는 나뭇가지의 위쪽에, 고장인 경우는 아래쪽에 표현하여 그려 간다. ETA에서는 각 사상들의 발생확률을 토대로 시스템 안전도를 구할 수 있다.

사례 14.4 ET 작성

다음 **[그림 14.1]**의 네트워크에서 부품 1이 고장이 났다는 전제를 초기 사건으로 사상나무를 그리고 시스템이 작동할 확률을 구하여 보자. 단, 각 부품이 고장이 날 확률은 그림과 같고, 고장은 독립적이다.

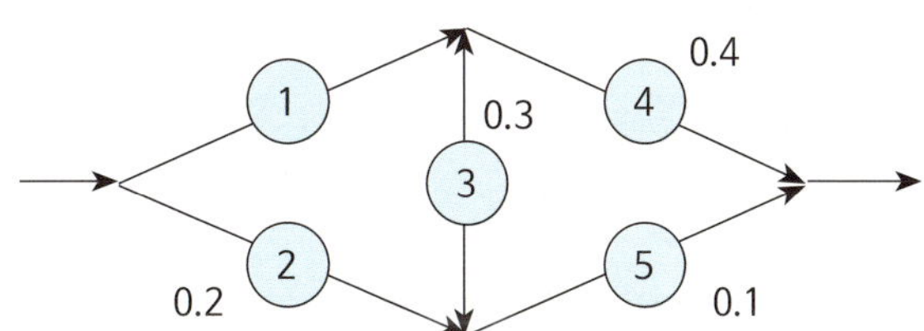

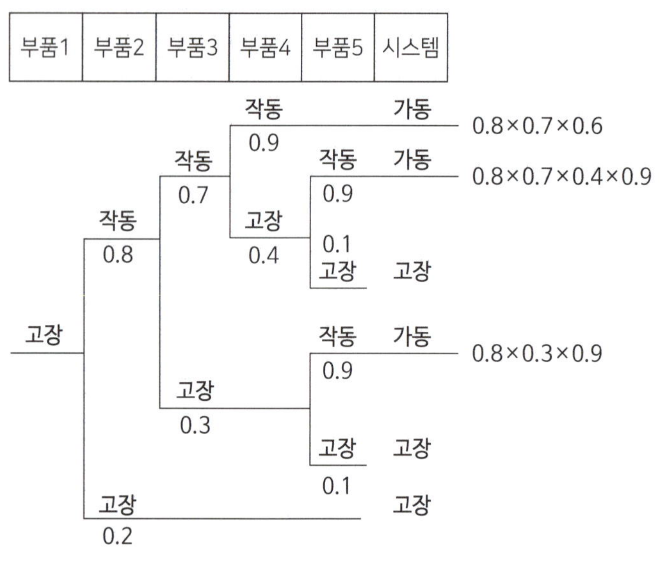

그림 14.1 **ET 작성 예제**

[그림 14.1] 의 사상나무에서 1번 부품이 고장 난 것을 전제로 시스템이 작동할 확률은 다음과 같다.

$$\begin{aligned}P(\text{시스템 가동}) &= P(\text{2작동} \cap \text{3작동} \cap \text{4작동}) + P(\text{2작동} \cap \text{3작동} \cap \text{4고장} \cap \text{5작동}) \\ &\quad + P(\text{2작동} \cap \text{3고장} \cap \text{5작동}) \\ &= 0.8 \times 0.7 \times 0.6 + 0.8 \times 0.7 \times 0.4 \times 0.9 + 0.8 \times 0.3 \times 0.9 \\ &= 0.754\end{aligned}$$

4 FTA

FTA(결함나무 분석: fault tree analysis)은 Bell 연구소에서 미사일 관제 시스템의 안정성 평가를 위하여 개발되었다. FTA는 시스템의 고장을 발생시키는 정상 사상으로부터 재해 원인인 기본 사상과의 인과관계를 나뭇가지 모양의 그림으로 하향식(top-down)으로 분석하여 나타냄으로써, 재해 현상과 재해 원인들과의 상호관계를 정확하게 해석할 수 있는 분석 방법이다. 또한 FTA는 고장이나 재해 요인의 정성적인 분석뿐만 아니라 시스템의 약점을 찾아내고 개선하여 시스템의 신뢰성을 향상시키고자하는 연역적인 방법이다. '연역적(deductive) 분석'은 '사건이 발생되려면 어떤 조건이 만족되어야 하는가?'에 근거하여 분석하는 접근 방법이다.

4.1 FTA 기호

FTA 기호는 사상(event) 기호와 논리 gate 기호로 구분할 수 있다.

사상은 시스템의 고장을 발생시키는 결함이나 고장의 원인을 나타내며 [표 14.4]은 사상 기호들을 나타낸다. 결함 사상은 사각형으로 나타내며, 해석하고자 하는 정상 사상(top event)과 재해의 원인이 되는 중간 사상으로 분류된다. 기본 사상(basic event)은 원으로 표시하며 더 이상 해석할 필요가 없는 기본적인 기계의 결함이나 작업자의 오동작을 나타낸다. 생략 사상은 마름모로 표시하며 사상과 원인과의 관계를 충분히 알 수 없거나, 필요한 정보를 얻을 수 없기 때문에 더 이상 전개할 수 없는 최후적 말단 사상을 나타낼 때 사용한다.

표 14.4 **FTA의 사상(event) 기호**

명칭	기호	기호 설명
결함 사상		결함이 재해로 연결되는 사상이며 정상 사상(top event)과 중간 사상에 사용한다.
기본 사상		더 이상 해석할 필요가 없는 기본적인 기계의 결함 또는 작업자의 오작동을 나타내는 말단 사상이다. 논리 gate의 입력이며, 출력은 되지 않는다.
생략 사상		사상과 원인과의 관계를 충분히 알 수 없거나 필요한 정보를 얻을 수 없기 때문에 더 이상 전개할 수 없는 최후적 말단 사상을 말한다.

표 14.5 FTA의 논리 gate 기호

명칭	기호	기호 설명
AND gate	출력 입력	모든 입력이 동시에 발생해야만 출력이 발생되는 논리 조작을 나타낸다.
OR gate	출력 입력	입력이 하나라도 발생하면 출력이 발생되는 논리 조작을 나타낸다.
inhibit gate (조건 gate)	출력 조건 입력	제약 gate라고도 하며 어떤 조건을 나타내는 사상이 발생할 때에만 출력이 발생한다.

논리 gate는 사상 간의 인과관계를 나타낸다. [표 14.5]은 논리 gate의 기호들을 나타낸다. AND gate는 논리곱이라 하며 모든 입력이 동시에 발생해야만 출력이 되는 논리 조작을 나타낸다. OR gate는 논리합이라 하며 입력이 하나라도 발생하면 출력이 되는 논리 조작을 나타낸다. 조건 gate(inhibit gate)는 제약 gate라고도 하며 어떤 조건을 나타내는 사상이 발생할 때에만 출력이 발생한다.

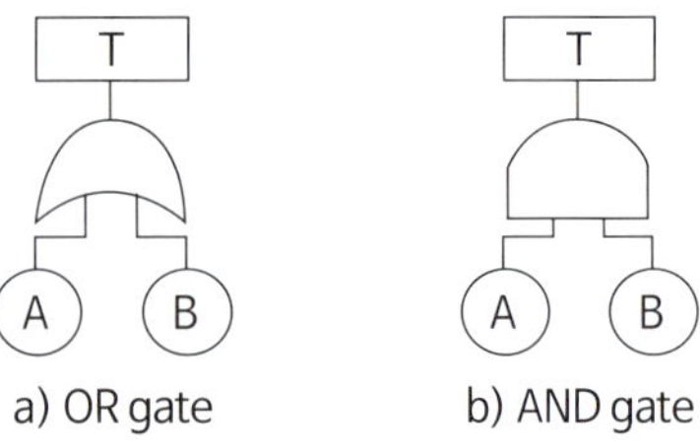

그림 14.2 OR gate와 AND gate

4.2 FTA 절차

일반적인 FTA의 절차는 다음과 같다.

(1) 정성적 결함나무(FT: fault tree)의 작성 단계

해석하려고 하는 재해 사상을 결정하여 FT를 작성하기까지의 단계이다.

① 해석하려고 하는 재해인 목표 사상(top event)을 정한다.

② 재해의 원인인 기본 사상(basic event)과 영향을 조사한다.

③ 결함나무를 작성한다.

(2) 결함나무의 정량화 단계

FT를 수식화하여 재해의 발생 확률을 계산하는 단계이다.

① 작성한 FT를 수식화하여 FT를 간소화한다.

② 기본 사상의 발생 확률을 이용하여 정상 사상(재해)이 발생할 확률을 계산한다.

(3) 재해방지 대책의 수립 단계

비용이나 기술 등의 조건을 고려하여 가장 적절한 재해방지 대책을 세우고 그 효과를 FT로 확인한다.

4.3 FT의 작성

① 분석하려고 하는 정상 사상(재해나 목표사건)을 최상단에 놓는다.

② 재해의 직접 원인이 되는 기계의 불량 상태나 작업자의 에러들을 중간 사상으로 나열하고 정상 사상과 중간 사상들 사이를 논리 gate로 연결한다.

③ 중간 사상의 원인이 되는 결함 사상들을 논리 gate로 연결하는 과정을 반복하여 위에서 아래로, 순차적으로 기록하여 나간다. 나무를 거꾸로 세운 것처

럼 끝이 퍼진 모양이 되므로 결함나무(fault tree)라 한다.

④ FT의 최하단은 기본 사상이나 생략 사상 중의 하나로 나타낸다.

사례 14.5 FT 작성

전구가 두 개 있는 방에서 방이 캄캄해지는 사상을 정상 사건으로 FT를 그려본다. 방이 캄캄해지는 경우는 정전이 되거나 전구 두 개 모두가 작동하지 않는 경우에 발생한다. 정전은 전기가 공급되지 않거나 퓨즈가 나간 경우에 발생한다. FT를 작성하면 [그림 14.3]과 같다.

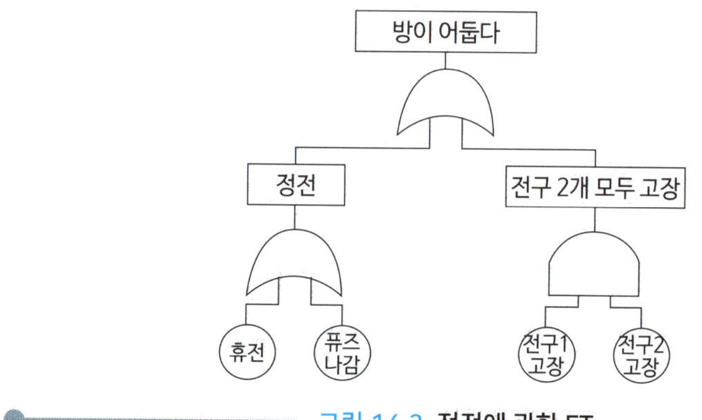

그림 14.3 정전에 관한 FT

4.4 부울대수와 고장 확률 계산

FT를 분석하는 데에는 부울대수(boolean algebra)가 이용된다. 부울대수를 이용하면 AND gate를 ∩ 혹은 · 로 나타내고, OR gate를 ∪ 혹은 + 기호를 사용하여 나타낸다.

기본적인 OR gate와 AND gate에 대한 고장 확률의 계산은 다음과 같이 나타낼 수 있다.

$$T = A \cap B = A \cdot B = AB$$

$$P(T) = P(A \cap B)$$

$$= P(A) \cdot P(B)$$

$$T = A \cup B = A + B$$

$$P(T) = P(A \cup B)$$

$$= P(A) + P(B) - P(A \cap B)$$

$$= 1 - (1 - P(A))(1 - P(B))$$

부울대수의 대수 법칙을 이용하면 고장나무의 기본 사상들에 대한 연관관계를 간소화할 수 있다. 부울대수의 대수 법칙은 다음과 같다.

① 동정 법칙

$$A + A = A$$

$$AA = A$$

② 교환 법칙

$$AB = BA$$

$$A + B = B + A$$

③ 흡수 법칙

$$A(AB) = (AA)B = AB$$

$$A + AB = A \cup (A \cap B) = (A \cup A) \cap (A \cup B) = A \cap (A \cup B) = A$$

$$A(A + B) = (AA) + AB = A + AB = A$$

④ 분배 법칙

$$A(B + C) = AB + AC$$

$$A + (BC) = (A + B) \cdot (A + C)$$

⑤ 결합 법칙

$$A(BC) = (AB)C$$

$$A + (B + C) = (A + B) + C$$

4.5 FT의 간략화 및 수정

모든 사상이 OR gate로 이어져 있는 경우에는 **[그림 14.4]**와 같이 간략화할 수 있다.

$$G_1 = G_2 + G_3$$
$$= X1 + X2 + X3 + X4$$

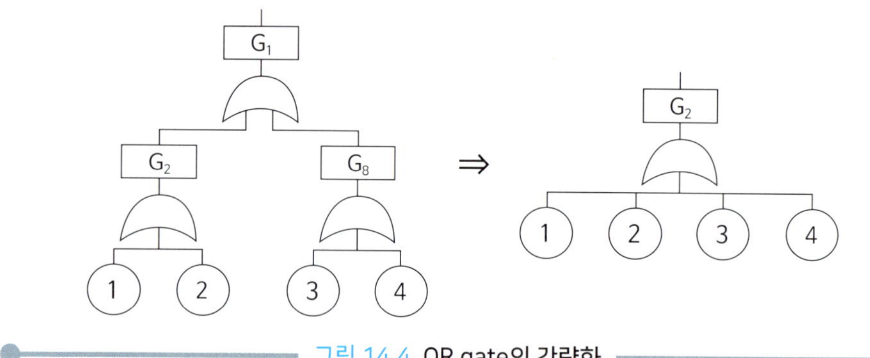

그림 14.4 **OR gate의 간략화**

모든 사상이 AND gate로 이어져 있는 경우에도 **[그림 14.5]**와 같이 간략화할 수 있다.

$$G_1 = G_2G_3 = (X1\ X2)(X3\ X4) = X1\ X2\ X3\ X4$$

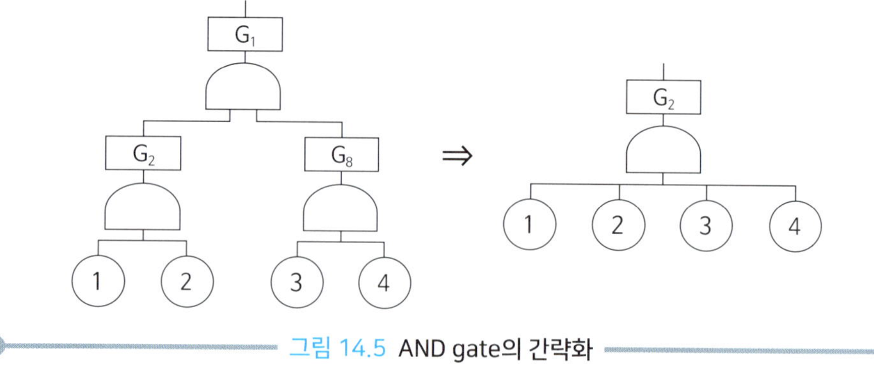

그림 14.5 **AND gate의 간략화**

사례 14.6 FT의 수정

[그림 14.6]의 왼쪽 FT를 부울대수로 표현하여 정리하면 [그림 14.6]의 오른쪽과 같이 FT를 간략화 할 수 있다.

$$
\begin{aligned}
T &= AB \\
&= (X1 + X3)X1\,X2 \\
&= X1\,X1\,X2 + X1\,X2\,X3 \\
&= X1\,X2 + X1\,X2\,X3 \\
&= X1\,X2
\end{aligned}
$$

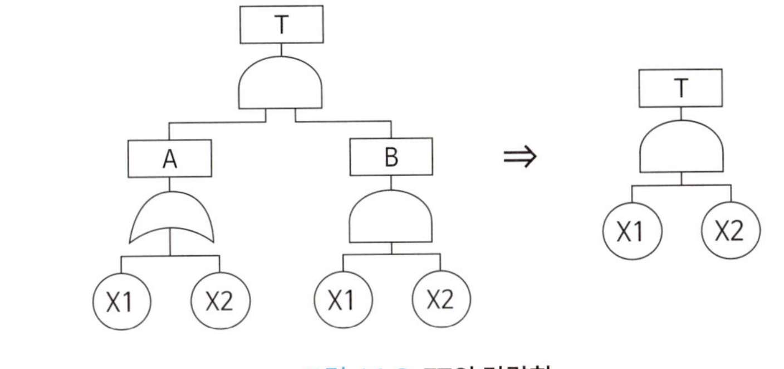

그림 14.6 FT의 간략화

4.6 최소 절단집합

FT에서 절단집합(cut set)은 정상 사상을 일으키는 기본 사상의 집합을 말하며, 절단집합 중에서 정상 사상을 일으키기 위하여 필요한 최소한의 절단집합을 최소 절단집합(minimal cut set)이라 한다. 즉, 최소 절단집합은 시스템의 기능을 마비시키는 사고 요인의 최소 집합으로, 절단집합에서 기본 사상을 하나라도 빼면 절단집합이 되지 않는다. 최소 절단집합은 사고에 대한 시스템의 약점을 나타낸다.

최소 절단집합을 구하는 방법은 ① 부울대수를 이용하는 방법과 ② Fussell

algorithm 방법이 있다.

부울대수를 이용하는 방법은 정상 사상에서부터 순차로 하단의 사상들을 부울대수를 이용하여 표현하고, 부울대수의 대수 법칙을 이용하여 간략화하였을 때 각 항에 표현된 기본 사상의 조합이 각각 최소 절단집합이 된다.

Fussell algorithm은 정상 사상에서부터 순차로 상단의 사상을 하단의 사상으로 치환하면서 AND gate에서는 가로로, OR gate에서는 세로로 나열하며 기록해 내려가서 모든 기본 사상에 도달하였을 때에 행이 최소 절단집합이 된다.

사례 14.7 FT의 최소 절단집합 구하기

[예제 17.6] 의 FT에 대한 최소 절단집합을 ① 부울대수 방법과 ② Fussell algorithm을 이용하여 구하고, 각 기본사항이 일어날 확률을 라 할 때 정상 사상이 발생할 확률을 구하여 보자.

(1) 부울대수 방법

$$T = AB = X1X2$$

따라서 최소 절단집합은 {X1X2} 뿐이다.

(2) Fussell algorithm 방법

$$T \rightarrow AB \rightarrow \begin{matrix} X1B \\ X3B \end{matrix} \rightarrow \begin{matrix} X1X1X2 \\ X3X1X2 \end{matrix} \rightarrow \begin{matrix} X1X2 \\ X1X2X3 \end{matrix} \rightarrow X1X2$$

따라서 최소 절단집합은 {X1X2}이고, X1과 X2가 동시에 발생할 경우에만 정상 사건이 일어나므로 정상 사상이 일어날 가능성을 줄이려면 X1과 X2가 발생할 수 있는 확률을 줄이는 것이 효율적이다. 정상 사건이 발생할 확률은 다음과 같이 표현된다.

$$P(\text{정상 사상 발생}) = P(T) = P(X1X2) = P(X1)P(X2) = P_1P_2$$

14.8 FT의 정상 사상 발생확률 계산

[그림 14.7]과 같은 FT를 이용하여 정상 사상 T가 발생할 확률 P(T)를 구하여 보자. 단, 기본 사상이 발생할 확률은 P(X1) = 0.01, P(X2) = 0.02, P(X3) = 0.03이다.

부울대수를 이용하여 FT를 간략화하는 동시에 최소 절단집합을 구하여 보자.

T = AB

= (X1 + X2)(X1 + X3)

= X1(X1 + X3) + X2(X1 + X3) (X1 (X1 + X3) = X1이 된다.)

= X1 + X1X2 + X2X3 (X1 + X1X2 = X1이 된다.)

= X1 + X2X3

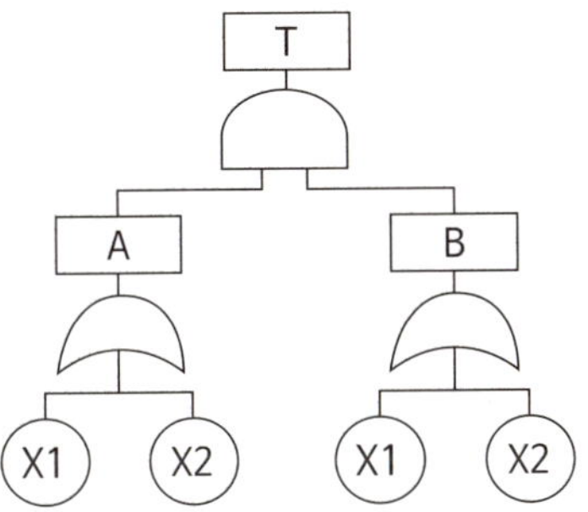

그림 14.7 **사례 14.8의 FT**

최소 절단집합을 이용하여 정상 사상이 발생할 확률을 구하면 다음과 같다.

$$P(T) = P(X1 \cup (X2 \cap X3))$$

$$= P(X1) + P(X2 \cap X3) - P(X1)P(X2 \cap X3)$$

$$= P(X1) + P(X2)P(X3) - P(X1)P(X2)P(X3)$$

$$= 0.0102$$

THERP(휴먼 에러율 예측 기법: technique for human error rate prediction)은 분석하고자 하는 작업을 기본적 행위로 분할하여 각 행위의 성공 또는 실패 확률을 결합함으로써 분석 작업의 성공확률을 추정하는 정량적 인간 신뢰도 분석 방법이다. THERP에서는 먼저 작업의 각 단계를 생각하고, 거기에서 발생할 수 있는 인간의 행동을 상호배반적인 사상으로 나누어 사상나무(event tree)를 작성한다. 사상나무가 작성되고, 각 행위의 성공 혹은 실패 확률의 추정치가 각 가지에 부여되면 나무를 통한 각 경로의 확률을 계산할 수 있다.

14.9 THERP 예제

A, B 두 개의 작업이 순차적으로 이루어지고 독립적인 사상이 아닌 직무를 THERP를 이용하여 나타내면 **[그림 14.8]**과 같이 나타낼 수 있다. 작업 A가 먼저 수행되고 B가 수행되므로 작업 B에 관한 확률은 모두 조건부로 표현된다. 즉, a와 같이 소문자는 작업의 성공을 나타내고, 대문자 A는 작업 실패를 나타내며, B|a를 a가 성공한 뒤 B가 실패했다는 조건부 사건으로 표현한다면 사상나무의 말단에서는 직무

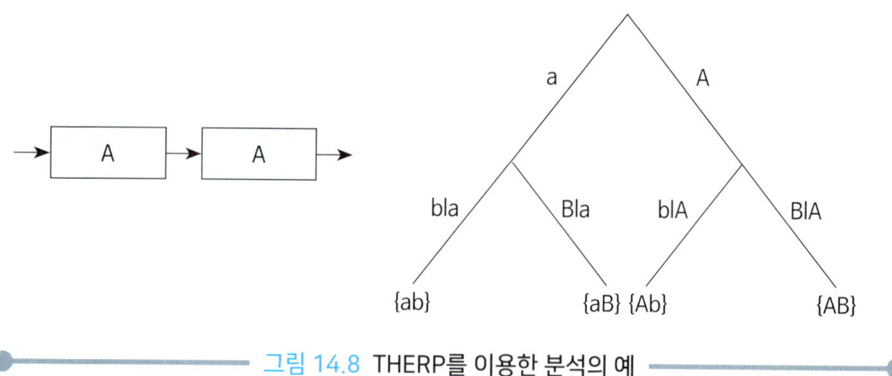

그림 14.8 THERP를 이용한 분석의 예

에 대한 성공과 실패 여부를 확인할 수 있다. 따라서 [그림 14.8]에서 직무를 성공리에 수행할 수 있는 경우는 {ab} 경로뿐이다. 각 가지에 성공 혹은 실패의 조건부 확률이 부여되면, 나무를 통한 각 경로의 확률을 계산할 수 있다.

$$P(\{a,b\}) = P(a)P(b|a)$$

연습문제

01 휴먼 에러에 대한 설명으로 올바르지 못한 것은?

① time error – 필요한 임무나 절차의 수행이 늦은 경우에 발생하는 오류
② omission error – 필요한 임무나 절차들을 수행하지 않고 빠뜨린 경우에 발생
③ extraneous error – 필요한 임무나 절차의 순서의 착오로 인하여 발생한 오류
④ commission error – 임무 내지는 절차를 부정확하게 수행

02 의도는 올바른 것이었지만 반응의 실행이 올바른 것이 아닌 경우를 무엇이라 하는가?

① slip ② lapse ③ mistake ④ violation

03 다음과 같이 부품이 결합될 때 신뢰도가 제일 큰 것은?

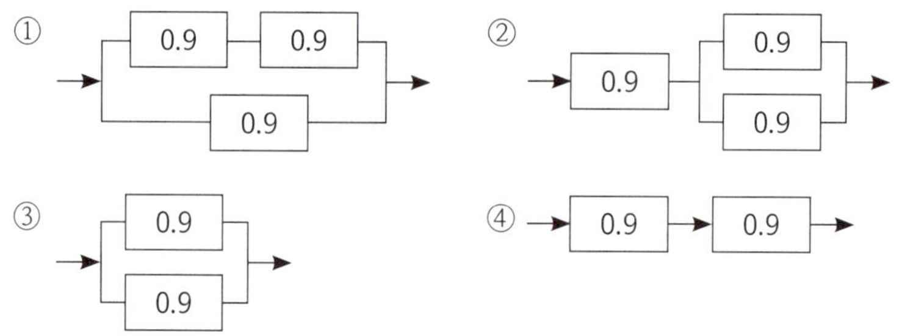

04 검사 작업자가 한 로트에 100개인 부품을 조사하여 6개의 불량품을 발견하였으나 로트에는 실제로 10개의 불량품이 있었다면 이 검사 작업자의 휴먼 에러 확률은?

① 0.04 ② 0.06 ③ 0.1 ④ 0.66

05 어느 검사 작업자가 평균적으로 100개의 부품 중에 있는 14개의 불량품 중에서 4개밖에 발견하지 못하고 있다. 이 검사 작업자가 100개로 구성된 로트를 검사하면

해답 : 1. ③, 2. ①, 3. ③, 4. ①, 5. ③

서 2로트 모두에서 휴먼 에러를 범하지 않을 확률은?

① 0.01　② 0.1　③ 0.81　④ 0.9

06 어느 검사 작업자가 90개의 양품 중에서 3개를 불량품으로, 10개의 불량품 중에서 2개를 양품으로 선별한다면 이 검사 작업자의 인간 신뢰도는?

① 0.05　② 0.8　③ 0.95　④ 0.97

07 '어떤 사건이 발생되려면 어떤 조건이 만족되어야 하는가?'에 대한 접근과 가장 관계가 있는 것은?

① 정량적 분석　② 정성적 분석
③ 연역적 분석　④ 귀납적 분석

08 결함나무 분석법(FTA)에 관한 설명으로 적합한 내용은?

① '사건에 의해 무엇이 발생하는가?' 측면으로 접근
② 사고발생 예측을 위한 연역적 분석
③ 고장 모드 및 영향 분석
④ 귀납적 재해 발생 예측 기법

09 system 안전 해석 기법으로 가장 거리가 먼 것은?

① FTA　② Event tree analysis　③ FMEA　④ OJT

10 시스템에 영향을 미치는 전체 요소의 고장을 유형별로 분석하여 그 영향을 검토하는 정성적, 귀납적 분석법은?

① FT　② Event tree analysis　③ FMEA　④ THERP

해답 : 6. ③, 7. ③, 8. ②, 9. ④, 10. ③

11 다음 중 귀납적 추론을 통해 분석하는 방법이 아닌 것은?

① FTA ② Event tree analysis ③ FMEA ④ THERP

12 FTA에 의한 재해 사례 연구의 순서는?

(A) 목표 사상 선정	(B) FT도 작성
(C) 사상마다 재해 원인 규명	(D) 개선 계획 작성

① A→B→C→D ② A→C→B→D

③ B→A→C→D ④ B→C→A→D

13 결함나무 분석법에서 일정 조합 안에 포함되는 기본 사상들이 동시에 발생될 때 반드시 목표 사상을 발생시키는 조합을 무엇이라고 하는가?

① Cut set ② Fault tree

③ Path set ④ Boolean algebra

14 다음 Boolean algebra의 설명으로 맞는 내용은?

① A OR B = AB ② A(AB) = A

③ A + AB = AB ④ (A + B)(A + C) = A + BC

15 FMEA와 FTA의 분석 방법을 올바르게 나열한 것은?

① FMEA: 하향식(top down), FTA: 상향식(bottom up)

② FMEA: 하향식, FTA: 하향식

③ FMEA: 상향식, FTA: 하향식

④ FMEA: 상향식, FTA: 상향식

해답 : 11. ①, 12. ②, 13. ①, 14. ④, 15. ③

16 FTA에서 Cut set에 대한 설명으로 거리가 먼 것은?

① 시스템의 약점을 표현

② Top event를 발생시키는 모임

③ 시스템이 고장 나지 않도록 하는 사상의 모임

④ Fussel Algorithm

17 다음 Decision tree의 작성 예에서 A, B, C, D에 들어갈 수치로 맞지 않는 것은?

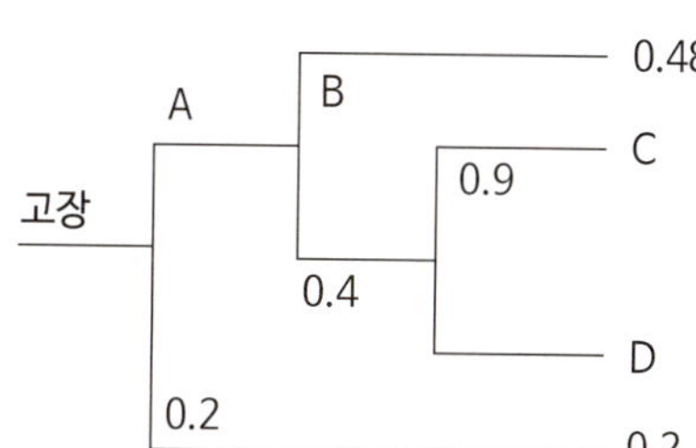

① A = 0.8

② B = 0.6

③ C = 0.288

④ D = 0.04

18 다음 FTA 기호 중에서 사상과 원인과의 관계를 충분히 알 수 없거나 또는 필요한 정보를 얻을 수 없기 때문에 더 이상 전개할 수 없는 최후적 말단 사상을 나타내는 것은?

① 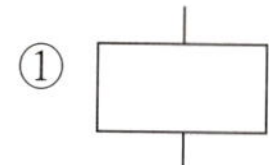

② 

③ 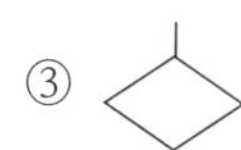

④ 

해답 : 16. ③, 17. ④, 18. ③

실습문제

01 폐수 탱크로부터 폐수 유출을 방지하기 위한 특수 밸브가 다음과 같은 구조로 되어 있다. 각 밸브의 고장은 독립적이며 고장 확률은 0.1로 동일하다.

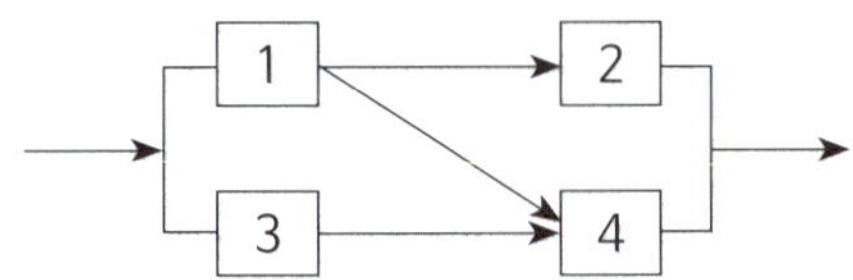

1) 폐수 유출을 top event로 FT를 그리시오.

2) 폐수가 유출될 확률을 구하시오.

02 가스 탱크로부터 다음과 같은 구조의 밸브들을 통하여 가스를 공급하여 주는 시스템이 있다. 각 밸브의 고장은 독립적이며 고장 확률은 0.1로 동일하다.

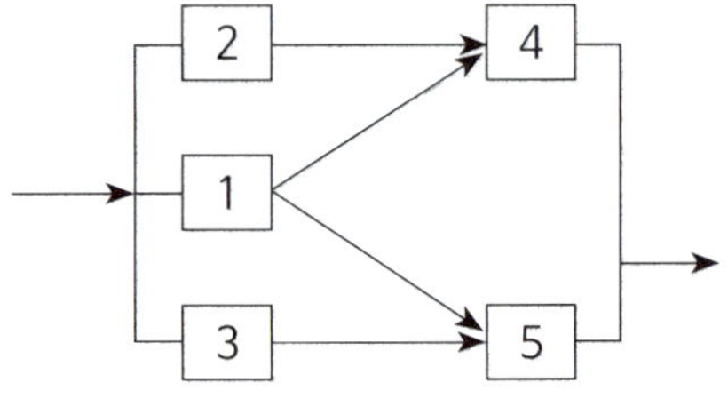

1) 밸브 1이 고장 난 것을 초기 사상으로 Event Tree를 그리시오.

2) Event Tree를 이용하여 밸브 1이 고장 나더라도 가스의 공급이 제대로 될 확률을 구하시오.

3) 가스 공급이 되지 않는 것을 top event로 Fault Tree를 그리시오.

4) FT를 이용하여 이 시스템의 minimal cut set을 구하고, 가스 공급이 되지 않을 확률을 구하시오.

찾아보기

ㅎ

정 병 용 공학박사, 인간공학기술사, 한성대학교 산업경영공학과 교수

· 한국인간공학기술사회 회장, 대한인간공학회지 편집위원장, 한성대학교 공과대학장 역임
· 산학연 과제 수행
휴먼 에러 예방, 인체측정 응용, Universal Design
인간공학 진단 및 개선(제조업, 서비스업, 병원 등)
근골격계 유해 요인 조사, 위험성 평가, 서비스업 실태조사
· 인간공학 및 안전보건 분야 교육 및 강연
휴먼 에러예방을 위한 설계원리 및 개선사례, 사용자 중심의 설계 및 디자인 응용
근골격계 질환 예방을 위한 인간공학적 개선, 유해요인조사 분석방법론 및 응용 사례
· 저서: 현대인간공학(4판), 현대작업관리(2판), 민영사
· 구글학술검색 : 정병용
· http://www.hansung.ac.kr/~byjeong, byjeong@hansung.ac.kr

인간 중심의

현대안전관리

펴낸날 2019년 9월 1일 초판
지은이 정병용
펴낸이 김동현
펴낸곳 민영사
주 소 서울시 성동구 옥수동 450-14(독서당로 39길 43) 1층
전 화 (02) 711-1224~5 팩스 (02) 711-1226
등 록 2014년 1월 1일 제 2014-000001호
Home http://www.minyoungsa.com
메 일 myspub@hanmail.net

정 가 28,000원 ISBN 979-11-86378-34-2 93500